现代数学基础丛书·典藏版 97

广义哈密顿系统理论及其应用

(第二版)

李继彬 赵晓华 刘正荣 著

科 学 出 版 社

北 京

内 容 简 介

　　本书在第一版的基础上修订再版,除了对原有内容作了修订外,还增加了广义哈密顿系统与微分差分方程的周期解、广义哈密顿系统的 KAM 理论、经典 Hamilton 系统的 Leibniz 流形上的向量场、恰当 Poisson 结构等新内容.本书采用广义 Poisson 括号(实际上是 Lie 群、Lie 代数)的方法,系统论述了广义 Hamilton 系统及其扰动系统的理论及应用.内容自相包含,理论与应用兼顾,便于读者阅读.

　　本书可供大学数学系、物理系、力学系及工程领域有关科系的学生、研究生、教师以及有关的科技工作者参考.

图书在版编目(CIP)数据

广义哈密顿系统理论及其应用/李继彬,赵晓华,刘正荣 著. -2 版
—北京: 科学出版社,2007

(现代数学基础丛书·典藏版;97)

ISBN 978-7-03-019624-8

Ⅰ.广… Ⅱ.① 李… ② 赵… ③ 刘… Ⅲ. 哈密顿系统 Ⅳ.O175.12

中国版本图书馆 CIP 数据核字(2007) 第 125574 号

责任编辑: 张 扬 卜 新／责任校对: 陈玉凤
责任印制: 徐晓晨／封面设计: 王 浩

科 学 出 版 社 出版
北京东黄城根北街 16 号
邮政编码: 100717
http://www.sciencep.com

北京凌奇印刷有限责任公司 印刷
科学出版社发行　各地新华书店经销

*

1994 年 12 月第 一 版　　开本: B5(720×1000)
2015 年 7 月印　　刷　　印张: 18 1/2
字数: 343 000

POD定价: 108.00元
(如有印装质量问题,我社负责调换)

《现代数学基础丛书》序

对于数学研究与培养青年数学人才而言，书籍与期刊起着特别重要的作用．许多成就卓越的数学家在青年时代都曾钻研或参考过一些优秀书籍，从中汲取营养，获得教益．

20 世纪 70 年代后期，我国的数学研究与数学书刊的出版由于"文化大革命"的浩劫已经破坏与中断了十余年，而在此期间，国际上数学研究却迅猛发展．1978 年以后，我国青年学子重新获得了学习、钻研与深造的机会．当时，他们的参考书籍大多还是 50 年代甚至更早的著述．据此，科学出版社陆续推出了多套数学丛书．其中，《纯粹数学与应用数学专著》丛书与《现代数学基础丛书》更突出，前者出版约 40 卷，后者则逾 80 卷．它们质量甚高，影响颇大，对我国数学研究、交流与人才培养发挥了显著效用．

《现代数学基础丛书》的宗旨是面向大学数学专业的高年级学生、研究生以及青年学者，针对一些重要的数学领域与研究方向，做较系统的介绍．既注意该领域的基础知识，又反映其新发展，力求深入浅出，简明扼要，注重创新．

近年来，数学在各门科学、高新技术、经济、管理等方面得到了更加广泛与深入的应用，形成了一些交叉学科．我们希望这套丛书的内容由基础数学拓展到应用数学、计算数学以及数学交叉学科的各个领域．

这套丛书得到了许多数学家长期的大力支持，编辑也为其付出了艰辛的劳动．它获得了广大读者的喜爱．我们诚挚地希望大家更加关心与支持它的发展，使它越办越好，为我国数学研究与教育水平的进一步提高做出贡献．

杨　乐

2003 年 8 月

第二版前言

本书第一版自 1994 年出版发行以来已 13 年, 广义哈密顿系统理论及其应用作为非线性科学研究领域的一个活跃的子领域, 正在飞速地发展. 因此, 作者在第二版中对原有内容做了增删, 将第一版 4.1 和 4.2 节修订为第二版 3.6 和 3.7 节, 删去了第一版 4.3、4.4、6.5 和 6.6 节, 增加了 1.5、8.5 节以及第 5~7 章新内容, 以反映学科发展的最新成果.

第二版的修订得到浙江师范大学动力系统和非线性科学研究中心研究基金及国家自然科学研究基金的资助. 作者感谢吉林大学李勇教授、美国乔治亚理工学院易英飞教授和上海交通大学张祥教授, 由于他们的支持, 我们得以介绍他们关于广义哈密顿系统的 KAM 理论和恰当 Poisson 结构的新贡献. 对于科学出版社编辑张扬先生为本书第二版所做的辛勤劳动, 作者表示衷心的谢意.

浙江师范大学动力系统和非线性科学研究中心

李继彬　赵晓华

2007 年春于浙江金华

第一版前言

随着人类认识、改造和利用自然的能力的不断提高, 以及实际应用的需要, 人们面临大量非线性问题的处理. 计算机的发展、计算技术的提高及其应用的普及、实验手段和仪器的现代化以及现代数学的蓬勃发展, 特别是 20 世纪 50 年代以来可微动力学理论及遍历理论的新进展, 为非线性现象的研究提供了严格的数学基础, 使得人们处理非线性系统的能力大为增强. 非线性系统中丰富的定常运动和复杂的混沌运动模式被不断地揭示出来, 吸引着越来越多的理论和应用工作者的极大兴趣和关注. 近 20 年来所获得的丰富研究成果对于人类进一步认识、利用和改造自然已产生深刻的影响.

Hamilton (哈密顿) 系统是非线性科学研究中的一个重要领域, 由于这类系统广泛存在于数理科学、生命科学以及社会科学的各个领域, 特别是天体力学、等离子物理、航天科学以及生物工程中的很多模型都以 Hamilton 系统 (或它的扰动系统) 的形式出现, 因此该领域的研究多年来长盛不衰. 经过科学家们近两个世纪的努力, Hamilton 系统理论犹如一棵参天大树, 已经根深叶茂, 成为当今非线性科学研究中一个最富有成果而又生机勃勃的研究方向.

传统的 Hamilton 系统理论都是在偶数维相空间上定义的, 这种结构虽然具有很多好的性质, 便于对它的研究, 但也限制了它的应用范围. 为了使得 Hamilton 观点能应用于广泛存在于实际研究中的奇数维常微分方程组以及无穷维系统 (例如, 偏微分系统、泛函微分方程等), 用广义 Poisson 括号直接定义广义 Hamilton 系统是一种非常简洁有效的方法. 鉴于国内用这种观点讨论 Hamilton 系统的工作尚不多见, 而且缺乏关于广义 Hamilton 系统理论的专著与教材, 本书将补充这方面的不足, 采用广义 Poisson 括号 (实际上是 Lie 群、Lie 代数) 的方法, 讨论广义 Hamilton 系统及其扰动系统的理论及应用. 为了使本书的内容自相包含, 便于读者理解, 我们首先介绍散见于国外专著和期刊的某些基本结果及有关的基础知识. 接着我们讨论广义 Hamilton 系统的扰动理论与应用, 内容主要取材于作者近年来发表的一些科研成果.

本书理论与应用兼顾, 可供有关数学、物理、力学及工程领域的研究生和高年级大学生作为教材或教学参考书. 对于非线性科学的理论及实际应用研究有兴趣的读者, 亦可作为进一步研究的参考读物.

全书共分 6 章. 第 1 章作为预备知识, 介绍 Lie 群与 Lie 代数的定义及其理论, 其中有较重要的 Frobenius 定理. 第 2 章介绍分支与混沌的基本概念和一些最基本的结果. 第 3 章介绍广义 Hamilton 系统的定义及系统的约化理论, 主要涉及广义 Hamilton 系统相空间的叶层结构以及平衡点稳定性判定的能量 Casimir 函数法. 第 1、3 两章中的内容大部分取材于 P. J. Olver(1986) 一书 (见书末的参考文献). 第 4 章介绍完全可积系统的定义以及某些判定动力系统可积性并发现首次积分的方法. 第 5 章讨论广义 Hamilton 扰动系统的周期解分支与同宿、异宿分支的存在性及其判定, 提供了某些便于应用的公式和定理. 第 6 章是理论的应用实例, 涉及刚体动力学、流体力学、等离子物理以及生物科学等自然科学各个领域.

在此, 特别感谢中国科学院出版基金和昆明工学院科研处的出版资助, 感谢国家自然科学基金委员会、云南省科委、云南省应用数学研究所、云南大学和昆明工学院非线性科学研究中心的支持. 对于科学出版社责任编辑吕虹的辛勤劳动和大力帮助以及云南大学学报编辑部唐民英编辑在打印和校对上的帮助, 一并表示深切的谢意. 本书部分内容取材于第二作者赵晓华在北京航空航天大学的博士论文, 在此感谢他的博士研究生导师黄克累教授和副导师陆启韶教授对他的关心和指导.

目　　录

第 1 章　Lie 群与 Lie 代数导引

Lie 群是群这一代数概念与流形这一几何概念相结合的产物. 这两个看似互不相干的数学概念的相互渗透与交叉产生了 Lie 群这一新的数学理论, 其强有力的无穷小分析技巧已被广泛地应用于各种各样的数学物理和力学问题之中.

在实际应用领域, Lie 群通常是某个研究对象的对称群. 更确切地说, Lie 群是作用在某个流形上的局部变换群. 在 Lie 群理论中的一个重要概念是向量场概念, 它可看作是某个单参数 Lie 变换群的无穷小生成元. 利用这一概念可以简化微分方程中的一些复杂的非线性问题, 使得原问题得以求解.

本章的主要目的是扼要地介绍 Lie 群与 Lie 代数的一些基本概念和理论, 为本书后面各章的展开作理论准备, 对于广义 Hamilton 系统理论的引入及发展, 本章的知识是极其重要的.

§1.1　流　　形

流形是三维欧氏空间中的曲线和曲面概念的推广. 一般地说, 流形就是局部看似欧氏空间而全局特征不全相同的拓扑空间. 流形的严格定义如下.

定义 1.1.1　一个 m 维流形是满足以下条件的集合 M: 存在可数多个称为坐标卡 (或图集) 的子集合族 $U_\alpha \subset M$ 以及映到 $\mathbf{R}^m$ 的连通开子集 V_α 上的一对一映射 $\varphi_\alpha : U_\alpha \to V_\alpha$, φ_α 称为局部坐标映射, 满足如下条件:

(a)　坐标卡覆盖 M, 即
$$\bigcup_\alpha U_\alpha = M;$$

(b)　若 $U_\alpha \bigcap U_\beta \neq \varnothing$, 则 $\varphi_\beta \cdot \varphi_\alpha^{-1} : \varphi_\alpha(U_\alpha \bigcap U_\beta) \to \varphi_\beta(U_\alpha \bigcap U_\beta)$ 是光滑函数;

(c)　若 $x \in U_\alpha, \tilde{x} \in U_\beta$ 是 M 中的两个不同点, 则存在开子集 $W \subset V_\alpha$, $\tilde{W} \subset V_\beta$, $\varphi_\alpha(x) \in V_\alpha$, $\varphi_\beta(\tilde{x}) \in V_\beta$, 使得 $\varphi_\alpha^{-1}(W) \bigcap \varphi_\beta^{-1}(\tilde{W}) = \varnothing$.

条件 (c) 也称为 Hausdorff 分离性质.

为了正确理解流形的一般定义, 下面举几个最简单的基本例子加以说明.

例 1.1.1　最简单的 m 维流形就是欧氏空间 $\mathbf{R}^m$ 自身. 此时只需一个坐标卡 $U = \mathbf{R}^m$, 恒同映射 $\varphi = I : \mathbf{R}^m \to \mathbf{R}^m$ 作为坐标映射. 更一般地, $\mathbf{R}^m$ 的任意开子集都是一个 m 维流形.

流形上的坐标卡见图 1.1.1.

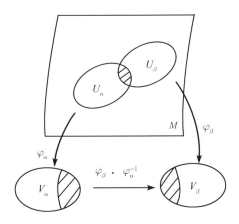

图 1.1.1   流形上的坐标卡 (图集)

例 1.1.2   单位球面

$$S^2 = \{(x, y, z) | x^2 + y^2 + z^2 = 1\}$$

是一个二维流形. 实际上, 令

$$U_1 = S^2 \backslash \{(0, 0, 1)\}, \quad U_2 = S^2 \backslash \{(0, 0, -1)\}.$$

$$\varphi_\alpha : U_\alpha \to \mathbf{R}^2 \simeq \{(x, y, 0)\} \quad \alpha = 1, 2$$

分别是从南北极的球极投影, 即

$$\varphi_1(x, y, z) = \left(\frac{x}{1-z}, \ \frac{y}{1-z} \right),$$

$$\varphi_2(x, y, z) = \left(\frac{x}{1+z}, \ \frac{y}{1+z} \right).$$

容易证明在交集 $U_1 \bigcap U_2$ 上, 传递映射

$$\varphi_1 \cdot \varphi_2^{-1} : \mathbf{R}^2 \backslash \{0\} \to \mathbf{R}^2 \backslash \{0\}$$

是一个光滑的微分同胚:

$$\varphi_1 \cdot \varphi_2^{-1}(x, y) = \left(\frac{x}{x^2 + y^2}, \ \frac{y}{x^2 + y^2} \right).$$

定义中的条件 (c) 可以从 $\mathbf{R}^3$ 的性质得出.

例 1.1.3 单位圆

$$S^1 = \{(x,y)|x^2 + y^2 = 1\}$$

是一个具有两个坐标卡的一维流形. 更一般地, m 个 S^1 的 Descartes 积

$$T^m = S^1 \times S^1 \times \cdots \times S^1$$

是一个 m 维流形, 称为 m 维环面.

定义 1.1.2 设 M 和 N 是两个光滑流形, $F : M \to N$ 是一个映射. 如果 F 在每个坐标卡上的局部坐标表示都是光滑的, 则称 F 是光滑映射. 即对 M 上的每个坐标卡 $\varphi_\alpha : U_\alpha \to V_\alpha \subset \mathbf{R}^m$ 和 N 上的每个坐标卡 $\tilde{\varphi}_\beta : \tilde{U}_\beta \to \tilde{V}_\beta \subset \mathbf{R}^n$, 复合映射

$$\tilde{\varphi}_\beta \cdot F \cdot \varphi_\alpha^{-1} : \mathbf{R}^m \to \mathbf{R}^n$$

在有定义的地方 (即在子集 $\varphi_\alpha[U_\alpha \bigcap F^{-1}(\tilde{U}_\beta)]$ 上) 是光滑的.

例 1.1.4 证明环面 T^2 可以光滑地映射到 $\mathbf{R}^3$ 中. 实际上, 定义 $F : T^2 \to \mathbf{R}^3$:

$$F(\theta,\rho) = ((\sqrt{2} + \cos\rho)\cos\theta, (\sqrt{2} + \cos\rho)\sin\theta, \sin\rho).$$

则 F 显然关于 θ 和 ρ 是光滑的, 并是一一映射.

定义 1.1.3 设 $F : M \to N$ 是 m 维流形 M 到 n 维流形 N 的光滑映射, F 在点 $x \in M$ 的秩就是 $n \times m$ Jacobi 矩阵 $(\partial F^i/\partial x^j)$ 在 x 的秩, 其中 $y = F(x)$ 是 x 附近的任意方便的局部坐标表示. 如果对子集 $S \subset M$ 中的每点, F 的秩都等于 m 和 n 中最小者, 则称 F 在 S 上有最大秩.

容易验证 F 在点 x 的秩并不依赖于特定的局部坐标.

定理 1.1.1 若 $F : M \to N$ 在 $x_0 \in M$ 处有最大秩, 则存在 x_0 附近的局部坐标 $x = (x^1, \cdots, x^m)$ 和 $y_0 = F(x_0)$ 附近的局部坐标 $y = (y^1, \cdots, y^n)$ 使得 F 在这些坐标下有简单的形式:

$$y = (x^1, \cdots, x^m, 0, \cdots, 0), \quad 当 n > m 时,$$

或

$$y = (x^1, \cdots, x^n), \quad 当 n \leqslant m 时.$$

这个定理很容易由隐函数定理推出.

下面引入子流形的概念.

定义 1.1.4 设 M 是光滑流形, N 是 M 的子集. 如果存在流形 $\tilde{N}$ 和光滑一一映射 $\varphi : \tilde{N} \to N \subset M$, 处处满足最大秩条件, 则称 N 是 M 的子流形, $\tilde{N}$ 叫作参数空间, 并且 $N = \varphi(\tilde{N})$. 特别, N 的维数与 $\tilde{N}$ 的相同, 并且不会超过 M 的维数.

映射 φ 通常称为浸入 (immersion), 而 N 叫作浸入子流形.

除了上述浸入子流形的定义外, 还有几种定义子流形的方式.

定义 1.1.5 若流形 M 的子集 N 是定义 1.1.4 意义下的子流形, 由 $\varphi : \tilde{N} \to M$ 参数化, 而且对 N 中每点 x 都存在 x 在 M 中的任意小开邻域 U, 使得集合 $\varphi^{-1}[U \bigcap N]$ 是 $\tilde{N}$ 的连通开子集, 则称 N 是 M 的正则 (regular) 子流形.

利用定理 1.1.1 可以得到某种正则性的局部坐标刻画.

引理 1.1.1 n 维子流形 $N \subset M$ 是正则子流形的充分必要条件, 是对任意 $x_0 \in N$, 存在定义在 x_0 的邻域 U 上的局部坐标 $x = (x^1, \cdots, x^m)$ 使得

$$N \bigcap U = \{x | x^{n+1} = \cdots = x^m = 0\}.$$

引理中的坐标卡叫作 M 上的平坦 (flat) 坐标卡.

如图 1.1.2 所示的 $\mathbf{R}^2$ 中的子集 (8 字形) 是一个浸入子流形而非正则子流形, 问题出在原点.

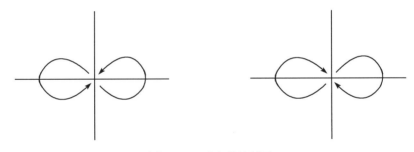

图 1.1.2   子流形的例子

子流形还可以用一个光滑函数来隐式地定义. 例如, 若 $F : \mathbf{R}^3 \to \mathbf{R}$ 是一个光滑函数, 而且在集合 $S = \{(x,y,z) | F(x,y,z) = 0\}$ 上, F 的梯度 $\nabla F = (F_x, F_y, F_z)$ 不等于零, 那么根据隐函数定理, 可以证明 S 是 $\mathbf{R}^3$ 的二维子流形, 这样定义的子流形叫作隐式地定义的子流形.

定理 1.1.2 若 M 是 m 维流形, $F : M \to \mathbf{R}^n (n \leqslant m)$ 是光滑映射. 如果 F 在子集 $N = \{x | F(x) = 0\}$ 上有最大秩, 那么 N 是一个正则的 $m - n$ 维子流形.

最后, 我们给出光滑流形 M 上的曲线的定义.

定义 1.1.6 对于光滑映射 $\varphi : I \to M$, 其中 $I \subset \mathbf{R}$ 是子区间, φ 的集 $C = \varphi(I) \subset M$ 称为 M 上的一条曲线. 在局部坐标下, C 由 m 个函数 $\varphi(t) = (\varphi^1(t), \cdots, \varphi^m(t))$ 确定.

注意, 在定义中并没有要求 φ 是一对一的, 因此 C 可以自交, 它比一维子流形更一般.

§1.2 Lie 群

在引入 Lie 群概念之前, 先复习一下群的定义.

定义 1.2.1 集合 G 称为群, 倘若对 G 的元素定义一个群运算, 称为乘法, 满足下面的条件:

(1) 封闭性: 若 $g, h \in G$, 则 $g \cdot h \in G$;

(2) 结合律: $g \cdot (h \cdot k) = (g \cdot h) \cdot k$, $g, h, k \in G$;

(3) 存在单位元 $e \in G$, 使得 $e \cdot g = g = g \cdot e$, 对于一切 $g \in G$;

(4) 存在逆元素, 即对于一切 $g \in G$, 存在 $g^{-1} \in G$ 使得

$$g \cdot g^{-1} = e = g^{-1} \cdot g .$$

以下是一些常见群的例子.

例 1.2.1 取 $G = \mathbf{Z}$(整数集合), 群运算定义为通常的整数加法, 则 G 显然是一个群, 其单位元是 0, 而整数 $x \in G$ 的逆元是 $-x$.

类似地, 取 $G = \mathbf{R}$ (全体实数), 则在实数加法的群运算下, G 也是一个群.

上述两种群的运算还满足交换律:

$$\text{对于一切} g, h \in G, \quad g \cdot h = h \cdot g .$$

这样的群称为交换群或可交换群.

例 1.2.2 设 $G = \mathrm{GL}(n, \mathbf{Q})$ 是元素为有理数的一切 $n \times n$ 可逆矩阵的集合, 矩阵乘法为群运算, 则 $\mathrm{GL}(n, \mathbf{Q})$ 也是一个群, 其单位元是单位矩阵, 逆元素就是通常的逆矩阵.

类似地, 设 $G = \mathrm{GL}(n, \mathbf{R})$ 是具有实数元素的一切 $n \times n$ 可逆矩阵的集合, 在矩阵乘法下, $\mathrm{GL}(n, \mathbf{R})$ 是一个群, 称为一般线性群, 简记为 $\mathrm{GL}(n)$.

定义 1.2.2 若群 G 具有 r 维光滑流形结构, 使得群运算

$$m : G \times G \to G, \quad m(g, h) = g \cdot h, \quad g, h \in G$$

和逆元运算

$$i : G \to G, \ i(g) = g^{-1}, \quad g \in G$$

是流形间的光滑映射, 则称 G 为 r 参数 Lie 群.

由定义 1.2.2 可见, Lie 群与一般群的区别在于它具有光滑流形结构, 因此**Lie 群的元素可以连续变化**. 在例 1.2.1 与例 1.2.2 中, $\mathbf{Z}$ 和 $\mathrm{GL}(n, \mathbf{Q})$ 都不可能是 Lie 群, 因为有理数不是连续变化的. 而 $\mathbf{R}, \mathrm{GL}(n, \mathbf{R})$ 都是 Lie 群, 因为$\mathbf{R}$显然具有流形

结构, 对于一般线性群 GL$(n, \mathbf{R}) = \{X \in M_{n \times n} | \det X \neq 0\}$, 它是一切 $n \times n$ 矩阵空间 $\boldsymbol{M}_{n \times n}$ 的开子集. 若取 X 的元素 x_{ij} 为坐标, 则 $\boldsymbol{M}_{n \times n}$ 与 $\mathbf{R}^{n^2}$ 同构, 从而 GL(n) 是一个 n^2 维流形, 并且是光滑的.

除了上述两个 Lie 群例子外, 还有下面一些常见的 Lie 群.

例 1.2.3　$G = \mathbf{R}^r$, 显然 $\mathbf{R}^r$ 具有光滑流形结构, 而且向量加法的群运算 $(x, y) \to x + y$ 和向量 $\boldsymbol{x}$ 的逆元是 $-\boldsymbol{x}$, 这两种运算都是光滑的, 因此 $\mathbf{R}^r$ 是 r 参数可交换 Lie 群.

例 1.2.4　$G = $ SO(2) 为平面旋转群. 换言之

$$G = \left\{ \begin{bmatrix} \cos\theta & -\sin\theta \\ \sin\theta & \cos\theta \end{bmatrix} \middle| 0 \leqslant \theta < 2\pi \right\},$$

其中, θ 表示旋转角. 另一方面 G 可以和 $\mathbf{R}^2$ 中的单位圆 $S^1 = \{(\cos\theta, \sin\theta) | 0 \leqslant \theta < 2\pi\}$ 等同, 从而通过 S^1 定义 SO(2) 上的光滑流形结构.

如果把反射变换也包含在 SO(2) 中, 就得到平面正交群

$$O(2) = \{X \in \text{GL}(2) | \boldsymbol{X}^{\mathrm{T}} \boldsymbol{X} = I\},$$

其中 $\boldsymbol{X}^{\mathrm{T}}$ 表示 $\boldsymbol{X}$ 的转置. $O(2)$ 是不连通单参数 Lie 群, 其流形结构由两个不连通的 S^1 的流形结构组成.

更一般地, 可以证明, 一切 $n \times n$ **实正交矩阵的群** $\boldsymbol{O(n)} = \{X \in \text{GL}(n) | X^{\mathrm{T}}X = I\}$ 是一个 $\frac{1}{2}n(n-1)$ 参数 Lie 群, 而 $O(n)$ 的**子群 SO(n)(特殊正交群)**:

$$\text{SO}(n) = \{X \in O(n) | \det X = +1\}$$

是 $\frac{1}{2}n(n-1)$ 参数的连通 Lie 群.

易证, 如果 G 和 H 分别是 r 和 s 参数 Lie 群, 那么它们的 Descartes 积 $G \times H$ 是一个 $(r+s)$ 参数 Lie 群, 其群运算为 $(g, h) \cdot (\tilde{g}, \tilde{h}) = (g \cdot \tilde{g}, h \cdot \tilde{h}), g, \tilde{g} \in G, h, \tilde{h} \in H$. 因此 r 维环面 T^r 作为 r 个 Lie 群 $S^1 \simeq $ SO(2) 的 Descartes 积也是一个 Lie 群. 而且可以证明 T^r 是一个连通紧致的可交换 r 参数 Lie 群. 实际上, 在同构意义下, 具有上述性质的 Lie 群必为 T^r.

从前面的例子可以看出, 一些 Lie 群是另一些更大 Lie 群的子群, 比如 SO(n) 是 $O(n)$ 的子群, 而 $O(n)$ 又是 GL(n) 的子群. 与浸入子流形相对应, 我们有必要引入 Lie 子群的定义.

定义 1.2.3　Lie 群 G 的子集 H 叫作 Lie 子群, 如果 H 是 G 的 (浸入) 子流形, 即 $\varphi : \tilde{H} \to G$, $H = \varphi(\tilde{H}), \tilde{H}$ 是 Lie 群, φ 是 Lie 群上的同态映射.

例如, 若 ω 是任一实数, 则易知, 子流形

$$H_\omega = \{(t, \omega t) \bmod 2\pi : t \in \mathbf{R}\} \subset T^2$$

是 T^2 的单参数 Lie 子群. 当 ω 为有理数时, H_ω 同构于 SO(2), 形成 T^2 的闭的正则子群; 而当 ω 为无理数时, H_ω 与 Lie 群 $\mathbf{R}$ 同构, 在 T^2 中稠.

由定义 1.2.3 可知, Lie 群的 Lie 子群不一定是正则子流形. 下面的定理为我们提供了一个检验正则子流形的方法.

定理 1.2.1　若 G 是 Lie 群, H 是 G 的闭子群, 那么 H 是 G 的正则子流形, 因此 H 本身也是一个 Lie 群. 反之, G 的任何正则 Lie 子群必为闭子群.

利用定理 1.2.1, 容易证明 $O(n)$ 是 GL(n) 的正则 Lie 子群, 而 SO(n) 是 $O(n)$ 的正则 Lie 子群.

在实际应用中, 有时只需要考虑 Lie 群的单位元附近的元素, 而不必对整个 Lie 群进行研究. 因此需要引入局部 Lie 群的概念.

定义 1.2.4　所谓 r 参数局部 Lie 群, 由包含原点 O 的连通开子集 $V_o \subset V \subset \mathbf{R}^r$ 和定义群运算的光滑映射 $m : V \times V \to \mathbf{R}^r$, 以及定义群的逆元素运算的光滑映射 $i : V_o \to V$ 构成, 并且满足下列条件:

(1)　结合律: 若 $x, y, z \in V$ 且 $m(x, y)$, $m(y, z) \in V$, 则 $m(x, m(y, z)) = m(m(x, y), z)$;

(2)　单位元: 对于一切 $x \in V$, $m(0, x) = x = m(x, 0)$;

(3)　逆元: 对每个 $x \in V_o$, $m(x, i(x)) = 0 = m(i(x), x)$.

注意, 上述局部 Lie 群的定义是通过群运算的局部坐标表示来描述的, 没有用到抽象的流形理论, 因为流形在局部范围内与 Euclid 空间等同.

下面的例子说明, 局部 Lie 群不一定是全局 Lie 群.

例 1.2.5　取 $V = \{x \,|\, |x| < 1\} \subset \mathbf{R}$, 群运算为

$$m(x, y) = \frac{2xy - x - y}{xy - 1}, \quad x, y \in V.$$

通过直接计算可证结合律和单位元对 m 都成立, 而逆元映射是 $i(x) = x/(2x - 1)$, 它仅在 $V_o = \{x \,|\, |x| < \frac{1}{2}\}$ 上定义. 从而 (V, m, i) 仅定义一个单参数局部 Lie 群.

对于给定的全局 Lie 群, 可以利用包含单位元的局部坐标卡来构造局部 Lie 群. 每个局部 Lie 群局部地与全局 Lie 群的单位元的某个邻域同构.

定理 1.2.2　设 $V_o \subset V \subset \mathbf{R}^r$ 是局部 Lie 群, 而 $m(x, y)$ 和 $i(x)$ 分别是它的群运算和逆元映射. 则存在一个全局 Lie 群 G 和包含其单位元的坐标卡 $\varphi : U^* \to V^*$, 其中单位元 $e \in U^*$, 使得 $V^* \subset V_o$, $\varphi(e) = 0$, 并且对一切 $g, h \in U^*$, 以下两式成立:

$$\varphi(g \cdot h) = m(\varphi(g), \varphi(h)),$$

$$\varphi(g^{-1}) = i(\varphi(g)).$$

此外, 存在唯一的具有上述性质的单连通 Lie 群 G^*. 如果 G 是另一个这样的 Lie 群, 则存在一个覆盖映射 $\pi : G^* \to G$, 它同时是一个群同态, 使得 G^* 和 G 是局部同构 Lie 群 (G^* 称为 G 的单连通覆盖群).

上述定理保证了全局 Lie 群的存在. 因此我们可以利用确定局部 Lie 群的单位元邻域的知识, 来重新构造全局 Lie 群. 精确地说, 由 G 的连通性, 可以证明下面的结果.

命题 1.2.1   设 G 是一个连通 Lie 群, $U \subset G$ 是其单位元的某邻域. 记 $U^k \equiv \{g_1 g_2 \cdots g_k | g_i \in U\}$ 为 U 中元素的 k 重乘积的集合. 则等式

$$G = \bigcup_{k=1}^{\infty} U^k$$

成立. 换言之, G 中的每个元素都可以写成 U 中的有限个元素的积.

在实际应用中,Lie 群并不以抽象的概念出现, 它常常是某个流形上的具体的变换群. 例如,Lie 群 SO(2) 是平面 $M = \mathbf{R}^2$ 上的旋转群, 而 GL(n) 是 $\mathbf{R}^n$ 上的可逆线性变换群.

一般地说, 对于 Lie 群 G, 倘若对于它的每个元素 g, 恒存在某个流形 M 到自身的映射与之对应, 那么该 Lie 群 G 就可以作为 M 的变换群. 在实际应用中, Lie 群的作用仅仅是局部的, 即群变换不对一切群元素或流形上的一切点定义.

定义 1.2.5   设 M 是光滑流形, 所谓作用在 M 上的局部变换群由三元组 $(G, U, \boldsymbol{\Psi})$ 确定, 其中 G 是 (局部)Lie 群, U 是 $G \times M$ 中满足包含关系 $\{e\} \times M \subset U \subset G \times M$ 的开子集 (称为群作用的定义域), 而 $\boldsymbol{\Psi} : U \to M$ 是满足下列性质的光滑映射:

(a)   如果 $(h, x) \in U, (g, \boldsymbol{\Psi}(h, x)) \in U$ 且 $(g \cdot h, x) \in U$, 那么

$$\boldsymbol{\Psi}(g, \boldsymbol{\Psi}(h, x)) = \boldsymbol{\Psi}(g \cdot h, x); \tag{1.2.1}$$

(b)   对一切 $x \in M$, 有

$$\boldsymbol{\Psi}(e, x) = x; \tag{1.2.2}$$

(c)   如果 $(g, x) \in U$, 则 $(g^{-1}, \boldsymbol{\Psi}(g, x)) \in U$ 且

$$\boldsymbol{\Psi}(g^{-1}, \boldsymbol{\Psi}(g, x)) = x. \tag{1.2.3}$$

为简便起见, 今后我们把 $\boldsymbol{\Psi}(g, x)$ 简记为 $g \cdot x$. 这样, 定义中的三个条件可以简化为:

(a') $g \cdot (h \cdot x) = (g \cdot h) \cdot x, \quad g, h \in G, \quad x \in M;$ \tag{1.2.4}

(b')   对一切 $x \in M$, $e \cdot x = x;$ \tag{1.2.5}

(c') $g^{-1}(g \cdot x) = x, \quad g \in G, \quad x \in M.$ \tag{1.2.6}

当然, 在上述等式两端有定义的情况下,(1.2.4) 至 (1.2.6) 才有意义. 图 1.2.1 的阴影部分表示局部变换群的定义域.

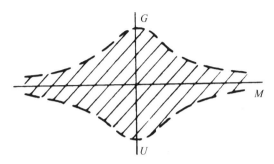

图 1.2.1   局部变换群的定义域

在应用中, 下面两个与变换群有关的集合很重要:

$$G_x \equiv \{g \in G | (g, x) \in U\}, \qquad x \in M \text{固定}$$

与

$$M_g \equiv \{x \in M | (g, x) \in U\}, \qquad g \in G \text{固定}.$$

容易证明 G_x 是一个局部 Lie 群, 而 M_g 是 M 的开子流形.

定义 1.2.6 作用在 M 上的变换群 G 叫作连通的, 倘若下列条件成立:

(a) G 是连通 Lie 群, M 是连通流形;

(b) $U \subset G \times M$ 是连通开集;

(c) 对每个 $x \in M$, 局部 Lie 群 G_x 是连通的.

在今后的叙述中, 除非特别声明, 都假定所有的局部变换群在上述意义下是连通的.

下面引入在理论和应用研究中都具有重要地位的局部变换群的轨道的概念.

定义 1.2.7 局部变换群 G 在 M 上的轨道就是 M 的满足以下条件的子集 $O \subset M$:

(a) 若 $x \in O$, $g \in G$ 且 $g \cdot x$ 有定义, 则 $g \cdot x \in O$;

(b) 若 $\tilde{O} \subset O$ 且满足条件 (a), 则 $\tilde{O} = O$ 或 $\tilde{O}$ 是空集. 简言之, G 的轨道就是 M 在 G 作用下不变的极小非空子集.

在全局变换群情形, 对每个 $x \in M$, 都有一条群轨道通过它, 即

$$O_x = \{g \cdot x | g \in G\}.$$

对于局部变换群, 我们必须考虑群元素的乘积在 x 上的作用:

$$O_x = \{g_1 g_2 \cdots g_k x | k \geqslant 1, \ g_i \in G, \ \text{并且} \ g_1 g_2 \cdots g_k x \text{有定义}\}.$$

以后我们将会看到, Lie 变换群的轨道实际上是 M 的子流形, 这些轨道子流形的维数可能不同, 而且不一定是正则的.

定义 1.2.8   设 G 是作用在 M 上的局部变换群, 于是:

(a)   若一切群轨道 O 作为 M 的子流形都具有相同维数, 则称 Lie 群 G 的作用是**半正则的**.

(b)   若 Lie 群作用是半正则的, 而且对每个 $x \in M$, 存在 x 的一个任意小邻域 U, 使得 G 的每条轨道与 U 的交集是一个弧连通子集, 则称 G 的作用是**正则的**.

由 (b) 可知, 如果 G 正则作用在 M 上, 则 G 的每条轨道都是 M 的正则子流形.

(c)   若只存在一条群作用轨道, 即流形 M 本身, 则称 G 在 M 上的作用是**传递的**(transitive).

显然, 任何传递的变换群的作用都是正则的. 在实际应用中, 大部分变换群的作用都不是传递的.

以下, 我们列举几个 Lie 变换群的例子.

例 1.2.6 $\mathbf{R}^m$ 上的平移群.

设 $\boldsymbol{a} \neq 0$ 是 $\mathbf{R}^m$ 中的一个固定向量, 取 $G = \mathbf{R}$, 定义 $\boldsymbol{\Psi}(t, x) = x + t\boldsymbol{a}$, $x \in \mathbf{R}^m$, $t \in \mathbf{R}$. 容易证明 $(\mathbf{R}, \mathbf{R}, \boldsymbol{\Psi})$ 是一个全局群作用, 它的轨道是一些平行于 $\boldsymbol{a}$ 的直线, 因此作用是正则的且轨道都是一维的.

例 1.2.7   环面上的无理流.

取 $G = \mathbf{R}$, M 是 2 维环面 T^2, ω 是一个固定实数. 通过 T^2 上的角坐标 (θ, ρ) 定义全局群作用 $\boldsymbol{\Psi}(t, (\theta, \rho)) = (\theta + t, \rho + \omega t) \mathrm{mod} 2\pi$.

容易证明 G 的轨道都是 T^2 的一维子流形, 因此群作用是半正则的. 此外, 如果 ω 是有理数, 则轨道都是闭曲线, 群作用是正则的; 如果 ω 是无理数, 则每条轨道都是 T^2 的稠密子流形. 这就提供了一个最简单的例子: 群作用是半正则的, 但不是正则的.

§1.3   流形上的向量场与 Frobenius 定理

在 Lie 群及变换群理论中的主要工具之一是所谓无穷小变换. 为介绍这一重要工具, 先讨论流形上的向量场概念.

设 $C = \{\varphi(t) | \varphi : I \to M, t \in I\}$ 是流形 M 上的一条光滑曲线. 其中, I 是 $\mathbf{R}$ 中的开区间. 在局部坐标 $x = (x^1, \cdots, x^m)$ 下, C 由实变量 t 的 m 个光滑函数 $\varphi(t) = (\varphi^1(t), \cdots, \varphi^m(t))$ 确定, 在 C 的每点 $x = \varphi(t)$ 处, 曲线 C 的切向量就是导数

$$\dot{\varphi}(t) = \frac{\mathrm{d}\varphi}{\mathrm{d}t} = (\dot{\varphi}^1(t), \cdots, \dot{\varphi}^m(t)) . \tag{1.3.1}$$

为了区别切向量和点的局部坐标表示, 记切向量为

$$\mathbf{V}|_x = \dot{\varphi}^1(t)\frac{\partial}{\partial x^1} + \cdots + \dot{\varphi}^m(t)\frac{\partial}{\partial x^m}. \tag{1.3.2}$$

如果 $y = \mathbf{\Psi}(x)$ 是任何一个微分同胚, 那么

$$y = \mathbf{\Psi}(\varphi(t)) \tag{1.3.3}$$

就是曲线 C 在 y 坐标下的局部表示. 在新坐标下, 切向量 (1.3.2) 有如下形式:

$$\begin{aligned} \mathbf{V}|_{y=\mathbf{\Psi}(x)} &= \sum_{j=1}^{m} \frac{\mathrm{d}}{\mathrm{d}t}\mathbf{\Psi}^j(\varphi(t))\frac{\partial}{\partial y^j} \\ &= \sum_{j=1}^{m}\sum_{k=1}^{m} \frac{\partial\mathbf{\Psi}^j}{\partial x^k}(\varphi(t))\frac{\mathrm{d}\varphi^k}{\mathrm{d}t}\frac{\partial}{\partial y^j} \end{aligned} \tag{1.3.4}$$

(1.3.4) 可以看作切向量 (1.3.2) 在坐标变换 (1.3.3) 下的变换结果.

定义 1.3.1 设 M 是一个 m 维光滑流形, $x \in M$ 是一个给定点. M 上通过 x 的一切可能曲线的切向量组成的集合叫作 M 在 x 点的**切空间**, 记为 $TM|_x$; 而 M 上每点的切空间的并集

$$TM = \bigcup_{x \in M} TM|_x$$

叫作 M 的**切丛**, 它是一个 $2m$ 维光滑流形.

例如, $M = \mathbf{R}^m$, 则 $TM = \mathbf{R}^m \times \mathbf{R}^m$.

定义 1.3.2 若对 M 上的每点 $x \in M$ 指定一个切向量 $\mathbf{V}|_x \in TM|_x$, 使得这些切向量随 x 光滑变化, 则称 $\mathbf{V} = \{\mathbf{V}|_x | x \in M\}$ 是 M 上的一个向量场. 而向量场 $\mathbf{V}$ 的**积分曲线**就是 M 上的一条光滑参数化曲线 $x = \varphi(t)$, 在曲线上每点处的切向量与向量场 $\mathbf{V}$ 在同一点的值相同, 即对一切 $t \in I \subset \mathbf{R}$,

$$\dot{\varphi}(t) = \mathbf{V}|_{\varphi(t)}. \tag{1.3.5}$$

在局部坐标 $(x^1, \cdots, x^m)$ 下, M 上的向量场 $\mathbf{V}$ 有如下形式:

$$\mathbf{V}|_x = \xi^1(x)\frac{\partial}{\partial x^1} + \cdots + \xi^m(x)\frac{\partial}{\partial x^m}, \tag{1.3.6}$$

其中, $\xi^i(x)$ 是 x 的光滑函数. 而积分曲线 $x = \varphi(t) = (\varphi^1(t), \cdots, \varphi^m(t))$ 必然是如下自治常微分方程组的解:

$$\frac{\mathrm{d}x^i}{\mathrm{d}t} = \xi^i(x), \qquad i = 1, \cdots, m. \tag{1.3.7}$$

流形上的向量场和积分曲线的概念可以通过图 1.3.1 来理解.

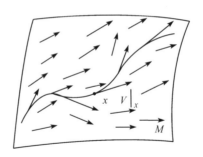

图 1.3.1   流形上的向量场与积分曲线

与标准常微分方程理论一样, 我们把 (1.3.7) 的通过某点 x_0 的存在区间最大的那条积分曲线叫作过 x_0 的**最大积分曲线**, 记为 $\boldsymbol{\Psi}(t, x_0)$. 在动力系统理论中, 通常把 $\boldsymbol{\Psi}(t, x)$ 叫作向量场**V**生成的**流**(flow), 它具有下面的基本性质:

$$\boldsymbol{\Psi}(t, \boldsymbol{\Psi}(s, x)) = \boldsymbol{\Psi}(t + s, x), \qquad x \in M, \tag{1.3.8}$$

$$\boldsymbol{\Psi}(0, x) = x, \qquad x \in M \tag{1.3.9}$$

与

$$\frac{\mathrm{d}}{\mathrm{d}t} \boldsymbol{\Psi}(t, x) = \mathbf{V}|_{\boldsymbol{\Psi}(t, x)}, \tag{1.3.10}$$

其中, t, s 是 **R** 中使上面等式两端有定义的一切值.

把 (1.3.8)、(1.3.9) 和 (1.2.1)、(1.2.2) 比较, 可以看出, 向量场**V**生成的流与 Lie 群**R**在 M 上的局部群作用是一样的, 因此, 常常把 $\boldsymbol{\Psi}(t, x)$ 叫作单参数 (即 t) 变换群. 而向量场**V**叫作这种变换群作用的无穷小生成元, 因为由 Taylor 定理知, 在局部坐标下,

$$\boldsymbol{\Psi}(t, x) = x + t\xi(x) + O(t^2),$$

其中, $\xi(x) = (\xi^1(x), \cdots, \xi^m(x))$ 是**V**的分量.

单参数群作用的轨道就是**V**的最大积分曲线. 反之, 如果 $\boldsymbol{\Psi}(t, x)$ 是作用在 M 上的任何一个单参数变换群, 那么它的无穷小生成元就由下式决定:

$$\mathbf{V}|_x = \frac{\mathrm{d}}{\mathrm{d}t}\bigg|_{t=0} \boldsymbol{\Psi}(t, x). \tag{1.3.11}$$

根据常微分方程理论中的关于初值问题的存在唯一性定理可知, 局部单参数变换群与它的无穷小生成元之间是一一对应的.

求一个给定**向量场 V 生成的流**或单参数变换群 (即求解常微分方程组) 通常叫作对**向量场 V 取指数**. 因此把向量场**V**生成的流记为

$$\exp(t\mathbf{V})x \equiv \boldsymbol{\Psi}(t, x). \tag{1.3.12}$$

利用这种指数记法, 上面的三条性质 (1.3.8)、(1.3.9) 和 (1.3.10) 可以重新写为

$$\exp[(t+s)\mathbf{V}]x = \exp(t\mathbf{V})\exp(s\mathbf{V})x, \tag{1.3.13}$$

$$\exp(0\mathbf{V})x = x \tag{1.3.14}$$

和

$$\frac{\mathrm{d}}{\mathrm{d}t}[\exp(t\mathbf{V})x] = \mathbf{V}|_{\exp(t\mathbf{V})x}. \tag{1.3.15}$$

特别, $\mathbf{V}|_x$ 由 (1.3.15) 取 $t = 0$ 的值即是. 上述三个式子正反映了指数函数的性质.

例 1.3.1 流形上的向量场和流.

(a) 取 $M = \mathbf{R}$, 坐标为 x, 考虑向量场 $\mathbf{V} = \dfrac{\partial}{\partial x} \equiv \partial_x$, 那么它的流全局为

$$\exp(t\mathbf{V})x = \exp(t\partial_x)x = x + t. \tag{1.3.16}$$

若 $\mathbf{V} = x\partial_x$, 则

$$\exp(tx\partial_x)x = \mathrm{e}^t x, \tag{1.3.17}$$

因为它是常微分方程 $\dot{x} = x$ 当 $t = 0$ 时初值为 x 的解.

(b) 一般地, $M = \mathbf{R}^m$ 时, **定常向量场** $\mathbf{V}_x = \Sigma a^i \partial/\partial x^i$, $\boldsymbol{a} = (a^1, \cdots, a^m)$. 取指数后, 得到**沿 $\boldsymbol{a}$ 方向的解平移变换群**:

$$\exp(t\mathbf{V}_{\boldsymbol{a}})x = x + t\boldsymbol{a}, \quad x \in \mathbf{R}^m. \tag{1.3.18}$$

类似地, 线性向量场

$$\mathbf{V}_A = \sum_{i=1}^{n}\left(\sum_{i=1}^{m} a_{ij}x^j\right)\frac{\partial}{\partial x^i}$$

具有流

$$\exp(t\mathbf{V}_A)x = \mathrm{e}^{tA}x, \tag{1.3.19}$$

其中, $A = (a_{ij})$ 是 $m \times m$ 常矩阵, 并且 $\mathrm{e}^{tA} = I + tA + \dfrac{1}{2}t^2A^2 + \cdots$ 是通常的指数矩阵.

(c) 考虑平面上的旋转变换群

$$\boldsymbol{\Psi}(t, (x, y)) = (x\cos t - y\sin t, x\sin t + y\cos t), \tag{1.3.20}$$

根据定义, 它的无穷小生成元就是向量场

$$\mathbf{V} = \xi(x, y)\partial_x + \eta(x, y)\partial_y, \tag{1.3.21}$$

其中

$$\xi(x,y) = \frac{\mathrm{d}}{\mathrm{d}t}\Big|_{t=0}(x\cos t - y\sin t) = -y,$$

$$\eta(x,y) = \frac{\mathrm{d}}{\mathrm{d}t}\Big|_{t=0}(x\sin t + y\cos t) = x.$$

实际上, 群变换 (1.3.20) 是常微分方程组

$$\frac{\mathrm{d}x}{\mathrm{d}t} = -y, \quad \frac{\mathrm{d}y}{\mathrm{d}t} = x \tag{1.3.22}$$

的解.

如果 $\mathbf{V} = \sum\limits_{i=1}^{m}\xi^{i}(x)\dfrac{\partial}{\partial x^{i}}$ 是 M 上的向量场 $\mathbf{V}$ 在 x 坐标下的表达式, $y = \mathbf{\Psi}(x)$ 是一个坐标变换, 则根据 (1.3.4), 在 y 坐标下, $\mathbf{V}$ 有下面的表达式:

$$\mathbf{V} = \sum_{j=1}^{m}\sum_{i=1}^{m}\xi^{i}(\mathbf{\Psi}^{-1}(y))\frac{\partial\mathbf{\Psi}^{j}}{\partial x^{i}}(\mathbf{\Psi}^{-1}(y))\frac{\partial}{\partial y^{j}}. \tag{1.3.23}$$

下面的命题说明在适当选择的局部坐标下, 我们可以化简流形上的向量场.

命题 1.3.1 若 $\mathbf{V}$ 是 M 上一个在 $x_0 \in M$ 处不为零的向量场: $\mathbf{V}|_{x_0} \neq 0$, 那么存在 x_0 处的局部坐标卡 $y = (y^{1}, \cdots, y^{m})$ 使得在 y 坐标下, $\mathbf{V} = \partial/\partial y^{1}$.

该命题表明, 每个不等于零的向量场都局部地等价于平移群的无穷小生成元. 在微分方程理论中, 命题 1.3.1 通常叫作直化 (straightened out) 定理.

下面我们考查流形上的函数沿着向量场的流是如何变化的. 换言之, 设 $\mathbf{V}$ 是流形 M 上的向量场, $f : M \to \mathbf{R}$ 是光滑函数, 兹考虑当 t 变化时, $f(\exp(t\mathbf{V})x)$ 如何变化. 在局部坐标下, 若 $\mathbf{V} = \sum\limits_{i=1}^{m}\xi^{i}(x)\dfrac{\partial}{\partial x^{i}}$, 则

$$\begin{aligned}\frac{\mathrm{d}}{\mathrm{d}t}f(\exp(t\mathbf{V})x) \quad &= \sum_{i=1}^{m}\xi^{i}(\exp(t\mathbf{V})x)\frac{\partial f}{\partial x^{i}}(\exp(t\mathbf{V})x)\\ &\equiv \mathbf{V}(f)[\exp(t\mathbf{V})x].\end{aligned} \tag{1.3.24}$$

特别, 当 $t = 0$ 时, 有

$$\frac{\mathrm{d}}{\mathrm{d}t}\Big|_{t=0}f(\exp(t\mathbf{V})x) = \sum_{i=1}^{m}\xi^{i}(x)\frac{\partial f}{\partial x^{i}}(x) = \mathbf{V}(f)(x). \tag{1.3.25}$$

因此向量场 $\mathbf{V}$ 是作用在 f 上的一阶偏微分算子. 根据 Taylor 定理,

$$f(\exp(t\mathbf{V})x) = f(x) + t\mathbf{V}(f)(x) + O(t^{2}), \tag{1.3.26}$$

故 $\mathbf{V}(f)$ 是 f 在 $\mathbf{V}$ 的流下的无穷小改变.

若对 (1.3.24) 继续求导, 并代到 Taylor 展开式中, 则有

$$
\begin{aligned}
f(\exp(t\mathbf{V})x) = {} & f(x) + t\mathbf{V}(f)(x) \\
& + \cdots + \frac{t^k}{k!}\mathbf{V}^k(f)(x) + O(t^{k+1}),
\end{aligned} \tag{1.3.27}
$$

其中, $\mathbf{V}^2(f) = \mathbf{V}(\mathbf{V}(f)), \cdots$ 如果 (1.3.27) 关于 t 收敛, 则得到所谓 Lie 级数:

$$
f(\exp(t\mathbf{V})x) = \sum_{k=0}^{\infty} \frac{t^k}{k!}\mathbf{V}^k(f)(x), \tag{1.3.28}
$$

这就是流在 f 上作用的结果.

由上面的讨论知道, $\mathbf{V}|_x$ 实际上定义了一个实值光滑函数空间上的导数, $\mathbf{V}(f)(x)$ 是一个数, 而且由 $\mathbf{V}$ 确定的这种运算满足基本的导数性质:

(a) 线性性: $\mathbf{V}(f + g) = \mathbf{V}(f) + \mathbf{V}(g)$; (1.3.29)

(b) Leibnitz 法则: $\mathbf{V}(f \cdot g) = \mathbf{V}(f)g + f\mathbf{V}(g)$. (1.3.30)

兹讨论流形之间的光滑映射的微分算子.

设 $F : M \to N$ 是光滑流形 M 和 N 之间的光滑映射, M 上的曲线 $C = \{\varphi(t) | t \in I\}$ 被 F 映射成 N 上的曲线 $\tilde{C} = F(C) = \{\tilde{\varphi}(t) = F(\varphi(t)) | t \in I\}$. 那么 F 诱导出这样一个映射, 它把 C 在 $x = \varphi(t)$ 处的切向量 $\mathrm{d}\varphi/\mathrm{d}t$ 映到 $\tilde{C}$ 在 $F(x) = F(\varphi(t)) = \tilde{\varphi}(t)$ 处的切向量 $\mathrm{d}\tilde{\varphi}/\mathrm{d}t$. 这个导出映射就称为 F**的微分**, 记为

$$
\mathrm{d}F(\dot{\varphi}(t)) = \frac{\mathrm{d}}{\mathrm{d}t}\{F(\varphi(t))\}. \tag{1.3.31}
$$

一般说, $F : M \to N$ 的微分就是切空间之间的线性映射

$$
\mathrm{d}F : TM|_x \to TN|_{F(x)}.
$$

若 $\mathbf{V}|_x \in TM|_x$ 在局部坐标下为

$$
\mathbf{V}|_x = \sum_{i=1}^{m} \xi^i(x)\frac{\partial}{\partial x^i},
$$

则有

$$
\mathrm{d}F(\mathbf{V}|_x) = \sum_{j=1}^{n}\left(\sum_{i=1}^{m}\xi^i\frac{\partial F^j}{\partial x^i}(x)\right)\frac{\partial}{\partial y^j} = \sum_{j=1}^{n}\mathbf{V}(F^j(x))\frac{\partial}{\partial y^j}. \tag{1.3.32}
$$

而且

$$
\mathrm{d}F(\mathbf{V}|_x)f(y) = \mathbf{V}(f \cdot F)(x), \ y = F(x), \tag{1.3.33}
$$

对一切 $\mathbf{V}|_x \in TM|_x$ 和一切光滑函数 $f : N \to \mathbf{R}$ 成立.

此外, 我们有:

引理 1.3.1　如果 $F : M \to N$ 和 $H : N \to P$ 是流形间的两个光滑映射, 那么

$$\mathrm{d}(H \cdot F) = \mathrm{d}H \cdot \mathrm{d}F, \tag{1.3.34}$$

其中, $\mathrm{d}F : TM|_x \to TN|_{y=F(x)}, \mathrm{d}H : TN|_y \to TP|_{z=H(y)}$, 而 $\mathrm{d}(H \cdot F) : TM|_x \to TP|_{z=H(F(x))}$.

如果 $F : M \to N$ 是到 N 上的微分同胚, $\mathbf{V}$ 是 M 上的向量场, 那么 $\mathrm{d}F(\mathbf{V})$ 是 N 上的向量场, 而且 $\mathbf{V}$ 和 $\mathrm{d}F(\mathbf{V})$ 的积分曲线有如下关系:

$$F(\exp(t\mathbf{V})(x)) = \exp(t\mathrm{d}F(\mathbf{V}))F(x). \tag{1.3.35}$$

下面引入向量场的 Lie 括号或换位子 (commutator) 的概念, 它在本书中起着重要的作用.

定义 1.3.3　如果 $\mathbf{V}$、$\mathbf{W}$ 是流形 M 上的两个向量场, 那么它们的 **Lie 括号** $[\mathbf{V}, \mathbf{W}]$ 就是 M 上的满足下式的唯一向量场:

$$[\mathbf{V}, \mathbf{W}](f) = \mathbf{V}(\mathbf{W}(f)) - \mathbf{W}(\mathbf{V}(f)), \quad \text{对于一切} f \in C^\infty(M, \mathbf{R}).$$

若在局部坐标下, $\mathbf{V}$、$\mathbf{W}$ 有表达式:

$$\mathbf{V} = \sum_{i=1}^m \xi^i(x) \frac{\partial}{\partial x^i}, \quad \mathbf{W} = \sum_{i=1}^m \eta^i(x) \frac{\partial}{\partial x^i},$$

则

$$\begin{aligned}
[\mathbf{V}, \mathbf{W}] &= \sum_{i=1}^m \{\mathbf{V}(\eta^i) - \mathbf{W}(\xi^i)\} \frac{\partial}{\partial x^i} \\
&= \sum_{i=1}^m \sum_{j=1}^m \left\{ \xi^j \frac{\partial \eta^i}{\partial x^j} - \eta^j \frac{\partial \xi^i}{\partial x^j} \right\} \frac{\partial}{\partial x^i}.
\end{aligned} \tag{1.3.36}$$

命题 1.3.2　Lie 括号有下列性质:

(a)　双线性: $[c\mathbf{V} + c'\mathbf{V}', \mathbf{W}] = c[\mathbf{V}, \mathbf{W}] + c'[\mathbf{V}', \mathbf{W}]$,

$$[\mathbf{V}, c\mathbf{W} + c'\mathbf{W}'] = c[\mathbf{V}, \mathbf{W}] + c'[\mathbf{V}, \mathbf{W}'], \tag{1.3.37}$$

其中, c、c' 为常数;

(b)　反对称性: $[\mathbf{V}, \mathbf{W}] = -[\mathbf{W}, \mathbf{V}]$; $\tag{1.3.38}$

(c)　Jacobi 恒等式:

$$[\mathbf{U}, [\mathbf{V}, \mathbf{W}]] + [\mathbf{W}, [\mathbf{U}, \mathbf{V}]] + [\mathbf{V}, [\mathbf{W}, \mathbf{U}]] = 0. \tag{1.3.39}$$

命题 1.3.3 如果 $F: M \to N$ 是任一光滑映射, $\mathbf{V}, \mathbf{W}$ 是 M 上的两个向量场, 使得 $\mathrm{d}F(\mathbf{V}), \mathrm{d}F(\mathbf{W})$ 是 N 上有定义的向量场, 则等式

$$\mathrm{d}F([\mathbf{V}, \mathbf{W}]) = [\mathrm{d}F(\mathbf{V}), \mathrm{d}F(\mathbf{W})] \tag{1.3.40}$$

成立.

定理 1.3.1 设 $\mathbf{V}, \mathbf{W}$ 是 M 上的向量场, 则对每个 $x \in M$, 换位子

$$\psi(t, x) = \exp(-\sqrt{t}\mathbf{W}) \exp(-\sqrt{t}\mathbf{V}) \exp(\sqrt{t}\mathbf{W}) \exp(\sqrt{t}\mathbf{V})x$$

对充分小的 $t \geqslant 0$ 定义了 M 上的一条光滑曲线, 并且 Lie 括号 $[\mathbf{V}, \mathbf{W}]|_x$ 就是这条曲线在端点 $x = \psi(0, x)$ 的切向量

$$[\mathbf{V}, \mathbf{W}]|_x = \left.\frac{\mathrm{d}}{\mathrm{d}t}\right|_{t=0^+} \psi(t, x), \tag{1.3.41}$$

见图 1.3.2.

下面的定理阐明了两个向量场可交换的充分必要条件是它们的 Lie 括号处处为零.

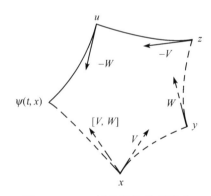

图 1.3.2 Lie 括号的换位子构造

定理 1.3.2 设 $\mathbf{V}, \mathbf{W}$ 是 M 上的向量场, 则

$$\exp(t\mathbf{V}) \exp(s\mathbf{W})x = \exp(s\mathbf{W}) \exp(t\mathbf{V})x \tag{1.3.42}$$

对一切使两端有定义的 $t, s \in \mathbf{R}$, $x \in M$ 成立的充要条件是 $[\mathbf{V}, \mathbf{W}] = 0$ 处处成立.

最后, 我们介绍子流形上的切空间和向量场以及重要的 Frobenius 定理, 该定理指出了 m 维流形 M 上的向量场的积分子流形的存在性条件.

若 $N \subset M$ 是子流形, 其参数化浸入映射为 $\varphi: \tilde{N} \to N$, 即 $\varphi(\tilde{N}) = N$, $\tilde{N}$ 为流形, 则根据 1.1 节的定义知, N 在 $y \in N$ 点的切空间就是 $\tilde{N}$ 在对应点 $\tilde{y}$ 的切空间的象:

$$TN|_y = \mathrm{d}\varphi(T\tilde{N}|_{\tilde{y}}), \quad y = \varphi(\tilde{y}) \in N.$$

注意 $TN|_y$ 是与 N 具有相同维数的 $TM|_y$ 的子空间.

命题 1.3.4　设 $F: M \to \mathbf{R}^n$, $n \leqslant m$ 在 $N = \{x|F(x) = 0\}$ 上具有最大秩, 从而 $N \subset M$ 是一个隐式定义的正则的 $m - n$ 维子流形. 那么对任何一个 $y \in N$, N 在 y 处的切空间恰为 F 在 y 处的微分算子的核:

$$TN|_y = \{\mathbf{V} \in TM|_y | \mathrm{d}F(\mathbf{V}) = 0\}.$$

证　如果 $\varphi(t)$ 是过 $y = \varphi(t_0)$ 的曲线 $C \subset N$ 的参数表示, 则对一切 $t \in I$, $F(\varphi(t)) = 0$. 两边对 t 求导得

$$0 = \frac{\mathrm{d}}{\mathrm{d}t} F(\varphi(t)) = \mathrm{d}F(\dot{\varphi}(t)).$$

因此 C 的切向量 $\dot{\varphi}$ 在 $\mathrm{d}F$ 的核中. 反之利用 $\mathrm{d}F$ 在 y 点秩为 n 的事实通过维数公式即得结论.

引理 1.3.2　如果 $\mathbf{V}$ 和 $\mathbf{W}$ 与子流形 N 相切, 则它们的 Lie 括号 $[\mathbf{V}, \mathbf{W}]$ 也与 N 相切.

证　设 $\tilde{\mathbf{V}}$ 和 $\tilde{\mathbf{W}}$ 是 $\mathbf{V}, \mathbf{W}$ 在 $\tilde{N}$ 上的对应向量场, 则有

$$\mathrm{d}\varphi[\tilde{\mathbf{V}}, \tilde{\mathbf{W}}] = [\mathrm{d}\varphi(\tilde{\mathbf{V}}), \mathrm{d}\varphi(\tilde{\mathbf{W}})] = [\mathbf{V}, \mathbf{W}],$$

这表明对每个 $y \in N$, $[\mathbf{V}, \mathbf{W}]|_y \in TN|_y = \mathrm{d}\varphi(T\tilde{N}|_{\tilde{y}})$.

由前面的讨论知道, 流形 M 上的向量场 $\mathbf{V}$ 通过 M 的每点都确定一条积分曲线, 使得 $\mathbf{V}$ 与它处处相切. 以下将要介绍的 Frobenius 定理涉及向量场簇的积分子流形的存在性, 这是更一般的情况.

定义 1.3.4　设 $\mathbf{V}_1, \cdots, \mathbf{V}_r$ 都是光滑流形 M 上的向量场. 向量场簇 $\{\mathbf{V}_1, \cdots, \mathbf{V}_r\}$ 的**积分子流形**是 M 的这样的子流形 N, 使得在任一点 $y \in N$, 其切空间 $TN|_y$ 由向量 $\{\mathbf{V}_1|_y, \cdots, \mathbf{V}_r|_y\}$ 所张成.

如果通过 M 的每点都存在 $\{\mathbf{V}_1, \cdots, \mathbf{V}_r\}$ 的积分子流形, 则称向量场簇 $\{\mathbf{V}_1, \cdots, \mathbf{V}_r\}$ 是**可积的**.

由定义我们可知, 积分子流形的维数等于 $\{\mathbf{V}_1|_x, \cdots, \mathbf{V}_r|_x\}$ 张成的空间的维数, 当 x 在 M 上变化时, 积分子流形的维数可能会变化.

定义 1.3.5　M 上的一个向量场簇 $\{\mathbf{V}_1, \cdots, \mathbf{V}_r\}$ 叫作**对合**(involution), 若存在光滑实值函数 $c_{ij}^k(x)$, $x \in M$, $i, j, k = 1, \cdots, r$, 使得对一切 $i, j = 1, \cdots, r$, 下面的等式成立:

$$[\mathbf{V}_i, \mathbf{V}_j] = \sum_{k=1}^{r} c_{ij}^k(x) \mathbf{V}_k.$$

定理 1.3.3(Frobenius 定理)　若 $\mathbf{V}_1, \cdots, \mathbf{V}_r$ 是流形 M 上的 r 个光滑向量场, 那么向量场簇 $\{\mathbf{V}_1, \cdots, \mathbf{V}_r\}$ 可积的充分必要条件是它们是对合的.

如果向量场簇由无穷多个向量场生成, 那么该定理应做适当的修改.

定义 1.3.6 设 H 是由若干向量场组成的集合, 形成一个向量空间. 若 $\mathbf{V}, \mathbf{W} \in H$ 蕴含着 $[\mathbf{V}, \mathbf{W}] \in H$, 则称 H 是对合的.

该定义包含了有限生成情况下的定义 1.3.5.

记 $H|_x = \mathrm{Span}\{\mathbf{V}|_x | \mathbf{V} \in H\} \subset TM|_x$.

H 的积分子流形就是子流形 $N \subset M$, 使得 $TN|_y = H|_y$ 对一切 $y \in N$ 成立.

定义 1.3.7 如果对于任意向量场 $\mathbf{V} \in H$, 沿着 $\mathbf{V}$ 生成的流, 子空间 $H|_{\exp(t\mathbf{V})x}$ 的维数不随 t 改变, 则称 H 是**秩不变的**.

注意定义中的子空间 $H|_{\exp(t\mathbf{V})x}$ 的维数可随 x 改变.

由于从 x 发出的 $\mathbf{V}$ 的积分曲线 $\exp(t\mathbf{V})x$ 应在某个积分子流形 N 中, 所以秩不变性当然是可积的必要条件. 对于有限生成的 H 而言, 秩不变性是自动成立的.

定理 1.3.4 若 H 是 M 上的向量场空间, 则 H 可积的充分必要条件是 H 对合且秩不变.

实际上, 定理的证明可以通过积分子流形的直接构造来进行. 如果 $x \in N$, 那么可以通过考查从 x 出发的相继的积分曲线来得到积分子流形:

$$N = \{\exp(\mathbf{V}_1) \cdot \exp(\mathbf{V}_2) \cdots \exp(\mathbf{V}_k)x : k \geqslant 1;\ \mathbf{V}_i \in H\}$$

秩的不变性意味着对任一个 $y \in N$, $H|_y$ 具有相同的维数.

以下把可积向量场簇的全体最大积分子流形叫作 M 的一个**叶层**(foliation), 而每个积分子流形叫作叶层中的**叶**(leaf).

例 1.3.2 考虑 $\mathbf{R}^3$ 中的向量场:

$$\mathbf{V} = -y\partial_x + x\partial_y,$$
$$\mathbf{W} = 2xz\partial_x + 2yz\partial_y + (z^2 + 1 - x^2 - y^2)\partial_z.$$

易证 $[\mathbf{V}, \mathbf{W}] = 0$, 故由定理 1.3.3, $\{\mathbf{V}, \mathbf{W}\}$ 是可积的. 取定一点 (x, y, z), 则 $\mathbf{V}|_{(x,y,z)}$ 和 $\mathbf{W}|_{(x,y,z)}$ 张成的 $T\mathbf{R}^3$ 的子空间当 (x, y, z) 在 z 轴和圆周 $\{x^2 + y^2 = 1, z = 0\}$ 上时是一维的, 而其他时候是二维的. 不难验证, 一切二维积分子流形都是环面:

$$\zeta(x, y, z) = (x^2 + y^2)^{-1/2}(x^2 + y^2 + z^2 + 1) = c,\ c > 2.$$

实际上, 由于

$$\mathrm{d}\zeta(\mathbf{V}) = \mathbf{V}(\zeta) = 0, \quad \mathrm{d}\zeta(\mathbf{W}) = \mathbf{W}(\zeta) = 0,$$

因此由命题 1.3.4, $\mathbf{V}$ 和 $\mathbf{W}$ 均与 ζ 的每个水平集相切, 只要 ζ 的梯度不全为零.

定义 1.3.8 (i) 一个可积向量场簇 $\{\mathbf{V}_1, \cdots, \mathbf{V}_r\}$ 是**半正则的**, 如果 $\{\mathbf{V}_1|_x, \cdots, \mathbf{V}_r|_x\}$ 张成的子空间的维数不随 x 改变. 此时所有积分子流形的维数均相同.

(ii) 如果 $\{\mathbf{V}_1,\cdots,\mathbf{V}_r\}$ 是半正则的可积向量场簇, 而且对每个 $x \in M$, 都存在任意小领域 U 使得每个最大积分子流形与 U 的交集是弧连通子集, 则称该向量场族是**正则的**.

半正则性是一种局部性质, 它可以用坐标来导出, 而正则性则依赖于向量场簇的全局结构, 如果没有明显找出积分子流形是很难验证的.

任何一个半正则向量场簇都可以通过限制在 M 的适当小开子集上而成为正则的. 例如, 例 1.3.2 中的向量场簇在开子集 $\mathbf{R}^3 \setminus (\{x = y = 0\} \bigcup \{x^2 + y^2 = 1, z = 0\})$ 上是正则的.

对于半正则向量场簇, Frobenius 定理实际上给出了一种通过适当选择局部坐标来平滑 (flattening out) 积分子流形的方法, 正如命题 1.3.1 对单个向量场的积分曲线的作用一样.

定理 1.3.5 设 $\{\mathbf{V}_1,\cdots,\mathbf{V}_r\}$ 是一个可积向量场簇, 使得 $TM|_x$ 的子空间 span $\{\mathbf{V}_1|_x,\cdots,\mathbf{V}_r|_x\}$ 的维数是与 $x \in M$ 无关的常数 s. 那么对每个 $x_0 \in M$, 存在 x_0 附近的平坦局部坐标 $y = (y^1,\cdots,y^m)$ 使得积分子流形与这个坐标卡的交集是一些片 (slices) $\{y|y^1 = c_1,\cdots,y^{m-s} = c_{m-s}\}$, 其中 $c_1,\cdots,c_{m-s}$ 是任意常数. 此外, 若向量场簇还是正则的, 那么可以选择上述坐标卡使得每个积分子流形至多与它相交于一片.

对于例 1.3.2 中的向量场簇, 在 $z_0 \neq 0$ 且不在 z 轴上的任一点 (x_0, y_0, z_0) 附近, 平坦局部坐标由 $\tilde{x} = x, \tilde{y} = y, \tilde{z} = \zeta(x, y, z)$ 给出. 环面 $\{\tilde{z} = 常数\}$ 的切空间由下面的向量场所张成:

$$\frac{\partial}{\partial \tilde{x}} = \frac{\partial}{\partial x} - \frac{x(x^2 + y^2 - z^2 - 1)}{2z(x^2 + y^2)} \frac{\partial}{\partial z},$$

$$\frac{\partial}{\partial \tilde{y}} = \frac{\partial}{\partial y} - \frac{y(x^2 + y^2 - z^2 - 1)}{2z(x^2 + y^2)} \frac{\partial}{\partial z}.$$

注意, $\{\partial/\partial \tilde{x}, \partial/\partial \tilde{y}\}$ 和 $\{\mathbf{V}, \mathbf{W}\}$ 都张出 $T\mathbf{R}^3$ 在 (x, y, z) 处的同一个子空间, 其中 $z(x^2 + y^2) \neq 0$, 因此我们确实局部地平滑了例 1.3.2 中的环面.

§1.4   Lie 代数

如果 G 是一个 Lie 群, 那么在 G 上就存在某些特别的向量场, 它们由群作用下的不变性来刻画. 下面我们将看到, 这些不变向量场形成一个有限维向量空间, 称为 G 的 Lie 代数. 精确地说, Lie 代数实际上是 G 的无穷小生成元. 实际上, G 里的几乎所有信息都包含在它的 Lie 代数中. 例如, 利用这一基本发现, 使我们能够将群作用下不变的、复杂的非线性条件用相对简单的线性无穷小条件代替. 这一方法是非常重要的, 在 Lie 群对微分方程的应用中, 几乎所有邻域最终都归结到 Lie 代数的构造上.

定义 1.4.1　设 G 是一个 Lie 群, 则:

(i)　对任意 $g \in G$, 定义**右乘积变换**$R_g : G \to G$ 为

$$R_g(h) = h \cdot g.$$

R_g 是一个微分同胚, 其逆为 $R_{g^{-1}} = (R_g)^{-1}$.

(ii)　设**V**是 G 上的向量场, 对于一切 $g,\ h \in G$, 如果 $\mathrm{d}R_g(\mathbf{V}|_h) = \mathbf{V}|_{R_g(h)} = \mathbf{V}|_{h \cdot g}$, 则称**V**是**右不变的**.

注意, 如果**V**,**W**是右不变的, 那么它们的任意线性组合也是右不变的, 因此所有右不变向量场形成一个向量空间.

定义 1.4.2　Lie 群 G 的 Lie 代数就是 G 上的一切右不变向量场组成的向量空间, G 的 Lie 代数用 $\mathfrak{g}$ 表示.

命题 1.4.1　G 上的任一个右不变向量场由它在单位元的值唯一确定.

证　若**V**是 G 上的右不变向量场, 由于 $R_g(e) = g$, 所以

$$\mathbf{V}|_g = \mathrm{d}R_g(\mathbf{V}|_e). \tag{1.4.1}$$

反之, 在 G 的单位元 e 处的任一切向量, 通过 (1.4.1) 唯一确定一个 G 上的右不变向量场. 实际上,

$$\begin{aligned}
\mathrm{d}R_g(\mathbf{V}|_h) &= \mathrm{d}R_g(\mathrm{d}R_h(\mathbf{V}|_e)) = \mathrm{d}(R_g \cdot R_h)(\mathbf{V}|_e) \\
&= \mathrm{d}R_{h \cdot g}(\mathbf{V}|_e) = \mathbf{V}|_{h \cdot g}.
\end{aligned}$$

从而**V**是右不变的.

利用这个命题, 我们可以把 G 的 Lie 代数 $\mathfrak{g}$ 和 G 在单位元处的切空间 $TG|_e$ 视为等同的, 即

$$\mathfrak{g} \simeq TG|_e. \tag{1.4.2}$$

由 (1.4.2) 可知, $\mathfrak{g}$ 是与 G 具有相同维数的有限维向量空间.

上述 Lie 群 G 的 Lie 代数 $\mathfrak{g}$ 除了具有向量空间结构外, 还具有一种重要的反对称双线性运算性质, 即 Lie 括号运算. 事实上, 若 $\mathbf{V}, \mathbf{W} \in \mathfrak{g}$, 则由于

$$\mathrm{d}R_g[\mathbf{V}, \mathbf{W}] = [\mathrm{d}R_g(\mathbf{V}), \mathrm{d}R_g(\mathbf{W})] = [\mathbf{V}, \mathbf{W}],$$

因此 $[\mathbf{V}, \mathbf{W}] \in \mathfrak{g}$.

以下我们引入一般的 Lie 代数定义.

定义 1.4.3 Lie 代数就是这样一个向量空间 $\mathfrak{g}$, 它的元素之间存在一种称作**Lie 括号**的双线性运算: $[\cdot,\cdot] : \mathfrak{g} \times \mathfrak{g} \to \mathfrak{g}$, 满足下面几条公理:

(a) 双线性:

$$[c\mathbf{V} + c'\mathbf{V}', \mathbf{W}] = c[\mathbf{V}, \mathbf{W}] + c'[\mathbf{V}', \mathbf{W}],$$
$$[\mathbf{V}, c\mathbf{W} + c'\mathbf{W}'] = c[\mathbf{V}, \mathbf{W}] + c'[\mathbf{V}, \mathbf{W}'],$$

其中, $c, c' \in \mathbf{R}$ 为常数.

(b) 反对称性: $[\mathbf{V},\mathbf{W}]=-[\mathbf{W},\mathbf{V}]$.

(c) Jacobi 恒等式: 对于一切 $\mathbf{U}, \mathbf{V}, \mathbf{V}', \mathbf{W}, \mathbf{W}' \in \mathfrak{g}$,

$$[\mathbf{U}, [\mathbf{V}, \mathbf{W}]] + [\mathbf{W}, [\mathbf{U}, \mathbf{V}]] + [\mathbf{V}, [\mathbf{W}, \mathbf{U}]] = 0.$$

例 1.4.1 如果 $G = \mathbf{R}$, 则除相差常数倍以外, 只存在一个右不变向量场: $\partial_x = \partial/\partial x$.

实际上, 任取 $x, y \in \mathbf{R}$, $R_y(x) = x + y$. 因此 $\mathrm{d}R_y(\partial_x) = \partial_x$.

类似地, 如果 $G = \mathbf{R}^+$, 则唯一的独立右不变向量场是 $x\partial_x$.

对于 $G = \mathrm{SO}(2)$, ∂_θ 是仅有的独立右不变向量场.

注意, $\mathbf{R}$, $\mathbf{R}^+$ 和 $\mathrm{SO}(2)$ 的 Lie 代数都是同一个一维的具有平凡 Lie 括号 (对于一切 $\mathbf{V}, \mathbf{W} \in \mathfrak{g}, [\mathbf{V}, \mathbf{W}] = 0$) 的向量空间. 根据定义不难验证, 只存在一个一维 Lie 代数, 即 $\mathfrak{g} = \mathbf{R}$, 它必然有平凡 Lie 括号.

例 1.4.2 计算一般线性群 $\mathrm{GL}(n)$ 的 Lie 代数.

由于 $\mathrm{GL}(n)$ 是 n^2 维的, 可以把它的 Lie 代数 $gl(n) \simeq \mathbf{R}^{n^2}$ 与一切 $n \times n$ 矩阵组成的空间视为同一. 实际上, $\mathrm{GL}(n)$ 上的坐标可以由矩阵的元素 $x_{ij}(i, j = 1, \cdots, n)$ 来确定, 所以 $\mathrm{GL}(n)$ 在单位元处的切空间就是所有如下向量场的集合:

$$\mathbf{V}_{\boldsymbol{A}}|_I = \sum_{i,j=1}^{n} a_{ij} \frac{\partial}{\partial x_{ij}}\bigg|_I,$$

其中, $\boldsymbol{A} = (a_{ij})$ 是任意 $n \times n$ 矩阵. 现在给定 $Y = (y_{ij}) \in \mathrm{GL}(n)$, 则矩阵 $R_Y(X) = XY$ 的元素为 $\sum_{k=1}^{n} x_{ik}y_{kj}$. 所以, 根据 (1.4.1) 可得

$$\mathbf{V}_{\boldsymbol{A}}|_Y = \mathrm{d}R_Y(\mathbf{V}_{\boldsymbol{A}}|_I)$$
$$= \sum_{l,m}\sum_{i,j} a_{ij} \frac{\partial}{\partial x_{ij}}\left(\sum_k a_{lk}y_{km}\right)\frac{\partial}{\partial x_{lm}}$$
$$= \sum_{i,j,m} a_{ij}y_{jm}\frac{\partial}{\partial x_{im}},$$

对于 $X \in \mathrm{GL}(n)$,

$$\mathbf{V_A}|_X = \sum_{i,j} \left(\sum_k a_{ik} x_{kj} \right) \frac{\partial}{\partial x_{ij}}. \tag{1.4.3}$$

因此

$$
\begin{aligned}
[\mathbf{V_A}, \mathbf{V_B}] &= \sum_{\substack{i,j,k \\ l,m,p}} \{ a_{lp} x_{pm} \frac{\partial}{\partial x_{lm}} (b_{ik} x_{kj}) \\
&\quad - b_{lp} x_{pm} \frac{\partial}{\partial x_{lm}} (a_{ik} x_{kj}) \} \frac{\partial}{\partial x_{ij}} \\
&= \sum_{i,j,k} \left[\sum_l (b_{il} a_{lk} - a_{il} b_{lk}) \right] x_{kj} \frac{\partial}{\partial x_{ij}} \\
&= \mathbf{V}_{[A,B]},
\end{aligned}
$$

其中, $[A, B] \equiv BA - AB$ 是矩阵换位子, 所以 GL(n) 的 Lie 代数 $gl(n)$ 就是所有 $n \times n$ 矩阵的空间, Lie 括号就是矩阵换位子.

下面的结果说明, 在 G 的 (连通) 单参数子群和 $\mathfrak{g}$ 的一维子空间之间存在一一对应关系.

命题 1.4.2 若 $\mathbf{V} \neq 0$ 是 Lie 群 G 上的右不变向量场, 那么 $\mathbf{V}$ 生成的过单位元的流

$$g_t = \exp(t\mathbf{V})e \tag{1.4.4}$$

对一切 $t \in \mathbf{R}$ 有定义, 并且形成 G 的满足以下条件的单参数子群:

$$g_{t+s} = g_t \cdot g_s, \quad g_0 = e, \quad g_t^{-1} = g_{-t}, \tag{1.4.5}$$

它同构于 $\mathbf{R}$ 或圆周群 SO(2). 反之, G 的任何连通一维子群都按上述方式由右不变向量场生成.

例 1.4.3 $G = $ GL(n) 和 $\mathfrak{g} = gl(n)$ 如例 1.4.2 定义. 如果 $A \in gl(n)$, 则对应的右不变向量场 $\mathbf{V}_A$ 由 (1.4.3) 定义, 单参数子群 $\exp(t\mathbf{V}_A)e$ 可以通过求解 n^2 个常微分方程组

$$\frac{\mathrm{d}x_{ij}}{\mathrm{d}t} = \sum_{k=1}^n a_{ik} x_{kj}, \quad x_{ij}(0) = \delta_j^i, \quad i,j = 1, \cdots, n \tag{1.4.6}$$

来确定, 其解恰为矩阵指数 $X(t) = \mathrm{e}^{tA}$, 它是 GL(n) 的由 $gl(n)$ 中的矩阵 A 生成的单参数子群.

例 1.4.4 对于环面 T^2, 考虑如下定义的群运算:

$$(\theta, \rho) \cdot (\theta', \rho') = (\theta + \theta', \rho + \rho') \mathrm{mod} 2\pi.$$

显然 T^2 的 Lie 代数由右不变向量场 $\partial/\partial\theta$ 和 $\partial/\partial\rho$ 张成, 相应的 Lie 括号为平凡括号: $[\partial_\theta, \partial_\rho] = 0$. 对某个 $\omega \in \mathbf{R}$, 令 $\mathbf{V}_\omega = \partial_\theta + \omega\partial_\rho$. 那么相应的单参数子群为

$$\exp(t\mathbf{V}_\omega)(0,0) = (t, t\omega) \mathrm{mod} 2\pi, \quad t \in \mathbf{R},$$

这正好是定义 1.2.3 后面讨论过的子群 H_ω. 特别, 当 ω 为有理数时, H_ω 是同构于 SO(2) 的闭的单参数子群, 而当 ω 为无理数时, H_ω 是同构于 **R** 的稠子群. 这表明, 仅从无穷小生成元的知识一般很难指出相应的单参数子群的准确特征.

定义 1.4.4   Lie 代数 $\mathfrak{g}$ 的子代数是一个关于 Lie 括号封闭的向量子空间 $\mathcal{H}$, 即对任何 $\mathbf{V}, \mathbf{W} \in \mathcal{H}$ 有 $[\mathbf{V}, \mathbf{W}] \in \mathcal{H}$.

定理 1.4.1   若 G 为 Lie 群, $\mathfrak{g}$ 为它的 Lie 代数. 如果 $H \subset G$ 是 Lie 子群, 那么它的 Lie 代数是 $\mathfrak{g}$ 的子代数. 反之, 如果 $\mathcal{H}$ 是 $\mathfrak{g}$ 的任一个 s 维子代数, 那么存在 G 的唯一的连通 s 参数 Lie 子群 H 使 $\mathcal{H}$ 是 H 的 Lie 代数.

定理 1.4.1 大大简化了一般线性群 GL(n) 的 Lie 子群的计算. 实际上如果 $H \subset$ GL(n) 是子群, 那么它的 Lie 代数 $\mathcal{H}$ 就是一切 $n \times n$ 矩阵构成的 Lie 代数 $gl(n)$ 的一个子代数, 矩阵换位子为其 Lie 括号. 此外, 只要考查一下 GL(n) 的包含在 H 中的一切单参数子群 $\mathcal{H} = \{A \in gl(n) : e^{tA} \in H, \ t \in \mathbf{R}\}$, 就能发现 $\mathcal{H}$ 与 $TH|_e$ 同构.

例如为求得正交群 $O(n)$ 的 Lie 代数, 需找出一切使得 $(e^{tA})(e^{tA})^\mathrm{T} = I$ 的 $n \times n$ 矩阵. 对 t 微分并令 $t = 0$, 则得 $A + A^T = 0$. 所以 $SO(n) = \{A : A$ 是反对称矩阵$\}$ 同时是 $O(n)$ 和 $SO(n)$ 的 Lie 代数. 其他矩阵 Lie 群的 Lie 代数可以类似求得.

下面的定理是重要的.

定理 1.4.2   设 $\mathfrak{g}$ 是一个有限维 Lie 代数, 那么 $\mathfrak{g}$ 同构于 $gl(n)$ 的一个子代数, 这里 n 为某正整数.

定理 1.4.3   设 $\mathfrak{g}$ 是有限维 Lie 代数, 则存在唯一一个单连通 Lie 群 G^* 以 $\mathfrak{g}$ 为其 Lie 代数. 此外, 如果 G 是另一个以 $\mathfrak{g}$ 为其 Lie 代数的连通 Lie 群, 则 $\pi : G^* \to G$ 是 G 的单连通 Lie 覆盖群 (即 π 是群同态, 而 G^* 和 G 是局部同构 Lie 群).

下面引入指数映射的概念.

定义 1.4.5   设 G 为 Lie 群, $\mathbf{V}$ 为其上的向量场. 在 $\mathbf{V}$ 生成的单参数子群中令 $t = 1$, 得到的映射 $\exp : \mathfrak{g} \to G$.

$$\exp(\mathbf{V}) \equiv \exp(\mathbf{V})e \tag{1.4.7}$$

称为**指数映射**.

不难证明指数映射在 0 处的微分是恒同映射, 即

$$\mathrm{d} \exp : T\mathfrak{g}|_0 \simeq \mathfrak{g} \to TG|_e \simeq \mathfrak{g}. \tag{1.4.8}$$

于是根据反函数定理, exp 确定了一个从 $\mathfrak{g}$ 到 G 的单位元的邻域的局部微分同胚. 因此, 每个充分靠近单位元的群元素都可以写成指数形式, 即 $\mathfrak{g} = \exp(\mathbf{V}), \mathbf{V} \in \mathfrak{g}$ 为某个向量.

利用命题 1.2.1, 总可以把任一群元素 g 写为有限个指数的积:

$$g = \exp(\mathbf{V}_1) \exp(\mathbf{V}_2) \cdots \exp(\mathbf{V}_k), \tag{1.4.9}$$

其中, $\mathbf{V}_1, \cdots, \mathbf{V}_k \in \mathfrak{g}$. 这一事实的重要推论是: 为了证明某个对象在整个 Lie 群下的不变性, 只须证明在 G 的单参数子群下的不变性. 通过 $\mathfrak{g}$ 中对应的无穷小生成元下的无穷小不变性又可证明后一结论.

以下, 我们讨论局部 Lie 群.

考虑一个局部 Lie 群 $V \subset \mathbf{R}^r, m(x,y)$ 为群运算. 对应的右平移 $R_y : V \to \mathbf{R}^r$ 为 $R_y(x) = m(x,y)$. 只要 x, y 和 $m(x,y)$ 在 V 中, V 上的向量场 $\mathbf{V}$ 为右不变的充分必要条件是

$$\mathrm{d}R_y(\mathbf{V}|_x) = \mathbf{V}|_{R_y(x)} = \mathbf{V}|_{m(x,y)}. \qquad (1.4.10)$$

与全局 Lie 群的情况一样, 容易证明右不变向量场都可以由它在原点 (单位元) 处的值唯一确定, 即

$$\mathbf{V}|_x = dR_x(\mathbf{V}|_0). \qquad (1.4.11)$$

因此局部 Lie 群 V 的 Lie 代数作为 V 上的右不变向量场的空间是一个 r 维向量空间. 实际上, 我们可以从群运算公式直接确定 $\mathfrak{g}$.

命题 1.4.3 设 $V \subset \mathbf{R}^r$ 是一个局部 Lie 群, 其群运算为 $m(x,y), x, y \in V$. 那么 V 上的右不变向量场的 Lie 代数由下列向量场张成:

$$\mathbf{V}_k = \sum_{i=1}^r \xi_k^i(x) \frac{\partial}{\partial x^i}, \quad k = 1, \cdots, r, \qquad (1.4.12)$$

其中, $\xi_k^i(x) = \dfrac{\partial m^i}{\partial x^k}(0, x)$. 这里 m^i 是 m 的第 i 个分量, $\dfrac{\partial}{\partial x^k}$ 是对 $m(x,y)$ 中前 r 个变量求导, 然后在 $x = 0, y = x$ 取值.

证 由于 $R_y(x) = m(x,y)$,

$$\mathrm{d}R_y\left(\sum_{i=1}^r \xi_k^i(0) \frac{\partial}{\partial x^i}\right) = \sum_{i,j} \xi_k^i(0) \frac{\partial m^j}{\partial x^i}(0, y) \frac{\partial}{\partial x^j}.$$

从而只要证明 $\xi_k^i(0) = \delta_k^i$, 即

$$\frac{\partial m^i}{\partial x^k}(0, 0) = \begin{cases} 1, & i = k, \\ 0, & i \neq k. \end{cases}$$

但这可以由 $m(x, 0) = x$ 为恒同映射直接推出.

例 1.4.5 考虑局部 Lie 群 $V = \{x \mid |x| < 1\} \subset \mathbf{R}$,

$$m(x,y) = \frac{2xy - x - y}{xy - 1}, \quad x, y \in V.$$

它的 Lie 代数 $\mathfrak{g}$ 是一维的, 由向量场 $\xi(x)\partial_x$ 张成, 根据 (1.4.12),

$$\xi(x) = \frac{\partial m}{\partial x}(0, x) = (x - 1)^2.$$

因此 $V = (x-1)^2\partial_x$ 是 V 上唯一的独立右不变向量场.

若 $\mathfrak{g}$ 是一个有限维 Lie 代数, 则根据定理 1.4.3, $\mathfrak{g}$ 是某个 Lie 群 G 的 Lie 代数. 如果我们设想 $\{\mathbf{V}_1, \cdots, \mathbf{V}_r\}$ 是 $\mathfrak{g}$ 的一组基, 那么就存在一组常数 $c_{ij}^k, i, j, k = 1, \cdots, r$ 使得

$$[\mathbf{V}_i, \mathbf{V}_j] = \sum_{k=1}^r c_{ij}^k \mathbf{V}_k, \ i, \ j = 1, \cdots, r. \tag{1.4.13}$$

由于 Lie 括号还满足反对称性和 Jacobi 恒等式, 因此不难验证 c_{ij}^k 还必须满足下面的限制条件:

(i)　反对称性:

$$c_{ij}^k = -c_{ji}^k, \ i, \ j, \ k = 1, 2, \cdots, r; \tag{1.4.14}$$

(ii)　Jacobi 恒等式:

$$\sum_{k=1}^r (c_{ij}^k c_{kl}^m + c_{li}^k c_{kj}^m + c_{jl}^k c_{ki}^m) = 0, \tag{1.4.15}$$

$$i, \ j, \ l, \ m = 1, \ 2, \cdots, r.$$

由于 $\mathbf{V}_i(i = 1, \cdots, r)$ 构成一组基, 如果我们知道 c_{ij}^k, 利用 (1.4.13) 和 Lie 括号的双线性即可重新构造出 Lie 代数 $\mathfrak{g}$ 来. 因此我们称满足条件 (1.4.14) 和 (1.4.15) 的常数组 c_{ij}^k 为 Lie 代数 $\mathfrak{g}$ 的**结构常数**. 反之, 不难证明, 任意一组满足 (1.4.14) 和 (1.4.15) 的常数 c_{ij}^k 都是某个 Lie 代数的结构常数.

如果选取 $\mathfrak{g}$ 的另一组基 $\hat{\mathbf{V}}_i$:

$$\hat{\mathbf{V}}_i = \sum_{j=1}^r a_{ij}\mathbf{V}_j, \quad i = 1, \cdots, r,$$

其中, 矩阵 (a_{ij}) 可逆, 则相对于 $\{\hat{\mathbf{V}}_i\}_1^r$ 的结构常数为

$$\hat{c}_{ij}^k = \sum_{l,m,n=1}^r a_{il}a_{jm}b_{nk}c_{lm}^n, \tag{1.4.16}$$

其中, (b_{ij}) 是 (a_{ij}) 的逆矩阵.

因此, 两组结构常数确定同一个 Lie 代数的充分必要条件是存在矩阵 (a_{ij}) 使它们满足 (1.4.16). 于是由定理 1.4.3, 我们看到, 在连通 Lie 群的 Lie 代数和满足

(1.4.14)、(1.4.15) 的结构常数的等价类之间存在一一对应. 所以我们可以通过研究代数方程 (1.4.14) 和 (1.4.15) 来研究有限维 Lie 代数的性质, 当然这并不能代替整个 Lie 群理论.

展示一个 Lie 代数的结构, 最方便的方法是用换位子表. 如果 $\mathfrak{g}$ 是一个 r 维 Lie 代数, $\mathbf{V}_1, \cdots, \mathbf{V}_r$ 是它们的一组基, 那么 $\mathfrak{g}$ 的换位子表就是一个 $r \times r$ 表格, 第 (i,j) 个元素就表示 Lie 括号 $[\mathbf{V}_i, \mathbf{V}_j]$. 由于 Lie 括号是反对称的, 换位子表也是反对称的, 特别对角线上的元素为 0. 有了换位子表, 结构常数就可以很方便地从换位子表中读出, 即 c_{ij}^k 就是换位子表中第 (i,j) 个元素里 $\mathbf{V}_k$ 的系数.

以特殊线性群 SL(2) 的 Lie 代数 $\mathfrak{g} = \mathrm{sl}(2)$ 为例说明换位子表的表示法. 此时 $\mathfrak{g}$ 由迹为零的 2×2 矩阵全体组成, 取一组基为

$$A_1 = \begin{bmatrix} 0 & 1 \\ 0 & 0 \end{bmatrix}, \quad A_2 = \begin{bmatrix} \dfrac{1}{2} & 0 \\ 0 & -\dfrac{1}{2} \end{bmatrix}, \quad A_3 = \begin{bmatrix} 0 & 0 \\ 1 & 0 \end{bmatrix}.$$

那么相应的换位子表如下:

基	A_1	A_2	A_3
A_1	0	A_1	$-2A_2$
A_2	$-A_1$	0	A_3
A_3	$2A_2$	$-A_3$	0

例如, 从表中可以知 $[A_1, A_3] = A_3 A_1 - A_1 A_3 = -2A_2$ 等. 结构常数是 $c_{12}^1 = c_{23}^3 = 1 = -c_{21}^1 = -c_{32}^3$, $c_{13}^2 = -2 = -c_{31}^2$, 其他 c_{jk}^i 全为零.

下面简要地介绍无穷小群作用.

设 G 是作用在流形 M 上的局部变换群:

$$g \cdot x = \mathbf{\Psi}(g, x), \quad (g, x) \in U \subset G \times M.$$

那么相应地存在 G 的 Lie 代数 $\mathfrak{g}$ 在 M 上的无穷小作用. 换言之, 如果 $\mathbf{V} \in \mathfrak{g}$, 则定义 $\psi(\mathbf{V})$ 是 M 上的这样一个向量场, 其确定的流与 G 的单参数子群 $\exp(t\mathbf{V})$ 在 M 上的作用重合, 即对 $x \in M$, $\psi(\mathbf{V})$ 满足关系:

$$\psi(\mathbf{V})|_x = \left. \frac{\mathrm{d}}{\mathrm{d}t} \right|_{t=0} \mathbf{\Psi}(\exp(t\mathbf{V}), x) = \mathrm{d}\mathbf{\Psi}_x(\mathbf{V}|_e), \qquad (1.4.17)$$

其中, $\mathbf{\Psi}_x(g) \equiv \mathbf{\Psi}(g, x)$. 进一步注意到, 由于在有定义的地方, 有如下等式成立:

$$\mathbf{\Psi}_x \cdot R_g(h) = \mathbf{\Psi}(h \cdot g, x) = \mathbf{\Psi}(h, g \cdot x) = \mathbf{\Psi}_{g \cdot x}(h).$$

从而对任意 $g \in G_x$, 有

$$\mathrm{d}\boldsymbol{\Psi}_x(\mathbf{V}|_g) = \mathrm{d}\boldsymbol{\Psi}_{g \cdot x}(\mathbf{V}|_e) = \psi(\mathbf{V})|_{g \cdot x}.$$

由 Lie 括号的性质 (1.3.40) 可知, ψ 是 $\mathfrak{g}$ 到 M 上的向量场的 Lie 代数的一个 Lie 代数同态:

$$[\psi(\mathbf{V}), \psi(\mathbf{W})] = \psi([\mathbf{V}, \mathbf{W}]), \quad \mathbf{V}, \mathbf{W} \in \mathfrak{g}. \tag{1.4.18}$$

所以, 一切与 $\mathbf{V} \in \mathfrak{g}$ 对应的向量场 $\psi(\mathbf{V})$ 组成的集合形成 M 上的向量场的一个 Lie 代数, 它与 $\mathfrak{g}$ 同构; 特别具有与 $\mathfrak{g}$ 相同的结构常数. 反之给定 M 上一个有限维向量场 Lie 代数, 总存在一个局部变换群, 其无穷小作用由已知 Lie 代数生成. 因此有下面的定理.

定理 1.4.4 设 $\mathbf{W}_1, \cdots, \mathbf{W}_r$ 是流形 M 上的满足如下关系的向量场:

$$[\mathbf{W}_i, \mathbf{W}_j] = \sum_{k=1}^{r} c_{ij}^k \mathbf{W}_k, \quad i, j = 1, \cdots, r,$$

其中, c_{ij}^k 是常数. 那么存在一个 Lie 群 G, 其 Lie 代数以 c_{ij}^k 为相对于某组基 $\mathbf{V}_1, \cdots, \mathbf{V}_r$ 的结构常数, 并且 G 在 M 上的局部群作用使得 $\psi(\mathbf{V}_i) = \mathbf{W}_i, i = 1, \cdots, r, \psi$ 由 (1.4.17) 定义.

通常忽略对映射 ψ 的明显依赖, 而把 Lie 代数 $\mathfrak{g}$ 和它的像 $\psi(\mathfrak{g})$ 视为等同. 这样, 通过下面的公式从群变换可以重新得到 $\mathfrak{g}$:

$$\mathbf{V}|_x = \left. \frac{\mathrm{d}}{\mathrm{d}t} \right|_{t=0} \exp(t\mathbf{V})x, \quad \mathbf{V} \in \mathfrak{g} \tag{1.4.19}$$

$\mathfrak{g}$ 中的向量场 $\mathbf{V}$ 叫作 G 的群作用的一个无穷小生成元. 定理 1.4.4 表明, 只要已知形成一个 Lie 代数的基的无穷小生成元 $\mathbf{W}_1, \cdots, \mathbf{W}_r$, 那么总能通过取指数求得一个局部变换群, 其 Lie 代数与已知 Lie 代数相同.

例 1.4.6 若把微分同胚的 Lie 代数视为相同的 Lie 代数, 则 Lie 曾经证明, 实直线 $M = \mathbf{R}$ 上的向量场恰好存在三个有限维 Lie 代数, 它们是:

(a) 由 ∂_x 张成的 Lie 代数, 生成 $\mathbf{R}$ 在 M 上的作用是单参数平移变换群: $x \to x + t$.

(b) 由 ∂_x 和 $x\partial_x$ 张成的二维 Lie 代数, 第二个向量场产生伸缩变换群: $x \to \lambda x$. 由于 $[\partial_x, x\partial_x] = \partial_x$, 这个 Lie 代数同构于下面两个矩阵张成的 2×2 矩阵 Lie 代数:

$$\begin{bmatrix} 0 & 1 \\ 0 & 0 \end{bmatrix} \text{和} \begin{bmatrix} 1 & 0 \\ 0 & 0 \end{bmatrix}.$$

这个 Lie 代数产生的 Lie 群由一切形式如下的上三角矩阵构成:

$$A = \begin{bmatrix} \alpha & \beta \\ 0 & 1 \end{bmatrix}, \quad \alpha > 0.$$

在 $\mathbf{R}$ 上的相应群作用是 $x \to \alpha x + \beta$.

(c) 由 $\mathbf{V}_1 = \partial_x, \mathbf{V}_2 = x\partial_x$ 和 $\mathbf{V}_3 = x^2\partial_x$ 张成的三维 Lie 代数. 第三个向量场生成局部反演变换群:

$$x \to \frac{x}{1 - tx}, \quad |t| < \frac{1}{x}.$$

这个三维 Lie 代数的换位子表如下:

基	$\mathbf{V}_1$	$\mathbf{V}_2$	$\mathbf{V}_3$
$\mathbf{V}_1$	0	$\mathbf{V}_1$	$2\mathbf{V}_2$
$\mathbf{V}_2$	$-\mathbf{V}_1$	0	$\mathbf{V}_3$
$\mathbf{V}_3$	$-2\mathbf{V}_2$	$-\mathbf{V}_3$	0

如果用 $-\mathbf{V}_3 = -x^2\partial_x$ 替换 $\mathbf{V}_3$, 可得与 Lie 代数 sl(2) 相同的换位子表, sl(2) 的基为

$$A_1 = \begin{bmatrix} 0 & 1 \\ 0 & 0 \end{bmatrix}, \quad A_2 = \begin{bmatrix} \dfrac{1}{2} & 0 \\ 0 & -\dfrac{1}{2} \end{bmatrix}, \quad A_3 = \begin{bmatrix} 0 & 0 \\ 1 & 0 \end{bmatrix}.$$

于是存在特殊线性群 SL(2) 在直线上的一个局部作用, 以 $\partial_x, x\partial_x$ 和 $-x^2\partial_x$ 为无穷小生成元. 不难看出这个群作用恰为射影群

$$x \to \frac{\alpha x + \beta}{\gamma x + \delta}, \quad \begin{bmatrix} \alpha & \beta \\ \gamma & \delta \end{bmatrix} \in \mathrm{SL}(2).$$

我们简单介绍关于 Lie 代数分类的一些结果, 它们在实际应用中可以使问题得到很大简化.

从前面的讨论可知, Lie 代数完全由它的结构常数确定, 两组结构常数确定同一个 Lie 代数的充分必要条件是存在矩阵 (a_{ij}) 使它们满足公式 (1.4.16). 这样 Lie 代数的分类问题就转化为相应结构常数的分类化简问题.

设 L 是一个三维 Lie 代数, $\mathbf{V}_1, \mathbf{V}_2, \mathbf{V}_3$ 是它的一组基. L 中的 Lie 括号相对于这组基确定出的结构常数 c_{ij}^k 由下式定义:

$$[\mathbf{V}_i, \mathbf{V}_j] = \sum_{k=1}^3 c_{ij}^k \mathbf{V}_k, \quad i, j = 1, 2, 3. \tag{1.4.20}$$

c_{ij}^k 满足限制条件 (1.4.14) 和 (1.4.15).

现在, 希望能通过适当选取一组 $\mathbf{V}_1, \mathbf{V}_2, \mathbf{V}_3$, 使得相应的结构常数张量 (c_{ij}^k) 最简单. 从 (1.4.14) 可知 L 中的 Lie 括号运算由九个常数 $c_{ij}^k(i < j)$ 确定. 考虑下面的以 a_1, a_2, a_3 和 $b^{kl} = b^{lk}(k, l = 1, 2, 3)$, 为未知量的九个线性方程:

$$c_{ij}^k = \sum_{l=1}^{3} \varepsilon_{ijl}b^{lk} + \delta_j^k a_i - \delta_i^k a_j, \quad i < j. \tag{1.4.21}$$

其中, δ_j^k 为 Kronecker 符号, 即 $\delta_i^i = 1$, $\delta_j^k = 0(k \neq j)$.

$$\varepsilon_{ijl} = \begin{cases} 1, & \text{当}(i, j, l)\text{为偶置换}, \\ -1, & \text{当}(i, j, l)\text{为奇置换}, \\ 0, & \text{当}(i, j, l)\text{中有重复指标}. \end{cases}$$

方程组 (1.4.21) 总是存在实数解 a_1, a_2, a_3 和 $b^{kl} = b^{lk}(k, l = 1, 2, 3)$, 因为容易验证系数行列式不为零. 这样通过 (1.4.21) 可以把原来的九个独立结构常数 $c_{ij}^k(i < j)$ 用对称矩阵 $\boldsymbol{B} = (b^{ij})$ 和向量 $\boldsymbol{a} = (a_i)$ 重新表示. 这种表示的好处在于, 当我们用 (1.4.21) 的右端代入条件 (1.4.15) 后不难得出 a_i, b^{ij} 满足的相应条件:

$$\sum_{j=1}^{3} b^{ij}a_j = 0, \quad i = 1, 2, 3, \quad \text{或} \quad \boldsymbol{B}\boldsymbol{a} = 0 \tag{1.4.22}.$$

(1.4.22) 表明 $\boldsymbol{a}$ 或是零向量或是对称矩阵 $\boldsymbol{B}$ 的对应于零特征值的特征向量. 如果选取 Lie 代数 L 的另一组基 $\hat{\mathbf{V}}_1, \hat{\mathbf{V}}_2, \hat{\mathbf{V}}_3$, 它们与原来的基满足变换关系:

$$\hat{\mathbf{V}}_i = \sum_{j=1}^{3} t_{ij}\mathbf{V}_j, \quad i = 1, 2, 3, \tag{1.4.23}$$

其中, 矩阵 $\boldsymbol{T} = (t_{ij})$ 是可逆的. 新的结构常数为

$$\hat{c}_{ij}^k = \sum_{l,m,n=1}^{3} t_{il}t_{jm}\tau_{nk}c_{lm}^n, \tag{1.4.24}$$

其中, $\boldsymbol{T}^{-1} = (\tau_{ij})$ 是 $\boldsymbol{T}$ 的逆矩阵. 在变换 (1.4.23) 下, (1.4.22) 变为

$$\sum_{j=1}^{3} d_{ij}r_j = 0, \quad i = 1, 2, 3, \quad \text{或} \quad \boldsymbol{D}\mathbf{r} = 0 \tag{1.4.25}$$

其中,

$$\boldsymbol{D} = (d_{ij}) = \boldsymbol{T}\boldsymbol{B}\boldsymbol{T}^{\mathrm{T}}, \quad \mathbf{r} = \boldsymbol{T}\boldsymbol{a} = (r_i).$$

由于 B 为对称矩阵, 可以适当选取正交矩阵 T 使 TBT^{T} 为对角矩阵:

$$D = TBT^{\mathrm{T}} = \mathrm{diag}(b^{(i)}), \tag{1.4.26}$$

且
$$T\mathbf{a} = (a, 0, 0). \tag{1.4.27}$$

在这种选择下, (1.4.25) 进一步简化为

$$b^{(1)}a = 0, \quad \text{即}\, b^{(1)} = 0 \text{或} a = 0.$$

总之, 当取正交变换 (1.4.23) 满足条件 (1.4.26) 和 (1.4.27) 时, 在新基 $\hat{\mathbf{V}}_1, \hat{\mathbf{V}}_2, \hat{\mathbf{V}}_3$ 下, Lie 括号为

$$[\hat{\mathbf{V}}_1, \hat{\mathbf{V}}_2] = a\hat{\mathbf{V}}_2 + b^{(3)}\hat{\mathbf{V}}_3,$$
$$[\hat{\mathbf{V}}_2, \hat{\mathbf{V}}_3] = b^{(1)}\hat{\mathbf{V}}_1,$$
$$[\hat{\mathbf{V}}_3, \hat{\mathbf{V}}_1] = b^{(2)}\hat{\mathbf{V}}_2 - a\hat{\mathbf{V}}_3.$$

其换位子表为:

基	$\hat{\mathbf{V}}_1$	$\hat{\mathbf{V}}_2$	$\hat{\mathbf{V}}_3$
$\hat{\mathbf{V}}_1$	0	$a\hat{\mathbf{V}}_2 + b^{(3)}\hat{\mathbf{V}}_3$	$a\hat{\mathbf{V}}_3 - b^{(2)}\hat{\mathbf{V}}_2$
$\hat{\mathbf{V}}_2$	$-a\hat{\mathbf{V}}_2 - b^{(3)}\hat{\mathbf{V}}_3$	0	$b^{(1)}\hat{\mathbf{V}}_1$
$\hat{\mathbf{V}}_3$	$b^{(2)}\hat{\mathbf{V}}_2 - a\hat{\mathbf{V}}_3$	$-b^{(1)}\hat{\mathbf{V}}_1$	0

在上面讨论的基础上, 可以直接从上面表格出发得出三维 Lie 代数的分类. 上面的表格实际上仅含三个独立参数, 通过适当变换, 将某个非零参数化为 1. 这样可根据剩余的参数将三维 Lie 代数分为如下十一个等价类:

类 别	a	$b^{(1)}$	$b^{(2)}$	$b^{(3)}$	类 别	a	$b^{(1)}$	$b^{(2)}$	$b^{(3)}$
I	0	0	0	0	VII	1	0	0	0
II	0	1	0	0	VIII	1	0	0	1
III	0	1	1	0	IX	a	0	1	1
IV	0	1	-1	0	X($a=1$)	a	0	1	-1
V	0	1	1	1	XI($a \neq 1$)	a	0	1	-1
VI	0	1	1	-1					

注意第 I 类 Lie 代数是三维平移群的 Lie 代数, 而第 V 类是 $\mathrm{SO}(3, \mathbf{R})$ 的 Lie 代数

§1.5 微 分 形 式

微分形式在 Hamilton 系统理论中是一个重要的概念. 微分形式概念的引入, 主要是为了将散度、梯度、卷积等向量微积分运算以及 Green、Gauss 和 Stokes 积分

公式向任意维数的流形推广. 为便于后面章节的引用, 本节简单介绍一些关于微分形式的相关概念和性质.

定义 1.5.1   设 M 是 m 维光滑流形, $T_x M$ 是其上一点 x 处的切空间. 如果对每个 $x \in M$, 都有 k 重线性斜对称函数

$$\omega_x : T_x M \times \cdots \times T_x M \to \mathbf{R}$$

与之对应, 则称 ω_x 为 M 上定义的一个 k **次微分形式**, 简称 k 形式. 对应于 x 的全体 k 微分形式构成的空间称为 M 在 x 处的 k 次微分形式空间, 记为 $\bigwedge_k T_x^* M$.

注释 1.5.1   如果在上述定义中不要求斜对称性, 则 ω 称为 M 上的 $(0, k)$ **型张量**.

如果我们把 ω_x 在切向量 $v_1, \cdots, v_k \in T_x M$ 上的值记为 $\omega(v_1, \cdots, v_k)$, 那么所谓 k 重线性和斜对称是指下面的性质:

$$\omega(v_1, \cdots, av_i + bv_i', \cdots, v_k) \quad = a\omega(v_1, \cdots, v_i, \cdots, v_k) + b\omega(v_1, \cdots, v_i', \cdots, v_k)$$
$$(a, b \in \mathbf{R}, \ 1 \leqslant i \leqslant k)$$

以及

$$\omega(v_{\pi(1)}, \cdots, v_{\pi(k)}) = (-1)^\pi \omega(v_1, \cdots, v_k).$$

其中, π 是整数集合 $\{1, \cdots, k\}$ 的任意置换, $(-1)^\pi$ 根据置换 π 的奇偶性分别取 -1 和 $+1$. 实际上, 空间 $\bigwedge_k T_x^* M$ 可看作加法和数乘运算下的向量空间. 习惯上, 我们把定义在 M 上的实值函数叫作 0 形式, 而 1 形式空间 $T_x^* M = \bigwedge_1 T_x^* M$ 称为流形 M 在点 x 处的余切空间, 它是切空间 $T_x M$ 上的线性函数空间, 也就是点 x 处切空间的对偶空间. 如果 $x^1, x^2, \cdots, x^m$ 是流形 M 的局部坐标, 通常把切空间 $T_x M$ 的基记为 $(\partial/\partial x^1, \cdots, \partial/\partial x^m)$, 而 $T_x^* M$ 的对偶基记为 $(dx^1, \cdots, dx^m)$, 满足 $dx^i(\partial/\partial x^j) = \delta_i^j$.

设 α 和 β 分别是 M 上的 $(0, k)$ 型和 $(0, l)$ 型张量, 则它们的**张量积**就是下面的 $(0, k+l)$ 型张量:

$$(\alpha \otimes \beta)(v_1, \cdots, v_{k+l}) = \alpha(v_1, \cdots, v_k)\beta(v_1, \cdots, v_l). \tag{1.5.1}$$

作用在张量 α 上的所谓**更替算子**(alternation operator)$\mathbf{A}$ 定义如下:

$$\mathbf{A}(\alpha)(v_1, \cdots, v_k) = \frac{1}{k!} \sum_{\pi \in S_k} (-1)^\pi \alpha(v_{\pi(1)}, \cdots, v_{\pi(k)}), \tag{1.5.2}$$

其中, S_k 是整数 $(1, 2, \cdots, k)$ 的置换群. 显然 $\mathbf{A}(\alpha)$ 是一个 k 形式:

如果 α 和 β 分别是 M 上的 k 形式和 l 形式, 则它们的**楔积**(wedge product) $\alpha \wedge \beta$ 定义一个 $k+l$ 形式:

$$(\alpha \wedge \beta) = \frac{(k+l)!}{k!l!} \mathbf{A}(\alpha \otimes \beta). \tag{1.5.3}$$

假设 $\varphi: M \to N$ 是两个流形之间的光滑映射, α 是 N 上的 k 形式. 所谓 α 被 φ **拉回**(pull back)$\varphi^*\alpha$ 是 M 上如下定义的 k 形式:

$$\varphi^*(\alpha)_x(v_1, \cdots, v_k) = \alpha_{\varphi(x)}(T_x\varphi(v_1), \cdots, T_x\varphi(v_k)). \tag{1.5.4}$$

如果 φ 是一个微分同胚, 则 $\varphi_* = (\varphi^{-1})^*$ 叫作**推前**(push forward) 映射. 拉回映射有下面的性质

命题 1.5.1 两个微分形式楔积的拉回等于它们拉回的楔积, 即

$$\varphi^*(\alpha \wedge \beta) = \varphi^*\alpha \wedge \varphi^*\beta. \tag{1.5.5}$$

假设 ω 是 M 上一个 k 形式, $\mathbf{X}$ 是一个光滑向量场. 那么我们可以通过 $\mathbf{X}$ 与 ω 的所谓**内积**(interior product)$\mathbf{i}_{\mathbf{X}}\omega$ 构造一个 $(k-1)$ 形式:

$$(\mathbf{i}_{\mathbf{X}}\omega)_x(v_1, \cdots, v_{k-1}) = \omega_x(\mathbf{X}, v_1, \cdots, v_{k-1}). \tag{1.5.6}$$

命题 1.5.2 如果 α 和 β 分别是 M 上的 k 形式和 l 形式, 则

$$\mathbf{i}_{\mathbf{X}}(\alpha \wedge \beta) = (\mathbf{i}_{\mathbf{X}}\alpha) \wedge \beta + (-1)^k \alpha \wedge (\mathbf{i}_{\mathbf{X}}\beta). \tag{1.5.7}$$

流形 M 上的 k 形式 ω 的**外导数**(exterior derivative)$\mathrm{d}\omega$ 确定一个 $(k+1)$ 形式. 在局部坐标下, 若 $\omega = \Sigma_I a_I(x)\mathrm{d}x^I$ 是流形 M 上的一个光滑 k 次形式, 那么它的外导数就是如下的 $(k+1)$ 形式:

$$\mathrm{d}\omega = \sum_I \mathrm{d}a_I \wedge \mathrm{d}x^I = \sum_{I,j} \frac{\partial a_I}{\partial x^j} \mathrm{d}x_j \wedge \mathrm{d}x^I. \tag{1.5.8}$$

其中, $\mathrm{d}x^I \equiv \mathrm{d}x^{i_1} \wedge \cdots \wedge \mathrm{d}x^{i_k}$, 而 I 表示严格递增的多重指标 $1 \leqslant i_1 < i_2 < \cdots < i_k \leqslant m$.

命题 1.5.3 k 形式的外导数 d 运算有如下性质.

(i) 线性性: $\mathrm{d}(a\omega + b\omega') = a\mathrm{d}\omega + b\mathrm{d}\omega', \quad a, b \in \mathbf{R}$.

(ii) 导数法则: $\mathrm{d}(\omega \wedge \theta) = (\mathrm{d}\omega) \wedge \theta + (-1)^k \omega \wedge (\mathrm{d}\theta)$, α 是 k 形式,β 是 l 形式.

(iii) 闭性: $\mathrm{d}(\mathrm{d}\omega) \equiv 0$.

(iv) 拉回交换性: $\varphi^*(\mathrm{d}\omega) = \mathrm{d}(\varphi^*\omega)$.

如果 k 形式 α 的外导数 $\mathrm{d}\alpha = 0$, 则称 α 是**闭形式**. 如果存在 $(k-1)$ 形式 θ 使得 $\alpha = \mathrm{d}\theta$, 则称 α 是**恰当形式**(exact form). 显然, 恰当形式一定是闭形式, 反之不然, 但下面的引理说明闭形式是局部恰当的.

命题 1.5.4(Poincaré 引理) 如果 $\mathrm{d}\alpha = 0$, 则对 M 的每点 x, 都存在微分形式 θ 和一个邻域使得限制在其上 $\alpha = \mathrm{d}\theta$.

一般而言, 闭形式在整体意义下不一定是恰当形式. 从而引出流形 M 的**de Rham 上同调**的概念, 它是 M 的一个拓扑不变量. 如果记 $\Omega^k(M)$ 是 M 上的全体光滑 k 形式的集合, 则第 k 个 de Rham 上同调群 $H^k(M)$ 定义为下面的商群:

$$H^k(M) := \frac{\ker(\mathrm{d} : \Omega^k(M) \to \Omega^{k+1}(M))}{\mathrm{image}(\mathrm{d} : \Omega^{k-1}(M) \to \Omega^k(M))}.$$

利用 k 形式的外导数概念, 作为微积分教程中 Green 公式、散度定理以及经典的 Stokes 公式向高维流形的推广, 我们有下面统一的结论.

命题 1.5.5(Stokes 定理) 设 M 是一个边为 ∂M 的 m 维紧致定向有边流形. α 是 M 上的光滑 $(k-1)$ 形式. 则

$$\int_M \mathrm{d}\alpha = \int_{\partial M} \alpha. \tag{1.5.9}$$

作为本节的结尾, 我们介绍 Lie 导数的概念. 设 v 是流形 M 上的一个向量场, 我们经常要讨论 M 上的函数、微分形式或其他向量场等几何对象在 v 生成的流 $\exp(\varepsilon v)$ 作用下的变化情况. Lie 导数就能有效地为我们呈现这些几何对象在流的作用下的无穷小变化. 具体而言, 设 σ 为 M 上定义的微分形式或向量场, 给定 M 上的一点 x, 经过 "时间" ε 后, 沿着 v 的流, 它到达点 $\exp(\varepsilon v)x$. 我们的目的就是要比较 σ 分别在点 $\exp(\varepsilon v)x$ 与点 x 处的值. 但是严格说来, 由于属于不同的向量空间, $\sigma|_{\exp(\varepsilon v)x}$ 与 $\sigma|_x$ 无法直接进行比较. 因此, 我们用自然的方法把 $\sigma|_{\exp(\varepsilon v)x}$ 迁回至 x 后再进行比较. 对于向量场, 这个自然回迁就是反微分映射:

$$\phi_\varepsilon^* \equiv \mathrm{d}\exp(-\varepsilon v) : TM|_{\exp(\varepsilon v)x} \to TM|_x.$$

而对于微分形式, 我们利用拉回映射:

$$\phi_\varepsilon^* \equiv \exp(\varepsilon v)^* : \bigwedge_k T^*M|_{\exp(\varepsilon v)x} \to \bigwedge_k T^*M|_x.$$

于是, 我们引入 Lie 导数定义:

定义 1.5.2 设 v 为流形 M 上的一个向量场, σ 为 M 上定义的微分形式或向量场, 则 σ 关于 v 的**Lie 导数**记为 $\mathcal{L}_v\sigma$, 定义如下:

$$\mathcal{L}_v\sigma = \lim_{\varepsilon \to 0} \frac{\phi^*(\sigma|_{\exp(\varepsilon v)x}) - \sigma|_x}{\varepsilon} = \frac{\mathrm{d}}{\mathrm{d}\varepsilon}\phi^*(\sigma|_{\exp(\varepsilon v)x})\,|_{\varepsilon=0}. \tag{1.5.10}$$

($\mathcal{L}_v\sigma$ 是与 σ 同一类型的几何对象.)

命题 1.5.6 设 v 和 w 是流形 M 上的两个光滑向量场, 则 w 关于 v 的 Lie 导数等于 v 与 w 的 Lie 括号:

$$\mathcal{L}_v(w) = [v, \ w] \tag{1.5.11}$$

对于微分形式, 易证它的 Lie 导数有下述基本性质:

$$\mathcal{L}_v(a\omega + b\omega') = a\,\mathcal{L}_v(\omega) + b\mathcal{L}_v(\omega').$$
$$\mathcal{L}_v(\omega \wedge \theta) = \mathcal{L}_v(\omega) \wedge \theta + \omega \wedge \mathcal{L}_v(\theta),$$
$$\mathcal{L}_v(\mathrm{d}\omega) = \mathrm{d}\mathcal{L}_v(\omega).$$

而且还有下面几个命题.

命题 1.5.7 流形 M 上的一个微分形式或向量场 σ 在向量场 v 的流作用下是不变的: $\sigma|_{\exp(\varepsilon v)x} = \exp(-\varepsilon v)^*(\sigma|_x)$, 当且仅当 $\mathcal{L}_v(\sigma) = 0$ 处处成立.

命题 1.5.8 设 ω 是流形 M 上的微分形式, v 是向量场. 则

$$\mathcal{L}_v(\omega) = \mathrm{d}(\mathbf{i}_v\omega) + \mathbf{i}_v(\mathrm{d}\omega). \tag{1.5.12}$$

公式 (1.5.12) 也称为 Cardan 魔法公式. 这是关于微分形式最重要的公式, 它把 Lie 导数与外导数联系起来.

第 2 章　分支与混沌的基本概念

动力系统是状态随时间而改变的系统. 动力系统理论的目标在于研究系统的状态随时间而发展的长期行为. 可微动力系统理论揭示这样的事实: 随着系统参数的改变, 在一定条件下, 确定性的非线性系统经历某些分支过程而过渡到混沌状态, 出现类似随机性的行为. 为理解这些分支现象, 本章介绍动力系统理论的若干基本概念. 简单的分支及在 Smale 马蹄意义下的混沌性质.

§2.1　流与微分同胚

设 M 是紧致的 C^∞ 微分流形, 用 $\mathrm{Diff}^r(M)$ 记 M 上所有 C^r 微分同胚组成的集合, $\chi^r(M)$ 记 M 上一切 C^r 向量场的集合, $r \geqslant 1$. 为方便起见, 设 M 为无边流形, 以使 $f \in \mathrm{Diff}^r(M)$ 可在正负两方向无限迭代, 使 $X \in \chi^r(M)$ 的极大流在 $(-\infty, +\infty)$ 上存在.

对任意的 $f \in \mathrm{Diff}^r(M)$, 兹讨论从整数集 $\mathbf{Z}$ 到 $\mathrm{Diff}^r(M)$ 的映射:

$$F : \mathbf{Z} \to \mathrm{Diff}^r(M), \quad F(n) = f^n. \tag{2.1.1}$$

对固定的 f, f^n 是一个单参数变换群; 对固定的 $n \in \mathbf{Z}$, f^n 定义了 $M \to M$ 的微分同胚.

对任何 $X \in \chi^r(M)$, 考虑从实数集 $\mathbf{R}$ 到 $\mathrm{Diff}^r(M)$ 的映射

$$\varphi_X : \mathbf{R} \to \mathrm{Diff}^r(M), \quad t \to (\varphi_X(t))_p, \tag{2.1.2}$$

其中, φ_X 是 X 过 $p \in M$ 的流. 对固定的 X, $(\varphi_X(t))_p$ 是 M 上的一个单参数变换群; 对固定的 $t \in \mathbf{R}$ 与所有的 $p \in M$, $(\varphi_X(t))_p$ 是 $M \to M$ 的微分同胚.

因此, 我们可以统一写成

$$\varphi_t : M \to M,$$

当 $t \in \mathbf{R}$ 时, φ_t 为 φ_X 导出的连续流; 当 $t \in \mathbf{Z}$ 时, 称为离散流. φ_t 满足: (i) $\varphi_0 = id_M$, (ii) $\varphi_{t_2} \cdot \varphi_{t_1} = \varphi_{t_1+t_2}$. 我们也称 φ_t 为 M 上的**动力系统**, 若 $t \in \mathbf{R}$; 或**离散动力系统**, 若 $t \in \mathbf{Z}$.

设 $f \in \mathrm{Diff}^r(M)$. 点 $x \in M$ 称为 f 的**不动点**, 若对一切 $m \in \mathbf{Z}$, $f^m(x) = x$. 点 x 称为 f 的**周期点**, 倘若对某个整数 $q \geqslant 1$, $f^q(x) = x$. 满足上述定义的最小整数

q 称为点 x 的**周期**. 集合 $\{x, f(x), \cdots, f^{q-1}(x)\}$ 称为 x 的周期 q 轨道, 记为 $\mathrm{Orb}(x)$. 显然, f 的周期 q 点 x 必然是 f^q 的不动点, 反之亦然.

f 的不动点 $\tilde{x}$ 称为**稳定的**, 若对 $\tilde{x}$ 的每个邻域 N, 存在 $\tilde{x}$ 的邻域 $N' \subseteq N$, 使得若 $x \in N'$, 则对一切 $m > 0$, $f^m(x) \in N$ 成立. 若不动点 $\tilde{x}$ 是稳定的, 并且对一切 $x \in N'$, $\lim\limits_{m \to \infty} f^m(x) = \tilde{x}$, 则称不动点 $\tilde{x}$ 是**渐近稳定的**. 渐近稳定的不动点又称吸引的不动点.

f 的周期为 q 的周期点 x 称为**双曲的**, 倘若 $D(f^q)(x)$ 的所有特征值均不等于 1. 特别, 对二维情形, x 称为双曲的, 倘若 $D(f^q)(x)$ 的两个特征值的模一个大于 1, 另一个小于 1.

以下设 $X \in \chi^r(M)$. 若点 $x \in M$, 使得 $X(x) = 0$, 即对一切 t, $\varphi_t(x) = x$, 称 x 为向量场 X 的一个**平衡点**或**奇点**. 若 $DX(x)$ 的所有特征根有非零实部, 称 x 为双曲奇点. 向量场 X 的一条不含奇点的闭轨道 γ, 使得对一切 $x \in \gamma$ 和某个 $\tau \neq 0$, $\varphi_\tau(x) = x$ 成立, 称为该向量场的**周期解**. 满足 $\varphi_\tau(x) = x$ 的最小正实数 $\tau = T$, 称**周期解的周期**. 向量场的周期解 γ 称为**双曲的**, 倘若 $D\varphi_T(x)$ 的所有特征值的模, 除一个以外, 都不等于 1. 对一切 $x \in \gamma$, $X(x)$ 为 $D\varphi_T(x)$ 的以 1 为特征值的特征向量.

一个集合 $\Lambda \subseteq M$, 称之为关于微分同胚 f(或流 φ) 的**不变集**, 倘若对每个 $x \in \Lambda$ 及一切 $m \in \mathbf{Z}(t \in \mathbf{R})$, 有

$$f^m(x) \in \Lambda(\varphi_t(x) \in \Lambda),$$

记之为 $f^m(\Lambda) \subseteq \Lambda$, 对一切 $m \in \mathbf{Z}$(或对一切 $t \in \mathbf{R}$, $\varphi_t(\Lambda) \subseteq \Lambda$). 显然不动点和周期轨道是不变集的简单例子.

点 x 称为微分同胚 f(或流 φ) 的一个**非游荡点**, 倘若对 x 的任何给定的邻域 W, 存在某个 $m > 0(t > t_0 > 0)$, 使得 $f^m(W) \bigcap W$ $(\varphi_t(W) \bigcap W)$ 是非空的. 由 f(或 φ) 的非游荡点构成的集合称为**非游荡集**, 记为 $\Omega(f)(\Omega(\varphi_t))$.

非游荡集概念对于动力系统的轨道的**回归性**描述是一个十分重要的概念.

点 $y \in M$ 称为微分同胚 f(流 φ) 过 x 点的轨道的 $\alpha(\omega)$ 极限点, 倘若存在序列 $m_i(t_i) \to -\infty(+\infty)$, 使得 $\lim\limits_{i \to \infty} f^{m_i}(x) = y(\lim\limits_{i \to \infty} \varphi_{t_i}(x) = y)$. x 的所有 $\alpha(\omega)$ 极限点的集合, 称为 $\alpha(\omega)$ 极限集, 记为 $L_\alpha(x)(L_\omega(x))$. 显然, $L_\alpha(x)$ 与 $L_\omega(x)$ 都是 $f(\varphi)$ 的不变集. 且对于任何 $x \in M$, $L_\alpha(x)$ 与 $L_\omega(x)$ 是非游荡集 Ω 的子集.

上面已介绍过, 流映射 $\varphi_t : M \to M$ 对每个固定的 t 是一个微分同胚. 因此, 我们可以从流得到微分同胚. 构造 Poincaré 映射是从流得到微分同胚的一个重要方法. 设 Σ 是 M 的满足以下条件的余维 1 子流形:

(i) 对任意大的正与负的时间 t, φ_t 的每条轨道与 Σ 相交;

(ii) 若 $x \in \Sigma$, 则 $X(x)$ 与 Σ 不相切. Σ 称为流 φ_t 的全局横截面.

设 $y \in \Sigma$, $\tau(y)$ 为使 $\varphi_{\tau(y)}(y) \in \Sigma$ 的最小正时间, 于是称映射

$$P(y) = \varphi_{\tau(y)}(y), \quad y \in \Sigma \tag{2.1.3}$$

为关于 Σ 的 Poincaré (或第一返回) 映射.

由于存在没有全局截面的流, 因此, 一般而言, 不能说每个流通过取 Poincaré 映射必对应于一个微分同胚. 但是, 反过来通过扭扩微分同胚 f, 可构造 f 作为某个流的 Poincaré 映射. 这就说明对于微分同胚所证明的结果, 可应用于比该微分同胚高一维的流, 在拓扑积 $M \times [0,1]$ 中, 通过黏合 $(x,1)$ 与 $(f(x),0)$ 而定义在紧流形上的流

$$\psi_t(x,\theta) = (f^{[t+\theta]}(x), t + \theta - [t+\theta]), \tag{2.1.4}$$

称为微分同胚 $f : M \to M$ 的**扭扩**(suspension), 其中 $x \in M$, $\theta \in [0,1]$, 在 (2.1.4) 中 $[\cdot]$ 表示 $\cdot$ 的整数部分.

容易验证, (2.1.4) 中的 $\psi_t(x,\theta)$ 是上述具有群性质的流.

正是因为微分同胚与流有如上紧密的关系, 因此, 人们往往先对微分同胚发现定理, 然后将其用于流. 这就是所谓微分方程 (流) 研究中的动力系统方法.

以下讨论拓扑空间 X 上的连续映射 $f : X \to X$. 注意对于连续映射 f, 不动点、周期点与周期轨道的定义, 类似于微分同胚 f, 不同点在于若 f 非可逆, 则只对 $n \geqslant 0$ 考虑 f^n.

倘若对于连续映射 f 存在 $x \in X$, 使得半轨 $\{f^n(x) | n \geqslant 0\}$ 在 X 中稠, 则称 f 是**单边拓扑传递**的, 又称**拓扑混合**的. 又若可逆映射 $f : X \to X$ 使得点 $x \in X$ 的轨道 $\{f^n | n \in \mathbf{Z}\}$ 在 X 中稠, 则称 f 是**拓扑传递**的. f 拓扑传递的另一个等价性定义是: 对 X 中任何非空开子集, U 与 V, 存在自然数 k, 使得 $f^k(U) \bigcap V$ 非空.

以下设拓扑空间 X 是可度量化的, 其距离函数为 d, 称 f **关于初始条件具有敏感依赖性**, 倘若存在 $\delta > 0$, 使得对于一切 $x \in X$ 及 x 的任何邻域 U, 恒存在 $y \in U$, $n \geqslant 0$, 使得 $d(f^n(x), f^n(y)) > \delta$.

我们将要证明与在 §2.8 中讨论的混沌概念有关的一个基本结果.

定理 2.1.1　如果 $f : X \to X$ 是拓扑传递的, 并且 f 有稠的周期点, 则 f 关于初始条件具有敏感依赖性.

证　由于 f 的周期点在 X 中稠, 必存在数 $\delta_0 > 0$, 使得对每个 $x \in X$, 存在 f 的周期点 $q \in X$, 满足关系 $d(\mathrm{Orb}(q), x) \geqslant \delta_0/2$. 事实上, 任取两个周期点 q_1 与 q_2, 记 $\delta_0 - d(\mathrm{Orb}(q_1), \mathrm{Orb}(q_2))$. 由三角不等式 $d(\mathrm{Orb}(q_1), x) + d(\mathrm{Orb}(q_2), x) \geqslant d(\mathrm{Orb}(q_1), \mathrm{Orb}(q_2)) = \delta_0$ 可见, $d(\mathrm{Orb}(q_1), x) \geqslant \delta_0/2$ 或 $d(\mathrm{Orb}(q_2), x) \geqslant \delta_0/2$ 成立.

兹证 f 具有敏感常数 $\delta = \delta_0/8$ 的初始条件敏感依赖性. 设 $x \in X$, N 为 x 的某个邻域, 由 f 的周期点稠可知, 在 x 为中心 δ 为半经的球 $B_\delta(x)$ 与 N 之交集

$U = N \bigcap \boldsymbol{B}_\delta(x)$ 中, 必存在周期点 p, 用 n 表示 p 的周期. 如上所述, 存在另一个周期点 $q \in X$(未必在 U 内), 满足 $d(\mathrm{Orb}(q), x) \geqslant 4\delta = \delta_0/2$. 记

$$V = \bigcap_{i=0}^{n} f^{-i}(\boldsymbol{B}_\delta(f^i(q))),$$

显然, V 为开集, 且 $q \in V$, 即 V 非空. 根据 f 的拓扑传递性, U 中必存在一点 y 和存在某个自然数 k, 使得 $f^k(y) \in V$. 现令 $j = [k/n + 1]$, $[\cdot]$ 表示该数的整数部分. 于是, $1 \leqslant nj - n \leqslant k$. 从而

$$f^{nj}(y) = f^{nj-k}(f^k(y)) \in f^{nj-k}(V) \subseteq \boldsymbol{B}_\delta(f^{nj-k}(q)).$$

由于 p 是 n 周期点, $f^{nj}(p) = p$. 从三角不等式

$$\begin{aligned}
&d(f^{nj}(p), f^{nj}(y)) \\
&= d(\rho, f^{nj}(y)) \\
&\geqslant d(x, f^{nj-k}(q)) - d(f^{nj-k}(q), f^{nj}(y)) - d(p, x)
\end{aligned}$$

可知, 由于 $p \in \boldsymbol{B}_\delta(x), f^{nj}(y) \in \boldsymbol{B}_\delta(f^{nj-k}(q))$, 我们有

$$d(f^{nj}(p)),\ f^{nj}(y)) > 4\delta - \delta - \delta = 2\delta.$$

再次用三角不等式可以推出

$$d(f^{nj}(x), f^{nj}(y)) > \delta \text{ 或 } d(f^{nj}(x), f^{nj}(p)) > \delta$$

必成立. 在两种情形, 都已找到 N 中之点, 使得 f^{nj} 作用于该点后与 $f^{nj}(x)$ 的距离大于 δ. 这说明 f 关于初条件具有敏感依赖性. 定理证毕.

§2.2　结构稳定性与分支

在应用问题中, 要求所用的数学模型具有鲁棒性, 即在小扰动下, 模型的定性性质无本质上的改变. 这种考虑导致系统结构稳定性的研究.

定义 2.2.1　两个微分同胚 $f_1, f_2 \in \mathrm{Diff}^r(M)$ 称拓扑共轭, 如果存在同胚 $h: M \to M$, 使得 $f_2 = h^{-1} \cdot f_1 \cdot h$. 两个向量场 $X_1, X_2 \in \chi^r(M)$ 称为等价的, 如果存在同胚 $h: M \to M$, 将 X_1 的每条轨线都保向地映射到 X_2 的一条轨线.

定义 2.2.2　若存在 C^r 拓扑中的邻域 $U, f \in U \subset \mathrm{Diff}^r(M)$ (或 $X \in U \subset \chi^r(M)$), 使得对一切 $\tilde{f} \in U$, $\tilde{f}$ 与 f 拓扑共轭 (或对一切 $\tilde{X} \in U$, $\tilde{X}$ 等价于 X), 称 f(或 X) 是 C^r 结构稳定的.

通常考虑 C^1 结构稳定, 简称结构稳定.

在微分同胚的双曲不动点 (或向量场的双曲奇点) 近旁, 我们介绍以下局部的结果, 其中设 M 为 Banach 空间.

定理 2.2.1(Hartman-Grobman)　设 B 是 Banach 空间, $U \subset B$ 是包含 0 的开集, 设 $f : U \to B$ 以 0 为双曲不动点 (或向量场 X 以 0 为双曲奇点), 则存在 0 的开邻域 V, 使得 f 与其线性化映射 $Df(0)$ 在 V 上拓扑共轭 (或 X 与其线性化向量场 $DX(0)$ 在 V 上等价).

定理 2.2.2(局部结构稳定性)　设 B 是 Banach 空间, $f \in \mathrm{Diff}^r(B)$ 以 O 为双曲不动点 ($X \in \chi^r(B)$ 以 O 为双曲奇点), 则存在 O 的邻域 $V \subset B$, 以及 f 在 $\mathrm{Diff}^r(U)$ 中的 C^1 邻域 N(X 在 $\chi^r(U)$ 中的一个 C^1 邻域 N), 使得对一切 $g \in N$(对一切 $Y \in N$), g 有唯一的双曲不动点 $O' \in U$, O' 与 O 的拓扑类型相同 (Y 在 O 附近有唯一的双曲奇点 O', 且 Y 在 O' 的某邻域内与 X 在 O 的某邻域内等价).

设 M 是二维无边紧流形. χ^1 是在 M 上具有 C^1 范数的 C^1 向量场的集合. 1962 年, M.M.Peixoto 证明了以下有关全局结构稳定性的结果.

定理 2.2.3(Peixoto)　$\chi^1(M)$ 中的一个向量场是结构稳定的, 当且仅当满足以下条件:

(i) 一切奇点是双曲的;

(ii) 一切闭轨道是双曲的;

(iii) 不存在连接鞍点的轨道;

(iv) 非游荡集仅由有限个奇点或周期轨道所组成. 此外, 若 M 还是可定向的, 则结构稳定的 C^1 向量场的集合形成 $\chi^1(M)$ 中的开稠子集.

上述定理在高于二维的流形上是否成立? 答案是否定的. 高维流形上微分同胚与流的结构稳定性研究是十分有趣而深奥的问题.

定义 2.2.3　设 M 是光滑流形, $\Sigma^r(M)$ 是 $\chi^r(M)$ 中结构稳定的向量场集合 ($\mathrm{Diff}^r(M)$ 中结构稳定的微分同胚构成的集合), 则集合

$$\Lambda^r(M) = \chi^r(M)/\Sigma^r(M)$$

($\Lambda^r(M) = \mathrm{Diff}^r(M)/\Sigma^r(M)$) 称为**分支集**.

定义 2.2.4　设 $\varepsilon \in \mathbf{R}^k$, $v(\varepsilon) \in \chi^r(M)(\mathrm{Diff}^r(M))$. 若对 $\varepsilon = \varepsilon_0$, $v(\varepsilon_0) \in \Lambda^r(M)$, 称 ε_0 为**分支参数值**. 当参数通过 ε 的分支值时, 在相空间中向量场 $\mathrm{V}(\varepsilon)$ 的拓扑性质的变化 (映射 $v(\varepsilon)$ 的拓扑性质的变化) 称作**分支**.

由局部结构稳定性定理可知, 若向量场在某奇点附近产生拓扑改变, 则该奇点必然不是一个双曲奇点. 当 M 是紧致二维定向流形时, 由定理 2.2.3 可知, 分支集 $\Lambda^r(M)$ 包含的向量场或有非双曲奇点和 (或) 闭轨; 或有双曲奇点与 (或) 闭轨, 但有连接鞍点的分界线, 或者该向量场有无穷多的奇点或闭轨道.

对于向量场族, 发生在奇点 (或闭轨) 的小邻域内, 并与其双曲性破坏相联系的分支称为**局部分支**, 发生在联结鞍点分界线的小邻域内的分支称**半局部的**, 其余的分支称**全局分支**. 有的作者也将半局部分支称为全局分支.

定义 2.2.5 设映射 f, g (或向量场 X, Y) 在 $x \in M$ 的邻域内有定义. 若存在 x 的邻域 $U \subset M$, 使得

$$f|_U = g|_U \quad (\text{或 } X|_U = Y|_U),$$

称 f 与 g (或 X 与 Y) 在 x 点有同样的芽 (germ).

现考虑向量场族 $X_\varepsilon \in \chi^\infty(M)$. 在局部情况, 兹设 $M = \mathbf{R}^m$, $\varepsilon \in \mathbf{R}^k$, X_ε 的流由微分方程 $\dot{x} = X(x, \varepsilon)$ 所确定. $X \in \mathbf{C}^\infty(\mathbf{R}^m \times \mathbf{R}^k, \mathbf{R}^m)$.

定义 2.2.6 向量场 X_ε 在 $(0, 0) \in \mathbf{R}^m \times \mathbf{R}^k$ 的芽, 称为一个局部族, 仍记为 X_ε. 记 $X_0 = X(x, 0)$, 称 X_ε 是 X_0 的一个 k 参数开折 (unfolding) 或形变 (deformation).

定义 2.2.7(向量场局部族的等价性) 两个向量场的局部族 X_ε, Y_μ 称为 $\mathbf{C}^0$**等价**, 倘若存在参数空间中的连续映射 $\mu = \varphi(\varepsilon)(\varphi(0) = 0)$, 和在 $\mathbf{R}^m$ 上与 ε 有关的同胚族 $h_\varepsilon = h_\varepsilon(x)$, 使得对一切 ε (在 $0 \in \mathbf{R}^k$ 近旁取值时), h_ε 给出 X_ε 与 $Y_{\varphi(\varepsilon)}$ 在定义 2.2.2 意义下的等价.

定义 2.2.8 向量场 X_0 的一个开折 X_ε(局部族) 称为是普适的 (Versal), 若 X_0 的任一开折 Y_ε 都与 X_ε 在定义 2.2.7 意义下等价. 若 X_0 的普适开折中所含参数的最小数为 k, 称 X_0 所发生的分支为**余维 k 的**.

附注 也可用其他方式定义分支的余维. 采用上面的定义是为简单起见, 分支的余维数越大, 分支现象越复杂.

在动力系统局部分支研究中, 考虑当 ε 通过分支参数 ε_0 而改变时, 系统的动力学性质改变, 需要用到中心流形约化, 规范型等技术, 简单地说, 可分为以下几步:

(1) 约化. 识别当 $\varepsilon = \varepsilon_0$ 时的临界模型, 并将动力系统限制到适当的中心流形上, 以降低系统的维数.

(2) 规范化. 如有可能, 应用接近恒等的坐标变换, 将上述约化系统化为较简单形式, 例如去掉不必要的非线性项等, 这就产生了分支的规范型.

(3) 开折. 通过引入小的线性 (或非线性) 项到规范型中, 以描述参数 ε 偏离 ε_0 而改变时所产生的效果.

(4) 研究所开折的规范型的分支. 对于所给定的系统, 截断开折的系统到一定阶数, 考虑这个新系统, 如果截断系统的动力学行为能被理解, 再考虑遗留的高阶项的影响.

本书不准备介绍规范型理论. 仅对中心流形约化作一些简单说明, 有兴趣的读者, 可参考书末的文献.

§2.3 不变流形与中心流形定理

设 $x \in \mathbf{R}^n$, A 为 $n \times n$ 实矩阵. 对于线性系统

$$\dot{x} = Ax \tag{2.3.1}$$

所定义的流

$$\varphi_t(x) = \mathrm{e}^{At} x, \tag{2.3.2}$$

其动力学性质完全由 A 的特征值所确定. 用 $\sigma(A)$ 表示 A 的特征值集合, 则

$$\sigma = \sigma_s \bigcup \sigma_u \bigcup \sigma_c,$$

其中,

$$\sigma_s = \{\lambda \in \sigma(A) | \mathrm{Re}\lambda < 0\},$$
$$\sigma_u = \{\lambda \in \sigma(A) | \mathrm{Re}\lambda > 0\},$$
$$\sigma_c = \{\lambda \in \sigma(A) | \mathrm{Re}\lambda = 0\}.$$

用 E^s, E^u, E^c 分别对应于上述三类特征值的广义特征向量所张成的子空间, 于是 $\mathbf{R}^n$ 有以下直和分解

$$\mathbf{R}^n = E^s \oplus E^u \oplus E^c \tag{2.3.3}$$

及对应的投影映射:

$$\pi_s : \mathbf{R}^n \to E^s, \quad \pi_u : \mathbf{R}^n \to E^u, \quad \pi_c : \mathbf{R}^n \to E^c.$$

上述投影映射分别有零空间:

$$\mathrm{kernel}(\pi_s) = E^{cu} = E^c \oplus E^u,$$
$$\mathrm{kernel}(\pi_u) = E^{cs} = E^c \oplus E^s,$$
$$\mathrm{kernel}(\pi_c) = E^h = E^s \oplus E^u.$$

由于投影映射与 A 可交换, 因此, E^s, E^u, E^s 等都是方程 (2.3.1) 的不变子空间.

当 $t \to +\infty$ 时, 在 E^s 中的非零解都是指数型压缩的, 在 E^u 中的非零解都是指数型增长的, 所有有界解都在 E^c 内, 因此, 我们称 E^s 为稳定子空间, E^u 为不稳定子空间, E^c 为中心子空间, E^h 称为双曲子空间. 解的性态在双曲子空间中是单纯的 (压缩或拉伸), 而解的复杂现象发生在中心子空间 E^c 内 (存在不动点、周期解、拟周期解等).

对于线性映射, 有类似的定义, 这里不再叙述.

以下考虑非线性方程

$$\dot{x} = f(x) = Ax + \tilde{f}(x), \tag{2.3.4}$$

其中, $f \in C^k(\mathbf{R}^n, \mathbf{R}^n)$, $k \geqslant 1$, $f(0) = 0$, $A = Df(0)$. 类比于线性系统 (2.3.1), 有以下的不变流形定理.

定理 2.3.1(流的局部不变流形与中心流形定理) 用 φ 表示系统 (2.3.4) 所定义的流, 若矩阵 $A = Df(0)$ 所定义的线性流有上述的子空间 E^s, E^u 与 E^c, 则在 $\mathbf{R}^n$ 中 $x = 0$ 近旁存在开邻域 U, 及 U 中 C^k 流形 W_{loc}^s, W_{loc}^u 与 W_{loc}^c, 它们在 $x = 0$ 点分别与 E^s, E^u 和 E^c 相切, 并且在 U 内是 (2.3.4) 的不变流形. 此外, $\varphi_t|W_{\text{loc}}^s$ 是压缩的, $\varphi_t|W_{\text{loc}}^u$ 是扩张的, W_{loc}^c 有表达式:

$$W_{\text{loc}}^c = \{x_c, h(x_c) | x_c \in E^c\}, \tag{2.3.5}$$

其中, $h \in C^k(E^c, E^c)$, $h(0) = Dh(0) = 0$.

注意, 定理中的 W_{loc}^s, W_{loc}^u 是唯一的, 但 W_{loc}^c 是不唯一的. 定理 2.3.1 说明, 在 $x = 0$ 近旁, 方程 (2.3.4) 的轨线拓扑等价于方程:

$$\dot{\xi} = g(\xi), \quad \dot{\eta} = -\eta, \quad \dot{\zeta} = \zeta \tag{2.3.6}$$

的轨线, 其中 $(\xi, \eta, \zeta) \in W_{\text{loc}}^c \times W_{\text{loc}}^s \times W_{\text{loc}}^u \subseteq \mathbf{R}^n$. 换言之, 方程 (2.3.4) 的解在 $x = 0$ 近旁的性质由 (2.3.6) 的第一个方程及 $\dim W_{\text{loc}}^s (= \dim E^s)$ 和 $\dim W_{\text{loc}}^u (= \dim E^u)$ 所决定. 因此, 中心流形定理起到了约化维数的作用.

为应用定理 2.3.1, 我们往往先将系统 (2.3.4) 化为形式

$$\left.\begin{array}{l} \dot{x} = Bx + f(x, y), \\ \dot{y} = Cy + g(x, y), \end{array}\right\} \tag{2.3.7}$$

其中, $x \in \mathbf{R}^m$, $y \in \mathbf{R}^l (l + m = n)$, f, $g = O(|x, y|^2)$, B 的特征根实部为零, 而 $C = \text{diag}(C_1, C_2)$, C_1 与 C_2 的特征根实部分别为负数与正数. 因此, $x \in E^c$, $y \in E^s \bigoplus E^u$, 利用待定系数法, 可近似地求出 $y = h(x)$, $x \in E^c$, 使其满足

$$\begin{aligned} Ch(x) + g(x, h(x)) = \dot{y} &= Dh(x) \cdot \dot{x} \\ &= Dh(x)[Bx + f(x, h(x))], \end{aligned}$$

即

$$\begin{aligned} N &\equiv Dh(x)[Bx + f(x, h(x))] \\ &\quad -Ch(x) - g(x, h(x)) = 0 \end{aligned} \tag{2.3.8}$$

及条件 $h(0) = Dh(0) = 0$.

现设 U 是 $\mathbf{R}^n$ 中的开子集, $f : U \to \mathbf{R}^n$ 是具有孤立不动点 $x^* \in U$ 的非线性微分同胚.

定理 2.3.2(微分同胚的不变流形定理)　设 $x^* \in U$ 是 f 的双曲不动点, 则在 x^* 的充分小邻域 $V \subseteq U$ 内, 存在 x^* 的局部稳定与不稳定流形

$$W_{\text{loc}}^s(x^*) = \{x \in U | f^n(x) \to x^*, \text{ 当 } n \to \infty\}, \tag{2.3.9}$$

$$W_{\text{loc}}^u(x^*) = \{x \in U | f^n(x) \to x^*, \text{ 当 } n \to -\infty\}. \tag{2.3.10}$$

W_{loc}^s 及 W_{loc}^u 与 $Df(x^*)$ 的稳定和不稳定子空间 E^s 与 E^u 有同样维数, 并且在 x^* 分别切于 E^s 及 E^u.

利用 x^* 的局部稳定与不稳定流形, 可定义全局稳定与不稳定流形如下:

$$W^s(x^*) = \bigcup_{m \in \mathbf{Z}^+} f^{-m}(W_{\text{loc}}^s(x^*)), \tag{2.3.11}$$

$$W^u(x^*) = \bigcup_{m \in \mathbf{Z}^+} f^m(W_{\text{loc}}^u(x^*)). \tag{2.3.12}$$

$W^s(x^*)$ 与 $W^u(x^*)$ 在混沌研究中起着重要作用。

将 f 的 q 周期点 x^* 看作 f^q 的不动点, 类似于定理 2.3.2, 我们也可定义双曲周期点的稳定与不稳定流形, 并给出其存在定理.

倘若 $W^s(x^*) = W^u(x^*)$, 即 $W^{s,u}(x^*)$ 上点的 α 极限集与 ω 极限集相同, 我们称 $W^{s,u}(x^*)$ 是同宿到不动点 (周期点)x^* 的同宿流形, 对于流, 有类似定义.

§2.4　余维 1 的基本分支

首先, 设 $x = 0$ 是向量场 $f \in \chi^r(\mathbf{R}^n)$ 的奇点. 若导算子矩阵 $Df(0)$ 是非奇异的, 我们称原点是非退化的.

以下假设 $Df(0)$ 有一个简单零特征值, 即原点是退化的. 根据中心流形定理 2.3.1, 该向量场可约化到一维中心流形上的向量场:

$$\dot{x} = V(\mu, x), \quad x \in \mathbf{R}, \quad \mu \in \mathbf{R}. \tag{2.4.1}$$

其中, $V(0,0) = 0$, $\dfrac{\partial V}{\partial x}(0,0) = 0$.

在 $(\mu, x) = (0,0)$ 展开 (2.4.1) 右边可得

$$\begin{aligned}
\dot{x} = {} & \frac{\partial V}{\partial \mu}(0,0)\mu + \frac{\partial^2 V}{\partial x^2}(0,0)\frac{x^2}{2} + \frac{\partial^2 V}{\partial \mu \partial x}(0,0)\mu x \\
& + \frac{\partial^2 V}{\partial \mu^2}(0,0)\frac{\mu^2}{2} + \frac{\partial^3 V}{\partial x^3}(0,0)\frac{x^3}{3!} + \cdots
\end{aligned} \tag{2.4.2}$$

在 $\mu = 0$, (2.4.2) 约化为临界系统

$$\dot{x} = \frac{\partial^2 V}{\partial x^2}(0,0)\frac{x^2}{2} + \frac{\partial^3 V}{\partial x^3}(0,0)\frac{x^3}{3!} + \cdots \tag{2.4.3}$$

通过参数和坐标变换以及截断, (2.4.2) 可化为以下三种最简单的余维 1 奇点分支的规范型:

(1) $\dot{x} = \mu + x^2$ (鞍 – 结分支, saddle-node);

(2) $\dot{x} = \mu x + x^2$ (跨临界分支, transcritical);

(3) $\dot{x} = \mu x + x^3$ (叉型分支, pitchfork).

图 2.4.1~ 图 2.4.3 显示了这三种不同分支的图形.

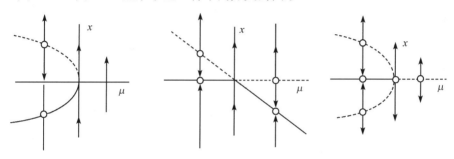

图 2.4.1 鞍 – 结分支　　图 2.4.2 跨临界分支　　图 2.4.3 叉形分支

从图显然可见, 这三种不同分支有以下特点:

鞍 – 结分支: 当 $\mu < 0$ 时, 一个稳定奇点 $x = -\sqrt{-\mu}$ 和一个不稳定奇点 $x = \sqrt{-\mu}$ 共存; 当 $\mu = 0$ 时, 两个奇点合二为一; 当 $\mu > 0$ 时, 奇点消失.

跨临界分支: 当 $\mu < 0$ 时, 存在一个不稳定奇点 $x = -\mu$, 一个稳定奇点 $x = 0$; 当 $\mu = 0$ 时, 两个奇点合二为一; 当 $\mu > 0$ 时, 存在一个稳定奇点 $x = -\mu$, 一个不稳定奇点 $x = 0$, 换言之, 当参数 μ 经过临界值 $\mu = 0$ 时, 奇点的稳定性互相交换.

叉形分支: 当 $\mu < 0$ 时, 一个稳定奇点 $x = 0$ 与两个不稳定奇点 $x = \pm\sqrt{-\mu}$ 共存; 当 $\mu = 0$ 时, 三个奇点合为一个; 当 $\mu > 0$ 时, 仅存在一个不稳定奇点 $x = 0$. 奇点 $x = 0$ 的稳定性通过临界值 $\mu = 0$ 而改变.

现考虑 C^r 映射 f, 设 $x = 0$ 为其不动点, 且 $Df(0)$ 有简单特征值 $+1$, 也有类似于上述情形的三种基本分支, 不再详述. 以下考虑 $Df(0)$ 有简单特征值 -1 的情况. 当参数 $\mu = 0$ 时, 映射 f 在 $x = 0$ 有周期加倍分支, 此时 $f(\mu, x)$ 应满足关系:

$$f(\mu, 0) = 0, \quad \frac{\partial f}{\partial x}(0,0) = -1, \quad -f(\mu, x) = f(\mu, -x).$$

忽略三次以上高阶项, 我们可考虑三次映射

$$x_{n+1} = -(1+\mu)x_n + x_n^3. \tag{2.4.4}$$

当 $\mu > 0$ 时 (2.4.4) 有周期 2 的周期解, 其轨道由 $\{p, q\}$ 两点组成, 于是

$$q = -(1+\mu)p + p^3, \quad p = -(1+\mu)q + q^3.$$

由上式可得

$$(p+q)[p^2 - pq + q^2 - (2+\mu)] = 0.$$

因此, $p = -q$, $p = \sqrt{\mu}$, $q = -\sqrt{\mu}$. 注意到在 p 点, f^2 的特征乘子

$$\lambda = \left.\frac{\partial^2 f}{\partial x}\right|_{p,q} = (3p^2 - 1 - \mu) \cdot (3q^2 - 1 - \mu) = (2\mu - 1)^2,$$

当 $\mu < 1/2$ 时, $|\lambda| < 1$. 因此, 周期 2 的解 p, q 是稳定的, 而不动点 $x = 0$ 在 $\mu > 0$ 时是不稳定的. 于是, 我们有如图 2.4.4 所示的周期加倍分支或 Flip 分支图.

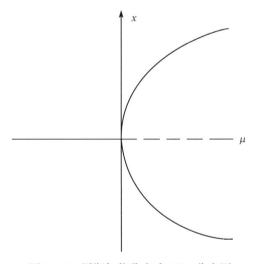

图 2.4.4　周期加倍分支或 Flip 分支图

图 2.4.4 说明, 当 $\mu < 0$ 时, 映射 (2.4.4) 有稳定的周期 1 解 $x = 0$; 当 $\mu > 0$ 时, $x = 0$ 失去稳定性, 同时分支出两个稳定的周期 2 解 $x = \pm\sqrt{\mu}$.

§2.5　流与映射的 Hopf 分支

考虑光滑向量场族

$$\dot{x} = f(\mu, x), \tag{2.5.1}$$

其中, $x \in \mathbf{R}^n$, $\mu \in \mathbf{R}$. 设 (2.5.1) 当 $\mu = 0$ 时具有平衡点 $P(0) = 0$, 在该点 $Df_x(0, 0)$ 存在纯虚特征值 $\pm i\omega$, $\omega > 0$, 其他特征值有非零实部. 由于 $Df_x(0, 0)$ 是可逆的, 根

据隐函数定理, 对每个接近于 0 的 μ, 存在光滑地依赖于 μ 的, 接近于 $P(0) = 0$ 的平衡点 $P(\mu)$. 当 $\mu = 0$ 时利用中心流形定理, 可将 (2.5.1) 约化到二维系统, 其右端具有以下规范形式:

$$\begin{bmatrix} 0 & -\omega \\ \omega & 0 \end{bmatrix} \begin{bmatrix} x_1 \\ x_2 \end{bmatrix} + (x_1^2 + x_2^2)$$
$$\times \left\{ a_1 \begin{bmatrix} x_1 \\ x_2 \end{bmatrix} + b_1 \begin{bmatrix} -x_2 \\ x_1 \end{bmatrix} \right\} + O(|x|^5),$$

其中, $a_1 \neq 0$. 对上述系统作开折, 可得系统

$$\begin{bmatrix} \dot{x}_1 \\ \dot{x}_2 \end{bmatrix} = \begin{bmatrix} \mu & -\omega \\ \omega & \mu \end{bmatrix} \begin{bmatrix} x_1 \\ x_2 \end{bmatrix} + (x_1^2 + x_2^2)$$
$$\times \left\{ a_1 \begin{bmatrix} x_1 \\ x_2 \end{bmatrix} + b_1 \begin{bmatrix} -x_2 \\ x_1 \end{bmatrix} \right\} + O(|x|^5). \tag{2.5.2}$$

忽略高阶项 $O(|x|^5)$ 后, 上面的方程组具有极坐标形式:

$$\dot{r} = r(\mu + a_1 r^2), \quad \dot{\theta} = \omega + b_1 r^2. \tag{2.5.3}$$

若设 $a_1 < 0$, 当 $\mu < 0$ 时, (2.5.3) 的原点为稳定焦点; 当 $\mu = 0$ 时, 原点仍为渐近稳定的细焦点; 当 $\mu > 0$ 时, 在 $r = \left(\dfrac{\mu}{|a_1|} \right)^{1/2}$ 时及 $r = 0$ 时 $\dot{r} = 0$, 因此, 存在一个稳定的极限环, 其半径正比于 $\mu^{1/2}$, 该极限环包围着不稳定的焦点原点. 由于在 $\mu > 0$ 时分支出极限环, 有些文献中也称超临界 (supercritical)Hopf 分支, 以区别 $a_1 > 0$ 时, 在 $\mu < 0$ 分支出现不稳定极限环的亚临界 (subcritical)Hopf 分支.

一般而言, 我们有以下流的 Hopf 分支定理.

定理 2.5.1(流的 Hopf 分支) 假若系统 $\dot{x} = f(\mu, x)$, $x \in \mathbf{R}^n$, $\mu \in \mathbf{R}$, 在 $\mu = \mu_0$ 时具有满足以下性质的平衡点 x_0:

(i) $D_x f(\mu_0, x_0)$ 有一对简单纯虚特征值, 且其他特征值实部不为零, 于是, 存在满足条件 $x(\mu_0) = x_0$ 的光滑曲线 $x = x(\mu)$, $D_x f(\mu, x(\mu))$ 的特征值 $\lambda(\mu)$, $\bar{\lambda}(\mu)$ 在 $\mu = \mu_0$ 是纯虚数, λ, $\bar{\lambda}$ 光滑地随 μ 而改变.

(ii) $\dfrac{\mathrm{d}}{\mathrm{d}\mu}(\mathrm{Re}\lambda(\mu))|_{\mu=\mu_0} = d \neq 0$, 则在 $\mathbf{R}^n \times \mathbf{R}$ 中, 存在唯一的通过 (x_0, μ_0) 的三维中心流形以及一个光滑的坐标系统 (保持平面 $\mu = $ 常数), 对此系统, 在中心流形上的三阶 Taylor 展开式可简化到 (2.5.2) 形式. 如果 $a_1 \neq 0$, 在与 $\lambda(\mu_0)$, $\bar{\lambda}(\mu_0)$ 的特征空间有二次相切的中心流形上存在周期解的曲面, 该曲面由抛物面 $\mu = (1/|a_1|)(x_1^2 + x_2^2)$ 所确定. 当 $a_1 < 0$ 时, 这些周期解是稳定极限环 (图 2.5.1).

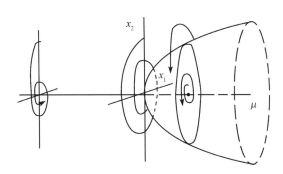

图 2.5.1　超临界的 Hopf 分支

对于平面映射, 由不动点产生的 Hopf 分支称为不变圆, 在不变圆上系统的动力学性质是非常有趣的. 我们不拟作细致讨论, 这里仅叙述以下的定理:

定理 2.5.2(二维映射的 Hopf 分支)　设 $f(\mu, x)$, $x \in \mathbf{R}^2$ 是满足以下条件的平面映射的参数族:

(a) 当 μ 接近于 0 时, $f(\mu, 0) = 0$;

(b) 当 μ 充分接近 0 时, $D_x f(\mu, 0)$ 有两个复特征值 $\lambda(\mu), \bar{\lambda}(\mu)$, 且 $|\lambda(0)| = 1$;

(c) $\left[\dfrac{\mathrm{d}(\lambda(\mu))}{\mathrm{d}\mu}\right]_{\mu=0} > 0$;

(d) $\lambda = \lambda(0)$ 不是 $q = 1, 2, 3$ 或 4 的 q 次根 (即非共振条件成立).

于是, 存在光滑地依赖于 μ 的坐标变换, 使得

$$f(\mu, x) = g_\mu(x) + O(|x|^5). \tag{2.5.4}$$

在极坐标下,

$$g_\mu(r, \theta) = (|\lambda(\mu)|r + c_3(\mu)r^3, \theta + \beta(\mu) + d_2(\mu)r^2). \tag{2.5.5}$$

其中, c_3、d_2、β 是 μ 的光滑函数.

如果 $c_3(0) < 0 \ (c_3(0) > 0)$, 则 $\mu < 0 (\mu > 0)$ 时, 原点是稳定的 (不稳定的), 而当 $\mu > 0 (\mu < 0)$ 时, 原点是不稳定的 (稳定的), 并存在围绕原点的吸引的 (排斥的) 不变圆. 当 $c_3(0) < 0 (c_3(0) > 0)$ 时, 在 $\mu = 0$ 时的分支称为超临界的 (亚临界的).

可以证明, 如二维映射可记为

$$f_0(z) = \lambda z + \sum_{l=2,3} \sum_{i+j=l} a_{ij} z_i \bar{z}_j + O(|z|^4), \tag{2.5.6}$$

则

$$\begin{aligned}
c_3(0) = {} & Re(\bar{\lambda} a_{21}) - |a_{02}|^2 - \frac{1}{2}|a_{11}|^2 \\
& - Re\left[\frac{(1-2\lambda)\bar{\lambda}^2}{1-\lambda} a_{11} a_{20}\right].
\end{aligned} \tag{2.5.7}$$

应用公式 (2.5.7) 计算 $c_3(0)$, 即可判定 Hopf 圆的存在性.

§2.6 二维微分同胚的双曲不变集

考虑 $\mathbf{R}^2$ 到 $\mathbf{R}^2$ 的微分同胚 f. 设 $z \in \mathbf{R}^2$ 是 f 的一个双曲不动点, 即 $f(z) = z$, 且 $Df(z)$ 的谱 $\sigma = \{\Lambda^+, \Lambda^-\}$ 满足 $0 < \Lambda^+ < 1 < \Lambda^-$. 设 E^+ 与 E^- 表示对应于上述二特征值的特征向量. 根据定理 2.3.2, 在 $\mathbf{R}^2$ 中存在 z 的局部稳定与不稳定流形 W_{loc}^+、W_{loc}^-, 使得以下性质成立:

(i) $z \in W_{\text{loc}}^{\pm}$, $W_{\text{loc}}^{\pm}$ 在 z 点与 $E^{\pm}$ 相切;

(ii) $W_{\text{loc}}^{\pm}$ 是不变的, 即 $f^{\pm 1}(W_{\text{loc}}^{\pm}) \subset W_{\text{loc}}^{\pm}$;

(iii) $W_{\text{loc}}^{\pm}$ 包含在 z 的吸引域中, 即 $x^{\pm} \in W_{\text{loc}}^{\pm}$, 则

$$\lim_{n \to \pm\infty} f^n(x^{\pm}) = z;$$

(iv) 若 $x_0 \in U$ 就导致对一切 $i \in \pm\mathbf{N}$(非负整数集合), $x_i = f^i(x_0) \in U$, 则 $x_0 \in W_{\text{loc}}^{\pm}$.

我们还要考虑 z 的全局稳定与不稳定流形:

$$W^{\pm} = \{x \in \mathbf{R}^2 | \lim_{i \to \pm\infty} f^i(x) = z\}.$$

定义 2.6.1(双曲不变集)   关于 f 不变的紧集合 $\Lambda \subset \mathbf{R}^2$ 称为 f 的双曲不变集, 倘若在 Λ 上存在两个向量场, 即两个连续映射:

$$h^+ : x \in \Lambda \to h^+(x) \in \mathbf{R}^2, \quad h^- : x \in \Lambda \to h^-(x) \in \mathbf{R}^2,$$

它们关于一切 x 彼此线性无关并满足以下性质:

(a) 向量场 h^+, h^- 关于 Df 不变, 即存在映射 $\lambda^+ : x \in \Lambda \to \lambda^+(x) \in \mathbf{R}$, $\lambda^- : x \in \Lambda \to \lambda^-(x) \in \mathbf{R}$, 使得对一切 $x \in \Lambda$ 满足

$$h^+(f(x)) = \frac{1}{\lambda^+(x)} Df(x) h^+(x),$$

$$h^-(f(x)) = \frac{1}{\lambda^-(x)} Df(x) h^-(x).$$

(b) 映射 f 在 h^+ 方向压缩, 在 h^- 方向扩张, 即存在常数 $\theta \in (0,1)$, $\tau > 1$, 使得对一切 $x \in \Lambda$ 有

$$\frac{1}{\tau} \leqslant |\lambda^+(x)| \leqslant \theta < 1, \quad 1 < \frac{1}{\theta} \leqslant |\lambda^-(x)| \leqslant \tau.$$

显然, 对于 f 的双曲不动点 z, 由于 $Df(z)E^\pm = \Lambda^\pm E^\pm$ 满足上述条件 (a), (b), 因为, 双曲不动点是最简单的双曲不变集. 而更一般的双曲集是双曲不动点的推广.

定义 2.6.2(横截同宿性)　设 f 有双曲不动点 z. 若 $\mathbf{R}^2$ 中两段弧满足:

$$W_{\mathrm{loc}}^\pm(z) \subset \Gamma^\pm \subset W^\pm(z),$$
$$\Gamma^- = \{\gamma_-(s) | s \in I_- = (a_-, b_-)\},$$
$$\Gamma^+ = \{\gamma_+(s) | s \in I_+ = (a_+, b_+)\}, \text{ 以及}$$

(i) 存在 $\sigma_- \in I_-$, $\sigma_+ \in I_+$ 使得 $\gamma_\pm(\sigma_\pm) = z$;

(ii) 存在 $s_- \in I_-$, $s_+ \in I_+$, $s_\pm \neq \sigma_\pm$ 使得 $\gamma_-(s_-) = \gamma_+(s_+) = x_0$, 并且 $\gamma'_-(s_-)$ 与 $\gamma'_+(s_+)$ 线性无关, 则点 x_0 称为 f 的横截同宿点 (图 2.6.1), 而由 x_0 产生的 f 轨道 $\{x_n\}_{n\in\mathbf{Z}}$, 称为同宿到 z 的横截同宿轨道, 其中 $\mathbf{Z}$ 表示正负自然数集合.

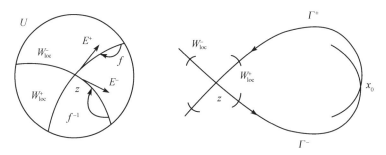

图 2.6.1　横截同宿点

显然, 横截同宿轨道全由同宿点组成. 因此, 我们说 f 存在一个横截同宿点, 意味着存在无穷多个横截同宿点.

我们恒假设 $\gamma_\pm : I_\pm \to \mathbf{R}^2$ 是单射, 充分地正则且对一切 $s \in I_\pm, \gamma'_\pm(s) \neq 0$.

引理 2.6.1　设映射 f 存在定义 2.6.2 所述的横截同宿轨道 $\{x_n\}$. 则存在两向量集合 $e_n^+, e_n^-, n \in \mathbf{Z}$, 实数 $t_n^+, t_n^-, n \in \mathbf{Z}$ 及三个常数 $N \in \mathbf{N}, \theta_1 \in (0,1), \tau_1 > 1$, 使得以下结论成立:

(i) $e_{n+1}^\pm = \dfrac{1}{t_n^\pm} Df(x_n)e_n^\pm, n \in \mathbf{Z}$;

(ii) $\lim\limits_{n\to-\infty} e_n^- = E^-$, $\lim\limits_{n\to-\infty} e_n^+ = E^+$;

(iii) $1 < \dfrac{1}{\theta_1} \leqslant |t_n^-| \leqslant \tau_1$, 倘若 $n < -N$, $\dfrac{1}{\tau_1} \leqslant |t_n^+| \leqslant \theta_1 < 1$, 倘若 $n > N$;

(iv) $\lim\limits_{n\to\infty} e_n^- = E^-$, $\lim\limits_{n\to\infty} e_n^+ = E^+$;

(v) $1 < \dfrac{1}{\theta_1} \leqslant |t_n^-| \leqslant \tau_1$, 倘若 $n > N$; $\dfrac{1}{\tau_1} \leqslant |t_n^+| \leqslant \theta_1 < 1$, 倘若 $n < -N$.

证　分几步证明. 首先构造 $e_n^-(e_n^+$ 可类似构造). 因 $x_n \in \Gamma^-$, $n \leqslant 0$, 因此存在唯一的 $s_n \in I_-$, 使得 $\gamma_-(s_n) = x_n$, 记 $\mathrm{v}_n = \gamma'_-(s_n)$, $n \leqslant 0$.

考虑映射

$$F : (s, \varphi) \in I_- \times I_- \to F(s, \varphi) \stackrel{\text{def}}{=} f^{-1}(\gamma_-(s)) - \gamma_-(\varphi) \in \mathbf{R}^2.$$

由 $\gamma_\pm : I_\pm \to \mathbf{R}^2$ 是单射的假设, 对给定的 $s \in I_-$ 存在唯一的 $\varphi \in I_-$, 使得 $F(s, \varphi) = 0$. 令 $\varphi(s)$ 表示上述隐函数方程的解. 由于

$$f^{-1}(\gamma_-(s_n)) = f^{-1}(x_n) = x_{n-1} = \gamma_-(s_{n-1}), \quad n \leqslant 0,$$

$$f^{-1}(\gamma_-(\sigma_-)) = f^{-1}(z) = z = \gamma_-(\sigma_-).$$

因此, $\varphi(s_n) = s_{n-1}, \varphi(\sigma_-) = \sigma_-$. 又因 $F_\varphi(s, \varphi) = -\gamma'_-(\varphi) \neq 0$, 根据隐函数定理, $\varphi(s) \in C^1$, 并且

$$Df^{-1}(\gamma_-(s))\gamma'_-(s) = \varphi'(s)\gamma'_-(\varphi(s)). \tag{2.6.1}$$

因 Df^{-1} 非奇异, $\gamma' \neq 0$, 故 $\varphi'(s) \neq 0$. 在 (2.6.1) 式中令 $s = s_{n+1}$, 注意到 $Df(x_n)Df^{-1}(x_{n+1}) = I$, 因此我们有

$$\mathrm{v}_{n+1} = \frac{1}{1/\varphi'(s_{n+1})} Df(x_n)\mathrm{v}_n, \ n < 0. \tag{2.6.2}$$

又在 (2.6.1) 式中令 $s = \sigma_-$ 得到

$$Df(z)\gamma'_-(\sigma_-) = \frac{1}{\varphi'(\sigma_-)}\gamma'_-(\sigma_-).$$

因此, $1/\varphi'(\sigma_-)$ 是 $Df(z)$ 的一个特征值, $\gamma'_-(\sigma_-)$ 是一个特征向量. 可以证明, $|\varphi'(\sigma_-)| \leqslant 1$. 我们先证当 $n \to -\infty$ 时, $s_n \to \sigma_-$. 由于序列 $\{s_n\}$ 是有界的, 故只需证 σ_- 是该序列的唯一极限点. 为此, 设 $\lim\limits_{j \to -\infty} s_{n_j} = s^*$, $\{s_{n_j}\}$ 为 $\{s_n\}$ 的某收敛子序列. 于是,

$$\gamma(s^*) = \lim_{j \to -\infty} \gamma(s_{n_j}) = \lim_{j \to -\infty} x_{n_j} = z = \gamma(\sigma_-).$$

由 $\gamma^\pm(s)$ 的单射性可知, $s^* = \sigma_-$. 既然 $\lim\limits_{n \to -\infty} s_n = \sigma_-$, 故在 σ_- 任何邻域 U, 存在 $N \in \mathbf{N}$, 使得对一切 $n < -N, s_n \in U$. 现用反证法, 假设 $|\varphi'(\sigma_-)| > 1$, 则由映射 φ 在 σ_- 的不稳定性, 存在 σ_- 的邻域 U 使得对给定的 $\tilde{s} \in U - \{\sigma_-\}$, 存在数 $\tilde{N} \in \mathbf{N}$, 使 $\varphi^{\tilde{N}}(\tilde{s}) \notin U$. 特别, 取 $\tilde{s} = s_{n^*}$, 于是 $\varphi^k(s_{n^*}) = s_{n^*-k}$, 当 $k \to \infty$ 时, $s_{n^*-k} \notin U$, 这与上述 $\lim\limits_{n \to -\infty} s_n = \sigma_-$ 矛盾.

综合以上讨论可知, $(1/\varphi'(\sigma_-)) \geqslant 1$ 且 $1/\varphi'(\sigma_-) = \Lambda^-$, 因为 $1/\varphi'(\sigma_-)$ 是 $DF(z)$ 的一个特征值, 并且 $\gamma'_-(\sigma_-)$ 平行于 E^-. 由 $\lim\limits_{n \to -\infty} s_n = \sigma_-$ 可知:

$$\lim_{n \to -\infty} \mathrm{v}_n = \lim_{n \to -\infty} \gamma'_-(s_n) = \gamma'_-(\sigma_-) = \mathrm{v}E^-, \tag{2.6.3}$$

其中, v 为某个适当常数. 对 $n \leqslant 0$, 令 $e_n^- = \mathrm{signv} v_n / |v_n|$, 并定义:

$$e_{n+1}^- = \pm \frac{Df(x_n)e_n^-}{|Df(x_n)e_n^-|}, \ n \leqslant 0. \tag{2.6.4}$$

(2.6.4) 右边的符号后面再确定.

注意到 (2.6.2) 与 (2.6.4), 若取 $t_n^- = |Df(x_n)e_n^-|$, 则引理中结论 (i) 成立, 另一方面, 由 (2.6.3) 可推导引理中结论 (ii). 为证引理中结论 (iii), 应用性质 (i) 与 (ii), 可得

$$\lim_{n \to -\infty} |t_n^-| = \lim_{n \to -\infty} |Df(x_n)e_n^-| = |Df(z)E^-| = \Lambda^-.$$

故 (iii) 成立.

为证明引理 2.6.1 中的结论 (iv) 与 (v), 首先需证明以下的 λ 引理或倾角引理.

对 $n \geqslant 0$ 考虑满足关系 $v_{n+1} = Df(x_n)v_n$ 的向量 v_n 的序列, 其中 v_0 在 x_0 横截于 Γ^+, 即 v_0 与 $\gamma_+'(s_+)$ 线性无关. 由 $\Gamma^\pm$ 关于 $f^{\pm 1}$ 的不变性及 $Df(x_n)$ 的可逆性可知, 对一切 $n \geqslant 0$, v_n 在 x_n 横截于 Γ^+.

引理 2.6.2(λ 引理) 当 $n \to \infty$ 时, v_n 的方向收敛于 Γ^- 在 z 点的切向.

证 不失一般性, 设 $z = 0$, $\sigma_\pm = 0, \gamma_-'(0) = (1,0)^\mathrm{T}, \gamma_+'(0) = (0,1)^\mathrm{T}$, 并设 $x = (u,v)^\mathrm{T}$. 在原点的某充分小邻域考虑 $\Gamma^\pm$, 并用 $\Gamma_{\mathrm{loc}}^\pm$ 表示 $\Gamma^\pm$ 在该邻域的限制. 根据隐函数定理, $\Gamma_{\mathrm{loc}}^\pm$ 由以下的参数表示:

$$\Gamma_{\mathrm{loc}}^- = \{(u, s^-(u)) | |u| < \delta\}, \quad \Gamma_{\mathrm{loc}}^+ = \{(s^+(v), v) | |v| < \delta\},$$

其中, δ 为某个小常数, $s^\pm$ 满足 $s^-(0) = ds^-(0)/du = 0$ 与 $s^+(0) = \dfrac{ds^+(0)}{dv} = 0$. 作坐标变换

$$\tilde{x} = U(x) = \begin{bmatrix} u - s^+(v) \\ v - s^-(u) \end{bmatrix}$$

使得 $\Gamma_{\mathrm{loc}}^\pm$ 成为坐标轴. 显然, $U(0) = 0$, $DU(0) = I$. 从而 U 确实定义了原点邻域的一个坐标变换且 $\Gamma_{\mathrm{loc}}^\pm$ 分别由 $\bar{v} = 0$ 及 $\bar{u} = 0$ 来描述. 为简化记号, 再次用 u, v 表示新坐标. 于是在新坐标下, f 具有以下表达式:

$$f(x) = \begin{bmatrix} \Lambda^- u + u\hat{g}(u,v) \\ \Lambda^+ v + v\hat{h}(u,v) \end{bmatrix},$$

其中, $\hat{g}(0,0) = \hat{h}(0,0) = 0$. 因此

$$Df(x) = \begin{bmatrix} \Lambda^- + \varepsilon_{11} & \varepsilon_{12} \\ \varepsilon_{21} & \Lambda^+ + \varepsilon_{22} \end{bmatrix},$$

其中,

$$\varepsilon_{11} = \hat{g}(u, v) + u\partial_u\hat{g}(u, v),$$

$$\varepsilon_{12} = u\partial_v\hat{g}(u, v),$$

$$\varepsilon_{21} = v\partial_u\hat{h}(u, v),$$

$$\varepsilon_{22} = \hat{h}(u, v) + v\partial_v\hat{h}(u, v).$$

显然, $\varepsilon_{12}(0, v) = \varepsilon_{21}(u, 0) = 0$, $\lim\limits_{x \to 0}\varepsilon_{ij}(x) = 0$.

令 $V_r = \{(u, v) | |u| < r, |v| < r\}$ 为 $x = 0$ 的一个小邻域, $r > 0$ 充分小使得

$$|\varepsilon_{ij}(x)| < K_1 = \min\left(\frac{1}{2}[\Lambda^- - 1], \frac{1}{2}[1 - \Lambda^+]\right), \ x \in V_r.$$

于是存在

$$\mu = \min(\Lambda^- + \varepsilon_{11}) \geqslant \Lambda^- - \max_{x \in V_r}|\varepsilon_{11}| \geqslant \frac{1}{2}[\Lambda^- + 1] > 1,$$

$$\lambda = x \in V_r \max_{x \in V_r}|\Lambda^+ + \varepsilon_{22}| \leqslant \Lambda^+ + \max_{x \in V_r}|\varepsilon_{22}| \leqslant \frac{1}{2}[\Lambda^+ + 1] < 1.$$

由于 $\lim\limits_{n \to \infty} x_n = 0$, 故存在 m, 使得对一切 $n \geqslant m$, $x_n \in \Gamma_{\text{loc}}^+$. 考虑满足 $n \geqslant m$ 的 v_n 并引入记号

$$v_n = \begin{bmatrix} v_n^- \\ v_n^+ \end{bmatrix}, \quad \theta_n = \frac{|v_n^+|}{|v_n^-|}, \quad \varepsilon_{ij}^n = \varepsilon_{ij}^n(x_n).$$

因为 v_n 横截于 $u = 0$, 故 $v_n^- \neq 0$, 从 $v_{n+1} = Df(x_n)v_n$ 可得

$$v_{n+1}^- = (\Lambda^- + \varepsilon_{11}^n)v_n^- + \varepsilon_{12}^n v_n^+,$$

$$v_{n+1}^+ = \varepsilon_{21}^n v_n^- + (\Lambda^+ + \varepsilon_{22}^n)v_n^+,$$

注意到 $u_n = 0$, 故 $\varepsilon_{12}^n = 0$, 从而

$$|v_{n+1}^-| \geqslant |\Lambda^- + \varepsilon_{11}^n||v_n^-| - |\varepsilon_{12}^n||v_n^+| \geqslant \mu|v_n^-|,$$

$$|v_{n+1}^+| \leqslant |\varepsilon_{21}^n||v_n^-| + \lambda|v_n^+| \leqslant (|\varepsilon_{21}^n| + \lambda\theta_n)|v_n^-|.$$

由 $(1/\mu) < 1$ 及设 $\sigma \equiv (\lambda/\mu) < 1$ 可得

$$\theta_{n+1} \leqslant |\varepsilon_{21}^n| + \sigma\theta_n. \tag{2.6.5}$$

上式对一切 $n > m'(m' > m)$ 都成立. 因 $\lim\limits_{n \to \infty} x_n = 0$, 故 $\lim\limits_{n \to \infty}|\varepsilon_{21}^n| = 0$, 从而 (2.6.5) 意味着 $\lim\limits_{n \to \infty}\theta_n = 0$, 即 $v_n^+ \to 0$. 本引理证毕.

λ 引理说明, 当 f 存在横截同宿点时, f 的双曲不动点的稳定流形与不稳定流形存在着复杂的穿插现象 (homoclinic tangle), 见图 2.6.2.

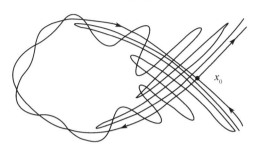

图 2.6.2　同宿 Tangle 现象

引理 2.6.1 续证　根据 Γ^+ 与 Γ^- 在 x_0 横截性的假设以及 λ 引理, 当 $n \to \infty$ 时 e_n^- 的方向收敛于 E^- 的方向, 注意 e_n^- 与 E^- 都是单位向量, 因此, e_n^- 的符号可选择得使 $n > 0$ 时, $\lim\limits_{n \to \infty} e_n^- = E^-$, 即引理 2.6.1 中结论 (iv) 成立. 为证 (v), 由结论 (i) 有

$$\lim_{n \to \infty} |t_n^-| = \lim_{n \to \infty} |Df(x_n)e_n^-| = |Df(z)E^-| = \Lambda^-,$$

从而 (v) 正确. 引理 2.6.1 证毕.

引理 2.6.3　在引理 2.6.1 的条件下, 存在两向量集合 h_n^+, h_n^-, $n \in \mathbf{Z}$, h_n^+ 与 h_n^- 线性无关, 并存在实数 λ_n^+, λ_n^- 和正常数 $\theta_2 \in (0, 1)$, $\tau_2 > 1$, 使得以下结论成立:

(a) $h_{n+1}^\pm = \dfrac{1}{\lambda_n^\pm} Df(x_n)h_n^\pm$, $n \in \mathbf{Z}$;

(b) $\lim\limits_{n \to \pm\infty} h_n^- = E^-$, $\quad \lim\limits_{n \to \pm\infty} h_n^+ = E^+$;

(c) $\dfrac{1}{\tau_2} \leqslant |\lambda_n^+| \leqslant \theta_2 < 1$, $1 < \dfrac{1}{\theta_2} \leqslant |\lambda_n^-| \leqslant \tau_2$, $n \in \mathbf{Z}$.

证　证明的基本思想是对充分大的 $|n|$, 令 $h_n^\pm = e_n^\pm$, 并对有限多个 $e_n^\pm$, 改变其长度. 兹对 e_n^+ 给出这种构造方法. 记 $Q(n) = \prod\limits_{i=-n}^{n} |t_i^+|$. 设 N 为引理 2.6.1 中给定的正整数 N. 则存在 $M \geqslant N$, 使得

$$Q(M) = \prod_{i=-M}^{M} |t_i^+| \leqslant Q(N)\theta_1^{2(M-N)} < 1.$$

设 $\theta^+ - Q(M)^{1/(2M+1)} < 1$, 并定义

$$d_n^+ = \begin{cases} 1, & \text{若 } n \leqslant -M \text{ 或} n > M, \\ \dfrac{t_{n-1}^+ d_{n-1}^+}{\theta^+}, & \text{若 } -M < n \leqslant M. \end{cases}$$

对一切 $n \in \mathbf{Z}$ 定义 $h_n^+ = d_n^+ e_n^+$. 于是取 $\lambda_n^+ = t_n^+ d_n^+ / d_{n+1}^+$, 则显然有

$$h_{n+1}^+ = \frac{1}{\lambda_n^+} Df(x_n) h_n^+.$$

不难看出

$$|\lambda_n^+| = \begin{cases} \theta^+, & \text{若 } |n| \leqslant M, \\ |t_n^+|, & \text{若 } |n| > M. \end{cases}$$

从而引理证毕.

定理 2.6.1 在引理 2.6.1 的假设下, 集合

$$\Lambda = \{z\} \bigcup \{x_n | n \in \mathbf{Z}\}$$

是 f 的双曲不变集. 其中, $\{x_n\}$ 是 f 的横截同宿轨道.

证 Λ 显然有界, 且 z 是唯一的凝聚点, 故 Λ 为闭集, 从而 Λ 紧. Λ 为两条轨道的并集, 故是 f 的不变集. 用引理 2.6.3 定义向量场 h^+, h^-:

$$h^+(x_n) = h_n^+, \quad h^-(x_n) = h_n^-, \quad n \in \mathbf{Z},$$

$$h^+(z) = E^+, \quad h^-(x) = E^-,$$

其中, E^+、E^- 为双曲不动点 z 的单位特征向量. 向量 h_n^+ 与 h_n^- 线性无关. 同样, E^+、E^- 也线性无关. 兹讨论 h^+, h^- 的连续性. 这只需要考虑在 Λ 的聚点 z 的情况. 但由引理 2.6.3 的性质 (b), 在这点, 连续性保持. 以下定义映射 λ^+, λ^-; 由引理 2.6.3, 设

$$\lambda^+(x_n) = \lambda_n^+, \quad \lambda^-(x_n) = \lambda_n^-,$$

$$\lambda^+(z) = \Lambda^+, \quad \lambda^-(z) = \Lambda^-,$$

Λ^+、Λ^- 为 $Df(x)$ 的两特征向量. 再利用引理 2.6.3, 可知 Λ 是双曲不变集, 定理证毕.

§2.7 跟 踪 引 理

设 $f: \mathbf{R}^2 \to \mathbf{R}^2$ 是微分同胚, Λ 为 f 的双曲不变集.

定义 2.7.1 若双边无穷序列 $q = \{q_n\}_{n \in \mathbf{Z}}$ 的每个元 $q_n \in \Lambda$, 称 q 为 f 的伪轨 (pseudo-orbit). 伪轨 q 称为 f 的 ε 伪轨, 倘若对一切 $n \in \mathbf{Z}$, $|q_{n+1} - f(q_n)| \leqslant \varepsilon$.

显然 ε 伪轨是 f 的近似轨道. 本节主要介绍以下定理:

定理 2.7.1(跟踪引理) 设 f 有双曲不变集 Λ. 则存在 $\rho_0 > 0$ 使得对于 $\rho \in (0, \rho_0)$, 下述结论正确: 存在 $\varepsilon = \varepsilon(\rho)$, 使得每个 ε 伪轨 $q = \{q_n\}_{n \in \mathbf{Z}}$ 都有唯一的 ρ 跟踪轨道. 换言之, 存在 f 的真正轨道 $p = \{p_n\}_{n \in \mathbf{Z}}$, 使得对一切 $n \in \mathbf{Z}$, $|p_n - q_n| \leqslant \rho$.

为证上述定理, 需要做一些准备工作.

考虑有界的双边无穷序列

$$\{x = \{x_n\}_{n \in \mathbf{Z}} | x_n \in \mathbf{R}^2, \ \sup_{n \in \mathbf{Z}} |x_n| < \infty\}$$

所构成的空间 X. 用 $|\cdot|$ 表示 $\mathbf{R}^2$ 中最大模, 则在范数 $||x|| = \sup\limits_{n \in \mathbf{Z}} |x_n|$ 下, X 构成 Banach 空间.

对某些数 $\theta \in (0, 1)$, $\tau > 1$, 设已知满足以下条件的实数序列 λ_n^+、λ_n^-, $n \in \mathbf{Z}$:

$$\frac{1}{\tau} \leqslant |\lambda_n^+| \leqslant \theta < 1, \quad 1 < \frac{1}{\theta} \leqslant |\lambda_n^-| \leqslant \tau, \quad n \in \mathbf{Z}.$$

记 $A_n = \text{diag}(\lambda_n^+, \lambda_n^-)$. 兹用

$$(\mathrm{L}x)_n = x_{n+1} - A_n x_n$$

引入算子 $\mathbf{L} : X \to X$.

引理 2.7.1 L 是 X 到自己的线性同胚, 且

$$||\mathbf{L}^{-1}x|| \leqslant \frac{1}{1 - \theta} ||x||.$$

证 显然, $\mathbf{L}$ 是有界线性算子, 即它是连续的, 为证 $\mathbf{L}$ 为单射, 只需证 $\mathrm{L}x = 0$ 隐含着 $x = 0$ 即可. 设 $x_n = \begin{bmatrix} r_n \\ s_n \end{bmatrix}$, 则 $\mathrm{L}x = 0$, 即

$$r_{n+1} = \lambda_n^+ r_n, \quad s_{n+1} = \lambda_n^- s_n, \quad n \in \mathbf{Z}.$$

于是有

$$r_n = \frac{1}{\lambda_n^+ \lambda_{n+1}^+ \cdots \lambda_{-1}^+} r_0, \quad n < 0,$$

$$s_n = \lambda_{n-1}^- \lambda_{n-2}^- \cdots \lambda_0^- s_0, \quad n > 0.$$

注意到 $\lambda_n^{\pm}$ 的估计式, 得到

$$|r_n| \geqslant \frac{|r_0|}{\theta^{|n|}}, \quad n < 0, \quad |s_n| \geqslant \frac{|s_0|}{\theta^n}, \quad n > 0.$$

上式说明 $\lim\limits_{n\to-\infty}|r_n|=\infty$, $\lim\limits_{n\to\infty}|s_n|=\infty$, 除非 $r_0=s_0=0$, 即 $x=0$. 往证 L 为 X 到自己的满射. 设 $g\in X$ 已给定, 考虑方程 $\mathbf{L}x=g$, 即

$$x_{x+1}-A_nx_n=g_n,\quad n\in\mathbf{Z}.$$

记 $x_n=\begin{bmatrix} r_n \\ s_n \end{bmatrix}$, $g_n=\begin{bmatrix} \alpha_n \\ \beta_n \end{bmatrix}$. 于是级数

$$\begin{cases} r_n=\alpha_{n-1}+\lambda_{n-1}^+\alpha_{n-2}+\lambda_{n-1}^+\lambda_{n-2}^+\alpha_{n-3}+\cdots, \\ s_n=-\dfrac{\beta_n}{\lambda_n^-}-\dfrac{\beta_{n+1}}{\lambda_n^-\lambda_{n+1}^-}-\dfrac{\beta_{n+2}}{\lambda_n^-\lambda_{n+1}^-\lambda_{n+2}^-}-\cdots, \end{cases} \quad n\in\mathbf{Z}$$

收敛, 因为 $|r_n|$, $|s_n|\leqslant(1/(1-\theta))\|g\|$, 并满足上述差分方程. 因此, $\mathbf{L}^{-1}$ 有定义, 并由上面的公式明显地确定. 由此可推出 $\mathbf{L}^{-1}$ 是线性的, 并满足引理中所述的有界条件. 引理证毕.

在证跟踪定理前, 我们对双曲集再做一些讨论. 对 f 的双曲不变集 Λ, 应用向量场 h^+, h^-, 定义一个 2×2 矩阵场 T 如下:

$$T:x\in\Lambda\to T(x)=(h^+(x),\ h^-(x))\in\mathrm{GL}(2).$$

引理 2.7.2 (i) 对一切 $x\in\Lambda$, $T(x)$ 的逆映射 $T^{-1}(x)$ 存在, 且存在常数 $\tau_3>0$, 使得对一切 $x\in\Lambda$, $|T(x)|<\tau_3$, $|T^{-1}(x)|<\tau_3$. 对任给的 $\varepsilon>0$, 记 $\delta(\varepsilon)=\sup\{|T^{-1}(x)-T^{-1}(\tilde{x})\||x,\ \tilde{x}\in\Lambda,\ |x-\tilde{x}|<\varepsilon\}$, 则 $\lim\limits_{\varepsilon\to0}\delta(\varepsilon)=0$.

(ii) 对一切 $x\in\Lambda$, 记 $A(x)=T^{-1}(f(x))Df(x)T(x)$, 则

$$A(x)=\mathrm{diag}(\lambda^+(x),\ \lambda^-(x)).$$

证 由于 $h^+(x)$ 与 $h^-(x)$ 线性无关, 故对于一切 $x\in\Lambda$, $\Delta(x)=\det(h^+(x),h^-(x))\neq0$. 因此, $T^{-1}(x)$ 必存在. 因 h^+、h^- 连续, 故 $T(x)$、$\Delta(x)$、$T^{-1}(x)$ 亦连续. 又因 Λ 是紧不变集, 从而 T 与 T^{-1} 有界. δ 是连续函数 T^{-1} 的连续性模, 再由 Λ 的紧性, 可得 $\lim\limits_{\varepsilon\to0}\delta(\varepsilon)=0$. 引理的结论 (ii) 由引理 2.6.3 中向量场 h^+,h^- 的不变性质 (a) 推出. 引理证毕.

定理 2.7.1 的证明 分四步证明此定理.

(1) 设 $\rho_0\leqslant1$. 存在映射

$$\hat{f}:(\xi,\eta)\in\Lambda\times\{\eta|\eta\in\mathbf{R}^2,\ |\eta|\leqslant1\}\to\hat{f}(\xi,\eta)\in\mathbf{R}^2$$

及正常数 c, 使得

$$f(\xi+\eta)=f(\xi)+\mathrm{D}f(\xi)\eta+\hat{f}(\xi,\eta),$$

并且
$$|Df(\xi)| \leqslant c, \quad |\hat{f}(\xi,\eta)| \leqslant c|\eta|^2 \quad |D_\eta \hat{f}(\xi,\eta)| \leqslant c|\eta|.$$

其中, D_η 表示关于 η 的导数.

(2) 设 $q = \{q\}_{n\in\mathbf{Z}}$ 是一 ε 伪轨, 由定义知 $q_n \in \Lambda$, $n \in \mathbf{Z}$. 引入以下记号:

$$\bar{q}_{n+1} = f(q_n), \quad T_n = T(q_n), \quad \bar{T}_{n+1} = T(\bar{q}_{n+1}),$$
$$A_n = \bar{T}_{n+1}^{-1} Df(q_n)T_n = \operatorname{diag}(\lambda_n^+, \lambda_n^-), \quad \lambda_n^\pm = \lambda_n^\pm(q_n).$$

兹证 q 具有 ρ 跟踪轨道, 当且仅当存在序列 $\{x_n\}_{n\in\mathbf{Z}}$ 满足:

(a) $|T_n x_n| \leqslant \rho$,

(b) $x_{n+1} - A_n x_n = g_n(T_n x_n)$,

其中, $g_n(x) = T_{n+1}^{-1}(\bar{q}_{n+1} - q_{n+1}) + (T_{n+1}^{-1} - \bar{T}_{n+1}^{-1})Df(q_n)x + T_{n+1}^{-1}\hat{f}(q_n, x)$.

先设 p 为 q 的唯一 ρ 跟踪轨道, 用等式 $p_n = q_n + T_n x_n$ 定义 x_n. 显然条件 (a) 成立. 从 $p_{n+1} = f(p_n)$ 得

$$q_{n+1} + T_{n+1}x_{n+1} = f(q_n + T_n x_n)$$
$$= \bar{q}_{n+1} + Df(q_n)T_n x_n + \hat{f}(q_n, T_n x_n).$$

上式两边作用 T_{n+1}^{-1} 即得关系 (b).

反之, 若存在 $\{x_n\}_{n\in\mathbf{Z}}$ 满足 (a), (b), 易证 $\{p_n\}_{n\in\mathbf{Z}}$, $p_n = q_n + T_n x_n$ 是 q 的 ρ 跟踪轨道, 故上述结论正确.

注意, 以下估计式成立: 对一切 $|x| \leqslant \rho$,

$$|g_n(x)| \leqslant \tau_3 \varepsilon + \delta(\varepsilon)c\rho + \tau_3 c\rho^2, \tag{2.7.1}$$

$$|Dg_n(x)| \leqslant \delta(\varepsilon)c + \tau_3 c\rho. \tag{2.7.2}$$

(3) 对 (2) 中给定的矩阵 A_n, $n \in \mathbf{Z}$, 定义算子 $L: X \to X$, $\mathbf{L}$ 由引理 2.7.2 确定, 并引入算子 $T: X \to X$ 定义为 $(Tx)_n = T_n x_n$. T 仍然是映射 X 到自己的线性同胚, 并且对 $x \in X$ 有

$$\|Tx\| \leqslant \tau_3 \|x\|.$$

最后, 再引入一个非线性算子 $G: B_1 = \{x | x \in X, \|x\| \leqslant 1\} \to X$, 其定义是 $(G(x))_n = g_n(x_n)$.

记 $\alpha = (1-\theta)/2\tau_3$. 先证以下关于 G 的引理.

引理 2.7.3　存在 $\rho_0 \leqslant 1$, 使得对给定的 $\rho \in (0, \rho_0)$, 存在 $\varepsilon > 0$, 使得下述估计式成立: 当 v, $\bar{v} \in B_\rho = \{x | x \in X, \|x\| \leqslant \rho\}$ 时,

$$\|G(v) - G(\bar{v})\| \leqslant \alpha \|v - \bar{v}\|, \tag{2.7.3}$$

$$||G(0)|| \leqslant \alpha\rho. \tag{2.7.4}$$

引理 2.7.3 的证明　由于 $|\mathrm{v}|, |\bar{\mathrm{v}}| \leqslant \rho$, 由 (2.7.2) 可见,

$$
\begin{aligned}
||(G(\mathrm{v}))_n - (G(\bar{\mathrm{v}}))_n|| &= |g_n(\mathrm{v}_n) - g_n(\bar{\mathrm{v}}_n)| \\
&\leqslant \sup_{||x|| \leqslant \rho_0} |Dg_n(x)||\mathrm{v}_n - \bar{\mathrm{v}}_n| \\
&\leqslant (\delta(\varepsilon)c + \tau_3 c\rho_0)||\mathrm{v} - \bar{\mathrm{v}}||,
\end{aligned}
$$

故

$$||G(\mathrm{v}) - G(\bar{\mathrm{v}})|| \leqslant (\delta(\varepsilon)c + \tau_3 c\rho_0)||\mathrm{v} - \bar{\mathrm{v}}||.$$

选取 $\rho_0 \leqslant 1$, $\varepsilon_0 > 0$ 小得足以满足 $\tau_3 c\rho_0 < \alpha/2$, $\delta(\varepsilon_0)c < \alpha/2$. 由于 $\delta(\varepsilon)$ 随 ε 而单减, 故若 $\rho \in (0, \rho_0)$, $\varepsilon \in (0, \varepsilon_0)$, 则 (2.7.3) 成立. 注意到 (2.7.1), 故有 $|g_n(0)| \leqslant \tau_3\varepsilon$, 即 $||G(0)|| \leqslant \tau_3\varepsilon$, 从而对给定的 $\rho \in (0, \rho_0)$, 存在 $\varepsilon \in (0, \varepsilon_0)$ 使得 (2.7.4) 成立. 引理证毕.

现在假设 ρ, ε 已按引理 2.7.4 所选取. 再引入一个算子 $\mathbf{F} : B_\rho \to X$ 定义为

$$\mathbf{F}(\mathrm{v}) = T\mathbf{L}^{-1}G(\mathrm{v}).$$

我们回到跟踪引理的第四步证明.

(4) 兹证: q 有 ρ 跟踪轨道, 当且仅当 F 有不动点. 事实上, 若 q 存在 ρ 跟踪, 则存在 $x \in X$, 满足第 (2) 步证明中的条件 (a), (b). 令 $\mathrm{v} = Tx$. 显然有 $\mathrm{v} \in B_\rho$ 且 $\mathbf{L}x = G(\mathrm{v})$, 这说明 $x = \mathbf{L}^{-1}G(\mathrm{v})$, 从而 $\mathrm{v} = Tx = T\mathbf{L}^{-1}G(\mathrm{v}) = \mathbf{F}(\mathrm{v})$.

反之, 设 $\mathrm{v} \in B_\rho$ 是 $\mathbf{F}$ 的不动点, 令 $x = T^{-1}\mathrm{v}$. 显然, $||Tx|| \leqslant \rho$; 此外, $\mathrm{v} = T\mathbf{L}^{-1}G(\mathrm{v})$ 成立, 即 $x = \mathbf{L}^{-1}G(Tx)$ 或 $\mathbf{L}x = G(Tx)$.

最后, 我们证明 $\mathbf{F}$ 在 B_ρ 是压缩的. 事实上, 对于一切 $\mathrm{v}, \bar{\mathrm{v}} \in B_\rho$,

$$
\begin{aligned}
||\mathbf{F}(\mathrm{v}) - \mathbf{F}(\bar{\mathrm{v}})|| &= ||T\mathbf{L}^{-1}G(\mathrm{v}) - T\mathbf{L}^{-1}G(\bar{\mathrm{v}})|| \\
&\leqslant \tau_3 \frac{1}{1-\theta}\alpha||\mathrm{v} - \bar{\mathrm{v}}|| = \frac{1}{2}||\mathrm{v} - \bar{\mathrm{v}}||,
\end{aligned}
$$

并且

$$||\mathbf{F}(\mathrm{v})|| \leqslant ||\mathbf{F}(0)|| + ||\mathbf{F}(\mathrm{v}) - \mathbf{F}(0)|| \leqslant \tau_3 \frac{1}{1-\theta}\alpha\rho + \frac{1}{2}\rho = \rho,$$

因而 $\mathbf{F}$ 的不动点唯一存在. 定理证毕.

§2.8　Smale-Birkhoff 定理与混沌运动

继续考虑微分同胚 $f : \mathbf{R}^2 \to \mathbf{R}^2$. 设 $\{x_n\}_{n\in\mathbf{Z}}$ 是 f 的同宿到双曲不动点 z 的横截同宿轨道. 因而存在双曲不变集 $\Lambda = \{z\} \bigcup \{x_n\}_{n\in\mathbf{Z}}$. 现取 $\rho \in (0, \rho_0)$, 使得

$\rho < \dfrac{1}{3}|x_0 - z|$, 并按照跟踪引理选择好 ε 的尺度. 我们将要描述一类 ε 伪轨. 由于 $\lim\limits_{n \to \pm\infty} x_n = z$, 我们可找到 $N \in \mathbf{N}$, 使得

$$Q_1 = z, x_{-N}, x_{-N+1}, \cdots, x_{-1}, x_0, x_1, \cdots, x_N, z$$

(总计 $m = 2N + 3$ 个点) 是 f 的 ε 伪轨中的一节. 此外, 设

$$Q_0 = z, z, z, \cdots, z, z, z, \cdots, z, z \ (\text{共 } m = 2N + 3 \text{ 个 } z).$$

用 Σ 表示由 0 与 1 两个符号构成的双边无穷序列的空间. 对一个给定的双边无穷序列 $s = (\cdots, s_{-1}; s_0, \cdots)$, 相应地考虑一个 ε 伪轨 q_s, 其定义为

$$q_s = (\cdots Q_{s_{-2}} Q_{s_{-1}}; \ Q_{s_0} Q \cdots)$$

用 $p = \{p_n\}_{n \in \mathbf{Z}}$ 表示 q_s 的唯一的 ρ 跟踪轨道. 定义映射:

$$h : s \in \Sigma \to h(s) = p_{N+1} \in \mathbf{R}^2.$$

用 σ 表示 Σ 上的移位映射, 在 Σ 上定义了移位的系统称符号动力系统或 Bernoulli 系统. 我们将证明下面的重要定理.

定理 2.8.1 (Smale-Birkhoff 定理)　(i) f 的 m 次叠代 f^m 以 Bernoulli 系统作为其子系统, 换言之, 存在 Σ 到集合 $S = h(\Sigma) \subset \mathbf{R}^2$ 的同胚 h, 使得下面的图可交换:

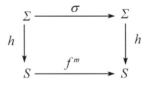

(ii) 存在 $\rho > 0$ 使得以下的结论成立:

(a) 若 $s_0 = 0$, 则 $|h(s) - z| \leqslant \rho$; 若 $s_0 = 1$, 则 $|h(s) - z| \geqslant 2\rho$.

(b) 若 $s_i = s_{i+1} = 0$ 则对一切 $n \in [im, (i+2)m]$, $|p_n - z| \leqslant \rho$.

(iii) f^m 在集合 S 上的限制定义了一个具有以下性质的混沌动力系统:

(a) 周期点是稠的;

(b) f^m 是拓扑传递的;

(c) f^m 在集合 S 上关于初始条件具有敏感依赖性, 即存在 $\Delta > 0$ 使得对任何给定的 $p \in S$ 和 $\varepsilon > 0$, 存在 $p_0 \in S$ 及 $n \in \mathbf{N}$, 使得虽然 $|p - p_0| < \varepsilon$, 但 $|f^{mn}(p) - f^{mn}(p_0)| \geqslant \Delta$.

证　对 Bernoulli 系统 (Σ, σ) 定义距离为

$$d(s,t) - \max\{2^{-|j|}|j \in \mathbf{Z},\ s_j \neq t_j\}.$$

于是若 $|i| \leqslant n \in \mathbf{N}$ 时, $s, t \in \Sigma$ 满足 $s_i = t_i$, 则 $d(s,t) \leqslant 1/2^{n+1}$, 反之亦真. Σ 是紧度量空间. 集合

$$\Sigma_0 = \{s \in \Sigma | s_0 = 0\}, \quad \Sigma_1 = \{s \in \Sigma | s_0 = 1\}$$

是既开又闭的紧的集合, 且 $\Sigma_0 \bigcup \Sigma_1 = \Sigma$.

先证 (i) 中所述图表的可变换性, 即

$$f^m \cdot h(s) = h \cdot \sigma(s),\ s \in \Sigma.$$

设 $s = (\cdots s_{-1}; s_0 s_1 \cdots)$, $s' = \sigma(s) = (\cdots s_0; s_1 s_2 \cdots)$, 于是,

$$q_s = (\cdots Q_{s_{-1}};\ Q_{s_0} Q_{s_1} \cdots),$$
$$q_{s'} = (\cdots Q_{s_0};\ Q_{s_1} Q_{s_2} \cdots).$$

用 $\{p_n\}_{n \in \mathbf{Z}}$ 表示 q_s 的 ρ 跟踪轨道. 由 Q_0 与 Q_1 的定义可见, $\{p_{n+m}\}_{n \in \mathbf{Z}}$ 是 $q_{\sigma(s)}$ 的 ρ 跟踪轨道. 由于 ε 伪轨的 ρ 跟踪轨道是唯一的. 故若 $h(s) = p_{N+1}$, 则 $h(\sigma(s)) = p_{N+1+m}$. 另一方面 $f^m(p_{N+1}) = p_{N+1+m}$. 因此 $f^m \cdot h(s) = h \cdot \sigma(s)$ 正确.

以下证 h 是同胚. 为此, 先证 h 是单射. 设 $s \neq \tilde{s}$, 则存在 $k \in \mathbf{Z}$, 使 $s_k \neq \tilde{s}_k$, 从而 ε 伪轨 q_s 与 $q_{\tilde{s}}$ 的节 Q_{s_k} 与 $Q_{\tilde{s}_k}$ 不相同. 设 $s_k = 0$, $\tilde{s}_k = 1$, 于是存在 $j \in \mathbf{Z}$, 使得 $(q_s)_j = z$, $(q_{\tilde{s}})_j = x_0$. 用 $p, \tilde{p}$ 分别表示 $q_s, q_{\tilde{s}}$ 的 ρ 跟踪轨道, 由于 $\rho \leqslant \frac{1}{3}|x_0 - z|$, 故 $|p_j - \tilde{p}_j| \geqslant \frac{1}{3}|x_0 - z|$, 即 $p_j \neq \tilde{p}_j$, 因此, $p_{N+1} \neq \tilde{p}_{N+1}$. 这说明 h 是单射的.

再证 h 的连续性. 令 $\{s^k\}_{k \in \mathbf{N}}$ 是 Σ 中收敛于 s 的元素序列, q^k 与 q 是 s^k 与 s 所对应的伪轨. 设 p^k 与 p 是相应的 ρ 跟踪轨道. 需证 $\lim\limits_{k \to \infty} p^k_{N+1} = p_{N+1}$. 由跟踪轨道定义, $|p^k_{N+1} - q^k_{N+1}| \leqslant \rho$, $q^k_{N+1} = z$ 或 $q^k_{N+1} = x_0$, 对于一切 $k \in \mathbf{Z}$, 序列 $\{p^k_{N+1}\}$ 有界. 如能证明 p_{N+1} 是 $\{p^k_{N+1}\}_{k \in \mathbf{N}}$ 的唯一极限点, 则上述结论成立. 为此, 令 $\hat{p}_{N+1}$ 表示 $\{p^k_{N+1}\}_{k \in \mathbf{N}}$ 的唯一极限点, 即存在序列 $\{p^{k_i}_{N+1}\}_{i \in \mathbf{N}}$ 满足 $\hat{p}_{N+1} = \lim\limits_{i \to \infty} p^{k_i}_{N+1}$. 考虑 $\hat{p}_{N+1+n} = f^n(\hat{p}_{N+1})$, $n \in \mathbf{Z}$. 兹证, 对一切 $n \in \mathbf{Z}$, $|\hat{p}_{N+1+n} - q_{N+1+n}| \leqslant \rho$. 事实上,

$$|\hat{p}_{N+1+n} - q_{N+1+n}| \leqslant |\hat{p}_{N+1+n} - p^{k_i}_{N+1+n}|$$
$$+ |p^{k_i}_{N+1+n} - q^{k_i}_{N+1+n}| + |q^{k_i}_{N+1+n} - q_{N+1+n}|.$$

由于

$$\hat{p}_{N+1+n} = f^n(\lim_{i\to\infty} p_{N+1}^{k_i}) = \lim_{i\to\infty} f^n(p_{N+1}^{k_i}) = \lim_{i\to\infty} p_{N+1+n}^{k_i},$$ 故 $\lim_{i\to\infty} |\hat{p}_{N+1+n} -$ $p_{N+1+n}^{k_i}| = 0.$ 又因 p^{k_i} 是 q^{k_i} 的 ρ 跟踪轨道, 故

$$|p_{N+1+n}^{k_i} - q_{N+1+n}^{k_i}| \leqslant \rho.$$

设 $N + 1 + n = jm + r$, $r \in (0, \cdots, m - 1)$. 于是 q_{N+1+n} 含于 Q_{s_j} 内. 类似地 $q_{N+1+n}^{k_i}$ 含于 $Q_{s_j^{k_i}}$ 内. 由于符号序列 $\lim_{l\to\infty} s^l = s$, 故存在 $L \in \mathbf{N}$, 使得当 $l > L$ 时, $d(s_j^l, s) \leqslant \dfrac{1}{2^{|j|+1}}$. 根据度量 d 的定义, 当 $l > L$ 时 $s_j^l = s_j$, 因此, 对于足够大的 i, $s_j^{k_i} = s_j$. 这意味着 $q_{N+1+n}^{k_i} = q_{N+1+n}$. 综合以上, 我们已证明了 $|\hat{p}_{N+1+n} - q_{N+1+n}| \leqslant \rho$, 即 $\{\hat{p}_n\}_{n\in\mathbf{Z}}$ ρ 跟踪 q 轨道. 因 q 只有唯一的 ρ 跟踪轨道 p, 这说明 $\hat{p}_{N+1} = p_{N+1}$, 即 h 连续.

综上所述, 我们已证得: h 是紧度量空间到紧度量空间的单值连续映射, 根据现代分析理论可知, h 是从 Σ 到 $S = h(\Sigma)$ 的同胚. 结论 (i) 证毕.

定理的结论 (ii) 及性质 (a), (b) 由 h 的构造和 ε 伪轨 q_s 的性质可以推出.

以下证明 (iii), 即 f^m 所产生的动力系统在 S 上的性质. 由于符号动力系统 (Σ, σ) 的周期点稠, 且具有拓扑传递性, 因此根据拓扑共轭性知, f^m 的周期点稠, 并有拓扑传递性. 再根据定理 2.1.1, f^m 必有关于初始条件的敏感依赖性. 定理证毕.

Smale-Birkhoff 定理告诉我们, 如果二维微分同胚 f 存在横截同宿点, 则存在某些 $m \in \mathbf{N}$ 和紧集 $S \in \mathbf{R}^2$, 使得 $F = f^m$ 限制于 S 上, 其动力学性质是混沌的. 因此, 我们说同宿 tangle 意味着混沌.

Smale-Birkhoff 定理所揭示的性质在几何上可通过 Smale 马蹄映射来解释. 因此, 上述混沌性质, 也称为在 Smale 马蹄意义上的混沌. 这是 f 在其双曲不变集上特有的动力学性质.

第3章 Hamilton 系统与广义 Hamilton 系统

本章主要介绍定义在 Poisson 流形上的 (有限维) 广义 Hamilton 系统. 作为传统的辛流形 (symplectic manifold) 上的 Hamilton 系统的推广, 该系统具有广泛的应用前景, 因为广义系统可以描述比传统 (偶数维)Hamilton 系统更广泛的数学、力学及其他学科中出现的数学模型的运动. 此外, 具有某些对称性的 Hamilton 系统, 往往可以约化为某个 Poisson 流形上的较低维数的广义 Hamilton 系统来研究. 以自由刚体的空间运动及平面耦合刚体的运动为例, 其运动方程都可以从典则 Hamilton 方程出发, 分别约化到三维和五维的广义 Hamilton 系统, 使问题的研究获得简化.

我们首先简单地回顾传统 Hamilton 系统的几种定义方式, 在此基础上引入 Poisson 流形上的广义 Hamilton 系统的正式定义, 然后讨论 Poisson 流形的结构. 进而获得广义 Hamilton 系统相空间的叶层结构的一般性质, 及关于广义 Hamilton 系统的一些相应结论. 接着我们讨论 Hamilton 系统的对称群及相应的约化问题. 讨论广义 Hamilton 系统的平衡点的稳定性判定, 证明特征值定理并介绍稳定性判定的一般方法, 特别是能量 Casimir 函数法. 最后介绍广义 Hamilton 可积性.

§3.1 辛结构与 Hamilton 方程

设 M^{2n} 是一个光滑的偶数维流形, 存在几种赋予 M 辛结构的等价方法. 为便于引入广义 Poisson 结构和广义 Hamilton 系统概念, 本节首先介绍这些等价方式.

根据经典力学的基本知识, 对于 n 个自由度的保守力学系统, 在 n 个广义坐标 $q_1, \cdots, q_n$ 和 n 个广义共轭动量 $p_1, \cdots, p_n$ 构成的 $2n$ 维相空间 $\mathbf{R}^{2n}$ 中, 若给定该系统的能量函数 $H(q,p)$, 那么系统的运动可通过以下典则 (canonical)Hamilton 方程来描述:

$$\frac{\mathrm{d}q_i}{\mathrm{d}t} = \frac{\partial H}{\partial p_i}, \quad \frac{\mathrm{d}p_i}{\mathrm{d}t} = -\frac{\partial H}{\partial q_i}, \quad i = 1, 2, \cdots, n, \tag{3.1.1}$$

q_i、p_i 也称典则坐标. 如果记 $z = (q_1, \cdots, q_n; p_1, \cdots, p_n)$, 则方程 (3.1.1) 还可以改写为如下形式:

$$\frac{\mathrm{d}z}{\mathrm{d}t} = \boldsymbol{J} \cdot \nabla H(z), \tag{3.1.2}$$

其中 $\boldsymbol{J}$ 为反对称矩阵

$$\boldsymbol{J} = \begin{bmatrix} 0 & \boldsymbol{I} \\ -\boldsymbol{I} & 0 \end{bmatrix}, \quad \boldsymbol{I} \text{ 是单位矩阵}, \tag{3.1.3}$$

∇H 是梯度向量.

此外, 方程 (3.1.1) 还可以利用典则的 Poisson 括号来表示. 设 F、G 为相空间 $\mathbf{R}^{2n}$ 上的任意两个连续可微函数, 定义 F 和 G 的 Poisson 括号为

$$\{F, G\} = \sum_{i=1}^{n} \left(\frac{\partial F}{\partial q_i} \frac{\partial G}{\partial p_i} - \frac{\partial F}{\partial p_i} \frac{\partial G}{\partial q_i} \right), \tag{3.1.4}$$

则 Hamilton 典则方程 (3.1.1) 可以改写为

$$\begin{cases} \dfrac{\mathrm{d}q_i}{\mathrm{d}t} = \{q_i, H\}, \\[2mm] \dfrac{\mathrm{d}p_i}{\mathrm{d}t} = \{p_i, H\}, \end{cases} \quad i = 1, 2, \cdots, n. \tag{3.1.5}$$

不难验证, Poisson 括号 (3.1.4) 具有如下五条重要性质:

(i) 双线性: $\{aF + bG, K\} = a\{F, K\} + b\{G, K\}$. 其中, a、b 为常数.

(ii) 反对称性: $\{F, G\} = -\{G, F\}$.

(iii) 求导法则 (Leibnitz 法则):

$$\{F \cdot G, K\} = F \cdot \{G, K\} + G \cdot \{F, K\}.$$

(iv) Jacobi 恒等式

$$\{F, \{G, K\}\} + \{G, \{K, F\}\} + \{K, \{F, G\}\} = 0.$$

(v) 非退化性: 若 z 不是 F 的临界点, 即 $\nabla F(z) \neq 0$, 则存在光滑函数 G 使得 $\{F, G\}(z) \neq 0$. 换言之, 若 F 使得 $\{F, G\} = 0$ 对一切光滑函数 G 都成立, 则 F 是常数函数.

更一般地, 对于偶数维光滑流形 M^{2n}, 可以通过下面几种等价方式赋予它辛结构, 进而在 M^{2n} 上定义 Hamilton 系统.

1) 通过定义在 $M^{2n} \equiv M$ 的切丛 TM 上的微分 2 形式定义辛结构.

定义 3.1.1　M 上的辛结构就是定义在 TM 上的一个闭的非退化微分 2 形式, 记为 ω^2.

所谓闭的非退化微分 2 形式 ω^2, 即乘积空间 $T_x M \times T_x M$ 到实数域 $\mathbf{R}$ 的满足以下条件的一个可微映射:

$$\omega^2(x) : T_x M \times T_x M \to \mathbf{R}.$$

(i) 双线性: $\omega^2(x)(a\mathbf{V}_1 + b\mathbf{V}_2, \mathbf{V}_3) = a\omega^2(x)(\mathbf{V}_1, \mathbf{V}_3) + b\omega^2(x)(\mathbf{V}_2, \mathbf{V}_3)$, $a, b \in \mathbf{R}$, $\mathbf{V}_i \in T_x M (i = 1, 2, 3)$.

(ii) 反对称性: $\omega^2(x)(\mathbf{V}_1, \mathbf{V}_2) = -\omega^2(x)(\mathbf{V}_2, \mathbf{V}_1)$.

(iii) 闭性: $d\omega^2 = 0$ (d 为外导数, k 形式的外导数为 $k+1$ 形式).

(iv) 非退化性: 对一切 $\mathbf{V}_1 \in T_x M$, 且 $\mathbf{V}_1 \neq 0$, $\exists \mathbf{V}_2 \in T_x M$, 使得 $\omega^2(x)(\mathbf{V}_1, \mathbf{V}_2) \neq 0$.

对子 (M^{2n}, ω^2) 称为**辛流形**. 根据 Darboux 定理, 在 M^{2n} 上任一点的小邻域内, 辛结构 ω^2 总可以在适当的局部坐标 $q_1, \cdots, q_n, p_1, \cdots, p_n$ 下化为典则形式 $\sum_{i=1}^{n} dp_i \wedge dq_i$, 这种局部坐标 (q, p) 通常称辛坐标或典则坐标.

注 若 $\omega_1, \cdots, \omega_k$ 是 k 个 1 形式, 则楔积 $\omega_1 \wedge \cdots \wedge \omega_k$ 是一个 k 形式, 定义为

$$(\omega_1 \wedge \cdots \wedge \omega_k)(\mathbf{V}_1, \cdots, \mathbf{V}_k) = \begin{vmatrix} \omega_1(\mathbf{V}_1) & \cdots & \omega_k(\mathbf{V}_1) \\ \cdots & & \cdots \\ \omega_1(\mathbf{V}_k) & \cdots & \omega_k(\mathbf{V}_k) \end{vmatrix}.$$

有了辛结构 ω^2, 即可通过它定义满足 (3.1.4) 中五条性质的 Poisson 括号. 因为 ω^2 使得我们可以构造一个从切空间 $T_x M$ 到余切空间 $T_x^* M$(其元素就是 $T_x M$ 上的微分 1 形式) 的自然同构映射, 它把每个向量 $\xi \in T_x M$ 映射到 $T_x^* M$ 中的 1 形式 ω_ξ^1.

$$\omega_\xi^1(\eta) = \omega^2(\eta, \xi), \quad \eta \in T_x M. \tag{3.1.6}$$

由于 ω^2 是双线性和非退化的, 因此映射 $\xi \to \omega_\xi^1$ 实际上是一个线性同构映射, 记其逆映射为 $J : T_x^* M \to T_x M$.

设 H 是 M 上的光滑函数 (可能依赖于时间 t), 则微分 dH 是一个微分 1 形式, 即属于 $T_x^* M$. 于是由 J 的定义可知, $J dH$ 是 M 上的一个光滑向量场. 这样的向量场称为**Hamilton 向量场**, 对应的微分方程

$$\dot{x} = J dH(x) \tag{3.1.7}$$

称为与 H 对应的**Hamilton 方程.**

如果 $F, G \in C^\infty(M)$, 则 $\omega^2(J dG, J dF)$ 定义了 M 上的光滑函数. 我们利用 ω^2 和 J 可以定义 F 和 G 的 Poisson 括号为

$$\{F, G\} = \omega^2(J dG, J dF). \tag{3.1.8}$$

通过直接验证可知, (3.1.8) 定义的括号同样具有典则 Poisson 括号 (3.1.4) 所具有的五条重要性质. 实际上 Jacobi 恒等式可通过 ω^2 是闭形式而推导出来, 其余四条容易由 ω^2 的性质和微分的性质而推出.

在局部辛坐标 q, p 下, Poisson 括号 (3.1.8) 就变为典则 Poisson 括号 (3.1.4). 因此通常把 Poisson 括号 (3.1.8) 也称为典则 Poisson 括号, 而把下节定义的广义 Poisson 括号中不是典则 Poisson 括号的叫作非典则 Poisson 括号.

此外 Poisson 括号 (3.1.8) 也可以通过公式 $\mathrm{d}F(\boldsymbol{J}\mathrm{d}G)$ 来计算, 即余向量 (covector)(1 形式)$\mathrm{d}F$ 在向量 $\boldsymbol{J}\mathrm{d}G$ 上的值. 所以函数 F 沿 Hamilton 向量场 $\boldsymbol{J}\mathrm{d}H$ 的方向导数就是 $\{F, H\}$, 于是 Hamilton 方程 (3.1.7) 可以等价地写为

$$\dot{F} = \{F, H\}. \tag{3.1.9}$$

由于坐标函数 $q_1, \cdots, q_n, p_1, \cdots, p_n$ 形成独立函数完全集, 因此方程

$$\dot{q}_i = \{q_i, H\}, \quad \dot{p}_i = \{p_i, H\}, \quad i = 1, 2, \cdots, n,$$

或等价地

$$\dot{q}_i = \frac{\partial H}{\partial p_i}, \quad \dot{p}_i = -\frac{\partial H}{\partial q_i}, \quad i = 1, 2, \cdots, n \tag{3.1.10}$$

形成一个封闭体系, 称为**Hamilton 典则方程**.

下面再讨论在 M^{2n} 上引入辛结构的第二种方法.

2) P. Dirac 的辛结构定义.

定义 3.1.2　如果给定一个映射 $\{\cdot, \cdot\} : C^{\infty}(M) \times C^{\infty}(M) \to C^{\infty}(M)$ 满足括号 (3.1.4) 的五条性质, 则称流形 M 被赋予了一个辛结构.

若 $F \in C^{\infty}(M)$, 由 (3.1.4) 的性质 (i) 和 (iii) 可知, $v_F \equiv \{F, \cdot\}$ 是一个导数算子, 即 M 上的一个向量场. 每个切向量都可以按这种方式表示. 假设 G 和 $v_G = \{G, \cdot\}$ 是 M 上的另一个光滑函数和相应的向量场, 于是可按下式定义 M 上的一个 2 形式 ω^2:

$$\omega^2(v_G, v_F) = \{F, G\}. \tag{3.1.11}$$

显然 ω^2 是双线性、反对称且非退化的. 再用 Jacobi 恒等式可推出 ω^2 是闭的. 因此 Dirac 辛结构定义 3.1.2 与定义 3.1.1 是等价的.

3) 最后一种定义辛结构的方法是比较经典的方法. 这种结构通过 M 上的辛图册 (symplectic atlas) 而引入.

定义 3.1.3　在流形 M^{2n} 上, 若存在由两两相容的局部坐标卡组成的图册, 使得坐标卡之间的传递映射都是典则变换, 则称 M 上定义了一个辛结构.

所谓典则变换, 其意义如下:

定义 3.1.4　设 P, Q 和 p, q 是 M^{2n} 上的两组局部坐标, 则变换 $p, q \to P, Q$ 称为典则的, 倘若存在光滑函数 S 使得

$$P\mathrm{d}Q - p\mathrm{d}q = \mathrm{d}S(p, q), \tag{3.1.12}$$

其中, S 称为这个典则变换的原函数 (primitive function).

由上述定义可知, 2 形式 $\omega_{p,q}^2 = \mathrm{d}p \wedge \mathrm{d}q$ 在整个 M 上有定义, 事实上,

$$\begin{aligned}
\omega_{p,q}^2 &= \mathrm{d}(p\mathrm{d}q) = \mathrm{d}(P\mathrm{d}Q - \mathrm{d}S) \\
&= \mathrm{d}P \wedge \mathrm{d}Q - \mathrm{d}\mathrm{d}S = \omega_{P,Q}^2 \quad (\text{注意 } \mathrm{d}\mathrm{d}S \equiv 0).
\end{aligned}$$

因此, 定义 3.1.3 与定义 3.1.1 和定义 3.1.2 是等价的.

下面给出几种判定映射 $p, q \to P, Q$ 为典则映射的判据.

命题 3.1.1 设

$$\Gamma = \begin{bmatrix} Q'_q & Q'_p \\ P'_q & P'_p \end{bmatrix} \tag{3.1.13}$$

为给定变换的 Jacobi 矩阵. 则变换 $p, q \to P, Q$ 是典则变换的充分必要条件是

$$\Gamma^* J \Gamma = J, \tag{3.1.14}$$

其中, $J = \begin{bmatrix} 0 & -I \\ I & 0 \end{bmatrix}$ 是单位辛矩阵, Γ^* 为 Γ 的共轭转置.

命题 3.1.2 若 $\oint_\gamma P dQ = \oint_\gamma p dq$ 对每个可收缩为一点的闭路 γ 都成立, 则变换 $p, q \to P, Q$ 是典则的.

命题 3.1.3 若 $\{F, G\}_{P,Q} = \{F, G\}_{p,q}$ 对一切 $F, G \in C^\infty(M)$ 成立, 则变换 $p, q \to P, Q$ 是典则的.

推论 3.1.1 典则变换保持 Hamilton 方程典则形式不变, 即

$$\dot{F}_{P,Q} = \dot{F}_{p,q} = \{F, H\}_{p,q} = \{F, H\}_{P,Q}.$$

在以上的框架下展开的 Hamilton 力学是经典力学的最重要组成部分, 而在辛流形框架下展开的 Hamilton 系统理论是当今非线性科学研究中最活跃又极富吸引力的研究领域之一, 因为在历史上, 它与天体力学有着密切的联系. 在 Hamilton 系统研究的发展中, Hamilton 力学的观点曾经圆满地解决了一系列其他方法所不能解决的力学问题. 例如, 两固定中心的吸引问题和三轴椭球上的短程线问题等. 对于复杂动力系统中的运动特征的理解以及摄动理论的近似研究, Hamilton 观点都具有极其重要的价值.

§3.2 广义 Poisson 括号与广义 Hamilton 系统

3.1 节所介绍的 Hamilton 系统是定义在偶数维相空间上的. 若非如此, 不能保证辛结构 ω^2(或相应 Poisson 括号) 的非退化性. 然而, 在实际的理论和应用研究中, 不可避免地要研究其相空间不是偶数维的动力系统, 这类系统的应用是非常普遍的. 一个最经典的例子是自由刚体定点转动的 Euler 方程, 其相空间是三维的 (由三个角动量轴构成). 随着科学研究的不断发展以及对非线性系统动力学性质认识的不断深入, 大量的奇数维系统甚至无穷维动力系统的动力学行为有待研究. 为使通常的 (经典的)Hamilton 系统理论能有助于这方面的研究, 需要推广经典的 Hamilton 系统概念. 这就导致了广义 Hamilton 系统的概念.

广义 Hamilton 系统通过广义 Poisson 括号来定义. 而广义 Poisson 括号就是去掉非退化条件限制的 Poisson 括号, 其精确的定义如下.

定义 3.2.1　光滑流形 M 上的**广义 Poisson 括号**是定义在光滑函数空间 $C^\infty(M)$ 上的一个运算, 该运算使每两个 $F, G \in C^\infty(M)$ 确定 $C^\infty(M)$ 中的第三个函数 $\{F, G\}$, 并满足如下四条性质:

(i) 双线性: $\{aF + bG, K\} = a\{F, K\} + b\{G, K\}$;

(ii) 反对称性: $\{F, G\} = -\{G, F\}$;

(iii) Leibnitz 法则 (求导法则):

$$\{F \cdot G, K\} = F \cdot \{G, K\} + G \cdot \{F, K\};$$

(iv) Jacobi 恒等式:

$$\{F, \{G, K\}\} + \{G, \{K, F\}\} + \{K, \{F, G\}\} = 0.$$

具有广义 Poisson 括号结构的流形 M, 称为**Poisson 流形**, 记为 $(M, \{\cdot, \cdot\})$. 在不致于引起混淆的情况下, 简记为 M.

在定义 3.2.1 中, 我们没有限定 M 的维数, M 可以是任意有限维或无穷维流形. 特别可以是奇数维流形. 此外, 从定义 3.2.1 可见, 广义 Poisson 括号以通常由辛流形结构导出的 Poisson 括号为其特例, 因为只要对广义 Poisson 括号增加非退化条件就得到辛流形上的 Poisson 括号. 因此也可以说, 辛流形是 Poisson 流形的特殊情况. 换言之, 若 Poisson 流形的广义 Poisson 括号是非退化的, 这样的 Poisson 流形就是辛流形.

下面是一些 Poisson 流形的例子.

例 3.2.1　设 M 是偶数维 Euclid 空间 $\mathbf{R}^{2n}$, 取其坐标为 $(p, q) = (p_1, \cdots, p_n, q_1, \cdots, q_n)$. (在物理问题中, p 表示动量, q 是所讨论物理对象的位置.) 如果 $F(p, q)$ 和 $H(p, q)$ 是两个光滑函数, 定义它们的 Poisson 括号为函数

$$\{F, H\} = \sum_{i=1}^{n} \left\{ \frac{\partial F}{\partial q_i} \frac{\partial H}{\partial p_i} - \frac{\partial F}{\partial p_i} \frac{\partial H}{\partial q_i} \right\}. \tag{3.2.1}$$

这个括号就是通常的典则括号, 因此具有这种括号结构的对子 $(\mathbf{R}^{2n}, \{\cdot, \cdot\})$ 显然是一个 Poisson 流形.

更一般地, 可以在任意的 Euclid 空间 $M = \mathbf{R}^m$ 上定义 Poisson 括号, 使之成为 Poisson 流形. 实际上, 只要取 $(p, q, z) = (p_1, \cdots, p_n, q_1, \cdots, q_n, z_1, \cdots, z_l)$ 作为坐标, 使 $2n + l = m$, 并且用公式 (3.2.1) 来定义两个函数 $F(p, q, z)$ 和 $H(p, q, z)$ 的 Poisson 括号, 就能使 $(\mathbf{R}^m, \{\cdot, \cdot\})$ 成为 Poisson 流形. 特别, 如果函数 F 仅依赖于变量 z, 那么 $\{F, H\} = 0$ 对一切函数 H 成立, 这样的 Poisson 括号对应的基本括号关系为

$$\{p_i, p_j\} = 0, \quad \{q_i, q_j\} = 0, \quad \{q_i, p_j\} = \delta_{ij} \tag{3.2.2}$$

与

$$\{p_i, z_k\} = \{q_i, z_k\} = \{z_r, z_k\} = 0, \tag{3.2.3}$$

其中, $i, j = 1, 2, \cdots, n$; $r, k = 1, 2, \cdots, l$, δ_{ij} 是 Kronecker 符号, 即 $\delta_{ii} = 1$, $\delta_{ij} = 0 (i \neq j)$.

尽管这个例子很特殊, 但是后面我们将会看到, Darboux 定理能够保证, 对于有限维 Poisson 流形, 局部地说, 除去奇异点处的情况外, 每个 Poisson 括号在适当的局部坐标下都有基本关系 (3.2.2) 和 (3.2.3).

例 3.2.2 在研究 $\mathbf{R}^3$ 中刚体的定点转动运动时, 可用刚体相对于固定在质心上的直角坐标系的三个角动量作为动态变量, 则相空间为

$$P_{RB} = \{(m_1, m_2, m_3) | m_i \text{ 为角动量}\} \simeq \mathbf{R}^3. \tag{3.2.4}$$

在这个相空间上, 刚体的运动由下面的 Euler 方程所描述 (其中 I_i 是主惯性矩):

$$\left.\begin{array}{l} \dot{m}_1 = \dfrac{I_2 - I_3}{I_2 I_3} m_2 m_3, \\[2mm] \dot{m}_2 = \dfrac{I_3 - I_1}{I_3 I_1} m_3 m_1, \\[2mm] \dot{m}_3 = \dfrac{I_1 - I_2}{I_1 I_2} m_1 m_2. \end{array}\right\} \tag{3.2.5}$$

容易证明, 记 $\mathbf{m} = (m_1, m_2, m_3)$, 如下定义的括号满足定义 3.2.1 中的条件 i)~iv)

$$\{F, G\}_{RB}(\mathbf{m}) = -\mathbf{m} \cdot (\nabla_m F \times \nabla_m G). \tag{3.2.6}$$

其中, ∇_m 是梯度算子, 即 $\nabla_m F = \left(\dfrac{\partial F}{\partial m_1}, \dfrac{\partial F}{\partial m_2}, \dfrac{\partial F}{\partial m_3} \right)$, $\times$ 是 $\mathbf{R}^3$ 中的向量积. 因此 $(P_{RB}, \{\cdot, \cdot\}_{RB})$ 是一个三维 Poisson 流形. 利用刚体的能量函数 $H(\mathbf{m}) = \displaystyle\sum_{i=1}^{3} \dfrac{1}{2 I_i} m_i^2$, 可以将 Euler 方程 (3.2.5) 改写为括号形式:

$$\dot{m}_i = \{m_i, H\}_{RB}, \quad i = 1, 2, 3. \tag{3.2.7}$$

稍后, 我们将看到, (3.2.7) 说明刚体定点运动的 Euler 方程是三维 Poisson 流形 $(P_{RD}, \{\cdot, \cdot\}_{RD})$ 上的一个广义 Hamilton 系统.

例 3.2.3 作为无穷维 Poisson 流形的例子, 考虑由典则变量 $q(x)$ 和共轭动量 $p(x)$ 构成的无穷维流形

$$M = \{(q(x), p(x)) | q(x) \in Q, \ p(x) \text{ 是共轭动量 (场)}\}. \tag{3.2.8}$$

在其上定义如下括号:

$$\{F, G\}(q(x), p(x))$$
$$= \int_D \left(\frac{\delta F}{\delta q(x)} \frac{\delta G}{\delta p(x)} - \frac{\delta F}{\delta p(x)} \frac{\delta G}{\delta q(x)} \right) dx, \tag{3.2.9}$$

其中, $\frac{\delta F}{\delta q(x)}$ 通过下式定义:

$$\frac{d}{d\varepsilon}\Big|_{\varepsilon=0} F(q(x) + \varepsilon\delta(x), p(x)) = \int_D \frac{\delta F}{\delta q(x)} \delta q(x) dx. \tag{3.2.10}$$

对 $\frac{\delta G}{\delta p(x)}$ 也有类似的公式. 显然 (3.2.9) 确定的括号是一个泛函, 通过直接验证可知 (3.2.9) 定义的括号是一个 Poisson 括号, 因此 $(M, \{\cdot, \cdot\})$ 是一个 Poisson 流形, 通常称为无穷维典则 Poisson 流形.

例 3.2.4　带柔性附件的刚体运动的相空间.

Krishnaprasad 和 Marsden(1987) 曾考虑一个带柔性附件的刚体简化模型的 Hamilton 结构和稳定性, 他们推导出该刚体运动的约化相空间为

$$\mathrm{SO}(3)^* \times P = \{(\mathbf{m}, \mathbf{r}(s), \mathbf{M}(s))\}, \tag{3.2.11}$$

其中, $\mathbf{m}$ 为刚体的角动量向量, $\mathbf{r}(s)$ 和 $\mathbf{M}(s)$ 分别是柔性附件的相对位置和相对动量的分布函数向量, s 是弧长.

在相空间 (3.2.11) 上, 他们定义如下的 Poisson 括号:

$$\{F, G\} = -\mathbf{m} \cdot (\nabla_m F \times \nabla_m G) + \int_0^L \left(\frac{\delta F}{\delta \mathbf{r}} \frac{\delta G}{\delta \mathbf{M}} - \frac{\delta F}{\delta \mathbf{M}} \frac{\delta G}{\delta \mathbf{r}} \right) ds$$
$$+ \int_0^L \left[\frac{\delta G}{\delta \mathbf{r}} (\nabla_m F \times \mathbf{r}) + \frac{\delta G}{\delta \mathbf{M}} (\nabla_m F \times \mathbf{M}) \right] ds$$
$$- \int_0^L \left[\frac{\delta F}{\delta \mathbf{r}} (\nabla_m G \times \mathbf{r}) + \frac{\delta F}{\delta \mathbf{M}} (\nabla_m G \times \mathbf{M}) \right] ds. \tag{3.2.12}$$

因此 $(\mathrm{SO}(3)^* \times P, \{\cdot, \cdot\})$ 是一个无穷维 Poisson 流形.

本书主要讨论有限维 Poisson 流形的情况. 除特别声明, 仅对定义 3.2.1 意义下的有限维 Poisson 流形进行讨论, 并将广义 Poisson 括号简称为 Poisson 括号.

在定义 3.2.1 中没有涉及坐标表示, 这将给抽象的数学研究带来很大的方便. 另一方面, 在实际问题的研究中, 坐标表示是直观和方便的.

设 Poisson 流形的局部坐标为 $(x_1, \cdots, x_m)$, 则 Poisson 结构可以由它在坐标函数上的作用而确定.

定义 3.2.2　Poisson 括号 $\{\cdot, \cdot\}$ 的结构矩阵 $J(x)$ 是一个 $m \times m$ 阶反对称矩阵, 其元素由 $J_{ij}(x) = \{x_i, x_j\}$ 定义, 称为结构元素.

利用 Poisson 括号的 Leibnitz 性质, 对 $C^\infty(M)$ 中用局部坐标 x 表示的函数 F, G, 有 $\{F, G\}$ 的计算公式

$$\{F, G\} = \sum_{i,j=1}^{m} J_{ij}(x) \frac{\partial F}{\partial x_i} \frac{\partial G}{\partial x_j}. \tag{3.2.13}$$

因此为计算在某个已知局部坐标集中的任何一对函数的 Poisson 括号, 只要知道局部坐标函数自身之间的 Poisson 括号即可. 因此, 为要局部地确定 Poisson 括号, 只须指定它在局部坐标下的一个 $m \times m$ 矩阵 $J(x)$, 使之满足定义 3.2.1 中的性质 i)~iv). 这一点由以下命题精确地说明.

命题 3.2.1 对于定义在开子集 $M \subset \mathbf{R}^m$ 上的 $m \times m$ 函数矩阵 $J(x) = (J_{ij}(x))(x = (x_1, \cdots, x_m))$, 该矩阵是 M 上的一个 Poisson 括号的结构矩阵的充分与必要条件是:

1) $J_{ij}(x) = -J_{ji}(x);$ \tag{3.2.14}

2) $\sum_{l=1}^{m} \left[J_{il}(x) \frac{\partial J_{jk}(x)}{\partial x_l} + J_{jl}(x) \frac{\partial J_{ki}(x)}{\partial x_l} + J_{kl}(x) \frac{\partial J_{ij}(x)}{\partial x_l} \right] = 0,$

$$i, j, k = 1, \cdots, m. \tag{3.2.15}$$

证 对 (3.2.13) 确定的括号逐条验证定义 3.2.1 中的条件即可证得命题的结论. 条件 2) 实际上就是 Jacobi 恒等式的等价表示.

保证 Jacobi 恒等式的条件 (3.2.15) 形成了结构函数必须满足的一组非线性偏微分方程, 特别, 任何反对称常数矩阵显然满足 (3.2.15), 因此可以确定一个 Poisson 括号.

一类最简单, 也是在实际应用中经常遇到的 Poisson 括号是具有齐线性结构矩阵的 Poisson 括号, 由于它与有限维 Lie 群的 Lie 代数结构有同构关系, 因此称之为 Lie-Poisson 括号:

$$\{F, G\} = \sum_{i,j,k=1}^{m} c_{ij}^k x_k \frac{\partial F}{\partial x_i} \frac{\partial G}{\partial x_j}, \tag{3.2.16}$$

此时结构元素为 $J_{ij}(x) = \sum_{k=1}^{m} c_{ij}^k x_k, c_{ij}^k$ 是满足如下条件的一组常数:

$$c_{ij}^k = -c_{ji}^k, \tag{3.2.17}$$

$$\sum_{l=1}^{m} (c_{lj}^n c_{ik}^l + c_{li}^n c_{kj}^l + c_{lk}^n c_{ji}^l) = 0, \quad i, j, k, n = 1, \cdots, m. \tag{3.2.18}$$

按照第 1 章中关于 Lie 代数的讨论, c_{ij}^k 恰是某个 m 维 Lie 代数 $\mathfrak{g}$ 相对于一组基 $\{\mathbf{V}_1, \cdots, \mathbf{V}_m\}$ 的结构常数. 若令 V 是另一个 m 维向量空间, 其坐标为

$x = (x_1, \cdots, x_m)$, 由一组基 $\{\omega_1, \cdots, \omega_m\}$ 确定, 那么, Lie-Poisson 括号的一个更本质的刻画如下: 首先, 我们知道, 如果 V 是任意一个向量空间, $F : V \to \mathbf{R}$ 是一个光滑实值函数, 那么在任何一点 $x \in V$, F 的梯度 $\nabla F(x)$ 自然是对耦向量空间 V^*[由 V 上的一切 (连续) 线性函数组成] 的一个元素. 事实上, 对于任意 $y \in V$, 根据定义,

$$\langle \nabla F(x); y \rangle = \lim_{\varepsilon \to 0} \frac{F(x + \varepsilon y) - F(x)}{\varepsilon}, \tag{3.2.19}$$

其中, $\langle \cdot; \cdot \rangle$ 是 V 和 V^* 之间的自然对子. 有了这样的准备, 我们就可以把向量空间 V 与 Lie 代数 $\mathfrak{g}$ 的对耦空间 $\mathfrak{g}^*$ 等同, $\{\omega_1, \cdots, \omega_n\}$ 是 $\{\mathbf{V}_1, \cdots, \mathbf{V}_n\}$ 的对耦基. 如果 $F : \mathfrak{g}^* \to \mathbf{R}$ 是任意光滑函数, 那么它的梯度 $\nabla F(x)$ 就是 $(\mathfrak{g}^*)^* \simeq \mathfrak{g}$(因为 $\mathfrak{g}$ 是有限维的) 的一个元素. 这样 Lie-Poisson 括号 (3.2.16) 就有如下不依赖于坐标的形式.

$$\{F, H\}(x) = \langle x; [\nabla F(x), \nabla H(x)] \rangle, \ x \in \mathfrak{g}^*. \tag{3.2.20}$$

其中, $[,]$ 是 Lie 代数 $\mathfrak{g}$ 上的 Lie 括号.

例 3.2.5　考虑三维空间中的旋转群 SO(3) 的 Lie 代数 so(3). 取 $\mathbf{V}_1 = y\partial_z - z\partial_y$, $\mathbf{V}_2 = z\partial_x - x\partial_z$, $\mathbf{V}_3 = x\partial_y - y\partial_x$ 为它的基, 它们分别是 $\mathbf{R}^3$ 绕 x, y 和 z 轴的无穷小旋转, 根据通常的 Lie 括号定义可得, $[\mathbf{V}_1, \mathbf{V}_2] = -\mathbf{V}_3$, $[\mathbf{V}_3, \mathbf{V}_1] = -\mathbf{V}_2, [\mathbf{V}_2, \mathbf{V}_3] = -\mathbf{V}_1$. 设 $\omega_1, \omega_2, \omega_3$ 是 so(3)$^* \simeq \mathbf{R}^3$ 的一组对耦基, $x = x_1\omega_1 + x_2\omega_2 + x_3\omega_3$ 是 so(3)* 中任一个点. 如果 $F : $ so(3)$^* \to \mathbf{R}$, 那么它的梯度向量为

$$\nabla F = \frac{\partial F}{\partial x_1} \mathbf{V}_1 + \frac{\partial F}{\partial x_2} \mathbf{V}_2 + \frac{\partial F}{\partial x_3} \mathbf{V}_3 \in \text{so}(3).$$

于是由 (3.2.20) 我们得知 SO(3)* 上的 Lie-Poisson 括号是

$$\{F, H\} = x_1 \left(\frac{\partial F}{\partial x_3} \frac{\partial H}{\partial x_2} - \frac{\partial F}{\partial x_2} \frac{\partial G}{\partial x_3} \right)$$
$$+ x_2 \left(\frac{\partial F}{\partial x_1} \frac{\partial H}{\partial x_3} - \frac{\partial F}{\partial x_3} \frac{\partial H}{\partial x_1} \right) + x_3 \left(\frac{\partial F}{\partial x_2} \frac{\partial H}{\partial x_1} - \frac{\partial F}{\partial x_1} \frac{\partial H}{\partial x_2} \right)$$
$$= -x \cdot (\nabla F \times \nabla H).$$

这正是 (3.2.6) 中的 Poisson 括号, 结构矩阵为

$$J(x) = \begin{bmatrix} 0 & -x_3 & x_2 \\ x_3 & 0 & -x_1 \\ -x_2 & x_1 & 0 \end{bmatrix}, \quad x \in \text{SO}(3)^*.$$

下面的命题给出了在坐标变换下, Poisson 括号结构矩阵的变换公式.

命题 3.2.2 若变换 $x \to y = \varphi(x)$ 是一个微分同胚, 则它把 $J(x)$ 变为 $\tilde{J}(y)$, 后者仍是 Poisson 括号的结构矩阵, 即满足命题 3.2.1 的条件. 并且有关系

$$\tilde{J}_{\rho\sigma}(y) = \sum_{i,j=1}^{m} \frac{\partial y_\rho}{\partial x_i} \frac{\partial y_\sigma}{\partial x_j} J_{ij}(\varphi^{-1}(y)), \ \rho, \sigma = 1, \cdots, m. \tag{3.2.21}$$

证 设 $F(x)$、$G(x)$ 是 x 坐标下的任意两个光滑函数, F 和 G 在 x 坐标下的 Poisson 括号记为 $H(x)$.

$$H(x) \equiv \{F, G\}(x) = \sum_{i,j=1}^{m} J_{ij}(x) \frac{\partial F}{\partial x_i} \frac{\partial G}{\partial x_j}. \tag{3.2.22}$$

它们在 y 坐标下的表达式分别记为 $\tilde{F}(y)$, $\tilde{G}(y)$ 和 $\tilde{H}(y)$, 即

$$\tilde{F}(y) = F(x), \quad \tilde{G}(y) = G(x), \quad \tilde{H}(y) = H(x), \tag{3.2.23}$$

那么由定义得

$$\begin{aligned}
\tilde{H}(y) &= H(x) \\
&= \sum_{i,j=1}^{m} J_{ij}(x) \frac{\partial F}{\partial x_i} \frac{\partial G}{\partial x_j} \\
&= \sum_{i,j=1}^{m} J_{ij}(x) \sum_{\rho,\sigma=1}^{m} \frac{\partial \tilde{F}}{\partial y_\rho} \frac{\partial \tilde{G}}{\partial y_\sigma} \frac{\partial y_\rho}{\partial x_i} \frac{\partial y_\sigma}{\partial x_j} \\
&= \sum_{\rho,\sigma=1}^{m} \Big(\sum_{i,j=1}^{m} J_{ij}(x) \frac{\partial y_\rho}{\partial x_i} \frac{\partial y_\sigma}{\partial x_j} \Big) \frac{\partial \tilde{F}}{\partial y_\rho} \frac{\partial \tilde{G}}{\partial y_\sigma} \\
&= \sum_{\rho,\sigma=1}^{m} \tilde{J}_{\rho\sigma}(y) \frac{\partial \tilde{F}}{\partial y_\rho} \frac{\partial \tilde{G}}{\partial y_\sigma}. \tag{3.2.24}
\end{aligned}$$

直接验证可知 $\tilde{J}_{\rho\sigma}(y)$ 满足命题 3.2.1 的条件, 因此下式定义的括号仍是 Poisson 括号:

$$\tilde{H}(y) \equiv \{\tilde{F}, \tilde{G}\}(y) = \sum_{\rho,\sigma=1}^{m} \tilde{J}_{\rho\sigma}(y) \frac{\partial \tilde{F}}{\partial y_\rho} \frac{\partial \tilde{G}}{\partial y_\sigma}. \tag{3.2.25}$$

定义 3.2.3 若上述变换 $x_i \to y_i = \varphi_i(x)$ 保持 Poisson 结构不变, 即 $\tilde{J}_{\rho\sigma}(y) = J_{\rho\sigma}(y)$, $\rho, \sigma = 1, \cdots, m$, 那么变换称为**广义典则变换.**

该定义包含了辛流形上的典则变换 (即保持辛结构不变的坐标变换).

有了 Poisson 括号的定义, 就可以引入广义 Hamilton 系统的定义了. 由于 Poisson 括号满足定义 3.2.1 中的四个条件, 特别是双线性和 Leibnitz 法则, 因此它实际上定义了函数空间 $C^\infty(M)$ 上的一个导数运算.

定义 3.2.4　设 $(M, \{\cdot, \cdot\})$ 是一个 Poisson 流形, $H : M \to R$ 是 M 上的光滑函数 (H 也可以是时间 t 的函数). 那么 M 上由 H 确定的**广义 Hamilton 向量场** ξ_H 定义为: 对一切 $F \in C^\infty(M)$

$$\xi_H F = \{F, H\}. \tag{3.2.26}$$

函数 H 称为该向量场的 **Hamilton 函数**.

按照定义 3.2.4, 广义 Poisson 括号 $\{F, H\}$ 就是函数 F 沿着向量场 ξ_H 的方向导数, 于是可以将 ξ_H 按时间参数 t 在局部坐标下表示为

$$\frac{\mathrm{d}x_i}{\mathrm{d}t} = \{x_i, H\} = \sum_{j=1}^m J_{ij}(x) \frac{\partial H}{\partial x_j}(x), \quad i = 1, \cdots, m. \tag{3.2.27}$$

这就是广义 Hamilton 向量场 ξ_H 确定的流对应的运动方程.

例 3.2.6　考虑 $\mathbf{R}^m (m = 2n + l)$ 上的广义典则括号 (3.2.2) 和 (3.2.3). 此时对应于函数 $H(p, q, z)$ 的广义 Hamilton 向量场 ξ_H 为

$$\xi_H = \sum_{i=1}^n \left(\frac{\partial H}{\partial p_i} \frac{\partial}{\partial q_i} - \frac{\partial H}{\partial q_i} \frac{\partial}{\partial p_i} \right). \tag{3.2.28}$$

其相流满足的广义 Hamilton 方程为

$$\frac{\mathrm{d}q_i}{\mathrm{d}t} = \frac{\partial H}{\partial p_i}, \quad \frac{\mathrm{d}p_i}{\mathrm{d}t} = -\frac{\partial H}{\partial q_i}, \quad i = 1, 2, \cdots, n \tag{3.2.29}$$

与

$$\frac{\mathrm{d}z_j}{\mathrm{d}t} = 0, \quad j = 1, 2, \cdots, l. \tag{3.2.30}$$

当 $l = 0$ 时, 即在非退化情况下, 没有 (3.2.30) 式, 因此 (3.2.29) 就是经典力学中常见的典则 Hamilton 方程.

例 3.2.7　在例 3.2.2 中, 我们已经看到, 定点自由转动刚体的 Euler 方程 (3.2.5) 在刚体括号 (3.2.6) 下可以表示为 (3.2.7) 的形式, 因此按照定义 3.2.4, $\mathbf{R}^3$ 中的定点转动刚体的 Euler 方程是以能量函数 $H(\mathbf{m}) = \sum_{i=1}^3 \frac{1}{2I_i} m_i^2$ 为 Hamilton 函数的三维广义 Hamilton 方程.

在第 1 章中, 我们定义了流形 M 上的两个向量场 ξ, η 的 Lie 括号 $[\xi, \eta] = \xi \cdot \eta - \eta \cdot \xi$. 下面的命题指出了 Poisson 流形上两个函数的 Poisson 括号与它们确定的广义 Hamilton 向量场的 Lie 括号之间的关系, 这种关系在很大程度上形成了 Hamilton 系统理论的基础.

命题 3.2.3 设 M 是 Poisson 流形, $F, H \in C^\infty(M)$ 是两个光滑函数, ξ_F 和 ξ_H 是他们确定的广义 Hamilton 向量场. 那么 Poisson 括号 $\{F, H\}$ 确定的向量场 $\xi_{\{F,H\}}$ 满足下面的关系:

$$\xi_{\{F,H\}} = -[\xi_F, \xi_H] = [\xi_H, \xi_F]. \tag{3.2.31}$$

证 设 $P \in C^\infty(M)$ 是任何一个光滑函数, 由向量场的 Lie 括号定义, 得

$$\begin{aligned}
[\xi_H, \xi_F](P) &= \xi_H \cdot \xi_F(P) - \xi_F \cdot \xi_H(P) \\
&= \xi_H\{P, F\} - \xi_F\{P, H\} \\
&= \{\{P, F\}, H\} - \{\{P, H\}, F\} \\
&= \{P, \{F, H\}\} \\
&= \xi_{\{F,H\}}(P),
\end{aligned}$$

我们利用了 Poisson 括号的 Jacobi 恒等式、反对称性以及广义 Hamilton 向量场的定义 (3.2.24). 由于 P 的任意性, 立即得到等式 (3.2.31).

命题 3.2.3 说明, Poisson 流形 M 上的一切广义 Hamilton 向量场组成一个 Lie 代数, 它是 M 上全体向量场组成的 Lie 代数的一个子代数.

例 3.2.8 取 $M = \mathbf{R}^2$, 其坐标为 (p, q), Poisson 括号为 $\{F, H\} = F_q H_p - F_p H_q$. 那么函数 $H(p, q)$ 对应的 Hamilton 向量场 $\xi_H = H_p \partial_q - H_q \partial_p$. 当 $H = \frac{1}{2}(p^2 + q^2)$, $F = pq$ 时, $\xi_H = p\partial_q - q\partial_p$, $\xi_F = q\partial_q - p\partial_p$. F 和 H 的 Poisson 括号为 $\{F, H\} = p^2 - q^2$, 对应的 Hamilton 向量场 $\xi_{\{F,H\}} = 2p\partial_q + 2q\partial_p$, 经计算可知, 它恰好等于 $[\xi_H, \xi_F]$.

在通常的 Hamilton 理论中, 我们知道这样一个结论: Hamilton 相流保持 Poisson 括号不变, 即 Hamilton 相流确定的变换是典则变换. 作为本节的结束, 我们对广义 Hamilton 相流, 介绍一个相应的结论.

设

$$x_i(t) = \psi_i(x^0, t), \ \psi_i(x^0, 0) = x_i^0 \tag{3.2.32}$$

是广义 Hamilton 方程 (3.2.27) 的 $t = 0$ 时过 x^0 的解, 那么对解的存在域中的任何 t, (3.2.32) 确定了 M 的一个变换:

$$\psi : x^0 \to \psi(x^0, t) \equiv x. \tag{3.2.33}$$

下面的定理表明, ψ 是一个广义典则变换.

定理 3.2.1 广义 Hamilton 方程的相流确定的变换 (3.2.33) 是一个广义典则变换, 即

$$\sum_{i,j=1}^m J_{ij}(x^0) \frac{\partial \psi_\alpha(x^0, t)}{\partial x_i^0} \frac{\partial \psi_\beta(x^0, t)}{\partial x_j^0} \equiv J_{\alpha\beta}(\psi). \tag{3.2.34}$$

因此每个广义 Hamilton 系统的 (局部) 相流保持 Poisson 括号结构不变.

证　将 (3.2.34) 的左边记为 $P_{\alpha\beta}$, 它同时依赖于 x^0 和 t. 设 $H(x,t)$ 是 Hamilton 方程 (3.2.27) 的 Hamilton 函数, 那么由于 $\psi(x^0,t)$ 是该方程的解, 因此有

$$\frac{\partial \psi_i(x^0,t)}{\partial t} = \sum_{j=1}^m J_{ij}(\psi)\frac{\partial H(\psi,t)}{\partial \psi_j}, \quad i=1,\cdots,m. \tag{3.2.35}$$

利用此式可得 ($\{\cdot,\cdot\}_{x^0}$ 表示以 x^0 为变元的括号):

$$\begin{aligned}
\frac{\partial P_{\alpha\beta}(x^0,t)}{\partial t} &= \frac{\partial}{\partial t}\{\psi_\alpha(x^0,t),\psi_\beta(x^0,t)\}_{x^0}\\
&= \left\{\frac{\partial \psi_\alpha}{\partial t},\psi_\beta\right\}_{x^0} + \left\{\psi_\alpha,\frac{\partial \psi_\beta}{\partial t}\right\}_{x^0}\\
&= \left\{\sum_{j=1}^m J_{\alpha j}(\psi)\frac{\partial H(\psi,t)}{\partial \psi_j},\psi_\beta\right\}_{x^0}\\
&\quad + \left\{\psi_\alpha,\sum_{j=1}^m J_{\beta j}(\psi)\frac{\partial H(\psi,t)}{\partial \psi_j}\right\}_{x^0}\\
&= \sum_{\lambda=1}^m \frac{\partial}{\partial \psi_\lambda}\left(\sum_{j=1}^m J_{\alpha j}(\psi)\frac{\partial H(\psi,t)}{\partial \psi_j}\right)\{\psi_\lambda,\psi_\beta\}_{x^0}\\
&\quad + \sum_{\lambda=1}^m \frac{\partial}{\partial \psi_\lambda}\left(\sum_{j=1}^m J_{\beta j}(\psi)\frac{\partial H(\psi,t)}{\partial \psi_j}\right)\{\psi_\alpha,\psi_\lambda\}_{x^0}\\
&= P_{\alpha\lambda}\sum_{\lambda=1}^m \frac{\partial}{\partial \psi_\lambda}\left(\sum_{j=1}^m J_{\beta j}(\psi)\frac{\partial H(\psi,t)}{\partial \psi_j}\right)\\
&\quad - P_{\beta\lambda}\sum_{\lambda=1}^m \frac{\partial}{\partial \psi_\lambda}\left(\sum_{j=1}^m J_{\alpha j}(\psi)\frac{\partial H(\psi,t)}{\partial \psi_j}\right).
\end{aligned} \tag{3.2.36}$$

另一方面 $J_{\alpha\beta}(\psi)$ 关于 t 的偏导数为

$$\frac{\partial J_{\alpha\beta}(\psi)}{\partial t} = \sum_{\lambda=1}^m \frac{\partial J_{\alpha\beta}(\psi)}{\partial \psi_\lambda}\left(\sum_{j=1}^m J_{\lambda j}(\psi)\frac{\partial H(\psi,t)}{\partial \psi_j}\right).$$

利用广义 Poisson 括号满足 Jacobi 恒等式的事实得到

$$\frac{\partial J_{\alpha\beta}(\psi)}{\partial t} = \sum_{j=1}^m\sum_{\lambda=1}^m \left(J_{\alpha\lambda}(\psi)\frac{\partial J_{\beta j}(\psi)}{\partial \psi_\lambda} + J_{\beta\lambda}(\psi)\frac{\partial J_{j\alpha}(\psi)}{\partial \psi_\lambda}\right)\frac{\partial H(\psi,t)}{\partial \psi_j}.$$

上式可以改写为

$$\frac{\partial J_{\alpha\beta}(\psi)}{\partial t} = \sum_{\lambda,j=1}^{m} J_{\alpha\lambda}(\psi)\frac{\partial}{\partial \psi_\lambda}\left(J_{\beta j}(\psi)\frac{\partial H(\psi,t)}{\partial \psi_j}\right)$$
$$- \sum_{\lambda,j=1}^{m} J_{\beta\lambda}(\psi)\frac{\partial}{\partial \psi_\lambda}\left(J_{\alpha j}(\psi)\frac{\partial H(\psi,t)}{\partial \psi_j}\right). \tag{3.2.37}$$

若记 $\Omega_{\alpha\beta}(x^0,t) = P_{\alpha\beta}(x^0,t) - J_{\alpha\beta}(\psi)$, 则由 (3.2.36) 和 (3.2.37) 得

$$\frac{\partial \Omega_{\alpha\beta}(x^0,t)}{\partial t} = \sum_{\lambda,j=1}^{m} \Omega_{\alpha\lambda}(x^0,t)\frac{\partial}{\partial \psi_\lambda}\left(J_{\beta j}(\psi)\frac{\partial H(\psi,t)}{\partial \psi_j}\right)$$
$$- \sum_{\lambda,j=1}^{m} \Omega_{\beta\lambda}(x^0,t)\frac{\partial}{\partial \psi_\lambda}\left(J_{\alpha j}(\psi)\frac{\partial H(\psi,t)}{\partial \psi_j}\right). \tag{3.2.38}$$

利用 (3.2.38) 可知, $\Omega_{\alpha\beta}$ 的 n 阶导数 $\partial^n\Omega_{\alpha\beta}/\partial t^n$ 是各个 Ω 及其前 $n-1$ 阶导数的线性组合. 另一方面, 当 $t=0$ 时 $\psi \equiv x^0$, 故 $\Omega_{\alpha\beta}(x^0,t) \equiv 0$. 于是利用递归式 (3.2.38) 可得 $t=0$ 时, 所有偏导数 $\partial^n\Omega_{\alpha\beta}/\partial t^n \equiv 0$, 从而 $\Omega_{\alpha\beta}(x^0,t) \equiv 0$, 即 (3.2.34) 对一切 t 成立, 因此 Hamilton 方程的解是广义典则变换.

在定理 3.2.4 的证明过程中, Jacobi 恒等式起着关键作用. 另外如果 (3.2.27) 的 Hamilton 函数 $H(x)$ 不依赖于时间 t, 则可以将它所确定的上述典则变换明显地表示出来. 事实上, 对于自治的广义 Hamilton 函数 $H(x)$, 由于在它生成的上述变换下函数值不变, 即

$$\frac{\partial H(\psi(x^0,t))}{\partial t} = \sum_{i,j=1}^{m} \frac{\partial H(\psi)}{\partial \psi_i} J_{ij}(\psi) \frac{\partial H(\psi)}{\partial \psi_j} = \{H,H\}_\psi = 0,$$

$$H(\psi) = H(x^0). \tag{3.2.39}$$

因此, 利用这个性质以及 (3.2.34), ψ_i 满足的方程 (3.2.35) 可以改写为以下形式:

$$\frac{\partial \psi_i(x^0,t)}{\partial t} = \sum_{\alpha,\beta=1}^{m} \left(J_{\alpha\beta}(x^0)\sum_{\gamma,v=1}^{m}\frac{\partial \psi_i}{\partial x^0_\alpha}\frac{\partial \psi_v}{\partial x^0_\beta}\frac{\partial H(x^0)}{\partial x^0_\gamma}\frac{\partial x^0_\gamma}{\partial \psi_v}\right)$$
$$= \sum_{\alpha,\beta=1}^{m} J_{\alpha\beta}(x^0)\frac{\partial \psi_i}{\partial x^0_\alpha}\frac{\partial H(x^0)}{\partial x^0_\beta}$$
$$= \{\psi_i(x^0,t),\ H(x^0)\}_{x^0}. \tag{3.2.40}$$

另外, 我们把解 ψ 展开成 t 的幂级数:

$$\psi_i(x^0,t) = \sum_{n=0}^{\infty} \frac{t^n}{n!} A_n^i(x^0), \quad i=1,\cdots,m.$$

$$A_0^i(x^0) = x_i^0, \quad A_{n+1}^i(x^0) = \{A_n^i(x^0),\ H(x^0)\}. \tag{3.2.41}$$

定义算子 $\hat{\boldsymbol{H}}$ 如下:

$$\hat{\boldsymbol{H}}(x^0) = \sum_{i,j=1}^{m} J_{ij}(x^0) \frac{\partial H}{\partial x_i^0} \frac{\partial}{\partial x_j^0}, \tag{3.2.42}$$

那么可以将 ψ 写成更紧凑的形式:

$$\psi_i(x^0, t) = \mathrm{e}^{-t\hat{\boldsymbol{H}}(x^0)} x_i^0, \quad i = 1, 2, \cdots, m. \tag{3.2.43}$$

容易证明这组变换形成一个满足如下结合律的单参数群:

$$\psi_i(\psi(x^0, t_1), t_2) = \psi_i(x^0, t_1 + t_2). \tag{3.2.44}$$

(3.2.44) 对于非自治 $H(x, t)$ 的 ψ 是不成立的.

最后, 还可证明对任意函数 F, G 在 ψ 变换下满足如下两个等式:

$$F(\mathrm{e}^{-t\hat{\boldsymbol{H}}(x^0)} x^0) = \mathrm{e}^{-t\hat{\boldsymbol{H}}(x^0)} F(x^0), \tag{3.2.45}$$

$$\{\mathrm{e}^{-t\hat{\boldsymbol{H}}(x^0)} F(x^0), \mathrm{e}^{-t\hat{\boldsymbol{H}}(x^0)} G(x^0)\}$$

$$= \mathrm{e}^{-t\hat{\boldsymbol{H}}(x^0)} \{F(x^0), G(x^0)\}. \tag{3.2.46}$$

§3.3 广义 Hamilton 系统相空间的结构性质

类似于经典的 Hamilton 系统, 为了对广义 Hamilton 系统的解的性质有更深入的了解, 首先必须对其相空间 ——Poisson 流形的几何结构进行仔细研究. 在局部坐标下, 就是要研究确定 Poisson 括号局部坐标形式的结构矩阵 $\boldsymbol{J}(x)$. 这个矩阵最重要的不变量就是它的秩, 如果秩处处取最大值, 这种情况是大部分 Hamilton 力学专著中所涉及的标准情况, 即在 (偶数维) 光滑流形上的辛结构. 在一般情况下, $\boldsymbol{J}(x)$ 的秩不一定处处取得最大秩, 此时, Poisson 流形 M 将是一个具有辛叶层构造的流形. 换言之, M 自然地由一些 (可能是不同维数的) 辛子流形所构成, 使得 M 上的任何一个 (广义)Hamilton 系统都以这些辛子流形为其不变流形, 而且限制在每个辛叶上的子系统 (也叫约化系统) 都是维数较低的 (通常意义下的)Hamilton 系统. 然而, 并不能由此断言通常的 Hamilton 系统理论就完全解决了广义 Hamilton 系统的问题, 因为对于实际应用中的很多问题, 需要对整个 M 上的广义 Hamilton 系统进行统一的研究, 而不是仅仅研究其中的某个子系统. 例如, 当我们对含参数系统的综合行为感兴趣时, 仅对每个辛叶上的约化系统进行研究是不够的, 此时还必须考虑到每个辛叶上的辛结构随参数的变化对原系统综合行为的影响.

本节主要讨论 Poisson 流形的叶层构造性质及有关的结果.

在 3.2 节中, 我们已经看到, Poisson 流形 M 上的 Poisson 括号建立了函数空间 $C^\infty(M)$ 中的函数 H 与它确定的广义 Hamilton 系统 ξ_H 之间的一个对应关系, 在局部坐标下, 这种对应关系由梯度 ∇H 和结构矩阵 $\boldsymbol{J}(x)$ 的乘积确定. 注意到实值函数 H 的梯度具有不明显依赖坐标的形式, 即 H 的全微分 $\mathrm{d}H$, 因此还可以得到一个更本质的对应, 即 1 形式 $\mathrm{d}H \in T^*(M)$ 到向量场 $\xi_H \in TM$ 之间的对应关系.

命题 3.3.1 设 M 是 Poisson 流形, $x \in M$ 是其中一点. 则存在唯一的从余切空间 T_x^*M 到切空间 T_xM 的线性映射 $\mathbf{L}_x : T_x^*M \to T_xM$, 使得对任意函数 $H \in C^\infty(M)$, 有

$$\mathbf{L}_x(\mathrm{d}H(x)) = \xi_H(x). \tag{3.3.1}$$

证 对任何一点 $x \in M$, T_x^*M 由对应于 x 附近的局部坐标 $(x_1, \cdots, x_m)$ 的微分 $\{\mathrm{d}x_1, \cdots, \mathrm{d}x_m\}$ 张成. 由 (3.2.27) 可知, 在 x 处,

$$\mathbf{L}_x(\mathrm{d}x_j) = \sum_{i=1}^m J_{ij}(x)\frac{\partial}{\partial x_i}, \quad j = 1, \cdots, m. \tag{3.3.2}$$

根据线性性, 对于任何 1 形式 $\omega^1 = \sum_{j=1}^m a_j\mathrm{d}x_j \in T_x^*M$ 有

$$\mathbf{L}_x(\omega^1) = \sum_{i,j=1}^m J_{ij}(x)a_j\frac{\partial}{\partial x_i}. \tag{3.3.3}$$

可见, $\mathbf{L}_x$ 实际上是由结构矩阵 $\boldsymbol{J}(x)$ 确定的矩阵乘积, 将 ω^1 用 $\mathrm{d}H$ 替换, 则得 (3.3.1).

例 3.3.1 在 $\mathbf{R}^m$ 中取定典则坐标 (p, q, z), 设 ω^1 是任意的 1 形式

$$\omega^1 = \sum_{i=1}^m [a_i\mathrm{d}p_i + b_i\mathrm{d}q_i] + \sum_{j=1}^l c_j\mathrm{d}z_j, \quad m = 2n + l,$$

那么

$$L_x(\omega^1) = \sum_{i=1}^n \left[a_i\frac{\partial}{\partial q_i} - b_i\frac{\partial}{\partial p_i} \right].$$

在这种特殊情况下, $\mathbf{L}$ 的形式不随 $\mathbf{R}^m$ 中的点变化, 特别是 $\mathbf{L}$ 的核空间的维数不随点变化, 恒等于 z 坐标的个数 l.

有了线性映射 $\mathbf{L} : T^*M \to TM$ 的定义, 即可引入 Poisson 括号的秩这一重要不变量概念.

定义 3.3.1 设 M 是 Poisson 流形, $x \in M$ 是任意固定点. 则映射 $\mathbf{L}_x : T_x^*M \to T_xM$ 的秩称为 Poisson 括号在 x 点的**秩,** 也称 Poisson 流形 M 在 x 点的秩. 此外,

如果存在 x 的某个邻域 U, 使得映射 $\mathbf{L}$ 在 U 中每点处的秩都相同, 则称 x 是 M 的**正常点 (regular point)**, 否则称为**奇异点 (singular point)**.

由 (3.3.3) 容易看出, 在局部坐标下, $\mathbf{L}_x$ 实际上是结构矩阵 $J(x)$ 的矩阵乘积算子, 因此 M 在 x 点处的秩与 $J(x)$ 的秩相同, 它与坐标系的选择无关. 于是由于 $J(x)$ 是反对称矩阵, 立即可得下面的结论:

命题 3.3.2　 Poisson 流形在任意点处的秩恒为偶数 (包括零).

例如, $\mathbf{R}^m (m = 2n + l)$ 上的典则 Poisson 结构 (3.2.2) 和 (3.2.3) 在每点处的秩都是 $2n$, 因此每点都是正常点. 后面我们将会看到, 每个秩为常数 $2n$ 的 Poisson 结构局部地都与这种 $2n$ 维的典则结构相同. 对于三维旋转群 SO(3) 的 Lie 代数 so(3) 的对耦空间 so(3)* 上的 Lie-Poisson 括号 (3.2.6)(参看例 3.2.5), 除原点外, 在每点的秩都是 2, 而在原点处的秩为 0, 因此原点是奇异点, 其余每点都是正常点.

根据线性代数的知识, 线性映射 $\mathbf{L}_x$ 的秩也可以通过它的核空间或象空间的维数来确定. 分别记 $\mathbf{L}_x$ 的核空间和象空间为 $\mathbf{K}(x)$ 和 $\mathbf{I}(x)$, 即

$$\mathbf{K}(x) = \{\omega^1 \in T_x^* M | L_x(\omega^1) = 0\}, \tag{3.3.4}$$

$$\mathbf{I}(x) = \{\xi = \mathbf{L}_x(\omega^1) \in T_x M | \omega^1 \in T_x^* M\}. \tag{3.3.5}$$

那么 $\mathbf{L}_x$ 的秩就是 $\mathbf{I}(x)$ 的维数 $\dim(\mathbf{I}(x)) = \dim(M) - \dim(\mathbf{K}(x))$. 例如广义典则括号 (3.2.2) 和 (3.2.3) 的情况, $\mathbf{K}(x)$ 由 $\mathrm{d}z_1, \cdots, \mathrm{d}z_l$ 张成, 而 $\mathbf{I}(x)$ 由对应于坐标函数 p_i, q_i 的一组基本 Hamilton 向量场 $\partial/\partial q_i$, $\partial/\partial p_i$ 张成. 实际上, 根据广义 Hamilton 向量场的定义 (3.2.26) 或 (3.2.27), 立即可得如下更一般的结论:

命题 3.3.3　 象空间 $\mathbf{I}(x)$ 由 M 上在 x 处的全体广义 Hamilton 向量场所张成, 即

$$\mathbf{I}(x) = \mathrm{span}\{\xi_H(x) | H \in C^\infty(M)\}. \tag{3.3.6}$$

在经典 Hamilton 力学中, 通常还要对 Poisson 括号增加非退化条件, 这与下面的定义是一致的.

定义 3.3.2　 设 M 是一个 m 维 Poisson 流形. 如果 M 的 Poisson 结构在 M 上每点处具有最大秩 m, 则称 M 是一个辛流形.

根据命题 3.3.2, 辛流形必然是偶数维的. 之所以引入这样的定义, 是因为此时对每点 $x \in M$, 线性映射 $\mathbf{L}_x$ 的核空间 $\mathbf{K}(x)$ 为 $\{0\}$, 从而 $J(x)$ 是可逆矩阵, $\boldsymbol{J}^{-1}(x) \equiv K(x)$ 确定了 M 上的一个辛结构 (参见 (3.1.11)).

命题 3.3.4　 $m \times m$ 矩阵 $\boldsymbol{J}(x)$ 确定 $M \subset \mathbf{R}^m$ 上的一个辛结构的充分必要条件是它的逆矩阵 $\boldsymbol{K}(x) \equiv \boldsymbol{J}^{-1}(x)$ 对一切 $x \in M$ 存在, 并满足条件:

(a) 反对称性: $K_{ij}(x) = -K_{ji}(x), \quad i, j = 1, \cdots, m.$

(b) 封闭性 (Jacobi 恒等式):

$$\frac{\partial K_{ij}}{\partial x_k} + \frac{\partial K_{ki}}{\partial x_j} + \frac{\partial K_{jk}}{\partial x_i} = 0, \tag{3.3.7}$$

$$i, j, k = 1, \cdots, m.$$

证 $J(x)$ 的反对称性与 $\boldsymbol{K}(x)$ 的反对称性显然是等价的. 为证 (3.3.7) 与 (3.2.15) 等价, 可以利用逆矩阵的求导公式

$$\frac{\partial \boldsymbol{K}}{\partial x_k} = -\boldsymbol{K} \cdot \frac{\partial J}{\partial x_k} \cdot \boldsymbol{K}, \quad \boldsymbol{K} = 1, \cdots, m. \tag{3.3.8}$$

将 (3.3.8) 代入 (3.3.7) 得

$$\sum_{l,n=1}^{m} \left\{ K_{il}K_{jn}\frac{\partial J_{ln}}{\partial x_k} + K_{kl}K_{in}\frac{\partial J_{ln}}{\partial x_j} + K_{jl}K_{kn}\frac{\partial J_{ln}}{\partial x_i} \right\} = 0.$$

两边同乘 $J_{\tilde{i}i}J_{\tilde{j}j}J_{\tilde{k}k}$, 再对 i, j, k 从 1 加到 m, 则可得出 (3.3.7). 其中, $\tilde{i} \neq i$ 是任意指标.

以下的 Poisson 映射的概念是很重要的, 它是定义 3.2.3 中广义典则变换的推广.

定义 3.3.3 设 $(M, \{,\}_M)$ 和 $(N, \{,\}_N)$ 是两个 Poisson 流形, $\varphi : M \to N$ 是一个光滑映射. 如果 φ 保持 Poisson 括号, 即对一切 $F, G : N \to \mathbf{R}$,

$$\{F \cdot \varphi, G \cdot \varphi\}_M = \{F, G\}_N \cdot \varphi, \tag{3.3.9}$$

则称 φ 是**Poisson 映射**.

当 M, N 均为辛流形时, φ 就是经典 Hamilton 力学中的典则映射.

命题 3.3.5 设 M 是一个 Poisson 流形, ξ_H 是 M 上一个 Hamilton 向量场, $\exp(t\xi_H) : M \to M$ 是 ξ_H 确定的 (局部) 相流. 那么对每个 t, $\exp(t\xi_H)$ 确定了 M 到自身的一个 (局部)Poisson 映射.

证 设 F 和 P 是两个实值函数, 记 $\varphi_t = \exp(t\xi_H)$. 若对 Poisson 条件

$$\{F \cdot \varphi_t, P \cdot \varphi_t\} = \{F, P\} \cdot \varphi_t$$

两边关于 t 求导, 可得在点 $\varphi_t(x)$ 处的无穷小形式:

$$\{\xi_H(F), P\} + \{F, \xi_H(P)\} = \xi_H(\{F, P\}). \tag{3.3.10}$$

根据向量场 ξ_H 的定义 (3.2.26), (3.3.10) 就是 Jacobi 恒等式. 另一方面, $t = 0$ 时, φ_0 是恒同映射, 条件 (3.3.9) 显然成立. 因此通过简单的积分即可证明 (3.3.9) 对一般的 t 也成立.

这个命题也可作为定理 3.2.1 的直接推论而证得.

例 3.3.2　取 $M = \mathbf{R}^2$ 具有典则坐标 (p, q), 那么函数 $H = \frac{1}{2}(p^2 + q^2)$ 生成平面旋转群, 由 Hamilton 向量场 $\xi_H = p\partial_q - q\partial_p$ 确定. 于是按照命题 3.3.5, $\mathbf{R}^2$ 中每个旋转变换都是典则映射.

由于命题 3.3.5 断言任何 Hamilton 相流保持 M 上的 Poisson 括号不变. 特别, 保持 Poisson 括号的秩不变, 因此得到如下重要推论.

推论 3.3.1　如果 ξ_H 是 Poisson 流形上的 Hamilton 向量场, 那么对任意 $t \in \mathbf{R}$, M 在 $\exp(t\xi_H)x$ 的秩与 M 在 x 处的秩相同.

例如, Lie 代数 SO(3) 的对耦空间 SO(3)* 的原点, 作为唯一一个秩为 0 的点, 是 so(3)* 上任何一个具有给定的 Lie-Poisson 结构的 Hamilton 系统的不动点. 实际上, Poisson 流形上任何一个秩为 0 的点都是该流形上任何 Hamilton 系统的不动点.

定义 3.3.4　设 $N \subset M$ 是一个子流形, $\varphi : \tilde{N} \to M$ 是定义该子流形的浸入映射, 即 $\varphi(\tilde{N}) = N$. 如果 φ 是一个 Poisson 映射, 则称 N 是 M 的**Poisson 子流形**.

该定义的另一种等价说法如下: 对于 M 上的任何一对光滑函数 $F, H : M \to \mathbf{R}$, 若它们在 N 上的限制分别为 $\tilde{F}, \tilde{H} \in C^\infty(N)$, 则下式成立

$$\{F, H\}_M|_N = \{\tilde{F}, \tilde{H}\}_N, \tag{3.3.11}$$

即 $\{F, H\}_M$ 在 N 上的限制恰好等于 $\tilde{F}, \tilde{H}$ 的 Poisson 括号.

例 3.3.3　考虑例 3.2.1 中的 Poisson 流形 $(\mathbf{R}^m, \{,\})$, 坐标取为 (p, q, z), 括号由 (3.2.2) 和 (3.2.3) 确定. 那么 $\mathbf{R}^m$ 的子流形 $N = \{x \in \mathbf{R}^m | z = \boldsymbol{c}\}$($\boldsymbol{c}$ 为常数向量) 显然是一个 Poisson 子流形. 事实上, N 上的 Poisson 括号就是关于 (p, q) 的标准括号 (3.2.1), 取映射 φ 为恒同映射即可.

如果 $N \subset M$ 是任意一个子流形, 那么下面的命题提供我们验证 N 是否为 Poisson 子流形的一个简便方法.

命题 3.3.6　设 N 为 m 维 Poisson 流形 M 的子流形, 则 N 是 Poisson 子流形的充分必要条件是, 对一切 $x \in N$, 下面的包含关系成立:

$$T_x N \supset \mathbf{I}(x) \equiv \mathrm{span}\{\xi_H(x) | H \in C^\infty(M)\}, \tag{3.3.12}$$

即 M 上的每个广义 Hamilton 向量场与 N 处处相切. 特别, 若 $T_x N = \mathbf{I}(x)$ 对一切 $x \in N$ 成立, 则 N 是 M 的一个辛子流形.

证　由于 Poisson 括号可以通过它的局部表示确定, 所以不失一般性, 假定 N 是 M 的正则子流形并通过平坦局部坐标 $(y, w) = (y_1, \cdots, y_n, w_1, \cdots, w_{m-n})$ 来表示, 即 $N = \{(y, w) \in M | w = 0\}$.

先证必要性. 设 N 是一个 Poisson 子流形, $\tilde{H} : N \to \mathbf{R}$ 是任意光滑函数. 那么可以把 $\tilde{H}$ 延拓而得到定义在 N 的邻域上的一个光滑函数 $H : M \to \mathbf{R}$, 满足

$\tilde{H} = H|N$ (H 在 N 上的限制). 在已选定的坐标系下, $\tilde{H} = \tilde{H}(y)$, 而 $H(y, w)$ 是满足 $H(y, 0) = \tilde{H}(y)$ 的任意一个光滑函数. 如果 $\tilde{F} \in C^{\infty}(N)$ 有一个类似的延拓 F, 那么由定义可知, N 上的 $\tilde{F}$ 和 $\tilde{H}$ 的 Poisson 括号可以通过 F 和 H 的 Poisson 括号在 N 上的限制而得到, 即

$$\{\tilde{F}, \tilde{H}\}_N = \{F, H\}_M|N. \tag{3.3.13}$$

特别, 对于任意选取的函数 $\tilde{F}, \tilde{H}$, 括号 $\{F, H\}_M|N$ 不可能依赖于特定的延拓方式. 显然, 这种要求能满足的充分与必要条件是 $\{F, H\}_M|N$ 不含 F 和 H 关于法向空间坐标 w_i 的偏导数. 于是

$$\begin{aligned}
\{F, H\}_M|N &= \sum_{i,j=1}^{m} J_{ij}(y, 0) \frac{\partial F}{\partial y_i} \frac{\partial H}{\partial y_j} \\
&\equiv \sum_{i,j=1}^{n} \tilde{J}_{ij}(y) \frac{\partial \tilde{F}}{\partial y_i} \frac{\partial \tilde{H}}{\partial y_j}.
\end{aligned} \tag{3.3.14}$$

因此当限制在 N 上时, Hamilton 向量场 ξ_H 具有如下形式:

$$\xi_H|N = \sum_{i,j=1}^{m} \tilde{J}_{ij}(y) \frac{\partial \tilde{H}}{\partial y_j} \frac{\partial}{\partial y_i}. \tag{3.3.15}$$

从而与 N 处处相切.

反之, 如果相切性条件 $\mathbf{I}(x) \subset T_x N$ 对一切 $x \in N$ 成立, 那么任意一个 Hamilton 向量场限制于 N 时必然仅仅是 N 的切空间的基 $\left\{ \dfrac{\partial}{\partial y_1}, \cdots, \dfrac{\partial}{\partial y_n} \right\}$ 的组合. 因此具有 (3.3.15) 的形式. 如果 $F(w)$ 只是 w 的函数, 则 $\{F, H\}_M = \xi_H(F)$ 限制于 N 必为零, 特别, 在 N 上有

$$\begin{aligned}
&\{y_i, w_j\} = \{w_k, w_j\} = 0, \\
&i = 1, \cdots, n. \quad j, k = 1, \cdots, m - n.
\end{aligned}$$

于是 N 上的 Poisson 括号必为 (3.3.14) 的形式, 此时 $\tilde{J}_{ij}(y) = J_{ij}(y, 0) = \{y_i, y_j\}_M|N$. 容易证明 $\tilde{J}_{ij}(y)$ 满足 Jacobi 恒等式 (3.2.15). 因此 N 是一个 Poisson 子流形, 命题得证.

注意, N 上 Poisson 结构在 $x \in N$ 处的秩等于 M 上的 Poisson 结构在同一点的秩.

于是, 根据命题 3.3.6, 如果 $N \subset M$ 是一个 Poisson 子流形, 则 M 上的任何一个 Hamilton 向量场 ξ_H 均与 N 相切, 从而可以限制 ξ_H 于 N 上而得到一个较低维的 N 上的 Hamilton 向量场 $\xi_{\tilde{H}} = \{\cdot, H\}_M|N \equiv \{\cdot, \tilde{H}\}_N$. 若仅对 M 上 Hamilton 向量场 ξ_H 的初值 $x_0 \in N$ 的轨道感兴趣, 那么只要研究 N 上的 Hamilton 向量场 $\xi_{\tilde{H}}$ 就够了, 而不会失去任何信息, 这就达到了降低原系统的阶数的目的.

为了便于理解, 我们用三维 Lie 代数 SO(3) 的对耦空间 so(3)* 上的 Lie-Poisson 结构为例, 来解释命题 3.3.6 的思想.

例 3.3.4　考虑例 3.2.5 中 so(3)* 上的 Lie-Poisson 结构. 此时, 子空间 $\mathbf{I}(u)(u \in$ SO(3)*) 由分别对应于坐标函数 u_1, u_2, u_3 的 Hamilton 向量场 $\xi_{u_1} = u_3 \dfrac{\partial}{\partial u_2} - u_2 \dfrac{\partial}{\partial u_3}$, $\xi_{u_2} = u_1 \dfrac{\partial}{\partial u_3} - u_3 \dfrac{\partial}{\partial u_1}$, $\xi_{u_3} = u_2 \dfrac{\partial}{\partial u_1} - u_1 \dfrac{\partial}{\partial u_2}$ 所张成.

$$\mathbf{I}(u) = \text{span}\{\xi_{u_1}, \xi_{u_2}, \xi_{u_3}\}.$$

如果 $u \neq 0$, 那么这些向量张成 $T_u$so(3)* 的一个二维子空间, 并且与球面 $S_\rho^2 = \{u \mid |u| = \rho\}$ 过 u 点的切空间重合.

$$\mathbf{I}(u) = T_u S_\rho^2, \quad |u| = \rho.$$

于是, 命题 3.3.7 意味着, 每个这样的二维球面都是 SO(3)* 的辛子流形. 若在 S_ρ^2 上取球坐标

$$\left. \begin{aligned} u_1 &= \rho \cos\theta \sin\varphi, \\ u_2 &= \rho \sin\theta \sin\varphi, \\ u_3 &= \rho \cos\varphi, \end{aligned} \right\}$$

那么 $\tilde{F}(\theta, \varphi)$ 和 $\tilde{H}(\theta, \varphi)$ 的 Poisson 括号可以先把它们延拓到 S_ρ^2 的邻域后再计算. 例如, 设 $F(\rho, \theta, \varphi) = \tilde{F}(\theta, \varphi)$, $H(\rho, \theta, \varphi) = \tilde{H}(\theta, \varphi)$, 先计算 Lie-Poisson 括号 $\{F, H\}$, 然后限制在 S_ρ^2 上即得 $\{\tilde{F}, \tilde{H}\}$. 然而, 根据 (3.2.13), $\{\tilde{F}, \tilde{H}\} = \{\theta, \varphi\}(\tilde{F}_\theta \tilde{H}_\varphi - \tilde{F}_\varphi \tilde{H}_\theta)$, 所以只需计算 $\{\theta, \varphi\}$, 即

$$\{\theta, \varphi\} = -u \cdot (\nabla_u \theta \times \nabla_u \varphi) = -1/\rho \sin\varphi.$$

因此,

$$\{\tilde{F}, \tilde{H}\} = \frac{-1}{\rho \sin\varphi} \left(\frac{\partial \tilde{F}}{\partial \theta} \frac{\partial \tilde{H}}{\partial \varphi} - \frac{\partial \tilde{F}}{\partial \varphi} \frac{\partial \tilde{H}}{\partial \theta} \right)$$

就是 $S_\rho^2 \subset$ so(3)* 上的导出 Poisson 括号.

下面的重要定理更进一步说明, 我们还可以限制在 M 的最低维数的子流形上, 来考虑初值问题, 而且在这些最低维的子流形上所诱导的 Poisson 结构全是辛结构.

定理 3.3.1　设 M 是 Poisson 流形, 则 M 上全体 Hamilton 向量场组成的向量场簇 $\mathbf{H}$ 是可积的, 即通过每点 $x \in M$, 都存在 $\mathbf{H}$ 的一个积分子流形 N, 对每个 $y \subset N$, 满足条件 $TN|_y = \mathbf{H}|_y$. 每个这样的积分子流形都是 M 的辛子流形, 而且它们确定了 M 的一个辛叶层构造. 此外, 若 $\tilde{H} : M \to \mathbf{R}$ 是任一个 Hamilton 函数, 并且 $x(t) = \exp(t\xi_{\tilde{H}})x_0$ 是对应于 $\tilde{H}$ 的 Hamilton 系统取初值 $x_0 \in N$ 的任意一个解, 则对一切 $t, x(t) \in N$ 永远保持在单个积分子流形 N 上.

证 直接应用 Frobenius 定理的推广形式定理 1.3.4 即可证得本定理的结论. **H** 的对合性可以从如下事实得出: 两个 Hamilton 向量场的 Lie 括号仍是一个 Hamilton 向量场 (命题 3.2.3). 而 **H** 的秩不变性则由推论 3.3.1 所保证.

定理 3.3.1 也称为 Poisson 流形的全局结构定理, 它表明每个 Poisson 流形可自然地分离成若干偶数维辛子流形 —— 辛叶层的叶片的集合. 任何一个这种叶片 N 的维数就等于 Poisson 结构在 N 上任何一点 $y \in N$ 处的秩, 因此若 M 有非常数秩, 则这些辛叶将有不同的维数. 例如, 对于 so(3)*, 其辛叶就是以原点为中心的球面 S_ρ^2 以及原点 (奇点), S_ρ^2 的维数均为 2, 而原点的维数为零.

如果 M 具有常数秩, 或者在 M 的某个具有常数秩的开子流形上 (例如, Poisson 结构的秩取最大值的开子流形), 定理 3.3.1 中的辛叶层构造具有更简洁的几何形式. 实际上, 此时可以引入平坦的局部坐标, 使得叶层取特别简单的典则形式. 于是我们有以下重要结论.

定理 3.3.2(Darboux 定理) 设 M 是 m 维 Poisson 流形, 其秩处处为常数 $2n \leqslant m$. 那么在每点 $x^0 \in M$ 处, 存在典则局部坐标 $(p, q, z) = (p_1, \cdots, p_n, q_1, \cdots, q_n, z_1, \cdots, z_l)$, $2n + l = m$, 使得 Poisson 括号在这组坐标下具有如下形式:

$$\{F, H\} = \sum_{i=1}^n \left(\frac{\partial F}{\partial q_i} \frac{\partial H}{\partial p_i} - \frac{\partial F}{\partial p_i} \frac{\partial H}{\partial q_i} \right).$$

此时, 辛叶层的叶与坐标卡的交集是 z 坐标分量确定的水平集 $\{(p, q, z) | z = c\}$.

证 如果 Poisson 结构的秩处处为零, 则无需再证. 事实上, 此时 Poisson 括号是平凡的, 即对一切 F, H, $\{F, H\} \equiv 0$, 而且任意一组局部坐标 $z = (z_1, \cdots, z_l)$ $(l = m)$ 都满足定理的条件. 否则, 对半秩 n 用数学归纳法证明定理的结论.

由于 x^0 处秩不为零, 可以选取 M 上的两个实值函数 F、P 使得它们的 Poisson 括号在 x^0 处不为零.

$$\{F, P\}(x^0) = \xi_P(F)(x^0) \neq 0.$$

特别 ξ_P 在 x^0 不为零. 因此利用命题 1.3.1, 可以把 ξ_P 在 x^0 的一个邻域 U 内拉直, 从而存在函数 $Q(x)$ 满足

$$\xi_P(Q)(x) = \{Q, P\}(x) = 1, \quad \text{对一切 } x \in U.$$

由于 $\{Q, P\}$ 是常数, 由 (3.2.27) 与 (3.2.31) 可知, 对一切 $x \in U$, $[\xi_P, \xi_Q] = \xi_{\{Q, P\}} = 0$. 另一方面, $\xi_Q(Q) = \{Q, Q\} = 0$, 所以 ξ_P 和 ξ_Q 是一对在 U 上可交换的 ($[\xi_P, \xi_Q] = 0$) 及线性独立的向量场. 若令 $p = P(x), q = Q(x)$, 则由 Frobenius 定理 1.3.5, 存在 x^0 的邻域 $\tilde{U} \subset U$ 上的一组局部坐标 $(p, q, y_3, \cdots, y_m)$, 使得

$$\xi_P = \frac{\partial}{\partial q}, \quad \xi_Q = -\frac{\partial}{\partial p}.$$

于是括号关系 $\{p,q\} = 1$, $\{p,y_i\} = 0 = \{q,y_i\}(i = 3, \cdots, m)$ 意味着 Poisson 结构矩阵取如下形式:

$$J(p,q,y) = \begin{bmatrix} 0 & 1 & 0 \\ -1 & 0 & 0 \\ 0 & 0 & \tilde{J}(p,q,y) \end{bmatrix},$$

其中, $\tilde{J}_{ij} = \{y_i, y_j\}$, $i, j = 3, \cdots, m$. 下面证明 $\tilde{J}(p,q,y)$ 只依赖于 y 坐标, 从而 $\tilde{J}(y)$ 是 y 坐标下的一个 Poisson 括号的结构矩阵, 其秩比 $J(x)$ 的秩少 2. 于是应用归纳法, 可完成定理的证明. 为证 $\tilde{J}$ 与 p, q 无关, 只要用到 Jacobi 恒等式和上面的括号关系式. 例如

$$\frac{\partial \tilde{J}_{ij}}{\partial q} = \{\tilde{J}_{ij}, p\} = \{\{y_i, y_j\}, p\} = 0$$

表明 $\tilde{J}_{ij}$ 不依赖于 q, 类似地可证 $\tilde{J}_{ij}$ 也不依赖于 p.

例 3.3.5　计算例 3.2.5 中 so(3)* 上的 Lie-Poisson 括号的典则坐标.

根据 Darboux 定理, 只要寻找一对函数 $P(u), Q(u)$ 使得它们的 Poisson 括号恒为 1 即可. 按照 so(3)* 上 Lie-Poisson 括号的定义, 不难得到函数 $z = u_3$ 生成的旋转向量场 $\xi_{u_3} = u_2 \dfrac{\partial}{\partial u_1} - u_1 \dfrac{\partial}{\partial u_2}$. 只要 $(u_1, u_2) \neq (0,0)$ 那么该向量就可以用极角 $\theta = \mathrm{arctg}(u_2/u_1)$ 拉直. 经过计算可得 $\{\theta, z\} = \xi_{u_3}(\theta) = -1$, 因此 θ 和 z 可取作辛球面 $S_\rho^2 = \{|u| = \rho\}$ 上的典则坐标. 事实上, 经过简单计算可证: 如果把 $F(u)$ 和 $H(u)$ 用 θ, z, ρ 重新表示, 那么 Lie-Poisson 括号就是 $\{F, H\} = F_z H_\theta - F_\theta H_z$. 换言之, 虽然 so(3)* 中的辛叶是球面, 典则坐标却是柱坐标 z, θ.

定理 3.3.1 所考虑的是一般的 Poisson 流形. 特别情形, 如果我们研究 Lie 代数的对耦空间 $\mathfrak{g}^*$ 上的 Lie-Poisson 括号, 那么用余伴随表示, 对于导出的辛叶层, 我们有下面的定理 3.3.3 所述的漂亮的解释.

设 G 是一个 Lie 群, 对每个 $g \in G$, 群共轭 $K_g(h) \equiv ghg^{-1}$, $h \in G$, 确定了 G 上的一个微分同胚. 而且 $K_g \cdot K_{g'} = K_{gg'}$, $K_e = I$(恒同映射). 因此 K_g 确定了 G 在自身上的一个全局群作用. 每个共轭映射 K_g 都是群同态: $K_g(hh') = K_g(h) \cdot K_g(h')$. 容易证明, 它的微分 $\mathrm{d}K_g : T_h G \to T_{K_g(h)} G$ 保持向量场的右不变性, 从而确定了 G 的 Lie 代数上的一个线性映射.

定义 3.3.5　设 G 为 Lie 群, $\mathfrak{g}$ 为其 Lie 代数. 称线性映射 $\mathrm{d}K_g : \mathfrak{g} \to \mathfrak{g}$ 为 G 在 $\mathfrak{g}$ 上的伴随表示, 并记为 Ad_g,

$$Ad_g(\xi) \equiv \mathrm{d}K_g(\xi), \quad \xi \in \mathfrak{g}, \quad g \in G. \tag{3.3.16}$$

注意伴随表示 Ad 是 G 在 $\mathfrak{g}$ 上的线性全局作用,

$$Ad_{(g \cdot g')} = Ad_g \cdot Ad_{g'}, \quad Ad_e = I \tag{3.3.17}$$

伴随表示通常容易从它的无穷小生成元重新构造. 如果向量场 ξ 生成的单参数子群为 $\{\exp(t\xi)\}$, 记 $ad\xi$ 为 $\mathfrak{g}$ 上的这样的向量场, 它生成伴随变换的相应单参数群

$$ad\xi|_\eta \equiv \frac{\mathrm{d}}{\mathrm{d}t}\Big|_{t=0} Ad_{\exp(t\xi)}(\eta), \quad \eta \in \mathfrak{g} \tag{3.3.18}$$

于是, 下面的命题说明, 无穷小伴随作用 ad 与 $\mathfrak{g}$ 上的 Lie 括号是一致的.

命题 3.3.7 设 G 是 Lie 群, 其 Lie 代数为 $\mathfrak{g}$. 对每个 $\xi \in \mathfrak{g}$, 伴随向量 $ad\xi$ 在 $\xi \in \mathfrak{g}$ 处具有形式

$$ad\xi|_\eta = [\eta, \xi] = -[\xi, \eta], \tag{3.3.19}$$

其中, 我们将 $T_\eta \mathfrak{g}$ 与 $\mathfrak{g}$ 视为等同, 因为 $\mathfrak{g}$ 是向量空间.

证 由于均为向量场空间, 可以把 $T_e G$ 与 $\mathfrak{g}$ 视为同一的. 利用式 (3.3.18), 伴随表示的定义 (3.3.16), 以及 η 的右不变性, 可得

$$\begin{aligned} ad\xi|_\eta &= \lim_{t\to 0}\frac{1}{t}\{\mathrm{d}K_{\exp(t\xi)}[\eta|_e] - \eta|_e\} \\ &= \lim_{t\to 0}\frac{1}{t}\{\mathrm{d}\exp(t\xi)[\eta|_{\exp(-t\xi)}] - \eta|_e\}. \end{aligned}$$

如果用 $-t$ 换 t, 上式与 η 关于 ξ 的 Lie 导数定义相同, 从而得到所要证的结论.

定义 3.3.6 群元素 $g \in G$ 的**余伴随作用**(coad joint action) 就是满足以下条件 (3.3.20) 的对耦空间 $\mathfrak{g}^*$ 上的线性映射 $Ad_g^* : \mathfrak{g}^* \to \mathfrak{g}^*$, 即对一切 $\omega \in \mathfrak{g}^*$、$\xi \in \mathfrak{g}$ 有

$$\langle Ad_g^*(\omega); \xi \rangle = \langle \omega; Ad_{g-1}(\xi) \rangle, \tag{3.3.20}$$

其中, $\langle ; \rangle$ 是 $\mathfrak{g}$ 和 $\mathfrak{g}^*$ 之间的自然对子.

若把切空间 $T\mathfrak{g}^*|_\omega(\omega \in \mathfrak{g}^*)$ 和 $\mathfrak{g}^*$ 视为等同, 而 $T\mathfrak{g}|_\xi(\xi \in \mathfrak{g})$ 和 $\mathfrak{g}$ 视为等同, 那么余伴随作用的无穷小生成元可通过对 (3.3.20) 求微分来确定, 即

$$\langle ad^*\xi|_\omega; \eta \rangle = -\langle \omega; ad\xi|_\eta \rangle = \langle \omega; [\xi, \eta] \rangle, \tag{3.3.21}$$

其中, $\xi, \eta \in \mathfrak{g}$, $\omega \in \mathfrak{g}^*$.

下面的定理是关于余伴随作用与 Lie-Poisson 括号联系的基本定理.

定理 3.3.3 设 G 是连通 Lie 群, 它在 $\mathfrak{g}^*$ 上的余伴随表示为 Ad^*G. 那么 Ad^*G 的轨道恰是 $\mathfrak{g}^*$ 上的 Lie-Poisson 结构导出的辛叶层的叶. 而且, 对每个 $g \in G$, 余伴随映射 Ad_g^* 是 $\mathfrak{g}^*$ 上的保持叶层的叶不变的 Poisson 映射.

证 设 $\xi \in \mathfrak{g}$ 并考虑 $\mathfrak{g}^*$ 上的线性函数 $H(\omega) \equiv H_\xi(\omega) \equiv \langle \omega, \xi \rangle$. 注意对 $\omega \in \mathfrak{g}^*$, 若将梯度 $\nabla H(\omega)$ 看作 $T^*\mathfrak{g}^*|_\omega \simeq \mathfrak{g}$ 中的元素, 这正好就是 ξ. 利用 Lie-Poisson 括号

的内蕴定义 (3.2.20) 可得

$$\begin{aligned}
\hat{\xi}_H(F)(\omega) = \{F, H\}(\omega) &= \langle \omega; [\nabla F(\omega), \nabla H(\omega)] \rangle \\
&= \langle \omega; [\nabla F(\omega), \xi] \rangle = \langle \omega; ad\xi(\nabla F(\omega)) \rangle \\
&= -\langle ad^*\xi(\omega); \nabla F(\omega) \rangle,
\end{aligned}$$

其中, $F : \mathfrak{g}^* \to \mathbf{R}$ 是任一个函数.

另一方面 $\hat{\xi}_H(F)(\omega) = \langle \hat{\xi}_H|_\omega; \nabla F(\omega) \rangle$ 由它在所有函数 F 上的作用唯一确定. 因此由线性函数 $H = H_\xi$ 所确定的 Hamilton 向量场与由 $\xi \in \mathfrak{g} : \xi_H = -ad^*\xi$ 所确定的余伴随作用的无穷小生成元仅相差一个符号. 于是它们对应的单参数群满足下面的关系:

$$\exp(t\hat{\xi}_H) = -\mathrm{Ad}^*_{\exp(-t\xi)}.$$

由命题 3.3.5 及通常关于连通性的讨论可以证明, 对每个 $g \in \mathfrak{g}$, Ad^*_g 是 Poisson 映射.

此外, 子空间 $\mathbf{H}|_\omega (\omega \in \mathfrak{g}^*)$ 由对应于所有线性函数 $\tilde{H} = \tilde{H}_\xi (\xi \in \mathfrak{g})$ 的 Hamilton 向量场 $\hat{\xi}_H$ 全体所张成. 因此 $\mathbf{H}|_\omega = ad^*\mathfrak{g}|_\omega$ 即与相应的无穷小生成元 $ad^*\xi|_\omega$ 张成的空间相同. 由于 $ad^*\mathfrak{g}|_\omega$ 正好对应于 G 过 ω 的余伴随轨道的切空间 (它是连通的), 由此立即可知余伴随轨道就是 $\mathbf{H}$ 的相应积分子流形.

推论 3.3.2　G 的余伴随表示的轨道是 $\mathfrak{g}^*$ 的偶数维子流形.

例 3.3.6　取 $G = \mathrm{SO}(3)$, 那么它的余伴随轨道就是例 3.3.4 中确定的球面 $S_\rho^2 \subset \mathrm{SO}(3)^*$. 事实上, 在 Lie 代数 $\mathrm{SO}(3) \simeq \mathbf{R}^3$ 上, 旋转矩阵 $\mathbf{R} \in \mathrm{SO}(3)$ 的伴随表示等同于相对于标准基 $\mathrm{Ad}_R(\xi) = R\xi$, $\xi \in \mathrm{SO}(3)$ 的旋转变换 $\mathbf{R}$ 本身. 于是相对于 $\mathrm{SO}(3)^* \simeq R^3$ 上的对耦基, R 在 $\mathrm{SO}(3)^*$ 上的余伴随作用 Ad^*_R 有矩阵表示 $\mathrm{Ad}^*_R = (R^{-1})^{\mathrm{T}} = R$, 并且 $\mathrm{SO}(3)$ 的余伴随表示与它在 $\mathbf{R}^3$ 上的通常作用是一致的. 特别, 余伴随轨道恰为球面 S_ρ^2, $\rho \geqslant 0$.

现在, 我们介绍广义 Poisson 结构的另一个特殊性质, 即 Casimir 函数的存在性.

设结构矩阵 $J(x)$ 在某个开子流形 $D \subset \mathbf{M}$ 上的秩为常数 $r = 2n < m(m$ 是 Poisson 流形 $\mathbf{M}$ 的维数). 秩 $k = m - r$ 为余秩. 于是在每点 $x \in D$ 处, 都存在 k 个线性无关的向量 $\beta_l = (\beta_{l1}, \cdots, \beta_{lm})^{\mathrm{T}} (l = 1, \cdots, k)$ 使得

$$\sum_{j=1}^m J_{ij}(x)\beta_{lj} = 0, \quad l = 1, \cdots, k. \tag{3.3.22}$$

即 β_l 是 $J(x)$ 的对应于零特征值的特征向量. 显然若矩阵 $A = (A_{l\rho}(x))$ 在 D 上可逆, 则下面的 k 个独立向量也是 $J(x)$ 的零特征向量:

$$\beta'_l = A\beta_l, \quad l = 1, \cdots, k. \tag{3.3.23}$$

若存在 D 上的函数 $C(x)$ 使得对某个 β_l, 下述关系成立:

$$\beta_{li} = \frac{\partial C(x)}{\partial x_i}, \quad i = 1, \cdots, m, \tag{3.3.24}$$

那么由 Poisson 括号定义及 (3.3.22) 可知, 对一切 $F \in C^\infty(\boldsymbol{M})$, 有

$$\{C, F\}(x) \equiv 0. \tag{3.3.25}$$

定义 3.3.7 设函数 $C(x) \in C^\infty(M)$(可能仅定义在开子流形 D 上) 不恒等于常数, 且满足关系式 (3.3.25). 则函数 $C(x)$ 称为 (广义)Poisson 括号的一个**Casimir 函数**.

显然, 对于辛流形上的 Poisson 括号不存在 Casimir 函数, 因为此时 Poisson 括号满足非退化条件.

方程组 (3.3.24) 的可解性并不显然, 但下面的定理证明, 一定存在一个非奇异矩阵 $(A_{l\rho}(x))$, 使得对 (3.3.23) 所确定的 β'_l, 存在满足 (3.3.24) 的函数 $C(x)$, 即在 $J(x)$ 的秩小于流形维数的任意点附近都存在 (局部)Casimir 函数.

定理 3.3.4 设结构矩阵 $J(x) = (J_{ij}(x))$ 在正则点 x^0 处的秩为 $m - k(k > 0)$, 则恰存在 k 个 x^0 附近的函数独立的 (局部)Casimir 函数 $C_\alpha(x)$, $\alpha = 1, \cdots, k$.

证 本定理的证明实际上是 1.3 节中的 Frobenius 定理的一个简单应用.

根据 Casimir 函数 $C(x)$ 的定义, $C(x)$ 满足下述偏微分方程组:

$$\xi_i(C(x)) = 0, \quad \xi_i \equiv \sum_{j=1}^m J_{ij}(x)\frac{\partial}{\partial x_j}, \quad i = 1, \cdots, m. \tag{3.3.26}$$

由于结构矩阵中的元素 $J_{ij}(x)$ 满足命题 3.2.1 中的条件 (2)(即 Jacobi 恒等式 (3.2.15)), 对每个 $i, j = 1, \cdots, m$, 向量场簇 $\{\xi_i\}_1^m$ 满足

$$\begin{aligned}
[\xi_i, \xi_j] &= \xi_i\xi_j - \xi_j\xi_i \\
&= \sum_{\rho=1}^m J_{i\rho}\sum_{\sigma=1}^m \frac{\partial J_{j\sigma}}{\partial x_\rho}\frac{\partial}{\partial x_\sigma} - \sum_{\sigma=1}^m J_{j\sigma}\sum_{\rho=1}^m \frac{\partial J_{i\rho}}{\partial x_\sigma}\frac{\partial}{\partial x_\rho} \\
&= \sum_{\sigma=1}^m \left(\sum_{\rho=1}^m J_{i\rho}\frac{\partial J_{j\sigma}}{\partial x_\rho} + \sum_{\rho=1}^m J_{j\rho}\frac{\partial J_{\sigma i}}{\partial x_\rho}\right)\frac{\partial}{\partial x_\sigma} \\
&= -\sum_{\rho,\sigma=1}^m J_{\sigma\rho}\frac{\partial J_{ij}}{\partial x_\rho}\frac{\partial}{\partial x_\sigma} = -\sum_{\rho=1}^m \frac{\partial J_{ij}}{\partial x_\rho}\xi_\rho,
\end{aligned} \tag{3.3.27}$$

即向量场簇 $\{\xi_i\}_1^m$ 是对合的. 根据 Frobenius 定理知, 向量场簇 $\{\xi_i\}_1^m$ 是可积的, 从而 (3.3.26) 可解, 即存在积分子流形 N(局部地可由解函数 C 的公共水平集表示),

使得在每点 $x \in N$ 处的切空间 $T_x N = \mathrm{span}\{\xi_1, \cdots, \xi_m\}$. 另一方面由于结构矩阵 $J(x)$ 的秩是 $m - k$, 因此向量场 $\{\xi_i\}_1^m$ 中只有 $m - k$ 个是独立的, 切空间 $T_x N$(从而 N) 是 $m - k$ 维的. 并且方程组 (3.3.26) 中只有 $m - k$ 个独立方程. 于是方程组 (3.3.26) 恰存在 k 个独立的 (局部) 解 $C_1(x), \cdots, C_k(x)$, 即恰存在 k 个独立的 (局部)Casimir 函数.

在上述定理中, 函数独立是指它们的梯度向量 $\nabla C_\alpha(x) (\alpha = 1, \cdots, k)$ 线性无关.

虽然定理证明中没有具体给出 Casimir 函数的具体求解公式, 但在讨论实际问题时, 通常可利用系统相空间的对称性质来构造 Casimir 函数. 实质上 Casimir 函数就是系统相空间 (Poisson 流形) 对称性质的具体反映.

如果 $\{C_i(x)\}_1^k$ 是 k 个 Casimir 函数, 则不难证明下面的结论.

命题 3.3.8　设 $\Phi : \mathbf{R}^k \to \mathbf{R}$ 是一个多元光滑函数, $\{C_i(x)\}_1^k$ 是 Poisson 流形的 k 个 Casimir 函数. 则复合函数 $\Phi(C_1(x), \cdots, C_k(x))$ 也是 Casimir 函数.

推论 3.3.3　若 Φ 是如上定义的多元函数, 则函数 $H \in C^\infty(M)$ 与函数 $\widehat{H} \equiv H + \Phi(C_1, \cdots, C_k)$ 所确定的 M 上的广义 Hamilton 向量场完全相同.

证　由于 $\Phi(C_1, \cdots, C_k)$ 仍然是 Casimir 函数, 所以对任意函数 $F \in C^\infty(M)$ 以下的等式成立:

$$\xi_{\widehat{H}} = \{F, \widehat{H}\} = \{F, H + \Phi(C)\} = \{F, H\} + \{F, \Phi(\mathbf{C})\}$$
$$= \{F, H\} = \xi_H.$$

这个性质在 §3.5 中介绍的判定平衡点稳定性的能量-Casimir 函数法中起着重要作用.

设 $\Sigma_c = \{x \in M | C(x) = c\}$ 是 M 的 Casimir 函数 $C(x) = (C_1(x), \cdots, C_k(x))$ 所确定的公共水平集. 如果 Σ_c 是 M 的子流形 [例如 c 为函数 C 的正则值时, Σ_c 必为 (正则) 子流形], 则由定义 (3.3.7) 知, 对于一切 $H \in C^\infty(M)$, 有

$$\{C_i, H\} \equiv 0,$$

即 M 上的一切广义 Hamilton 向量场与 Σ_c 相切, 从而由命题 3.3.7 立即得:

命题 3.3.9　M 的一切独立 Casimir 函数确定的水平集若是 M 的子流形, 则必是辛子流形.

例 3.3.7　考虑例 3.2.1 中的 Poisson 流形 $(\mathbf{R}^m, \{\cdot, \cdot\})$ 坐标取为 (p, q, z), Poisson 括号由 (3.2.2) 和 (3.2.3) 确定. 那么 z 坐标的分量就构成 Poisson 括号的 k 个独立 Casimir 函数. 而水平集 $N = \{x \in \mathbf{R}^m | z = c\} (c \neq 0)$ 对应于 $\mathbf{R}^m$ 的 $2n(m = 2n + k)$ 维辛叶.

最后我们要指出, 上述关于 Casimir 函数的结论一般是局部的. 倘若想扩大 Casimir 函数的定义域, 可能出现多值性.

§3.4 对称群和约化

本节讨论有限维 (广义)Hamilton 系统的对称性和约化理论.

考虑 Poisson 流形 M 上的广义 Hamilton 系统

$$\frac{\mathrm{d}x}{\mathrm{d}t} = J(x)\nabla H(x,t), \tag{3.4.1}$$

其中, $H(x,t)$ 为 Hamilton 函数, $J(x)$ 为 Poisson 括号的结构矩阵.

由于 (3.4.1) 的对称性与首次积分有密切联系, 因此首先引入以下首次积分的定义.

定义 3.4.1 实值函数 $F(x,t)$ 称为某个向量场的**首次积分**, 如果沿着该向量场的任一个解 $x(t)$, F 的全导数为 0, 即

$$\frac{\mathrm{d}}{\mathrm{d}t}F(x(t),t) = 0. \tag{3.4.2}$$

对于系统 (3.4.1), 其首次积分可由下面的命题刻画.

命题 3.4.1 函数 $P(x,t)$ 是 Hamilton 系统 (3.4.1) 的首次积分的充分必要条件是对一切 $x \in M$ 及 $t \in \mathbf{R}$, 有

$$\frac{\partial P}{\partial t} + \{P, H\} = 0 \tag{3.4.3}$$

特别, 若 P 与 t 无关, 即 $P = P(x)$, 则 $P(x)$ 是首次积分的充分与必要条件是

$$\{P, H\} = 0.$$

证 设 ξ_H 是 (3.4.1) 所对应的 Hamilton 向量场, 又若 $x(t)$ 是 (3.4.1) 的任一个解, 则

$$\frac{\mathrm{d}}{\mathrm{d}t}\{P(x(t),t)\} = \frac{\partial P}{\partial t}(x(t),t) + \xi_H(P)(x(t),t).$$

于是, 沿着解 $x(t)$, $\dfrac{\mathrm{d}P}{\mathrm{d}t} = 0$ 的充分与必要条件是 (3.4.3) 处处成立.

推论 3.4.1 若 Hamilton 系统 (3.4.1) 的 Hamilton 函数 $H(x)$ 与 t 无关, 则 H 是 (3.4.1) 的首次积分.

由 Casimir 函数的定义立即可得:

推论 3.4.2 如果 $C(x)$ 是 $J(x)$ 对应的 Poisson 括号的 Casimir 函数, 那么它是 Poisson 流形 M 上任何一个 Hamilton 系统 (3.4.1) 的首次积分.

由于所有 Casimir 函数的公共水平集都是 M 的辛叶层的叶, 推论 3.4.2 表明 M 上任何 Hamilton 系统的解都位于一个辛叶中. 又注意到 Casimir 函数是 Poisson 流

形自身特性的反映, 与具体的 Hamilton 函数无关, 除 Casimir 函数以外的其他首次积分却是具体 Hamilton 系统对称性的反映.

定义 3.4.2   用 S 表示一个微分方程组. 所谓 S 的**对称群**, 是作用在 S 的相空间的某个开子集上的一个局部变换群 G, 使得只要 $x(t)$ 是 S 的解并且 $g \cdot x(t)$ 对 $g \in G$ 有定义, 则 $g \cdot x(t)$ 也是 S 的解. 若对称群 G 的无穷小生成元为 Hamilton 向量场, 称 G 为 (单参数)**Hamilton 对称群**.

例 3.4.1   考虑常微分方程 $\dfrac{\mathrm{d}^2 x}{\mathrm{d}t^2} = 0$, 旋转群 SO(2) 显然是它的对称群. 注意到该方程的解都是线性函数 $x(t) = at + b$, 而 SO(2) 把线性函数变为线性函数, 因此 SO(2) 是 $\dfrac{\mathrm{d}^2 x}{\mathrm{d}t^2} = 0$ 的对称群.

命题 3.4.2   设 $P(x, t)$ 是 (3.4.1) 的**一个首次积分**, 那么由 $P(x, t)$ 确定的 Hamilton 向量场 $\boldsymbol{\xi_P}$ 产生系统 (3.4.1) 的一个单参数对称群.

证   由于结构矩阵 $J(x)$ 不显含 t, 因此由 $\partial P / \partial t$ 确定的 Hamilton 向量场恰好就是 P 确定的向量场 ξ_P 对 t 的导数 $\dfrac{\partial \xi_P}{\partial t}$. 于是 $\dfrac{\partial P}{\partial t} + \{P, H\}$ 确定的 Hamilton 向量场就是 (参看 (3.2.31))

$$\frac{\partial \xi_P}{\partial t} + [\xi_H, \xi_P]. \tag{3.4.4}$$

如果 P 是 (3.4.1) 的首次积分, 则 $\dfrac{\partial P}{\partial t} + \{P, H\} = 0$, 从而 (3.4.4) 中的式子为 0. **根据 Olver(1986) 命题 5.19, ξ_P 产生 (3.4.1) 的单参数对称群.**

若在命题中, $H(x)$ 不显含 t, 则 $H(x)$ 也是首次积分, 由 ξ_H 生成的对称群就等价于反映 Hamilton 系统 (3.4.1) 自治性的时间平移对称性的生成子 ∂_t. 而 Casimir 函数对应的对称性是平凡的: $\xi_C \equiv 0$.

值得注意的是, 并非每个 Hamilton 对称群都直接对应于一个首次积分.

例 3.4.2   取 $M = \mathbf{R}^2$, 坐标为典则坐标 (p, q), Poisson 括号是典则括号: $\{F, G\} = \dfrac{\partial F}{\partial p} \dfrac{\partial G}{\partial q} - \dfrac{\partial F}{\partial q} \dfrac{\partial G}{\partial p}$. 那么在流形 $\tilde{M} = M \backslash \{(p, 0) | p \leqslant 0\}$ 上, 向量场 $\xi = -(p^2 + q^2)^{-1}(p\partial_p + q\partial_q)$ 生成 Hamilton 量为 $H(p, q) = \dfrac{1}{2}(p^2 + q^2)$ 的 Hamilton 系统

$$\frac{\mathrm{d}p}{\mathrm{d}t} = -q, \quad \frac{\mathrm{d}q}{\mathrm{d}t} = p \tag{3.4.5}$$

的对称群. 而且 $\xi = \xi_{\tilde{P}}$ 是 Hamilton 量为 $\tilde{P}(p, q) = \arctan(q/p)$ 的 Hamilton 向量场. 然而 $\tilde{P}$ 不是 ξ_H 的首次积分. 事实上, 只要 $(p(t), q(t))$ 是 (3.4.5) 的解, 则 $\dfrac{\mathrm{d}\tilde{P}}{\mathrm{d}t}(p(t), q(t)) = 1 \neq 0$.

注意到, Hamilton 对称群与首次积分不直接对应的原因在于, Hamilton 向量场和 Hamilton 函数之间不存在一一对应关系. 例如函数 $P(p, q, t) = \arctan(q/p) - t$

对应的 Hamilton 向量场 ξ_P 与例 3.4.2 中的 $\xi_{\tilde{P}}$ 是相同的, 而且 $P(p,q,t)$ 是 (3.4.5) 的首次积分. 因此必须对 $\tilde{P}$ 加以修正才能使 Hamilton 对称群与首次积分对应.

更一般地, 由于 3.3 节中已经指出, 在 Hamilton 函数上加一个任意的依赖时间 t 的 Casimir 函数 $C(x,t)$(即对每个固定的 t, $C(x,t)$ 是 Casimir 函数) 不改变 Hamilton 向量场的形式, 即 $\xi_H = \xi_{H+C}$. 因此, 下面的定理说明在一定意义上命题 3.4.1 的逆也成立, 这个定理实际上是著名的 Noether 定理的 Hamilton 表达形式.

定理 3.4.1 向量场 ξ 能够生成某个有限维 Hamilton 系统 ξ_H 的 Hamilton 对称群, 其充分与必要条件是存在首次积分 $P(x,t)$, 使得 $\xi = \xi_P$ 是与 P 对应的 Hamilton 向量场. 另一个函数 $\tilde{P}(x,t)$ 确定相同的 Hamilton 对称群的充分与必要条件是, 对于某个依赖 t 的 Casimir 函数 $C(x,t)$, $\tilde{P} = P + C$.

证 第二个结论由 Casimir 函数的定义可立即得出. 第一个结论的充分性命题 3.4.1 已证明. 以下证明必要性. 由于 ξ 生成 Hamilton 对称群, 因此存在某个函数 $\tilde{P}(x,t)$ 使 $\xi = \xi_{\tilde{P}}$. 并且根据 Olver(1986) 命题 5.19 中的对称条件, Hamilton 向量场 $\xi_{\tilde{C}} \equiv 0$, 其中 $\tilde{C} = \dfrac{\partial \tilde{P}}{\partial t} + \{\tilde{P}, H\}$. 因此 $\tilde{C}(x,t)$ 是一个 Casimir 函数. 令 $C(x,t) = \displaystyle\int_0^t \tilde{C}(x,t)\mathrm{d}\tau$, 则 $C(x,t)$ 也是 Casimir 函数, 而且沿着 Hamilton 系统 ξ_H 的解 $x(t)$, 有

$$\frac{\mathrm{d}C}{\mathrm{d}t}(x(t),t) = \frac{\partial C}{\partial t} + \{C, H\} = \tilde{C}.$$

因此, 修正的函数 $P = \tilde{P} - C$ 所确定的 Hamilton 向量场为 $\xi_P = \xi_{\tilde{P}} = \xi$, 而且 P 是 ξ_H 的首次积分, 因为沿着 ξ_H 的解 $x(t)$, 有

$$\frac{\mathrm{d}P}{\mathrm{d}t} = \frac{\mathrm{d}\tilde{P}}{\mathrm{d}t} - \frac{\mathrm{d}C}{\mathrm{d}t} = \frac{\partial \tilde{P}}{\partial t} + \{\tilde{P}, H\} - \tilde{C} = \tilde{C} - \tilde{C} = 0.$$

若 Poisson 括号是非退化的 (对应于辛流形的情况), 则 Casimir 函数 $C(x,t)$ 不显含 x. 此时 $\xi_{\tilde{P}}$ 生成对称群的充分与必要条件是存在 $C(t)$, 使得 $P(x,t) = \tilde{P}(x,t) - C(t)$ 是首次积分. 此外, 即使 $H(x)$ 和 $\tilde{P}(x)$ 都不显含 t, 其首次积分 $P(x,t) = \tilde{P}(x) - C(t)$ 也可能显含 t.

利用对称群可以将 Hamilton 系统降阶. 根据经典的 Hamilton 系统理论, 在经典的典则相空间 (或一般地在辛流形) 上所定义的定常 Hamilton 系统, 若存在 k 个对合的首次积分, 则该系统可约化为比原系统少 $2k$ 维的新 Hamilton 系统. 而原系统的解可通过约化系统的解求积分而得到. 以下将证明对 Poisson 流形上的广义 Hamilton 系统也有类似的结论.

注意, 若 Poisson 括号是退化的, 我们可以在单个的辛叶上考虑原来的 Hamilton 系统. 每个辛叶通过全体 Casimir 函数的水平集而刻画. 于是用每个非常数 Casimir

函数都可以使系统降低一维. 而其他每个首次积分产生非平凡的 Hamilton 对称群, 使得原系统降低两维. 为简单起见, 我们只考虑不显含 t 的首次积分.

定理 3.4.2　对应于不显含 t 的首次积分 $P(x)$, 设 $\xi_P \neq 0$ 生成广义 Hamilton 系统 (3.4.1) 的对称群. 那么, 存在一个比原 Hamilton 系统 ξ_H 低两维的约化 Hamilton 系统, 使得 ξ_H 的每个解都可以从约化系统的解通过一次求积分而获得.

证　构造方法与 Darboux 定理 3.3.2 证明中的第一步一样. 引入新变量 $p = P(x), q = Q(x), y = (y_1, \cdots, y_{m-2})$, 它们把对称性直化了, 即 ξ_P 在 (p, q, y) 坐标下变为 $\xi_P = \partial_q$. 在这组坐标下, 结构矩阵 $J(x)$ 变为

$$J(p, q, y) = \begin{bmatrix} 0 & 1 & 0 \\ -1 & 0 & \mathbf{a} \\ 0 & -\mathbf{a}^T & \widetilde{J} \end{bmatrix}, \tag{3.4.6}$$

其中, $\mathbf{a}(p, q, y)$ 是 $m-2$ 阶行向量, $\widetilde{J}(p, y)$ 是 $(m-2) \times (m-2)$ 阶反对称矩阵, 它不显含 q, 而且对于每个固定的 p, $\widetilde{J}(p, y)$ 是 y 坐标下的 Poisson 括号的结构矩阵 (如果选取 $y = (y^1, \cdots, y^{m-2})$ 作为 Darboux 定理证明中的平坦坐标, 那么 $\mathbf{a} = 0$ 且 $\widetilde{J}(y)$ 不依赖于 p. 但是对于原 Hamilton 系统的约化, 这种选取是没有必要的, 并且可能是不实际的).

注意到, 在 (p, q, y) 坐标下, 有

$$0 = \{p, H\} = -\xi_P(H) = -\frac{\partial H}{\partial q}, \tag{3.4.7}$$

因此 $H = H(p, y)$ 只与 p 和 y 有关, 这样原 Hamilton 系统 (3.4.1) 在 (p, q, y) 坐标下具有如下形式:

$$\frac{\mathrm{d}p}{\mathrm{d}t} = 0, \tag{3.4.8a}$$

$$\frac{\mathrm{d}q}{\mathrm{d}t} = -\frac{\partial H}{\partial p} + \sum_{j=1}^{m-2} a_j(p, y) \frac{\partial H}{\partial y_j}, \tag{3.4.8b}$$

$$\frac{\mathrm{d}y_i}{\mathrm{d}t} = \sum_{j=1}^{m-2} \widetilde{J}_{ij}(p, y) \frac{\partial H}{\partial y_j}, \quad i = 1, \cdots, m-2. \tag{3.4.8c}$$

第一个方程表明 p 是常数 (正反映了 $P(x)$ 是首次积分). 对于固定的 p, (3.4.8)$_c$ 中的 $m-2$ 个方程相对于约化结构矩阵 $\widetilde{J}(p, y)$ 是一个 Hamilton 系统, $H(p, y)$ 就是相对应的 Hamilton 函数, 这就是定理中所求的约化系统.

最后, 从 (3.4.8)$_b$ 看出, 只要已知 (3.4.8)$_c$ 的解 $y(t)$, 那么将 $y(t)$ 代入 (3.4.8)$_b$ 后直接求一次积分即可得坐标 q 关于时间 t 的演化关系式, 从而得到原 Hamilton 系统的解.

例 3.4.3 取 $M = \mathbf{R}^4$, 其 Poisson 括号为典则括号. 考虑如下形式的 Hamilton 函数:

$$H(p_1, p_2, q_1, q_2) = \frac{1}{2}(p_1^2 + p_2^2) + V(q_1 - q_2).$$

对应的 Hamilton 系统为

$$\frac{\mathrm{d}q_1}{\mathrm{d}t} = p_1, \quad \frac{\mathrm{d}q_2}{\mathrm{d}t} = p_2, \quad \frac{\mathrm{d}p_1}{\mathrm{d}t} = -V'(q_1 - q_2), \quad \frac{\mathrm{d}p_2}{\mathrm{d}t} = V'(q_1 - q_2). \qquad (3.4.9)$$

该系统描述直线上两个单位质量粒子的运动, 势能 $V(r)$ 仅依赖于二者的相对位移. 系统 (3.4.9) 显然有平移不变性: $\xi = \partial_{q_1} + \partial_{q_2}$, 对应的首次积分是线性动量 $p_1 + p_2$. 根据上面的定理, 如果引入新坐标

$$p = p_1 + p_2, \quad q = q_1, \quad y = p_1, \quad r = q_1 - q_2$$

(它们把向量场 ξ 拉直), 则可以把 (3.4.9) 降低两维. 此时 Hamilton 函数为

$$H(p, y, r) = y^2 - py + \frac{1}{2}p^2 + V(r), \qquad (3.4.10)$$

Poisson 括号变为

$$\{F, H\} = \frac{\partial F}{\partial q}\frac{\partial H}{\partial y} + \frac{\partial F}{\partial r}\frac{\partial H}{\partial y} + \frac{\partial F}{\partial q}\frac{\partial H}{\partial p} - \frac{\partial F}{\partial y}\frac{\partial H}{\partial q} - \frac{\partial F}{\partial y}\frac{\partial H}{\partial r} - \frac{\partial F}{\partial p}\frac{\partial H}{\partial q}.$$

而 Hamilton 系统 (3.4.9) 被分为两部分:

$$\frac{\mathrm{d}p}{\mathrm{d}t} = -\frac{\partial H}{\partial q} = 0. \quad \frac{\mathrm{d}q}{\mathrm{d}t} = \frac{\partial H}{\partial p} + \frac{\partial H}{\partial y} = y$$

和

$$\frac{\mathrm{d}y}{\mathrm{d}t} = -\frac{\partial H}{\partial p} - \frac{\partial H}{\partial r} = -V'(r), \quad \frac{\mathrm{d}r}{\mathrm{d}t} = \frac{\partial H}{\partial y} = 2y - p. \qquad (3.4.11)$$

第一对方程的解为 $p = a, q = \int y(t)\mathrm{d}t + b$, 其中 a、b 为常数, 可以由第二对方程 (3.4.11) 的解确定. 因此 (3.4.11) 就是原系统 (3.4.9) 的约化 Hamilton 系统. 其关于 y 与 r 的函数的约化 Poisson 括号为 $\{\widetilde{F}, \widetilde{H}\} = \widetilde{F}_r\widetilde{H}_y - \widetilde{F}_y\widetilde{H}_r$. 约化 Hamilton 量是在 (3.4.10) 中取定 $p = a$ 而得到的函数.

显然, (3.4.11) 可以明显地积分, 因此可以完全求解原来的两粒子系统 (3.4.9).

如果具有首次积分 P 的向量场 ξ_P 太复杂, 要明显地找到直化它的坐标变换可能是困难的. 于是约化过程就无法完成 (当然首次积分 P 在任何情况下都能够将系统降低一维). 例如, 当 $H(x)$ 不依赖于 t 时, $H(x)$ 就是 ξ_H 的一个首次积分, 但直化 ξ_H 与求解 ξ_H 对应的 Hamilton 系统本身是等价的. 然而, 在这种特殊情况下, ξ_H 就等价于时间平移对称群的生成元 ∂_t, 因此也可以将原系统降掉两维, 不过约化系统变成依赖于 t 的 Hamilton 系统了.

对于与 t 有关的约化 Hamilton 系统, 我们有以下命题:

命题 3.4.3   设 Hamilton 系统 $\dot{x} = J(x)\nabla H(x)$ 具有不显含时间 t 的 Hamilton 函数 $H(x)$. 则存在一个比原系统低两维的依赖于 t 的约化 Hamilton 系统, 使得原系统的解可以从约化系统的解通过求积分得到.

证   引入 Darboux 定理证明中的坐标 (p, q, y), 使得原系统变为

$$\frac{\mathrm{d}p}{\mathrm{d}t} = -\frac{\partial H}{\partial q}, \quad \frac{\mathrm{d}q}{\mathrm{d}t} = \frac{\partial H}{\partial p}, \quad \frac{\mathrm{d}y_i}{\mathrm{d}t} = \sum_{j=1}^{m-2} \widetilde{J}_{ij}(y)\frac{\partial H}{\partial y_j}, \quad i = 1, \cdots, m-2.$$

不妨设 $\dfrac{\partial H}{\partial p} \neq 0 \left(\text{若} \dfrac{\partial H}{\partial p} = 0\text{处处成立, 则 } q \text{ 是首次积分, 此时可以用定理 3.4.6 中的} \right.$

$\left. \text{约化程序}\right)$. 在此条件下, 可以从方程 $w = H(p, q, y)$ 中局部地解出 $p = K(w, q, y)$. 取 t, w 和 y 为新的变量, q 为新的自变量, 那么系统变为

$$\frac{\mathrm{d}t}{\mathrm{d}q} = \frac{1}{\partial H/\partial p} = \frac{\partial K}{\partial w}, \quad \frac{\mathrm{d}w}{\mathrm{d}q} = 0, \tag{3.4.12$_a$}$$

$$\frac{\mathrm{d}y_i}{\mathrm{d}q} = \sum_{j=1}^{m-2} \widetilde{J}_{ij}(y)\frac{\partial H/\partial y_j}{\partial H/\partial p} = \sum_{j=1}^{m-2} \widetilde{J}_{ij}(y)\frac{\partial K}{\partial y_j}. \tag{3.4.12$_b$}$$

子系统 (3.4.12)$_b$ 是一个 Hamilton 系统, 约化 Poisson 括号的结构矩阵为 $\widetilde{J}(y)$, Hamilton 函数为 $K(w, q, y)$. 对每个固定的 w 值, 一旦能求解 (3.4.12)$_b$, 则由 (3.4.12)$_a$ 通过积分可以确定 $t = t(q)$, 从而求解原系统.

例 3.4.4   考虑例 3.2.2 中的三维刚体运动方程 (3.2.5), 该系统可以看作 SO(3)* 中的广义 Hamilton 系统 (参看例 3.2.5), 利用 so(3)* 的 Casimir 函数 $C(x) = |x|^2$ 可将原方程约化掉一维 [即限制在水平集 $C(x) = c$(或余伴随轨道) 上考虑]. 另外若主惯性矩 I_1, I_2, I_3 不全相等, 则 Hamilton 函数本身是另一个独立首次积分, 因此原方程的积分曲线由球面 $\{C(x) = |x|^2 = c\}$ 和椭球面 $\{H(x) = h\}$ 的交线确定. 显式的解可以利用方程 $C(x) = c$ 和 $H(x) = h$ 消去两个变量 (如 x_2 和 x_3) 而获得. 命题 3.4.3 保证余下的关于变量 $x_1 \equiv y$ 的方程是自治方程, 因此可以通过积分求解. 易证, y 的方程为

$$\frac{\mathrm{d}y}{\mathrm{d}t} = \sqrt{\alpha(\beta^2 - y^2)(\gamma^2 - y^2)},$$

于是可以用椭圆函数明显地表示原方程的解.

上面的讨论只是对单参数对称群 (即一个首次积分) 的情况进行的, 并且证明了, 原则上, 一个首次积分可以使系统降低两维. 下面要讨论更一般的情况, 即系统具有 r 个首次积分 (对应于 r 参数对称群) 时, 系统是否能约化掉 $2r$ 维? 一般而言,

r 个首次积分不一定能约去 $2r$ 维. 但是确定系统能约化的最大限度是可以办到的. 这种约化的最大限度既依赖于对称群的结构, 又与要确定的解的初始条件有关.

以下假设对称群是如下意义下的 Hamilton 对称群:

定义 3.4.3 设 M 是 Poisson 流形, G 是 Lie 群, 其 Lie 代数 $\mathfrak{g}$ 相对于某组基的结构常数为 $c_{ij}^k, i, j, k = 1, 2, \cdots, r$. 若函数 $P_1, \cdots, P_r : M \to \mathbf{R}$ 的 Poisson 括号满足关系:

$$\{P_i, P_j\} = -\sum_{k=1}^{r} c_{ij}^k P_k, \quad i, j = 1, \cdots, r, \tag{3.4.13}$$

则称这 r 个函数生成 G 在 M 上的一个**Hamilton 作用.**

根据 Hamilton 向量场的 Lie 括号关系: $[\xi_H, \xi_F] = \xi_{\{F,H\}}$, 立即可知, 定义 3.4.3 中的函数 P_i 对应的 Hamilton 向量场 ξ_{P_i} 满足关系:

$$[\xi_{P_i}, \xi_{P_j}] = \sum_{k=1}^{r} c_{ij}^k \xi_{P_k}, \tag{3.4.14}$$

因此, 这些 Hamilton 向量场 ξ_{P_i} 生成 G 在 M 上的局部作用.

定义 3.4.4 设 ξ_H 是 M 上的 Hamilton 向量场, G 是一个 Lie 群. 若 G 的每个生成函数 P_i 都是 ξ_H 的首次积分, 即 $\{P_i, H\} = 0, i = 1, \cdots, r$(这意味着每个 ξ_{P_i} 产生一个单参数对称群), 那么称 G 是 ξ_H 的 $(r$ 参数)**Hamilton 对称群.**

定义 3.4.5 设 G 是作用在 M 上的 Lie 群, $F : M \to \mathbf{R}$ 是一个光滑函数, 如果对一切 $g \in G, F$ 满足等式:

$$F(g \cdot x) = F(x),$$

那么称函数 F 是 G **不变函数.**

命题 3.4.4 设 G 是作用在流形 M 上的连通变换群. 光滑函数 $F : M \to \mathbf{R}$ 是 G 不变函数的充分与必要条件是: 对一切 $x \in M$ 和 G 的每个无穷小生成元 ξ, 等式

$$\xi(F) = 0 \tag{3.4.15}$$

成立.

证 根据 (1.3.24), 如果 $x \in M$, 只要 $\exp(t\xi)x$ 有定义, 则

$$\frac{\mathrm{d}}{\mathrm{d}t} F(\exp(t\xi)x) = \xi(F)[\exp(t\xi)x].$$

令 $t = 0$ 即得必要条件 (3.4.15).

反之, 如果 (3.4.15) 处处成立, 则

$$\frac{\mathrm{d}}{\mathrm{d}t} F(\exp(t\xi)x) = 0$$

在有定义的地方成立, 因此 F 关于 $G_x = \{g \in G | g \cdot x \text{ 有定义}\}$ 的连通、局部单参数子群 $\exp(t\xi)$ 是不变的. 另一方面, 根据第 1 章的结果, G_x 的每个元素都可以表示为 G 的无穷小生成元 ξ_i 的指数的有限积, 因此 $F(g \cdot x) = F(x)$ 对一切 $g \in G_x$ 成立.

设 G 是作用在光滑流形 M 上的局部变换群, 那么可以在 M 中的点之间定义等价关系 $\sim$: $x, y \in M, x \sim y$ 当且仅当 $x \in O_y = \{g \cdot y | g \in G\}$, 即 x、y 在 G 的同一条群轨道上.

用 M/G 记等价类 (也即 G 的轨道) 的集合. 定义投影 $\pi : M \to M/G$, 它使每个 $x \in M$ 对应于 M/G 中过 x 的等价类 $\pi(x)$. 若 $U \subset M$ 是开子集, 定义 U 的投影 $\pi[U]$ 是 M/G 中的开子集, 那么 M/G 就是一个拓扑空间.

一般而言, 商空间的拓扑结构是非常复杂的, 尽管如此, 如果要求 G 在 M 上的作用是正则的 (见定义 1.2.8), 那么还可以赋予 M/G 一个光滑流形结构, 使 M/G 成为光滑流形, 称为由 G 确定的商流形.

显然, 此时若 M 是 m 维流形. G 的群轨道是 s 维的, 那么商流形 M/G 是 $m - s$ 维流形.

考虑 G 不变函数 $F : M \to \mathbf{R}$. 由于 $F(g \cdot x) = F(x)$ 在 $g \cdot x$ 有定义的地方均成立, 这说明 F 沿着 G 的轨道是常数. 因此存在 M/G 上的函数 $\widetilde{F} : M/G \to \mathbf{R}$ 使得 $\widetilde{F}(\pi(x)) = F(x)(x \in M)$. 反之, 若 $\widetilde{F} : M/G \to \mathbf{R}$ 是商流形 M/G 上的光滑函数, 那么函数 $F(x) \equiv \widetilde{F}(\pi(x))$ 是 M 上的 G 不变函数. 因此, 在 M 上的 G 不变函数和 M/G 上的任意函数之间存在一一对应关系.

定理 3.4.3　设 G 是一个正则作用在 Poisson 流形 M 上的 Hamilton 变换群. 则商流形 M/G 继承了一个 Poisson 结构, 当 $\widetilde{F}, \widetilde{H} : M/G \to \mathbf{R}$ 对应于 G 不变函数 $F, H : M \to \mathbf{R}$ 时, 它们的 Poisson 括号 $\{\widetilde{F}, \widetilde{H}\}_{M/G}$ 对应于 G 不变函数 $\{F, H\}_M$. 此外, 若 G 是 M 上的某个 Hamilton 系统的 Hamilton 对称群, 那么存在 M/G 上的约化 Hamilton 系统, 它们的解恰是 M 上的那个系统的解的投影.

证　首先利用 Jacobi 恒等式和 G 的连通性可以证明两个 G 不变函数 F, H 的 Poisson 括号 $\{F, H\}$ 仍是 G 不变函数. 事实上, 对于 G 的每个无穷小生成元 $\xi_{P_i}, i = 1, \cdots, r$, 由于 F, H 是 G 不变的, 故

$$\begin{aligned}
\xi_{P_i}(\{F, H\}) &= \{\{F, H\}, P_i\} \\
&= \{\{F, P_i\}, H\} + \{F, \{H, P_i\}\} = 0,
\end{aligned}$$

即 $\{F, H\}$ 满足命题 3.4.4 的条件. 因此, $\{F, H\}$ 是 G 不变的. 这样可以定义 M/G 上的括号结构:

$$\{\widetilde{F}, \widetilde{H}\}_{M/G} = \{F, H\}_M. \tag{3.4.16}$$

容易证明它满足定义 3.2.1 中的所有性质, 因此是 M/G 上的 Poisson 括号.

若 $H : M \to \mathbf{R}$ 对应的 Hamilton 向量场 ξ_H 以 G 为其 Hamilton 对称群, 那么 G 的每个生函数 P_i 都是 ξ_H 的首次积分, 即 $\xi_{P_i}(H) = \{H, P_i\} = 0 (i = 1, \cdots, r)$. 因此 H 是 G 不变函数. 设它在商流形 M/G 上的对应函数为 $\widetilde{H}$. 为证向量场 ξ_H 和 $\xi_{\widetilde{H}}$ 通过投影 $\pi : M \to M/G$ 有关系式: $\mathrm{d}\pi(\xi_H) = \xi_{\widetilde{H}}$, 只须注意下式 [参见 (1.3.33)] 对任意 $\widetilde{F} : M/G \to \mathbf{R}$ 成立:

$$\mathrm{d}\pi(\xi_H)(\widetilde{F}) \cdot \pi = \xi_H[\widetilde{F} \cdot \pi] = \{\widetilde{F} \cdot \pi, H\}_M.$$

由 M/G 上 Poisson 括号定义 (3.4.16), 上式右端等于

$$\{\widetilde{F}, \widetilde{H}\}_{M/G} \cdot \pi = \xi_{\widetilde{H}}(\widetilde{F}) \cdot \pi.$$

再根据 $\widetilde{F}$ 的任意性即得关系式

$$\mathrm{d}\pi(\xi_H) = \xi_{\widetilde{H}}.$$

例 3.4.5 考虑具有典则坐标 $(p, q) = (p_1, p_2, p_3, q_1, q_2, q_3)$ 的六维欧氏空间 $\mathbf{R}^6$. 函数

$$P_1 = q_2 p_3 - q_3 p_2, \quad P_2 = q_3 p_1 - q_1 p_3, \quad P_3 = q_1 p_2 - q_2 p_1$$

满足括号关系:

$$\{P_1, P_2\} = P_3, \quad \{P_2, P_3\} = P_1, \quad \{P_3, P_1\} = P_2.$$

因此, 由它们所产生的旋转群 $G = \mathrm{SO}(3)$ 在 $\mathbf{R}^6$ 上的一个 Hamilton 作用由 $(p, q) \to (Rp, Rq), \mathbf{R} \in \mathrm{SO}(3)$ 定义. 这个群作用在开子集 $M = \{(p, q) | p, q \text{ 线性无关}\}$ 上是正则的, 具有三维群轨道和全局不变量:

$$I_1(p, q) = \frac{1}{2}|p|^2, \quad I_2(p, q) = p \cdot q, \quad I_3(p, q) = \frac{1}{2}|q|^2.$$

于是可以把商流形 M/G 和 $\mathbf{R}^3$ 中的子集 $\{(x, y, z) | x > 0, z > 0, y^2 < 4xz\}$ 等同看待, 其中 $x = I_1, y = I_2, z = I_3$ 为新坐标.

如何计算 M/G 上的约化 Poisson 括号呢? 我们可以按照式 (3.4.16), 利用 M 上的括号计算不变量 I_1、I_2、I_3 之间的基本括号即可:

$$\{I_1, I_2\} = \sum_{i=1}^3 \left(\frac{\partial I_1}{\partial q_i} \frac{\partial I_2}{\partial p_i} - \frac{\partial I_1}{\partial p_i} \frac{\partial I_2}{\partial q_i} \right) = -\sum_{i=1}^3 (p_i)^2 = -2I_1,$$

因为 $\{x, y\}_{M/G} = -2x$. 类似地, $\{x, z\}_{M/G} = -y, \{y, z\}_{M/G} = -2z$. 这样 M/G 的 Poisson 结构矩阵是

$$J/G = \begin{bmatrix} 0 & -2x & -y \\ 2x & 0 & -2z \\ y & 2z & 0 \end{bmatrix}.$$

$$\{\widetilde{F}, \widetilde{H}\}_{M/G} = -2x(\widetilde{F}_x \widetilde{H}_y - \widetilde{F}_y \widetilde{H}_x) - y(\widetilde{F}_x \widetilde{H}_z - \widetilde{F}_z \widetilde{H}_x)$$
$$-2z(\widetilde{F}_y \widetilde{H}_z - \widetilde{F}_z \widetilde{H}_y).$$

根据定理 3.4.3, M 上的任何一个以角动量 P_i 为首次积分的 Hamilton 系统都可以约化为 M/G 上的一个 Hamilton 系统. 作为例子, 考虑在中心力场中具有势能 $V(r)$ 的运动质量的一般 Kepler 问题, 此时 Hamilton 量为 $H(p,q) = \frac{1}{2}|p|^2 + V(r)$. 在 M/G 上的约化系统可以这样求得: 先把 H 改写为不变量 I_1, I_2, I_3 的函数, 即

$$\widetilde{H}(x,y,z) = x + \widetilde{V}(z), \quad \widetilde{V}(z) = V(\sqrt{2z}),$$

然后通过 M/G 上的 Poisson 括号即可得出约化 Hamilton 向量场:

$$\frac{\mathrm{d}x}{\mathrm{d}t} = -y\widetilde{V}'(z), \quad \frac{\mathrm{d}y}{\mathrm{d}t} = 2x - 2z\widetilde{V}'(z), \quad \frac{\mathrm{d}z}{\mathrm{d}t} = y. \tag{3.4.17}$$

由于 M/G 是一个三维流形, 至少存在一个 Casimir 函数. 不难验证. $C(x,y,z) = 4xz - y^2(=|p \times q|^2)$ 是 Casimir 函数, 因此是 M/G 上任何一个 Hamilton 系统的不变量. 而且水平集 $4xz - y^2 = k^2$ (k 为常数) 对应的曲面就是 M/G 的辛叶层中的叶. 于是可以将 (3.4.17) 限制在任何一个辛叶上而得到一个二维系统. 此时若取 (x,z) 为坐标, 则得辛叶上的约化系统:

$$\frac{\mathrm{d}x}{\mathrm{d}t} = -\sqrt{4xz - k^2}V'(z), \quad \frac{\mathrm{d}y}{\mathrm{d}t} = \sqrt{4xz - k^2}. \tag{3.4.18}$$

相对于 Poisson 括号:

$$\{\widetilde{F}, \widetilde{H}\} = -\sqrt{4xz - k^2}(\widetilde{F}_x \widetilde{H}_z - \widetilde{F}_z \widetilde{H}_x),$$

(3.4.18) 是双曲面 $4xz - y^2 = k^2$ 上的 Hamilton 系统, 这个系统可以通过积分求解, 因此, (3.4.17) 可以通过积分求解, 尽管如此, 由于 Lie 群 $G = \mathrm{SO}(3)$ 不是可解群, 还是不能利用 (3.4.17) 的解通过积分求解原来的中心力场问题. 不过, 利用下面的动量映射约化方法是可以避开这个困难的.

上面讨论的约化方法, 虽然几何思想十分漂亮, 但在实际计算中, 仍有些遗留问题, 原因在于我们一开始就集中于较复杂的 Hamilton 对称群而没有直接利用首次积分. 比较合理的做法是, 首先利用首次积分, 把系统限制在它们的公共水平集上. 然后再利用限制系统可能具有的余下的对称性质, 而实现整个约化过程. 虽然这种作法与前面介绍的方法是等价的, 但是这种方法使得我们通过积分, 立刻求得原系统的解. 下面就介绍这种方法. 首先引入动量映射的概念.

定义 3.4.6　设 G 是由实值函数 $P_1, \cdots, P_r$ 生成的, 作用在 Poisson 流形 M 上的 Hamilton 变换群. 由下式定义光滑映射 $P: M \to \mathfrak{g}^*$:

$$P(x) = \sum_{i=1}^{r} P_i(x)\omega_i \tag{3.4.19}$$

称为 G 的 **动量映射**, 其中 $\mathfrak{g}^*$ 是 G 的 Lie 代数 $\mathfrak{g}$ 的对耦空间, 而 $\{\omega_1, \cdots, \omega_r\}$ 是 $\mathfrak{g}^*$ 的关于 $\mathfrak{g}$ 的基 $\{\xi_{P_1}, \cdots, \xi_{P_r}\}$ 的对耦基, 相对于这组基而计算结构常数 c_{ij}^k,

动量映射的一个很重要的性质就是它关于 G 在 $\mathfrak{g}^*$ 上的余伴随表示 Ad^* 是等变的 (equivariant).

命题 3.4.5   设 $P : M \to \mathfrak{g}^*$ 是定义 3.4.6 所述的动量映射, 则对一切 $x \in M, g \in G$, 有

$$P(g \cdot x) = Ad_g^*(P(x)). \qquad (3.4.20)$$

证   首先证明 (3.4.20) 对应的无穷小形式, 即

$$dP(\xi_{P_i}|_x) = ad^* \xi_{P_i}|_{P(x)}, \quad x \in M. \qquad (3.4.21)$$

$\xi_{P_i} \in \mathfrak{g}(i = 1, \cdots, r)$ 是 G 的无穷小生成元. 若把 $T\mathfrak{g}^*|_{P(x)}$ 与 $\mathfrak{g}^*$ 等同, 则

$$\begin{aligned}
dP(\xi_{P_i}|_x) &= \sum_{j=1}^r \xi_{P_i}(P_j)\omega_j \\
&= \sum_{j=1}^r \{P_j, P_i\}(x)\omega_j \\
&= -\sum_{j,k=1}^r c_{ji}^k P_k(x)\omega_j.
\end{aligned}$$

由 (3.3.21) 可知, 上式与 (3.4.21) 右端相等.

为证 (3.4.20), 只要注意, 如果 $g = \exp(t\xi_{P_i})(\in G)$ 并在 (3.4.20) 的两边分别关于 t 求导, 则在 $\tilde{x} = \exp(t\xi_{P_i})x$ 处等式 (3.4.21) 成立. 由于 (3.4.21) 式对一切 $\tilde{x}$ 成立, 那么利用 G 的连通性即可证 (3.4.20) 对一切 x, g 均成立.

例 3.4.6   考虑例 3.4.5 中的 SO(3) 在 $\mathbf{R}^6$ 上的 Hamilton 作用. 此时的动量映射是 $P(p, q) = (q_2 p_3 - q_3 p_2)\omega_1 + (q_3 p_1 - q_1 p_3)\omega_2 + (q_1 p_2 - q_2 p_1)\omega_3$, 其中 $\{\omega_1, \omega_2, \omega_3\}$ 是 Lie 代数 SO(3) 的对耦空间 SO(3)* 的基. 如果把 SO(3)* 与 $\mathbf{R}^3$ 等同, 则 $P(p, q) = q \times p$ 就与 $\mathbf{R}^3$ 中的向量积一样. 此时 SO(3) 作为旋转变换作用在 so(3)* 上, 而相应的动量映射的等变性不过是向量积的旋转不变性的另一种表示: 对一切 $\mathbf{R} \in$ SO(3), $\mathbf{R}(q \times p) = (\mathbf{R}q) \times (\mathbf{R}p)$.

如前所述, 以 G 为 Hamilton 对称群的 Hamilton 系统可以自然地限制在已知首次积分的公共水平集 $\{x \in M | P_i(x) = c_i, i = 1, \cdots, r\}$ 上考虑. 按上述的定义, 这些公共水平集刚好是动量映射的水平集. 记为 $M_\alpha = \{x \in M | P(x) = \alpha\}$, 其中 $\alpha = \sum_{i=1}^r c_i \omega_i \in \mathfrak{g}^*$. 而且水平集上的约化系统将自动地在如下所谓 **剩余对称群** G_α 下保持不变:

$$G_\alpha \equiv \{g \in G | g \cdot M_\alpha \subset M_\alpha\} \subset G.$$

显然, G_α 由 G 中使选定的水平集不变的那些元素所组成, 下面的定理对这种子群给出了一个简便的刻画.

命题 3.4.6　设 $P : M \to \mathfrak{g}^*$ 是伴随于某个 Hamilton 群作用的动量映射. 则水平集 $M_\alpha = \{x \in M | P(x) = \alpha\}$ 的剩余对称群 G_α 就是元素 $\alpha \in \mathfrak{g}^*$ 的迷向子群

$$G_\alpha = \{g \in G | Ad_g^*(\alpha) = \alpha\}. \tag{3.4.22}$$

此外, 如果 $g \in G$ 把 M_α 中一点 x 变为 M_α 中另一点 $g \cdot x \in M_\alpha$, 那么 $g \in G_\alpha$, 而且对一切 $x \in M_\alpha$ 都有这种性质.

证　由定义, $g \in M_\alpha$ 当且仅当 $P(x) = \alpha$ 时, $P(g \cdot x) = \alpha$. 根据 P 的等变性, 有

$$\alpha = P(g \cdot x) = Ad_g^*(P(x)) = Ad_g^*(\alpha),$$

故 g 在 α 的迷向子群中. 第二个论断容易由上面的等式中看出.

对应于 G_α 的 Lie 代数叫作剩余 Lie 代数, 记为 $\mathfrak{g}_\alpha$. 由上面的命题容易证明 $\mathfrak{g}_\alpha$ 就是**迷向子代数**, $\mathfrak{g}_\alpha = \{\xi \in \mathfrak{g} | ad^*\xi|_\alpha = 0\}$. G_α 的维数可以通过它的 Lie 代数 $\mathfrak{g}_\alpha$ 的维数来计算. 特别, 若 G 是一个可交换的 Lie 代数, 它的余伴随表示是平凡的: 对于一切 $g \in G, \alpha \in \mathfrak{g}^*, ad_g^*(\alpha) = \alpha$, 因此对于一切 $\alpha \in \mathfrak{g}^*, G_\alpha = G$. 所以任何具有可交换的 Hamilton 对称群的 Hamilton 系统即使限制在水平集 M_α 上也保持关于整个 Lie 群不变的性质. 在这种情况下, 这意味着当 G 为 r 参数群时, 总可以将系统约化掉 $2r$ 阶.

例 3.4.7　考虑在 $M = \mathbf{R}^4$ 中具有典则坐标 $(p, \widetilde{p}, q, \widetilde{q})$ 及 Hamilton 函数 $H(\widetilde{p}, pe^{\widetilde{q}}, t)$ 的 Hamilton 方程

$$\frac{\mathrm{d}p}{\mathrm{d}t} = 0, \quad \frac{\mathrm{d}q}{\mathrm{d}t} = e^{\widetilde{q}} H_r,$$

$$\frac{\mathrm{d}\widetilde{p}}{\mathrm{d}t} = -pe^{\widetilde{q}} H_r, \quad \frac{\mathrm{d}\widetilde{q}}{\mathrm{d}t} = H_{\widetilde{p}} \tag{3.4.23}$$

其中, $r = pe^{\widetilde{q}}$ 这个方程具有两参数可解对称群 G, 由下面两个向量场生成:

$$\xi_1 = \partial_q, \ \xi_2 = -p\partial_p + q\partial_q + \partial_{\widetilde{q}},$$

它们对应于两个首次积分 $P_1 = p, P_2 = pq + \widetilde{p}$. 因此动量映射为

$$P(p, q, \widetilde{p}, \widetilde{q}) = p\omega_1 + (pq + \widetilde{p})\omega_2,$$

其中, $\{\omega_1, \omega_2\}$ 是 $\mathfrak{g}^*$ 的对应于 $\{\xi_1, \xi_2\}$ 的对耦基.

$g = \exp(t_1\xi_1 + t_2\xi_2) \in G$ 的余伴随表示为

$Ad_g^*(c_1\omega_1 + c_2\omega_2) = \mathrm{e}^{-t_2}c_1\omega_1 + (t_1t_2^{-1}(\mathrm{e}^{-t_2}-1)c_1 + c_2)\omega_2$(若 $t_2 = 0$ 则取相应的极限值). 于是当 $c_1 = 0$ 时, $\alpha = c_1\omega_1 + c_2\omega_2$ 的迷向子群为整个群 G, 当 $c_1 \neq 0$ 时仅为 $\{e\}$(单位元). 由此可见, 当 $c_1 \neq 0$ 时若限制在水平集 $M_\alpha = \{p = c_1, pq + \tilde{p} = c_2\}$ 上, 以 G 为 Hamilton 对称群的 Hamilton 系统不再具有任何非平凡对称群, 因此不能再约化了. 而当 $c_1 = 0$ 时, M_α 上的限制系统仍以 G 为对称群, 这意味着可以把原方程约化掉 $2 \times r(r = 2) = 4$ 阶, 从而原方程只用积分就能求解.

由上面的例子可以看出, 一旦在水平集 M_α 上的限制系统具有非平凡剩余对称群 G_α, 就可以利用 G_α 把限制系统进一步约化. 综上所述, 一个系统可以约化的程度不但与对称群的结构有关, 而且还与所求解的初始值有关.

下面的定理说明, 对群作用符加适当的正则性假设时, 商流形 M_α/G_α 可以自然地作为 M/G 的 Poisson 子流形. 于是 M_α/G_α 上的约化系统就继承了它自己的一个 Hamilton 结构. 特别, 如果剩余群 G_α 是可解的 (而不是要求 G 本身可解), 则可以通过对 M_α/G_α 上的约化系统求积分来求得原系统在 M_α 上的解.

定理 3.4.4 设 M 是 Poisson 流形, G 是正则 Hamilton 变换群. 并设 $\alpha \in \mathfrak{g}^*$. 若动量映射 $P : M \to \mathfrak{g}^*$ 在水平集 $M_\alpha = \{x \in M | P(x) = \alpha\}$ 上处处具有最大秩, 并且剩余对称群 G_α 正则地作用在子流形 M_α 上, 则存在一个自然浸入映射 φ 使得 M_α/G_α 成为 M/G 的一个 Poisson 子流形. 并且使下图可交换.

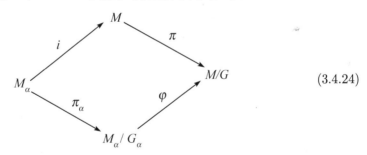

$$(3.4.24)$$

其中, π 和 π_α 是自然投影, i 是使 M_α 成为 M 的子流形的浸入映射. 此外 M 上以 G 为 Hamilton 对称群的任何 Hamilton 系统都自然地可以限制在 (3.4.24) 中的另一个空间上考虑, 与适当的映射有关, 在 M/G 和 M_α/G_α 上的限制都是 Hamilton 系统. 特别, 首先限制在 M_α 上, 再利用投影 π_α, 可得 M_α/G_α 上的 Hamilton 系统.

证 设 G 是一个全局变换群, 对局部情况只要略加修改即可. 根据交换图 (3.4.24). 如果 $z = \pi_\alpha(x) \in M_\alpha/G_\alpha$, 则可定义 $\varphi(z) = \pi(x) \in M/G$. 注意到 $\pi_\alpha(x) = \pi_\alpha(\hat{x})$ 的充分与必要条件是存在 $g \in G_\alpha$ 使得 $x = g \cdot \hat{x}$, 这意味着 $\pi(x) = \pi(\hat{x})$, 因此 φ 是有定义的. 类似地, 由于 $x, \hat{x} \in M_\alpha$, 以及当 $\pi(x) = \pi(\hat{x})$ 时, $x = g \cdot \hat{x}, g \in G$, 根据命题 3.4.6, $g \in G_\alpha$. 因此 $\pi_\alpha(x) = \pi_\alpha(\hat{x})$. 故 φ 是一对一的. 最后由 $\mathrm{d}\varphi \cdot \mathrm{d}\pi_\alpha = \mathrm{d}\pi \cdot \mathrm{d}i$ 以及命题 3.4.6 可得 $\ker \mathrm{d}\pi_\alpha = \mathfrak{g}_\alpha = \mathfrak{g} \bigcap TM_\alpha = \ker(\mathrm{d}\pi \cdot \mathrm{d}i)$, 即 $\mathrm{d}\varphi$ 处处取最大秩,

所以 φ 是一个浸入.

设 $\tilde{H} : M/G \to \mathbf{R}$ 对应于 G 不变函数 $H : M \to \mathbf{R}$, 由定理 3.4.3 知, 它们对应的 Hamilton 系统有如下关系: $\xi_{\tilde{H}} = \mathrm{d}\pi(\xi_H)$. 此外, ξ_H 与水平集 M_α 处处相切, 因此存在 M_α 上的一个约化向量场 ξ 使得 $\xi_H = \mathrm{d}i(\xi)$. 另外, 由于 ξ_H 以 G 为对称群, 则 ξ 以 G_α 为剩余对称群. 于是存在定义在 M_α/G_α 上的向量场 $\xi^* = \mathrm{d}\pi_\alpha(\xi)$. 进一步, 由于

$$\mathrm{d}\varphi(\xi^*) = \mathrm{d}\varphi \cdot \mathrm{d}\pi_\alpha(\xi) = \mathrm{d}\pi \cdot \mathrm{d}i(\xi) = \mathrm{d}\pi(\xi_H) = \xi_{\tilde{H}},$$

因此, 向量场 ξ^* 就是 $\xi_{\tilde{H}}$ 在子流形 $\varphi(M_\alpha/G_\alpha)$ 的限制, 上面的讨论说明, M/G 上的每个 Hamilton 向量场与 $\varphi(M_\alpha/G_\alpha)$ 处处相切, 从而根据命题 3.3.7 可知, φ 使 M_α/G_α 成为 M/G 的 Poisson 子流形, 而且 M/G 上的 Hamilton 系统 $\xi_{\tilde{H}}$ 在 M_α/G_α 上的限制系统 (即 ξ^*) 关于这种 M_α/G_α 上的导出 Poisson 结构是一个 Hamilton 向量场.

如果 M 是辛流形, 则 M/G 不一定是辛流形, 但可以证明子流形 M_α/G_α 必为辛子流形, 而且它们形成 M/G 的辛叶层的叶.

按照定理 3.4.4, 如果一个 Hamilton 系统在一个 r 参数可交换 Hamilton 对称群作用下不变, 则总可以把原系统约化掉 $2r$ 阶. 这是因为可交换群的余伴随作用是平凡的, 因此剩余对称群就是整个可交换群自身.

最后举一个例子来说明定理 3.4.4 的应用.

例 3.4.8 考虑作用在 $\mathbf{R}^6\{(p,q) = (p_1, p_2, p_3, q_1, q_2, q_3)\}$ 上由函数 $P_1 = p_3$, $P_2 = q_1 p_2 - q_2 p_1$ 生成的可变换 Hamilton 对称群. P_1, P_2 对应的 Hamilton 向量场分别为:

$$\xi_1 = \frac{\partial}{\partial q_3}, \quad \xi_2 = p_1 \frac{\partial}{\partial q_2} - p_2 \frac{\partial}{\partial p_1} + q_1 \frac{\partial}{\partial q_2} - q_2 \frac{\partial}{\partial q_1}.$$

它们生成一个双参数 Abel 变换群 G.

任何形如 $H(\rho, \sigma, \gamma, \zeta, t)$ 的 Hamilton 函数都以 G 为对称群, 其中 $\rho = \sqrt{q_1^2 + q_2^2}$, $\sigma = \sqrt{p_1^2 + p_2^2}$, $\gamma = q_1 p_2 - q_2 p_1$, $\zeta = p_3$. 特别, 柱对称能量函数 $H = \frac{1}{2}|p|^2 + V(\rho)$ 即为这种函数.

定理 3.4.4 的方法可以帮助我们把这个 Hamilton 系统约化掉 4 维 (如果 H 不显含 t, 还可以通过求积分求解整个系统).

首先限制在水平集 $M_\alpha = \{P_1 = \zeta, P_2 = \gamma\}$ 上 ($\alpha = (\gamma, \zeta)$ 为常向量). 若用柱坐标:

$$q = (\rho\cos\theta, \rho\sin\theta, z), \quad p = (\sigma\cos\psi, \sigma\sin\psi, \zeta),$$

则 $\gamma = \rho\sigma\sin(\psi - \theta) = \rho\sigma\sin\varphi, \varphi = \psi - \theta$.

在新坐标 ρ, θ, φ, z 下, $\rho \neq 0$(当 $\rho = 0$ 时可略加修改, 改用另一组坐标即可), 限

制在 M_α 上的 Hamilton 系统为:

$$\frac{\mathrm{d}\rho}{\mathrm{d}t} = \cos\varphi \cdot H_\sigma, \quad \frac{\mathrm{d}\varphi}{\mathrm{d}t} = \sin\varphi(\sigma^{-1}H_\rho - \rho^{-1}H_\sigma), \qquad (3.4.25)_a$$

$$\frac{\mathrm{d}\theta}{\mathrm{d}t} = \rho^{-1}\sin\varphi H_\sigma + H_\gamma, \quad \frac{\mathrm{d}z}{\mathrm{d}t} = H_\zeta \qquad (3.4.25)_b$$

这组指定变量使得在 M_α 上, $\xi_1 = \partial_z, \xi_2 = \partial_\theta$.

定理 3.4.4 保证 (3.4.25) 关于 M_α 的剩余对称群不变. 由于 G 是 Abel 群, 因此剩余对称群就是 G 自身, 正好反映了 (3.4.25) 右端不显含 z 和 θ 的事实. 于是, 一旦从 (3.4.25)$_a$ 中解出 $\rho(t)$ 和 $\varphi(t)$, 则可以通过积分从 (3.4.25)$_b$ 中定出 $\theta(t)$ 和 $z(t)$.

此外, 按照定理 3.4.4, (3.4.25)$_a$ 自己也是一个 Hamilton 系统. 固定 γ 和 ζ, 记 $\widehat{H}(\rho,\varphi,t) = H(\rho,\gamma/(\rho\sin\varphi),\gamma,\zeta,t)$ 为约化 Hamilton 量, 而 $\{\rho,\varphi\} = -\gamma\rho^{-1}\sigma^{-2} = \gamma^{-1}\rho\sin^2\varphi$.

经过简单计算即可知, (3.4.25)$_a$ 可以改写为 Hamilton 形式:

$$\frac{\mathrm{d}\rho}{\mathrm{d}t} = -\gamma^{-1}\rho\sin^2\varphi\widehat{H}_\varphi, \quad \frac{\mathrm{d}\varphi}{\mathrm{d}t} = \gamma^{-1}\rho\sin^2\varphi\widehat{H}_\rho. \qquad (3.4.26)$$

特别, 如果 H(从而 $\widehat{H}$) 不含 t, 那么, 原则上就可以通过积分求解 (3.4.26), 从而求解原系统. 但我们要注意, 在实际计算中, 即使 H 很简单, 所涉及的代数运算也是非常复杂的.

§3.5 稳定性的能量–Casimir 方法

Hamilton 系统理论研究中的一个重要领域是关于系统的平衡点稳定性的判定问题.

一个动力系统的运动规律通常可通过抽象微分方程

$$\frac{\mathrm{d}u}{\mathrm{d}t} = X(u) \qquad (3.5.1)$$

来描述. 其中, $u(t)$ 代表系统的可观测量, 它在某个 Poisson 流形中变化, 这个流形 M 可能是有限维流形, 也可能是无穷维函数空间.

定义 3.5.1 M 中一点 u_e 称为动力系统 (3.5.1) 的**平衡点**, 如果 u_e 使得 $X(u_e) = 0$, 即 u_e 在整个时间变化过程中保持定常.

关于稳定性, 存在下面的四种不同意义下的定义.

定义 3.5.2(谱稳定) 设 u_e 是 (3.5.1) 的平衡点. 若 (3.5.1) 在 u_e 处的线性化算子 $DX(u_e)$ 的谱 (即特征值集合) 具有非正实部, 则称平衡点 u_e 是**谱稳定的**. 特别, 若 $DX(u_e)$ 的谱是纯虚数, 则称 u_e 是**中性稳定的**(neutral stable).

对于 Hamilton 系统 (保守系统) 而言, 谱稳定与中性稳定是等价的, 因此保守系统不存在渐近稳定的解.

设系统 (3.5.1) 在平衡点 u_e 处的线性化系统为

$$\dot{v} = DX(u_e)v. \tag{3.5.2}$$

定义 3.5.3(线性稳定)　设 $v(t)$ 是 (3.5.2) 的任意解. 平衡点 u_e 称为关于 V 空间中的范数 $\|\cdot\|$**线性稳定**, 如果对任意 $\varepsilon > 0$, 存在 $\delta > 0$ 使得当 $\|v(0)\| < \delta$ 时, $\|v(t)\| < \varepsilon$ 对一切 $t > 0$ 成立.

线性稳定蕴含谱稳定. 事实上, 若谱中有一个严格正实部的特征值, 必存在不稳定的特征空间, 从而线性不稳定. 反之一般不成立, 即谱稳定不一定线性稳定. 例如, 在典则空间 $\mathbf{R}^2(p, q)$ 中, 具有 Hamilton 函数 $H = p^2 + q^4$ 的 Hamilton 系统, 其平衡点 $(p_e, q_e) = (0, 0)$ 是中性稳定的, 但不是线性稳定的.

对有限维情况, 线性稳定的充分条件是 $DX(u_e)$ 的纯虚根都是单根. 如果存在纯虚重根, 当系统产生共振时会出现不稳定性 [Arnold(1978)]. 证明线性稳定的一种有效方法是寻求一个正定的二次守恒量, 以它作为新范数的平方.

定义 3.5.4(形式稳定)　系统 (3.5.1) 的平衡点 u_e 叫作**形式稳定**的 (formally stable), 如果存在 (3.5.1) 的满足以下条件的守恒量 H:

a) $DH(u_e) = 0$; b) $D^2H(u_e)$ 正定或负定, 其中 DH 是 H 的一阶变分, D^2H 是 H 的 Hesse 矩阵.

由于 H 的二阶变分 D^2H 正定 (或负定), 可以定义一个范数, 使其沿线性化方程 (3.5.2) 的解不变, 因此形式稳定蕴含线性稳定. 反之不然, 例如, 对于 $\mathbf{R}^4$ 中 Hamilton 函数 $H = (p_1^2 + q_1^2) - (p_2^2 + q_2^2)$, 其 Hamilton 系统的平衡解 $(p_1, q_1, p_2, q_2) = (0, 0, 0, 0)$ 关于欧氏范数是线性稳定的, 但不是形式稳定的.

相对于上述三种稳定性定义, 下面的稳定性定义是最强的.

定义 3.5.5(Liapunov 稳定)　流形 M 上的动力系统 (3.5.1) 的平衡点 u_e 称为**Liapunov 稳定的**, 如果对 u_e 的每个邻域 U, 存在 u_e 的邻域 V, 使得 V 中以 $u(0)$ 为初始条件的解 $u(t)$ 永远不离开 U(注意, 邻域涉及 M 上的拓扑结构), 在指定的范数 $\|\cdot\|$ 下, 上述定义可改述为: 对于任意的 $\varepsilon > 0$, 存在 $\delta > 0$, 当 $\|u(0) - u_e\| < \delta$ 时, 对一切 $t > 0$, $\|u(t) - u_e\| < \varepsilon$.

Liapunov 稳定也称为非线性稳定. 由于有限维空间中的任何两个范数都是等价的, 所以对有限维系统而言, 形式稳定与 Liapunov 稳定是等价的. 但对于无穷维系统, 由形式稳定不一定能推导出 Liapunov 稳定.

众所周知, 对于保守系统, 即便在有限维情况下, 谱稳定只是非线性稳定的必要条件, 而不是充分条件, 因为若谱中有一个具有正实部的特征值, 那么非线性系统就存在不稳定流形 (Marsden and McCracken 1976). 然而形式稳定和线性稳定都不是非线性稳定的必要条件. 对于 $n(n \geqslant 3)$ 自由度 Hamilton 系统, 可能存在 Arnold 扩散 (Arnold 1978), 从而线性稳定的平衡点不一定是非线性稳定的. 因此, 对于 Hamilton 系统, 谱分析能提供不稳定的充分条件, 但却只能提供稳定的必要条件.

以下除特别声明外, 我们所要讨论的稳定性都是非线性稳定性.

在经典的 Hamilton 系统理论中 (Arnold 1978), 有如下的 Lagrange-Dirichlet 定理.

定理 3.5.1 设 (q_e, p_e) 是 Hamilton 系统

$$\frac{\mathrm{d}q_i}{\mathrm{d}t} = \frac{\partial H}{\partial p_i}, \quad \frac{\mathrm{d}p_i}{\mathrm{d}t} = -\frac{\partial H}{\partial q_i}, \quad i = 1, \cdots, n \tag{3.5.3}$$

的平衡解. 则当 $\mathrm{d}^2 H(q_e, p_e)$ 正定 (或负定) 时, (q_e, p_e) 是稳定平衡解.

该定理的充分条件意味着, H 的每个与 (q_e, p_e) 的邻域相交的水平集都有一个完全在 (q_e, p_e) 附近的紧致部分, 由于 H 是 (3.5.3) 的运动常数, 从而立即得出稳定性结论.

当 (q_e, p_e) 线性稳定, 而 $\mathrm{d}^2 H(q_e, p_e)$ 不定 (不正定也不负定) 时, Arnold 证明, 在一般情况下平衡点附近存在测度很大的不变环面集合. 如果 $n = 2$, 这一结论足以保证稳定性, 而当 $n \geqslant 3$ 时, 轨道可能绕过不变环面而离开平衡点, 产生所谓的 Arnold 扩散.

对无穷维系统, 至今不变环面的存在性还在研究中.

经典 Hamilton 系统稳定性问题的研究和实践表明, 对于某个一般的多自由度 Hamilton 系统, 欲证明系统的平衡点是稳定的, 唯一有效的方法就是如定理 3.5.1 所述, 去寻找系统的一个守恒量, 使得在平衡点, 该守恒量具有局部极大值或极小值. 在经典 Hamilton 力学中, 这个守恒量通常取 Hamilton 能量函数.

然而, 对于定义在 Poisson 流形上的广义 Hamilton 系统, 其 Hamilton 函数在平衡点可能不是临界值, 即 $DH(u_e)$ 不一定为 0. 因此, H 在该点不取极大或极小值. 例如对于例 3 中典则 Poisson 流形 $(\mathbf{R}^m\{p, q, z\})(m = 2n + k)$ 上, 具有 Hamilton 函数 $H(p, q, z)$ 的广义 Hamilton 系统:

$$\dot{q}_i = \frac{\partial H}{\partial p_i}, \quad \dot{p}_i = -\frac{\partial H}{\partial q_i}, \quad \dot{z}_j = 0 \tag{3.5.4}$$

$$i = 1, \cdots, n, \quad j = 1, \cdots, k,$$

x_e 为该系统的平衡点的条件是

$$\frac{\partial H}{\partial p_i}(x_e) = \frac{\partial H}{\partial q_i}(x_e) = 0, \quad i = 1, \cdots, n. \tag{3.5.5}$$

由于 $\dfrac{\partial H}{\partial z_j}(x_e)$ 不一定为 0, 故 x_e 不一定是 H 的临界点 ($DH(x_e)$ 不一定为 0). 但是,
若在 Hamilton 量上附加适当的 Casimir 函数, 即取 $\widehat{H} = H + \Phi(c)$, 有可能使 x_e 是
$\widehat{H}$ 的临界点. 另一方面由 Casimir 函数的性质, $\widehat{H}$ 与 H 确定的向量场完全一致, 因
而利用 $\widehat{H}$ 代替 H 作为判定稳定性的守恒量, 可以得到 x_e 稳定性的结论. 例如, 对
于系统 (3.5.4) 中的 H, 取新函数

$$\widehat{H} = H - \sum_{i=1}^{k} \frac{\partial H}{\partial z_i}(x_e) z_i + \sum_{i=1}^{k} [z_i - z_i(x_e)]^2,$$

则当 $D^2\widehat{H}(x_e)$ 正定时, $\widehat{H}$ 在 x_e 处取严格局部极小值, 因此 x_e 是稳定的.

上面的讨论勾画了判定广义 Hamilton 系统平衡点稳定性的能量–Casimir 方法
的基本思想. 我们将在下面系统介绍这个方法, 该方法说明广义 Hamilton 系统平
衡点的稳定性不但与 Hamilton 函数有关, 还与系统的 Poisson 结构 (Casimir 函数)
有关.

能量 –Casimir 函数法是 Lagrange–Dirichlet 方法的推广. 这个方法是根据
Arnold 关于 Lie–Poisson 系统及其变形的框架下的稳定性判定的基本思想, 通过
系统发展而日渐成熟的判定方法. 简言之, 该方法按如下五个步骤实现.

(i) 将运动方程写成在适当的 Poisson 流形 M 上具有 Hamilton 函数 H 的广义
Hamilton 系统:

$$\frac{\mathrm{d}x}{\mathrm{d}t} = X(x) = \{x, H(x)\}. \tag{3.5.6}$$

Poisson 结构通常经过对原系统作适当的约化而得到. M 可能是有限或无穷维流形.

(ii) 寻求 (3.5.6) 的一族运动常数, 即找出函数 $C: M \to \mathbb{R}$ 使得对 (3.5.6) 的一
切解 $x(t)$, $\dfrac{\mathrm{d}}{\mathrm{d}t} C(x(t)) = 0$(即 $\{C, H\}(x(t)) = 0$).

寻找守恒量的一个比较有效的方法是发现 Poisson 结构的 Casimir 函数族, 即
使得对一切 $F \in C^{\infty}(M)$, $\{C, F\} = 0$ 成立的函数 C.

另外, 在这一步中, 应尽可能多地找出守恒量, 以便下一步有足够的选择性.

(iii) 选择守恒量 $C(x)$ 使得 $H + C$ 以 (3.5.6) 的平衡点 x_e 为临界点, 即 $D(H +
C)(x_e) = 0$.

这样的 C 一般是存在的 (至少局部地存在), 因为 Casimir 函数公共水平集就是
系统的 Poisson 括号的辛叶, 而平衡点是限制在对应的辛叶上的 Hamilton 函数的临
界点. 于是由 Lagrange 乘数法可推出, 对某个适当地选择的 Casimir 函数 $C, H + C$
以 x_e 为临界点. 当然, 这样的 C 一般是不唯一的, 尽可能找出这样的函数 C, 为下
步提供选择.

注意, 上述的函数 C 虽然存在, 但不能保证在所有情况下都能以显式表示. 这
是该方法的一个不足之处.

(iv) 寻求 M 上的二次型 Q_1 和 Q_2, 使得某些凸性条件对 x_e 附近的有限变分成立. 通过这样的 Q_1 和 Q_2 定义 $C^\infty(M)$ 上的一个新范数.

记 $\Delta x = x - x_e$ 为 M 上的有限变分. 寻找 M 上的二次型 Q_1, Q_2 使得下面的条件成立:

$$Q_1(\Delta x) \leqslant H(x_e + \Delta x) - H(x_e) - DH(x_e) \cdot \Delta x, \tag{3.5.7}_a$$

$$Q_2(\Delta x) \leqslant C(x_e + \Delta x) - C(x_e) - DC(x_e) \cdot \Delta x, \tag{3.5.7}_b$$

其中, D 表示相对于 x 的梯度向量. 进一步要求对所有 $\Delta x \neq 0$,

$$Q_1(\Delta x) + Q_2(\Delta x) > 0. \tag{3.5.7}_c$$

为了检验不等式 (3.5.7), 较方便的做法是检查二阶变分 $D^2(H+C)|_{x_e}$ 是否正定 (或负定). 或者可能的话, 限制在通过 x_e 的辛叶上, 考虑 $D^2(H+C)|_{x_e}$ 是否正定 (或负定).

如果 $D^2(H+C)|_{x_e}$ 是定号的, 则可得出 x_e 形式稳定的结论, 从而对有限维系统, 以及只有一个空间变量的无穷维系统 (如 KdV 方程), 可得出非线性稳定的结论.

对于绝大多数无穷维系统, 为获得非线性稳定性的结论, 还需继续下面的讨论.

若上述步骤 (i)∼(iv) 都已完成, 则沿着系统 (3.5.6) 的任何解 $x(t)$, 有如下关于变分 $\Delta x(t) = x(t) - x_e$ 的估计.

命题 3.5.1 对 (3.5.6) 的任何解 $x(t)$, 变分 $\Delta x(t) = x(t) - x_e$ 满足估计式

$$Q_1(\Delta x(t)) + Q_2(\Delta x(t)) \leqslant H_c(x(0)) - H_c(x_e), \tag{3.5.8}$$

其中, $H_c \equiv H(x) - C(x)$.

证 将 $(3.5.7)_a$ 和 $(3.5.7)_b$ 相加并注意到 $DH_c(x_e) = 0$ 得到

$$\begin{aligned} &Q_1(\Delta x(t)) + Q_2(\Delta x(t)) \\ &\leqslant H_c(x_e + \Delta x(t)) - H_c(x_e) - DH_c(x_e) \cdot \Delta x(t) \\ &= H_c(x_e + \Delta x(t)) - H_c(x_e). \end{aligned}$$

另一方面, 由于 $H_c(x)$ 是系统 (3.5.6) 的首次积分, 因此 $H_c(x_e + \Delta x(t)) - H_c(x_e) = H_c(x_e + \Delta x(0)) - H_c(x_e) = H_c(x(0)) - H_c(x_e)$. 从而命题得证.

有了以上的准备, 我们将介绍证明非线性稳定性的最后一步.

(v) 在 M 上定义新范数:

$$\|x\| = Q_1(x) + Q_2(x). \tag{3.5.9}$$

应用新范数 (3.5.9) 寻求 H_c 在 x_e 处连续的充分条件. 如果 H_c 在 x_e 处关于范数 (3.5.9) 是连续的, 下面的定理将保证 x_e 是系统的非线性稳定平衡点.

定理 3.5.1　假设步骤 (i)~(iv) 都已完成. 如果函数 H_c 关于新范数 (3.5.9) 在 x_e 处连续, 则 x_e 是系统 (3.5.6) 的非线性稳定平衡点. 即对任意 $\varepsilon > 0$, 存在 $\delta > 0$ 使得若 $\|x(0) - x_e\| < \delta$, 则对一切 $t, \|x(t) - x_e\| < \varepsilon$ 成立.

如果 (3.5.6) 的解 $x(t)$ 不一定对一切 t 存在, 那么仍然可得到所谓条件稳定性, 即只要 C^1 解存在就是稳定的.

证　由于假设 H_c 关于新范数在 x_e 处连续, 因此, 对任给的 $\varepsilon > 0$, 存在 $\delta > 0$ 使得当 $\|x - x_e\| < \delta$ 时 $|H_c(x) - H_c(x_e)| < \varepsilon$. 于是, 如果 $x(t)$ 是 (3.5.6) 的解, 且 $\|x(0) - x_e\| < \delta$, 那么由命题 3.5.2 中的不等式 (3.5.8) 得

$$\|x(t) - x_e\| = Q_1(x(t) - x_e) + Q_2(x(t) - x_e)$$
$$\leqslant |H_c(x(0)) - H_c(x_e)| < \varepsilon.$$

即只要 $x(t)$ 从 x_e 的 δ 邻域出发, 永远不会离开 x_e 的 ε 邻域, 从而 x_e 是非线性稳定的平衡点.

下面的命题给出了保证 H_c 在 x_e 连续的一个充分条件.

命题 3.5.2　若存在正常数 c_1 与 c_2 使得下列不等式成立:

$$H(x_e + \Delta x) - H(x_e) - DH(x_e) \cdot \Delta x \leqslant c_1 \|\Delta x\|, \tag{3.5.10}$$

$$C(x_e + \Delta x) - C(x_e) - DC(x_e) \cdot \Delta x \leqslant c_2 \|\Delta x\|, \tag{3.5.11}$$

那么, H_c 按新范数在 x_e 点是连续的, 并且以下稳定性估计式成立:

$$\|\Delta x(t)\| = Q_1(\Delta x(t)) + Q_2(\Delta x(t))$$
$$\leqslant C_1 Q_1(\Delta x(0)) + C_2 Q_2(\Delta x(0))$$
$$\leqslant (C_1 + C_2)\|\Delta x(0)\|. \tag{3.5.12}$$

证　将 (3.5.10) 和 (3.5.11) 相加, 即可得

$$|H_c(x_e + \Delta x) - H_c(x_e)| \leqslant (C_1 + C_2)\|\Delta x\|. \tag{3.5.13}$$

这意味着 H_c 在 x_e 处连续.

以上所介绍的就是能量 –Casimir 函数法的主要步骤. 然而并不是对任何系统都要逐一进行每个步骤. 如前所述, 对于有限维系统只要通过前四个步骤就可以证明非线性稳定性了. 本书主要介绍有限维系统, 因此不再对无穷维系统情况作深入讨论.

下面的两个例子, 说明了上述方法的应用.

例 3.5.1　自由刚体的稳定性.

第一步　运动方程和 Hamilton 量.

自由刚体运动的 Euler 方程是

$$\dot{m} = \frac{\mathrm{d}m}{\mathrm{d}t} = m \times \omega, \tag{3.5.14}$$

其中, $m, \omega \in \mathbf{R}^3$. ω 是角速度, m 是角动量. 它们之间的关系是 $m_i = I_i \omega_i, i = 1, 2, 3, (I_1, I_2, I_3)$ 是绕惯性主轴的转动惯量张量, 且 $I_1, I_2, I_3 > 0$.

在 3.2 节中的例 3.2.2 中已经指出, (3.5.14) 可以改写为旋转群 SO(3) 的 Lie 代数的对耦空间 $\mathbf{R}^3$ 上的广义 Hamilton 系统:

$$\dot{m}_i = \{m_i, H\}, \tag{3.5.15}$$

其中, $\{\cdot, \cdot\}$ 是 $\mathbf{R}^3$ 上的 Lie–Poisson 括号:

$$\{F, G\}(m) = -m \cdot (\nabla F(m) \times \nabla G(m)) \tag{3.5.16}$$

这里, $F, G : \mathbf{R}^3 \to \mathbf{R}$ 是光滑函数, $\nabla_i = \partial/\partial m_i$. Hamilton 量 H 就是动能函数:

$$H(m) = \frac{1}{2} m \cdot \omega = \frac{1}{2} \sum_{i=1}^{3} m_i^2 / I_i. \tag{3.5.17}$$

第二步　寻求运动常数.

根据 Poisson 括号 (3.5.16), 容易验证, 对任意光滑函数 $\varphi : \mathbf{R} \to \mathbf{R}$, 函数

$$C_\varphi(m) = \varphi(|m|^2/2) \tag{3.5.18}$$

是运动方程 (3.5.15) 的 Casimir 函数, 从而是 (3.5.14) 的运动常数, 函数 $C_\varphi(m)$ 包含了 (3.5.15) 的一切 Casimir 函数, 因为它们的水平集确定了 $\mathbf{R}^3$ 的辛叶 (是球心为原点的同心球面).

第三步　求一阶变分.

要寻求一个 Casimir 函数 C_φ 使得 $H_c = H + C_\varphi$ 以 (3.5.14) 的指定平衡点为其临界点.

(3.5.14) 的平衡点就是使 m 与 ω 平行的点. 不失一般性, 假设 m 和 ω 与 x 轴方向平行. 那么经过正规化处理, 还可以假定平衡点就是 $m_e = (1, 0, 0)$. 另一方面 $H_c(m) = \frac{1}{2} \sum_{i=1}^{3} \frac{m_i^2}{I_i} + \varphi\left(\frac{1}{2}|m|^2\right)$ 的导数为

$$DH_c(m) \cdot \delta m = (\omega + m\varphi'(|m|^2/2)) \cdot \delta m. \tag{3.5.19}$$

要使它在 $m_e = (1, 0, 0)$ 处为 0, 只需取 φ 使

$$\varphi'\left(\frac{1}{2}\right) = -\frac{1}{I_1}. \tag{3.5.20}$$

从而得到 φ 的第一个限制条件, 与平衡点 m_e 有关.

第四步　求二阶变分 $D^2 H_e(m_e)$.

由于 (3.5.14) 是有限维系统, 为证 m_e 的稳定性, 只需考查二阶变分 $D^2 H_e(m_e)$ 的正定或负定性即可.

利用 (3.5.19) 和 (3.5.20) 可得 H_e 在平衡点 m_e 处的二阶导数:

$$
\begin{aligned}
& D^2 H_e(m_e) \cdot (\delta m)^2 \\
&= (\delta\omega) \cdot (\delta m) + \varphi'(|m_e|^2/2)|\delta m|^2 + (m_e \cdot \delta m)^2 \varphi''(|m_e|^2/2) \\
&= \sum_{i=1}^{3} (\delta m_i)^2 / I_i - |\delta m|^2 / I_1 + \varphi''(1/2)(\delta m)^2 \\
&= \left(\frac{1}{I_2} - \frac{1}{I_1}\right)(\delta m_2)^2 + \left(\frac{1}{I_3} - \frac{1}{I_1}\right)(\delta m_3)^2 + \varphi''\left(\frac{1}{2}\right)(\delta m_1)^2.
\end{aligned}
\tag{3.5.21}
$$

因此容易看出, 二次型 (3.5.21) 正定的充要条件是

$$\varphi''(1/2) > 0, \tag{3.5.22}$$

$$I_1 > I_2, \quad I_1 > I_3. \tag{3.5.23}$$

若取 $\varphi(x) = (-2/I_1)x + (x - 1/2)^2$, 则可使 φ 满足条件 (3.5.20) 和 (3.5.22), 从而 H_c 的二阶导数在平衡点 $m_e = (1, 0, 0)$ 正定, 由此可知, 刚体绕长轴 (即最大惯量 I_1 对应的轴) 的稳态转动是稳定的.

若转动惯量 I_i 满足关系:

$$I_1 > I_2, I_3 > I_1 \quad \text{或} \quad I_1 > I_3, I_2 > I_1, \tag{3.5.24}$$

那么二次型 (3.5.21) 是不定的. 此时只要用线性分析即可证明, 绕中轴 (与 I_1 对应的轴) 的转动是不稳定的.

最后, 若选取 φ 使

$$\varphi''(1/2) < 0, \tag{3.5.25}$$

并且

$$I_1 < I_2, \quad I_1 < I_3 \tag{3.5.26}$$

时, 二次型 (3.5.21) 是负定的. 显然只要取函数

$$\varphi = (-(1/2)I_1)x - (x - 1/2)^2$$

即可满足条件 (3.5.20) 和 (3.5.25). 因此证明了刚体绕短轴 (对应于最小惯量 I_1) 的转动是稳定的.

总之, 我们已证得以下的著名的定理:

刚体稳定性定理: 在自由刚体运动中, 绕长轴和短轴的转动是稳定的, 而绕中轴的转动是不稳定的.

上述判定稳定性的能量–Casimir 函数法尽管看似很一般, 然而却存在一个重要的缺点, 即 Casimir 函数的明显表达式一般不容易求得. 根据 Poisson 流形的结构定理 3.3.8, Poisson 流形 M 上的广义 Hamilton 系统的轨道实际上是分布在 M 的 (可能是不同维数的) 辛叶上, 即 M 的辛叶是广义 Hamilton 系统的不变流形. 系统的平衡点就是限制在其对应的辛叶上的系统的平衡点. 因此, 如果我们只关心原系统的平衡点在相应辛叶上的稳定性, 只须考虑限制在该辛叶上的系统的平衡点的稳定性即可. 对这种情况, 下面的定理是很有用的. 在一定条件下, 用这个定理还能得出原系统平衡点的稳定性结论, 不需要去求 Casimir 函数.

定理 3.5.2 设 x_e 既是广义 Hamilton 系统 (3.5.1) 的平衡点, 又是 $J(x)$ 的正则点, 并且 $J(x_e)$ 的秩为 $2n(\leqslant$ 相空间维数 $m)$. 那么系统 (3.5.1) 在 x_e 处的线性化系统的特征值 (即谱) 中至少有 $m - 2n$ 个为零, 其余 $2n$ 个特征值与系统 (3.5.1) 限制在 x_e 所在辛叶上的 $(2n$ 维) 约化 Hamilton 系统在 x_e 处的特征值相同. 而且若 λ 是非零特征值, 则 $-\lambda, \overline{\lambda}$ 和 $-\overline{\lambda}$ 也是特征值, 其中 $\overline{\lambda}$ 是 λ 的共轭复数.

证 由假设知, 在 x_e 的某邻域内存在 $k = m - 2n$ 个独立的 Casimir 函数, 记为 $C_1(x), \cdots, C_k(x)$. 由独立性, 不妨假设 Jacobi 行列式

$$\frac{\partial(C_1, \cdots, C_k)}{\partial(x_{2n+1}, \cdots, x_m)}\bigg|_{x_e} \neq 0. \tag{3.5.27}$$

因此在 x_e 的邻域可以取局部坐标变换:

$$y_i = x_i, y_{2n+j} = C_j(x), \tag{3.5.28}$$
$$i = 1, \cdots, 2n, j = 1, \cdots, k.$$

在 y 坐标下, 系统 (3.5.1) 可以改写为:

$$\dot{y}_i = \{y_i, \widetilde{H}\}(y) = \sum_{l=1}^{2n} \widetilde{J}_{il}(y)\frac{\partial \widetilde{H}}{\partial y_l}(y), i = 1, \cdots, 2n, \tag{3.5.29a}$$

$$\dot{y}_j = 0, \quad j = 2n + 1, \cdots, m, \tag{3.5.29b}$$

其中, 矩阵 $(\widetilde{J}_{il}(y))$ 按命题 3.2.2 中的变换公式 (3.2.21) 定义. 上假设它是非退化的, 因此它确定的 Poisson 括号是非退化的, $(3.5.29)_a$ 是 $2n$ 维辛流形上的 Hamilton 系统, Hamilton 函数为 $\widetilde{H}(y) = H(x)$, 其中分量 $y_j(j = 2n + 1, \cdots, m)$ 固定.

从系统 (3.5.29) 的形式不难得出：系统 (3.5.29) 在 x_e 的线性化系统至少有 k 个零特征值, 从而原系统至少有 k 个零特征值, 另外 $2n$ 个特征值与限制在辛叶 $U_{x_e} = \{x \in V|_{y_{2n+j}} = C_j(x_e), j = 1, \cdots, k\}$ 上的子系统的特征值相同. 最后一结论可以从通常的辛流形上的 Hamilton 系统的特征值定理立即得出 (Arnold 1978).

对于 $n = 1$ 的情况, 即 $J(x_e)$ 的秩为 2 时, 我们有如下的推论:

推论 3.5.1　　设 x_e 是 (3.5.1) 的平衡点和 $J(x)$ 的正则点. 并且 $J(x_e)$ 的秩为 2. 如果 (3.5.1) 在 x_e 处的线性化系统有非零特征值, 则必属下列情况之一:

i) $\lambda_{1,2} = \pm\mu(\mu > 0)$, 其余特征值为 0;

ii) $\lambda_{1,2} = \pm\mu i(\mu > 0, i = \sqrt{-1})$, 其余特征值为 0. 而且在情况 i), x_e 是在辛叶 N 上 (3.5.1) 的限制系统的**双曲鞍点**, 从而是不稳定的. 而在情况 ii), x_e 是 N 上限制系统的**中心型平衡点,** 在 x_e 近旁, (3.5.1) 的轨道在 N 上全为闭轨.

证　　利用定理 3.5.2 和二维辛流形上 Hamilton 系统的性质即可证明.

对 $n = 1$ 的情形, 如果系统 (3.5.1) 在某个 (二维) 辛叶 Q 上的限制系统满足下面的正规性条件:

i) Q 上的限制系统对应的向量场 C^2 是光滑的.

ii) 在 Q 上系统 (3.5.1) 至少存在一个平衡点, 且平衡点的个数有限.

iii) 对 Q 的同调于圆盘的固定部分中的任一光滑曲线 L, $d\hat{H}/ds$ 在 L 上有有限个零点, 其中 $\hat{H}$ 是原 Hamilton 函数 H 在 Q 上的限制, s 是 L 的弧长参数.

那么采用类似于 N.I.Gavrilov(1976) 的方法可证得如下全局性结论:

命题 3.5.3　　如果系统 (3.5.1) 在某二维辛叶 Q 上满足上述正规性条件. 此外假设 Q 是亏格 $p \geqslant 0$ 的连通定向闭流形, 那么, 系统 (3.5.1) 在 Q 上的轨道除去连接鞍点的分界线外全为闭轨.

§3.6　广义 Hamilton 系统的可积性

关于经典 Hamilton 系统的可积性与积分方法, 在 V.I.Arnold(1988) 中的第 4 章做过系统的介绍. 本节仅罗列一些结果, 并介绍广义 Hamilton 系统的代数完全可积性定义.

对于 $\mathbf{R}^n$ 中的微分方程组, 所谓用积分法 (quadrature) 求其积分, 其意思是通过有限次代数运算 (包括函数求逆) 及求积分 (即用已知函数的积分作计算) 而求得该方程组的解.

对于 Hamilton 系统, 如果存在足够多的首次积分, 则系统是可积的. 具体地说, 有以下结果.

定理 3.6.1(Kozlov 1977)　　将 $\mathbf{R}^{2n}$ 看作具有标准辛结构的辛流形. 假设 Hamilton 系统具有 Hamilton 量 $H : \mathbf{R}^{2n} \times \mathbf{R}\{t\} \to \mathbf{R}$, 并且存在 n 个首次积分 $F_1, \cdots, F_n :$

$\mathbf{R}^{2n} \times \mathbf{R}\{t\} \to \mathbf{R}$(即 $F'_{it} + \{F_i, H\} = 0$), 使得 Poisson 括号 $\{F_i, F_j\} = \sum\limits_{k=1}^{n} c_{ij}^k F_k, c_{ij}^k$ 为常数. 倘若

(i) 在集合 $M_f = \{(x,t) \in \mathbf{R}^{2n} \times \mathbf{R} : F_i(x,t) = f_i, 1 \leqslant i \leqslant n\}$ 上, 函数 $F_1, \cdots, F_n$ 是独立的;

(ii) 对一切 $i, j = 1, \cdots, n, \sum\limits_{k=1}^{n} c_{ij}^k f_k = 0$, 即 F_i 在 M_f 上对合;

(iii) 线性组合 $\sum\limits_{i=1}^{n} \lambda_i F_i (\lambda_i \in \mathbf{R})$ 的 Lie 代数 A 是可解的;

则 Hamilton 系统

$$\dot{x} = JdH, \quad x \in \mathbf{R}^{2n} \tag{3.6.1}$$

的在 M_f 上的解可通过求积分而积出.

推论 3.6.1 若 n 个自由度的 Hamilton 系统存在 n 个对合的首次积分, 则该系统可求积.

上述结论首先由 E.Bour 对自治典则系统作证明, 后来由 J.Liouville 推广到非自治系统.

如果函数 H 和 F_i 与 t 无关, 则 H 同样是一个首次积分, 记 $H = F_1$. 上面的可积性定理当然成立, 而条件 $\{F_1, F_i\} = 0$ 可用下面较弱的条件来代替:

$$\{F_1, F_i\} = c_{1i}^1 F_1, 1 \leqslant i \leqslant n.$$

定理 3.6.1 的证明要用到下面的 S. Lie 的定理.

定理 3.6.2 假设向量场 $X_1, \cdots, X_n$ 在 $U \subset \mathbf{R}^n\{x\}$ 的小邻域内线性无关, 并且产生换位意义下的 Lie 代数, 又 $[X_1, X_i] = \lambda_i X_1$. 则微分方程 $\dot{x} = X_1(x)$ 在 U 内可通过求积分而积出.

定理 3.6.1 的证明(自治情况) 考虑 n 个 Hamilton 系统 JdF_i. 由条件 (i) 与 (ii), 这些向量场切于流形 M_f, 并且在 M_f 上处处线性无关. 由于 $\{F_i, F_j\} = \sum\limits_{k=1}^{n} c_{ij}^k F_k$, 从而 $\{JdF_i, JdF_j\} = \sum c_{ij}^k JdF_k$. 因此, 切向量 JdF_i 形成一个可解代数, 又因 $[JdH, JdF_i] = \lambda_i JdH (\lambda_i = c_{1i}^1 = $ 常数). 于是根据定理 3.6.3, 定理 3.6.1 成立.

用 M 表示辛流形, 设 $F_1, \cdots, F_n$ 是在 M 上相互独立的函数, 它们产生 Lie 代数 $C^\infty(M)$ 的一个有限维子代数 (从而 $\{F_i, F_j\} = \sum c_{ij}^k F_k, c_{ij}^k = $ 常数). 则对 M 上每个点 x, 向量场簇 $\{JdF_i\}$ 张成 $T_x M$ 中的一个 n 维线性子空间 $\Pi(x)$. 并且分布 $\Pi(x)$ 是对合的 (即当 $X(x), Y(x) \in \Pi(x)$ 时, 必有 $[X(x), Y(x)] \in \Pi(x)$). 因此, 根据 Frobenius 定理, 通过每点 $x \in M$, 存在分布 Π 的一个最大积分流形 N_x. 这些流形以复杂的方式浸入 M 中, 例如, 它们不必是闭的. 如果 $n = \dim M/2$, 则在 Π 的积分流形中, 存在闭曲面

$$M_f = \{x \in M : F_i(x) = f_i, \sum c_{ij}^k f_k = 0\}.$$

倘若 $x \in M_f$, 则 N_x 与 M_f 中某个部分相同. 特别, 当函数 $F_1, \cdots, F_n$ 两两可易时, 几乎整个流形 M 都可分层为闭的不变流形 M_f. 以下的定理见 Arnold (1963).

定理 3.6.3　　设光滑函数 $F_1, \cdots, F_n : M \to \mathbf{R}$ 是 (两两) 对合的, 并且 $\dim M = 2n$. 如果:

(i) $F_1, \cdots, F_n$ 在 M_f 上独立;

(ii) Hamilton 向量场 $JdF_i(1 \leqslant i \leqslant n)$ 在 M_f 上是完全的 (即 JdF_i 上的每条积分曲线在整个实轴上有定义). 则下述结论成立:

(a) M_f 的每个连通部分微分同胚于 $T^k \times R^{n-k}$;

(b) 在 $T^k \times R^{n-k}$ 上有坐标 $\varphi_1, \cdots, \varphi_k (\mathrm{mod} 2\pi), y_1, \cdots, y_{n-k}$, 使得在此坐标系下, Hamilton 方程 $\dot{x} = JdF_i$ 在 M_f 上有形式:

$$\dot{\varphi}_i = \omega_i, \quad \dot{y}_s = c_s \quad (\omega, c = 常数向量).$$

定义 3.6.1　　系统 (3.6.1) 称为 (在 Liouville 意义下) 完全可积的, 倘若该系统存在 n 个独立的单值解析积分 $F_1, \cdots, F_n$, 并且这些积分是对合的, 即满足关系 $\{F_i, F_j\} = 0(i, j = 1, 2, \cdots, n)$.

在完全可积系统的理论与应用中, 最有趣的情况是水平集 M_f 为紧集时. 此时 $k = n, M_f \simeq T^n$. 在环面 $T^n = \{\varphi_1, \cdots, \varphi_n \mathrm{mod} 2\pi\}$ 上, 上述方程的解为

$$\varphi_i = \varphi_i^0 + \omega_i t \quad (1 \leqslant i \leqslant n)$$

称为**拟周期**(条件周期) 运动, 数 $\omega_1, \cdots, \omega_n$ 称其**频率.** 在环面上, 若运动频率 $\omega_1, \cdots, \omega_n$ (在有理数域上) 是独立的, 即对于整数 k_i, 由 $\sum k_i \omega_i = 0$ 必推出一切 $k_i = 0$, 此时称环面是**非共振**的. 在非共振环面上, 相轨道处处稠. 这是以下 H.Weyl 的一般结果的简单推论.

定理 3.6.4　　设 $f : T^n \to R$ 是 Riemann 可积函数, 数 $\omega_1, \cdots, \omega_n$ 在有理数域上是独立的. 则对每个点 $\varphi^0 \in T^n$, 极限

$$\lim_{s \to \infty} \frac{1}{s} \int_0^s f(\omega t + \varphi^0) \mathrm{d}t$$

存在并等于

$$\frac{1}{(2\pi)^n} \int_{T^n} f(\varphi) \mathrm{d}\varphi_1 \wedge \mathrm{d}\varphi_2 \wedge \cdots \wedge \mathrm{d}\varphi_n.$$

特别, 若 f 是 Jordan 可测域 $D \subset T^n$ 的指标函数, 将上述定理应用于 f, 可得如下结论: 在域 D 内相轨道的平均逗留时间正比于 D 的测度. 这说明在非共振环面上, 轨道是一致分布的. 若环面是共振的, 则相轨道稠密地填满较小维数的环面.

定理 3.6.5　　假设定理 3.6.3 的条件成立并且不变流形 M_f 是紧集. 则:

(i) 在辛流形 M 内, M_f 的小邻域微分同胚于直积 $D \times T^n$, 其中 D 是 R^n 中的某个小区域.

(ii) 在 $D \times T^n$ 中存在辛坐标 $I, \varphi \bmod 2\pi (I \in D, \varphi \in T^n)$, 使得函数 $F_1, \cdots, F_n$ 仅依赖于 I, 且辛结构具有 $\mathrm{d}I \wedge \mathrm{d}\varphi$ 的形式.

I, φ 称为**作用 – 角度变量.** 在此变量下, 对于给定的具有不变环面的完全可积系统, Hamilton 量 H 的形式为 $H = H(I)$. 因此, Hamilton 方程变为:

$$\dot{I} = -H'_\varphi = 0, \qquad \dot{\varphi} = H'_I \equiv \omega(I), \tag{3.6.2}$$

其中, $I(t) = I_0, \omega(I) = \omega(I_0)$.

以下讨论广义 Hamilton 系统:

$$\dot{u} = J\frac{\partial H}{\partial u}, \quad u \in \mathbf{R}^n, \tag{3.6.3}$$

其中, $J = J(u)$ 是 u 的具有多项式元素的反对称矩阵. 1986 年, P. Van Moerbeke 对系统 (3.6.3) 引入了代数完全可积性概念. 为介绍这个概念先简单介绍一下 Abel 簇的理论.

m 维 Abel 簇 T^m 是一个复的代数环面. 而复环面 $T^m = C^m/\Lambda$ 由 C^m(m 维复空间) 中的 $2m$ 维格子 Λ 来定义, $\Lambda = \{k_1e_1 + \cdots + k_{2m}e_{2m}, k_i$是整数$\}, e_1, \cdots, e_{2m}$ 是 $\mathbf{R}^{2m} \simeq C^m$ 中的基. 环面 T^m 称为代数的 (即由多项式方程所定义的), 倘若由基向量 $e_1, \cdots, e_{2m}$ 所定义的 $2m \times 2m$ 矩阵 Ω 在 C^m 的某个基下满足关系:

$$\Omega Q^{-1}\Omega^T = 0 \quad \text{与} \quad -i\Omega Q^{-1}\overline{\Omega}^T > 0,$$

其中, Q 是某个反对称的整数矩阵 (Riemann 条件). 这个条件等价于 T^m 是代数簇的说法. T^m 上的因子 D 是 T^m 的余维 1 子簇.

定义 3.6.2 广义 Hamilton 系统 (3.6.3) 称为代数完全可积的, 倘若:

(i) 除了多项式 Casimir 函数 $H_1, H_2, \cdots, H_k$ 外, 系统 (3.6.3) 具有 $m = (n-k)/2$ 个对合的多项式定常运动 $H_{k+1}, H_{k+2}, \cdots, H_{k+m}$, 使得不变流形 (又称水平曲面)

$$A = \bigcap_{i=1}^{k+m} \{H_i = c_i, u \in \mathbf{R}^n\}$$

对通有的 c_i 是紧的、连通的流形, 根据 Liouville 定理, 它们是 m 维实环面 $T_R^m = \mathbf{R}^m/$ 格子. 系统 (3.6.3) 的解在 T_R^m 上是直线运动.

(ii) 被看作 C^n(非紧) 中仿射簇的不变流形可完备化到复代数环面上, 即

$$\bigcap_{i=1}^{k+m} \{H_i = c_i, u \in C^n\} = T_c/D,$$

其中, D 是 T^m 中的因子, Abel 簇 T_c^m 依赖于 c_i. 所谓代数的意思是指 T_c^m 可表示为多个齐次多项式的交集 $\bigcap\limits_{i=1}^{M}\{F_i(u_0,\cdots,u_N)=0\}$. 坐标 $u_i(t)$ 是环面 T_c^m 上的亚纯函数. Hamilton 流 (关于复时间运动)$\dot{u}=J(\partial H_{k+i}/\partial u)(i=1,2,\cdots,m)$ 是 T^m 上的直线运动.

对于一般的自治系统

$$\dot{u}_i = F_i(u), \quad i=1,2,\cdots,n, \tag{3.6.4}$$

完全可积的充分条件为存在 $n-1$ 个独立的单值首次积分. 显然, $n-1$ 个单值首次积分的存在性不是完全可积性的必要条件, 因为 Hamilton 系统只需要 $N=n/2$ 个单值首次积分. 因此, 在一般情形, 需要适当的可积性定义, 对这个问题迄今尚无统一的描述. 1983 年, Yoshida 考虑过一类相似不变系统, 发展了 Painlevé奇性分析法, 这里简单介绍一下他的定义.

定义 3.6.3　设系统 (3.6.4) 中 $F_1,\cdots,F_n$ 是 u 的有理函数. 系统 (3.6.4) 称为相似不变的, 倘若存在有理数集合 $g_1,\cdots,g_n$, 使得系统在相似变换:

$$t \to \alpha^{-1}t, \quad u_1 \to \alpha^{g_1}u_1, \cdots, u_n \to \alpha^{g_n}u_n \tag{3.6.5}$$

下不变, 其中 α 为常数. 换言之, 倘若关系

$$F_i(\alpha^{g_1}u_1,\cdots,\alpha^{g_n}u_n) = \alpha^{g_i+1}F_i(u_1,\cdots,u_n), \quad i=1,2,\cdots,n \tag{3.6.6}$$

对任何 u 与常数 α 成立, 称系统 (3.6.4) 为相似不变系统.

一般而言, 一个函数 (多项式), $\varphi(t,u_1,u_2,\cdots,u_n)$ 称为加权度 m 的加权齐次函数 (多项式), 倘若在变换 (3.6.5) 下, 对任何 t,u 及 α,φ 变为原来的 α^m 倍, 即

$$\varphi(\alpha^{-1}t,\alpha^{g_1}u_1,\cdots,\alpha^{g_n}u_n) = \alpha^m\varphi(t,u_1,\cdots,u_n).$$

显然, (3.6.6) 中的 F_i 是加权度 g_i+1 的加权齐次函数 (多项式).

定义 3.6.4　一个相似不变系统称为代数可积的, 倘若存在 $k(1\leqslant k\leqslant n-1)$ 个加权齐次有理的首次积分 $I_1,\cdots,I_k$ 和 $(n-1-k)$ 个另外的积分, 这些积分定义在 $(n-k)$ 维代数簇 $I_1(u)=c_1,\cdots,I_k(u)=c_k$ 上具有以下形式:

$$\Omega_i(u) = \sum_{j=1}^{n-k}\int_{u_j^0}^{u_j}\varphi_{ij}(u)\mathrm{d}u_j, \tag{3.6.7}$$

其中, $\varphi_{ij}(u)$ 是 u 的有理函数, $\Omega_i(u)$ 作为 u 的函数是加权齐次的. 整数 k 是任意的.

这个定义仅对某一类可积系统有效, 不是一般的. 并且即使 $F_i(u)$ 是多项式, 系统 (3.6.4) 仍可能存在超越函数的首次积分. 例如, 系统

$$\dot{u}_1 = cu_1 + u_2u_3, \quad \dot{u}_2 = cu_2 + u_3u_1, \quad \dot{u}_3 = cu_3 + u_1u_2$$

有与时间有关的首次积分

$$I_1(u,t) = (u_1^2 - u_2^2)e^{-2ct}, \quad I_2(u,t) = (u_1^2 - u_3^2)e^{-2ct}.$$

通过研究 Painlevé 检验, Adler 与 P.Van Moerbeke 以及 Yoshida 等, 给出了一系列判定上述可积性的条件. 有兴趣的读者可参考他们的著作.

§3.7 两类非线性系统的首次积分与可积性

3.7.1 Lax 对表示

如果微分方程 $\dot{x} = f(x), x \in \mathbf{R}^n$ 可以表示为 $n \times n$ 矩阵的形式

$$\frac{\mathrm{d}L}{\mathrm{d}t} = [A, L] = AL - LA, \tag{3.7.1}$$

其中, A, L 称为 Lax 对子, 用归纳法易证. $\mathrm{d}L^k/\mathrm{d}t = [A, L^k]$ 对任何正整数 k 都成立. 利用这个关系可以证明, 沿着方程 (3.7.1) 的解, 矩阵 L^k 的迹

$$\mathrm{tr}(L^k) = \mathrm{const}, \quad k = 1, 2, \cdots \tag{3.7.2}$$

因此, $\mathrm{tr}(L^k)$ 是系统 (3.7.1) 的首次积分. 如果 n 阶系统存在 $n-1$ 个这样的首次积分, 它们彼此独立, 两两对合, 则系统必可积.

例 3.7.1 N 质点 Toda 格子的运动由以下的 Hamilton 函数描述 ([Yoshida 1983]):

$$H(p, q) = \frac{1}{2}\sum_{j=1}^{N} p_j^2 + \sum_{j=1}^{N} \exp(q_j - q_{j+1}), \tag{3.7.3}$$

其中, $q_{N+1} = q_1$(周期边界条件). 引入新变量 $a_j, b_j(j = 1, \cdots, N)$:

$$a_j = \frac{1}{2}\exp\left[\frac{1}{2}(q_j - q_{j+1})\right], \quad b_j = \frac{1}{2}p_j, \tag{3.7.4}$$

则运动方程为:

$$\begin{cases} \dot{a}_j = a_j(b_j - b_{j+1}), \\ \dot{b}_j = 2(a_{j-1}^2 - a_j^2). \end{cases} \tag{3.7.5}$$

若定义 $N \times N$ 矩阵 $\boldsymbol{L}$ 与 $\boldsymbol{A}$ 如下:

$$\boldsymbol{L} = \begin{bmatrix} b_1 & a_1 & 0 & \cdots & & a_N \\ a_1 & b_2 & a_2 & \cdots & & 0 \\ 0 & a_2 & b_3 & \cdots & & 0 \\ \vdots & \vdots & \vdots & \vdots & & \vdots \\ \vdots & \vdots & \vdots & b_{N-1} & a_{N-1} \\ a_N & 0 & \cdots & a_{N-1} & b_N \end{bmatrix},$$

$$A = \begin{bmatrix} 0 & -a_1 & 0 & \cdots & & a_N \\ a_1 & 0 & -a_2 & \cdots & & 0 \\ 0 & a_2 & 0 & \cdots & & 0 \\ \vdots & \vdots & \vdots & & \vdots & \vdots \\ \vdots & \vdots & \vdots & 0 & & -a_{N-1} \\ -a_N & 0 & \cdots & a_{N-1} & & 0 \end{bmatrix},$$

则方程 (3.7.5) 可写为 (3.7.1) 的形式. 因此, 该系统有首次积分 $\mathrm{tr}(L^k), k = 1, 2, \cdots, N$. 易证这个 $2N$ 阶系统存在 N 个独立且对合的首次积分. 因此, 系统 (3.7.5) 是可积的.

例 3.7.2   考虑有初始条件 $U(x, 0) = U_0(x)$ 及周期边界条件 $U(0, t) = U(1, t)$ 的偏微分方程 $U_t + \sigma U U_x = 0$, 其中 σ 为正常数. 对于 U 作半离散化处理. 记 $U(h_j, t) = u_j(t)$, 可将上述偏微分方程组变为如下的常微分方程组:

$$\dot{u}_j + \sigma u_j \left(\frac{1-\theta}{2h}(u_{j+1} - u_j) + \frac{1+\theta}{2h}(u_j - u_{j-1}) \right) = 0 \tag{3.7.6}$$

其中 $j = 1, 2, \cdots, n (n \geqslant 3), -1 \leqslant \theta \leqslant 1$, 周期边界条件说明 $0 \equiv n, n+1 \equiv 1$. 取 $\theta = 0$, 并作时间变换 $t \to -\sigma t/2h$, (3.7.6) 可化为:

$$\left. \begin{array}{l} \dot{u}_1 = u_1(u_2 - u_n), \\ \dot{u}_2 = u_2(u_3 - u_1), \\ \qquad \vdots \\ \dot{u}_n = u_n(u_1 - u_{n-1}). \end{array} \right\} \tag{3.7.7}$$

这个方程组在尺度变换 $t \to \varepsilon^{-1}t, u_j \to \varepsilon u_j (j = 1, 2, \cdots, n)$ 下是不变的. 利用周期边界条件容易求得两个首次积分:

$$I_1(u) = \sum_{j=1}^{n} u_j, \quad I_2(u) = \prod_{j=1}^{n} u_j \tag{3.7.8}$$

如果 $n \geqslant 4$, 还有另一个首次积分:

$$I_3(u) = (1/2) \sum_{j=1}^{n} u_{j-1} u_{j+1}. \tag{3.7.9}$$

显然, 当 $n = 3$ 时, 系统 (3.7.7) 是广义 Hamilton 系统:

$$\frac{\mathrm{d}}{\mathrm{d}t} \begin{bmatrix} u_1 \\ u_2 \\ u_3 \end{bmatrix} = \begin{bmatrix} 0 & -1 & 1 \\ 1 & 0 & -1 \\ -1 & 1 & 0 \end{bmatrix} \begin{bmatrix} u_2 u_3 \\ u_1 u_3 \\ u_2 u_1 \end{bmatrix}. \tag{3.7.10}$$

该系统有 Lax 表示:

$$L_3 = \begin{bmatrix} 0 & 1 & u_1 \\ u_2 & 0 & 1 \\ 1 & u_3 & 0 \end{bmatrix}, \quad A_3 = \begin{bmatrix} u_1 + u_2 & 0 & 1 \\ 1 & u_2 + u_3 & 0 \\ 0 & 1 & u_3 + u_1 \end{bmatrix}.$$

容易看出, $\mathrm{Tr}(L_3) = 0, \mathrm{Tr}(L_3^2) = 2I_1(u)$, 因此 Lax 对的表示提供了第一个首次积分. 但 $I_2(u) = u_1 u_2 u_3$ 不能由 $\mathrm{Tr}(L_3)$ 所提供. 这个例子说明 Lax 方法不一定能确定系统的一切首次积分.

3.7.2 Nambu 方程

1973 年 Nambu 构造了一个自治系统

$$\frac{\mathrm{d}u_i}{\mathrm{d}t} = \frac{\partial(u_i, I_1, I_2, \cdots, I_{n-1})}{\partial(u_1, u_2, \cdots, u_n)}, \tag{3.7.11}$$

其中, $I_k : \mathbf{R}^n \to \mathbf{R}, k = 1, 2, \cdots, n-1$, 而 (3.7.11) 右边表示 Jacobi 行列式. 如果采用 Levi-Civita 的符号 $\varepsilon_{ijk\cdots l}$ 并记 $\partial_j \equiv \partial/\partial u_j$, 则 (3.7.11) 可简化为

$$\frac{\mathrm{d}u_i}{\mathrm{d}t} = \varepsilon_{ijk\cdots l} \partial_j I_1 \cdots \partial_l I_{n-1}. \tag{3.7.12}$$

(3.7.11) 以 $I_1, I_2, \cdots, I_{n-1}$ 作为其 $n-1$ 个首次积分. 事实上,

$$\begin{aligned} \frac{\mathrm{d}I_i}{\mathrm{d}t} &= \sum_j \frac{\partial I_i}{\partial u_j} \frac{\mathrm{d}u_j}{\mathrm{d}t} \\ &= \sum (\partial_j I_i) \varepsilon_{jl_1 \cdots l_{n-1}} (\partial_{l_1} I_1) \cdots (\partial_{l_{n-1}} I_{n-1}) \\ &= \frac{\partial(I_i, I_1, I_2, \cdots, I_{n-1})}{\partial(u_i, u_2, \cdots, u_n)} = 0, \end{aligned}$$

因为 Jacobi 行列式中有两行相等.

显然, 若 $I_1, \cdots, I_{n-1}$ 全为多项式, 则系统 (3.7.11) 是代数完全可积的.

特别, 如果 $n = 3$, 则 Nambu 系统就是三维广义 Hamilton 系统

$$\frac{\mathrm{d}u_1}{\mathrm{d}t} = \frac{\partial(I_1, I_2)}{\partial(u_2, u_3)}, \quad \frac{\mathrm{d}u_2}{\mathrm{d}t} = \frac{\partial(I_1, I_2)}{\partial(u_3, u_1)}, \quad \frac{\mathrm{d}u_3}{\mathrm{d}t} = \frac{\partial(I_1, I_2)}{\partial(u_1, u_2)},$$

即

$$\frac{\mathrm{d}}{\mathrm{d}t} \begin{bmatrix} u_1 \\ u_2 \\ u_3 \end{bmatrix} = \begin{bmatrix} 0 & \dfrac{\partial I_2}{\partial u_3} & -\dfrac{\partial I_2}{\partial u_2} \\ -\dfrac{\partial I_2}{\partial u_3} & 0 & \dfrac{\partial I_2}{\partial u_1} \\ \dfrac{\partial I_2}{\partial u_2} & -\dfrac{\partial I_2}{\partial u_1} & 0 \end{bmatrix} \begin{bmatrix} \dfrac{\partial I_1}{\partial u_1} \\ \dfrac{\partial I_1}{\partial u_2} \\ \dfrac{\partial I_1}{\partial u_3} \end{bmatrix}. \tag{3.7.13}$$

如果 $n = 4$, 并取

$$\left.\begin{array}{l} I_1(u) = u_1 + u_2 + u_3 + u_4, \\ I_2(u) = u_1 u_2 u_3 u_4, \\ I_3(u) = u_1 u_3 + u_2 u_4, \end{array}\right\}$$

则 Nambu 系统具有以下形式:

$$\left.\begin{array}{l} \dot{u}_1 = u_1(u_4 - u_2)(u_1 u_3 - u_2 u_4), \\ \dot{u}_2 = u_2(u_3 - u_1)(u_1 u_3 - u_2 u_4), \\ \dot{u}_3 = u_3(u_2 - u_4)(u_1 u_3 - u_2 u_4), \\ \dot{u}_4 = u_4(u_1 - u_3)(u_1 u_3 - u_2 u_4). \end{array}\right\} \tag{3.7.14}$$

比较系统 (3.7.7), (3.7.14) 右边多了一个因子 $(u_1 u_3 - u_2 u_4)$.

Nambu 系统是否具有 Lax 对子的表示? 这是尚未解决的一个有趣问题.

第 4 章 广义 Hamilton 扰动系统的周期轨道与同宿轨道

§4.1 广义 Hamilton 扰动系统的周期轨道的存在性

考虑 Poisson 流形 $(\mathbf{R}^3, \{\cdot, \cdot\})$ 上的三维广义 Hamilton 扰动系统

$$\dot{x} = f(x) + \varepsilon g(x, t), \quad x \in \mathbf{R}^3, \quad t \in \mathbf{R}. \tag{4.1.1}_\varepsilon$$

其中, g 是 $\mathbf{R}^3 \times \mathbf{R}$(或某个连通开子集 U) 上的充分光滑的向量函数, 关于 t 是 T_0 周期的, f 是 $\mathbf{R}^3$ 上充分光滑的向量函数, 并且具有形式

$$f_i(x) = \{x_i, H\}(x) \equiv \sum_{j=1}^{3} J_{ij}(x) \frac{\partial H}{\partial x_j}(x) \quad i = 1, 2, 3, \tag{4.1.2}$$

$0 < \varepsilon \ll 1$ 为扰动参数. 根据命题 3.3.8, 广义 Hamilton 系统的相空间 M(即 Poisson 流形) 实际上是一些 (可能具有不同维数的) 辛流形 (即辛叶) 按某种光滑的方式的并集. 严格地说, 存在辛叶层构造 $\varPhi = \{N_\alpha\}_{\alpha \in \Lambda}(M = \bigcup_{\alpha \in \Lambda} N_\alpha)$, 其中每个辛叶 N_α 都是相应 Poisson 流形 M 上任何一个广义 Hamilton 系统的不变流形, 而且 N_α 上诱导出的 (非退化)Poisson 括号 $\{\cdot, \cdot\}_{N_\alpha}$ 定义为

$$\{\widetilde{F}, \widetilde{G}\}_{N_\alpha} = \{F, G\}_M | N_\alpha, \tag{4.1.3}$$

其中, F, G 是 N_α 上的光滑函数 $\widetilde{F}, \widetilde{G}$ 在 M 上的延拓, 即 $F|N_\alpha = \widetilde{F}(F|N_\alpha$ 表示 F 在 N_α 上的限制函数). 于是, 对 M 上任何广义 Hamilton 系统 ξ_H, 通过上面的限制即可得到辛叶 N_α 上的一个 Hamilton 系统 $\xi_{\widetilde{H}}(\widetilde{H} \equiv H|N_\alpha)$, 称为原系统在 N_α 的约化 Hamilton 系统.

对本章所考虑的 Poisson 流形 $(R^3, \{\cdot, \cdot\})$, 其全体正则点 (即 $J(x)$ 的秩为 2 的点) 形成一个开子集 $M \subset \mathbf{R}^3$. 显然 $(M, \{\cdot, \cdot\})$ 仍是一个 Poisson 流形, 而且是秩为 2 的 Poisson 流形, 因此, 存在一个辛叶层构造 $\varPhi = \{N_\alpha\}_{\alpha \in \Lambda}$, 使得每个辛叶 N_α 都是二维辛流形. 根据第 3 章中关于 Casimir 函数的存在性及其性质, 这些辛叶 (局部地) 可以用 Casimir 函数的水平集来描述.

为研究扰动系统 $(4.1.1)_\varepsilon$ 的周期轨道的存在条件, 对未扰动系统 $(4.1.1)_\varepsilon$

$$\dot{x}_i = \{x_i, H\}(x), \qquad i = 1, 2, 3, \tag{4.1.4}$$

作如下基本假设:

(A₁) 存在 $(\mathbf{R}^3, \{\cdot, \cdot\})$ 的非空正则点集 M(或 M 的某个连通开子集 U) 上定义的 Casimir 函数 $C(x)$, 使得它在每个水平集 $M_c = \{x \in M | C(x) = c\}$($|c| \leqslant c^0$) 上无临界点, 即对每个 $x \in M_c, C(x)$ 的梯度向量 $\nabla C(x) \neq 0$.

由于 $C(x)$ 在 M_c($|c| \leqslant c^0$) 无临界点, 因此对每个 M_c 的连通部分都是一个二维子流形, 由 Casimir 函数定义, M_c 实际上是 M(从而是 $\mathbf{R}^3$) 的辛叶.

(A₂) 存在一维开区间 $I \subset \{c \in \mathbf{R} | |c| \leqslant c^0\}$, 使得对每个 $c \in I$, 满足条件 (A₁) 的未扰动系统 (4.1.4) 在 M_c 上有一个单参数周期轨道簇 $q_0^\alpha(t - \theta, c), \alpha \in l(c), l(c) \subset \mathbf{R}$ 为一个开区间. 记它们的周期为 $T(\alpha, c)$.

以下将研究在基本假设 (A₁) 和 (A₂) 下, 当 $\varepsilon \neq 0$ 时扰动系统 (4.1.1)$_\varepsilon$ 的周期轨道的存在性. 为此先介绍两个基本引理.

引理 4.1.1　设 $q_0^\alpha(t - t_0, c)$ 是 (A₂) 中所假设的未扰动系统 (4.1.4) 的周期轨道. 若对固定的 $c \in I$ 周期 $T(\alpha, c)$ 关于 α 有一致上界, 即对一切 $\alpha \in \hat{l}(c) \subset l(c)$, 存在常数 Q 使得 $T(\alpha, c) < Q$, 则存在扰动系统 (4.1.1)$_\varepsilon$ 的轨道 $q_\varepsilon^\alpha(t, t_0, c)$(不一定是周期轨道), 使得对一切 $\alpha \in \hat{l}(c)$ 及 $t \in [t_0, t_0 + T(\alpha, c)]$, 下面的渐近展式当 ε 充分小时一致成立:

$$q_\varepsilon^\alpha(t, t_0, c) = q_0^\alpha(t - t_0, c) + \varepsilon q_1^\alpha(t, t_0, c) + O(\varepsilon^2). \tag{4.1.5}$$

证　用正则摄动展开及 Gronwall 不等式即可证明.　见 [Guckenheimer 与 Holmes(1983)].

利用展开式 (4.1.5) 易证, $q_1^\alpha(t, t_0, c)$ 满足一阶变分方程

$$\begin{aligned}
\dot{q}_1^\alpha(t, t_0, c) &= Df(q_0^\alpha(t - t_0, c))q_1^\alpha(t, t_0, c) \\
&\quad + g(q_0^\alpha(t - t_0, c), t).
\end{aligned} \tag{4.1.6}$$

对于 m 维 Poisson 流形 $(M, \{\cdot, \cdot\})$, 若 M 具有常数秩 $2n(< m)$, 我们有以下的广义 Hamilton 系统的作用 - 角度变量存在引理.

引理 4.1.2　设 $F_1, \cdots, F_n, C_1, \cdots, C_k : M \to \mathbf{R}$ 是 $n + k(m - k = 2n)$ 个两两对合的光滑函数, 而且 $C_1, \cdots, C_k$ 是 M 的 k 个 Casimir 函数. 如果这 $n + k$ 个函数满足如下条件.

i) 在水平集 $M_{\delta,c} = \{x \in | F_i(x) = \delta_i, C_j(x) = c_j, \quad 1 \leqslant i \leqslant n, \quad 1 \leqslant j \leqslant k\}$ 上是独立函数, δ_i 与 c_j 是任意常数;

ii) $M_{\delta,c}$ 是紧致集合.

则以下结论成立:

a) $M_{\delta,c}$ 的每个连通部分微分同胚于 n 维环面 T^n;

b) 存在 $M_{\delta,c}$ 在 M 中的一个邻域, 该邻域与直积空间 $A \times T^n \times B$ 微分同胚, $A \subset R^n, B \subset R^k$ 为小区域;

c) 在 $A \times T^n \times B$ 中存在坐标 $I, \varphi(\mathrm{mod}2\pi), c(I \in A, \varphi \in T^n, c \in B)$ 使得函数 $F_1, \cdots, F_n$ 仅依赖于 I 和 c, 并且在这组坐标下的 Poisson 括号结构矩阵元素满足:

$$\{I_i, I_j\} = \{\varphi_i, \varphi_j\} = \{I_i, c_l\} = \{\varphi_i, c_l\} = \{c_r, c_l\} = 0,$$
$$\{I_i, \varphi_j\} = -\delta_{ij}, \quad i, j = 1, \cdots, n, \quad r, l = 1, \cdots, k. \tag{4.1.7}$$

证　根据 Casimir 函数的性质及定理的条件知, 水平集

$$M_c = \{x \in M | C_l(x) = c_l, \quad l = 1, \cdots, k\}$$

是 M 的 $2n$ 维辛子流形. 设 $F_1, \cdots, F_n$ 限制在 M_c 上的对应函数为 $\tilde{F}_1, \cdots, \tilde{F}_n$, 那么它们是 M_c 上的两两对合的光滑函数:

$$\{\tilde{F}_i, \tilde{F}_j\}_{M_c} = \{F_i, F_j\}|M_c = 0.$$

此外由假设知 $\{\tilde{F}_i\}_1^n$ 在 $M_{\delta,c} \subset M_c$ 上是独立函数并且 $M_{\delta,c}$ 是紧致集合, 根据定理 3.6.4 与 3.6.5, 立即可得结论 a)、b) 和 c), 其中新坐标分量 c 由 Casimir 函数 C_i 构成.

我们通过构造扰动系统 $(4.1.1)_\varepsilon$ 的 Poincaré 映射, 来研究扰动系统的周期轨道的存在性条件. 为此先将非自治扰动系统 $(4.1.1)_\varepsilon$ 改写为扩展相空间 $\mathbf{R}^3 \times S_{T_0}$ 上的扭扩自治系统:

$$\dot{x} = f(x) + \varepsilon g(x, \theta), \quad \dot{\theta} = 1, \quad (x, \theta) \in \mathbf{R}^3 \times S_{T_0}, \tag{4.1.8$_\varepsilon$}$$

其中, $S_{T_0} = \mathbf{R}/T_0$ 是周长为 T_0 的圆周. 这种写法即使 $(4.1.1)_\varepsilon$ 是自治系统时也是可行的.

定义 $(4.1.1)_\varepsilon$ 的全局截痕 Σ^0 为

$$\Sigma^0 = \{(x, \theta) \in \mathbf{R}^3 \times S_{T_0} | \theta = 0\}. \tag{4.1.9}$$

若记 $(x^\varepsilon(t), t)$ 为 $(4.1.8)_\varepsilon$ 的从 $(x^\varepsilon(0), 0) \in \Sigma^0$ 出发的轨道, 则对应于 $(4.1.8)_\varepsilon$ 定义 Poincaré 映射 (又称 T^0 周期映射)$P_\varepsilon : \Sigma^0 \to \Sigma^0$ 为

$$P_\varepsilon : (x^\varepsilon(0), 0) \to (x^\varepsilon(T_0), T_0) \in \Sigma^0. \tag{4.1.10}$$

这样, 映射 P_ε 的不动点就对应于 $(4.1.1)_\varepsilon$ 的 T_0 周期轨道. 因此, 研究 $(4.1.1)_\varepsilon$ 的具有周期为 mT_0 的周期轨道的存在性问题就归结于 Poincaré 映射 $P_\varepsilon^m(P_\varepsilon$ 的 m 次迭代) 的不动点的存在性问题. 下面我们在未扰动系统 (4.1.4) 的周期轨道邻域内明显地构造扰动系统的 Poincaré 映射 P_ε.

根据引理 4.1.2, 在未扰动系统 (4.1.4) 的周期轨道邻域存在坐标变换:

$$x = (x_1, x_2, x_3) \to (a, \varphi \, \mathrm{mod}2\pi, c) \tag{4.1.11}$$

使得在新坐标下, 未扰动系统的 Hamilton 函数 H 仅依赖于 a 和 c, 即 $H(x) \equiv \hat{H}(a,c)$, 而且 Poisson 括号相对于这组坐标的结构矩阵元素为:

$$\{a,\varphi\} = -1, \quad \{a,c\} = 0, \quad \{\varphi,c\} = 0, \tag{4.1.12}$$

其中, $c = C(x)$ 就是假设 (A$_1$) 中的 Casimir 函数, $\{\cdot,\cdot\}$ 是 (A$_1$) 中的 Poisson 括号.

在新坐标下, (4.1.8)$_\varepsilon$ 可以改为:

$$\left.\begin{aligned}
\dot{a} &= \{a,\hat{H}(a,c)\} + \varepsilon\langle\nabla a, g\rangle(x,\theta), \\
\dot{\varphi} &= \{\varphi,\hat{H}(a,c)\} + \varepsilon\langle\nabla\varphi, g\rangle(x,\theta), \\
\dot{c} &= \{c,\hat{H}(a,c)\} + \varepsilon\langle\nabla c, g\rangle(x,\theta), \\
\dot{\theta} &= 1,
\end{aligned}\right\} \tag{4.1.13}$$

其中, $\langle\cdot,\cdot\rangle$ 表示向量内积, ∇ 表示梯度算子.

利用 (4.1.12) 及 Poisson 括号的定义容易算得

$$\{a,\hat{H}(a,c)\} = \{c,\hat{H}(a,c)\} = 0, \quad \{\varphi,\hat{H}(a,c)\} = \left.\frac{\partial\hat{H}}{\partial a}\right|_c, \tag{4.1.14}$$

其中, $\left.\dfrac{\partial\hat{H}}{\partial a}\right|_c$ 表示固定 c 而对 a 求偏导数. 因此可以把 (4.1.13) 进一步化简为:

$$\left.\begin{aligned}
\dot{a} &= \varepsilon\langle\nabla a, g\rangle(x,\theta) \equiv \varepsilon F(a,\varphi,c,\theta), \\
\dot{\varphi} &= \left.\frac{\partial\hat{H}}{\partial a}\right|_c + \varepsilon\langle\nabla\varphi, g\rangle(x,\theta) \equiv \Omega(a,c) + \varepsilon G(a,\varphi,c,\theta), \\
\dot{c} &= \varepsilon\langle\nabla c, g\rangle(x,\theta) \equiv \varepsilon R(a,\varphi,c,\theta), \\
\dot{\theta} &= 1,
\end{aligned}\right\} \tag{4.1.15}_0$$

其中, $(a,\varphi,c,\theta) \in A \times S_{2\pi} \times I \times S_{T_0}, A \subset \mathbf{R}^+$ 是一个有限区间, $S_{2\pi} = \mathbf{R}/2\pi$ 是周长为 2π 的圆周, I 是假设 (A$_2$) 中存在的区间.

这样, 未扰动系统 (4.1.15)$_0$ 的初值为 $(a_0,\varphi_0,c_0,0)$ 的解具有以下形式:

$$a = a_0, \varphi = \Omega(a_0,c_0)t + \varphi_0, c = c_0, \theta = t. \tag{4.1.16}$$

因此 a,c 的作用与基本假设 (A$_2$) 中的 α,c 的作用相同. 此时 (4.1.8)$_\varepsilon$ 的相流的截痕 (4.1.9) 变为

$$\Sigma^0 = \{(a,\varphi,c,\theta) \in A \times S_{2\pi} \times I \times S_{T_0}|\theta = 0\}. \tag{4.1.17}$$

设系统 (4.1.15)$_\varepsilon$ 从 $(a,\varphi,c,\theta) = (a_0,\varphi_0,c_0,0)$ 出发的轨道为

$$(a_\varepsilon(t,\theta,a_0,\varphi_0,c_0),\varphi_\varepsilon(t,\theta,a_0,\varphi_0,c_0),c_\varepsilon(t,\theta,a_0,\varphi_0,c_0),\theta = t). \tag{4.1.18}$$

则与 (4.1.10) 对应的具有周期 T_0 的 Poincaré 映射 $P_\varepsilon : \Sigma^0 \to \Sigma^0$ 的 m 次迭代 $P_\varepsilon^m : \Sigma^0 \to \Sigma^0$ 为

$$(a_0, \varphi_0, c_0) \to (a_\varepsilon(mT_0, 0, a_0, \varphi_0, c_0),$$
$$\varphi_\varepsilon(mT_0, 0, a_0, \varphi_0, c_0), c_\varepsilon(mT, 0, a_0, \varphi_0, c_0)). \tag{4.1.19}$$

根据引理 4.1.1, 扰动轨道 (4.1.18) 可以用未扰动轨道 (4.1.16) 在未扰动轨道的一个周期内一致逼近:

$$\left.\begin{aligned}
a_\varepsilon(t) &= a_0 + \varepsilon a_1(t) + O(\varepsilon^2), \\
\varphi_\varepsilon(t) &= \Omega(a_0, c_0)t + \varphi_0 + \varepsilon\varphi_1(t) + O(\varepsilon^2), \\
c_\varepsilon(t) &= c_0 + \varepsilon c_1(t) + O(\varepsilon^2),
\end{aligned}\right\} \tag{4.1.20}$$

$t \in [0, T(a_0, c_0)], T(a_0, c_0) = 2\pi/\Omega(a_0, c_0)$ 为未扰动轨道的周期. 注意 (4.1.20) 中的 $a_\varepsilon, a_1, \cdots,$ 均依赖于初始条件 (a_0, φ_0, c_0). 此外 $a_1(t), \varphi_1(t), c_1(t)$ 满足 $(4.1.15)_\varepsilon$ 在未扰动轨道 (4.1.16) 处的一阶变分方程:

$$\left.\begin{aligned}
\dot{a}_1(t) &= F(a_0, \Omega(a_0, c_0)t + \varphi_0, c_0, t), \\
\dot{\varphi}_1(t) &= \frac{\partial\Omega}{\partial a}(a_0, c_0)a_1(t) + \frac{\partial\Omega}{\partial c}(a_0, c_0)c_1(t) \\
&\quad + G(a_0, \Omega(a_0, c_0)t + \varphi_0, c_0, t), \\
\dot{c}_1(t) &= R(a_0, \Omega(a_0, c_0)t + \varphi_0, c_0, t).
\end{aligned}\right\} \tag{4.1.21}$$

这个方程组关于 a_1, φ_1, c_1 是线性方程组, 从 0 到 mT_0 直接求积分, 可得 (注意 $a_1(0)$, $\varphi_1(0), c_1(0) = 0$):

$$a_1(mT_0) = \int_0^{mT_0} F(a_0, \Omega(a_0, c_0)t + \varphi_0, c_0, t)\mathrm{d}t,$$

$$\varphi_1(mT_0) = \frac{\partial\Omega}{\partial a}(a_0, c_0) \int_0^{mT_0} \int_0^t F(a_0, \Omega(a_0, c_0)\eta + \varphi_0, c_0, \eta)\mathrm{d}\eta\mathrm{d}t$$
$$+ \frac{\partial\Omega}{\partial c}(a_0, c_0) \int_0^{mT_0} \int_0^t R(a_0, \Omega(a_0, c_0)\eta + \varphi_0, c_0, \eta)\mathrm{d}\eta\mathrm{d}t$$
$$+ \int_0^{mT_0} G(a_0, \Omega(a_0, c_0)t + \varphi_0, c_0, t)\mathrm{d}t,$$

$$c_1(mT_0) = \int_0^{mT_0} R(a_0, \Omega(a_0, c_0)t + \varphi_0, c_0, t)\mathrm{d}t.$$

以上各式原则上已经求出, 因上述各个积分只涉及已知的未扰动周期轨道和已知的向量场各分量函数式. 把上面的 $a_1(mT_0), \varphi_1(mT_0), c_1(mT_0)$ 的右端的已知函数式联

合记为向量形式:

$$M(a_0, \varphi_0, c_0, m) = (M_1(a_0, \varphi_0, c_0, m), M_2(a_0, \varphi_0, c_0, m), M_3(a_0, \varphi_0, c_0, m)),$$
(4.1.22)

并称之为**次谐波Melnikov向量函数**. 于是, 由 (4.1.19) 所定义的 Poincaré 映射 P_ε^m 可以明显地表示为:

$$\begin{aligned}
P_\varepsilon^m : (a, \varphi, c) &\to (a, \Omega(a, c) m T_0 t + \varphi, c) \\
&+ \varepsilon(M_1(a, \varphi, c, m), \\
&\quad M_2(a, \varphi, c, m), M_3(a, \varphi, c, m)) + O(\varepsilon^2).
\end{aligned}$$
(4.1.23)

由于 (4.1.20) 式只在未扰动周期轨道的一个周期内一致有效, 因此只有当 $m T_0 = T(a, c)$ 时, (4.1.20) 是一致有效的, 而当 $m T_0 = n T(a, c)(n \geqslant 2)$ 时 (其中 m, n 为互素正整数) 则不一致有效, 随着 n 的增大, ε 将趋于 0.

　　根据前面对 Poincaré 映射 P_ε^m 的定义, P_ε^m 的不动点就对应于扰动系统 $(4.1.8)_\varepsilon$ 的 m 阶次谐周期轨道. 因此利用 (4.1.23) 可以得到下面的扰动系统 $(4.1.8)_\varepsilon$ 的 m 阶次谐波周期轨道存在性判定定理.

　　定理 4.1.1　若 (a_0, φ_0, c_0) 是满足共振条件 $T(a_0, c_0) = m T_0 / n$ 的未扰动系统的周期轨道 (4.1.16) 的初值, 且使下列两组条件之一成立:

(I) $\dfrac{\partial \Omega}{\partial a}(a_0, c_0) \neq 0$ 或 $\dfrac{\partial \Omega}{\partial c}(a_0, c_0) \neq 0$, 且

$$\begin{aligned}
&\left[\frac{\partial \Omega}{\partial a} \left(\frac{\partial M_1}{\partial \varphi} \frac{\partial M_3}{\partial c} - \frac{\partial M_1}{\partial c} \frac{\partial M_3}{\partial \varphi} \right) \right. \\
&\quad \left. + \frac{\partial \Omega}{\partial c} \left(\frac{\partial M_1}{\partial a} \frac{\partial M_3}{\partial \varphi} - \frac{\partial M_1}{\partial \varphi} \frac{\partial M_3}{\partial a} \right) \right] (a_0, \varphi_0, c_0) \neq 0,
\end{aligned}$$

$$M_1(a_0, \varphi_0, c_0) = M_3(a_0, \varphi_0, c_0) = 0;$$

(II) $\dfrac{\partial \Omega}{\partial a}(a_0, c_0) = \dfrac{\partial \Omega}{\partial c}(a_0, c_0) = 0$, 且 $\left[\dfrac{\partial(M_1, M_2, M_3)}{\partial(a, \varphi, c)} \right](a_0, \varphi_0, c_0) \neq 0$,

$$M_1(a_0, \varphi_0, c_0) = M_2(a_0, \varphi_0, c_0) = M_3(a_0, \varphi_0, c_0) = 0.$$

那么对充分小的 $\varepsilon : 0 < \varepsilon \leqslant \varepsilon(n)$, 由 (4.1.23) 所定义的 Poincaré 映射 P_ε^m 在 (a_0, φ_0, c_0) 附近存在一个不动点, 从而对应的广义 Hamilton 扰动系统 $(4.1.1)_\varepsilon$ 存在一个 m 阶次谐周期轨道. 如果共振条件中 $n = 1$, 则上述结论在 $0 < \varepsilon \leqslant \varepsilon(1)$ 中一致成立.

　　证　根据假设 $T(a_0, c_0) = m T_0 / n$, 所以

$$m T_0 \Omega(a_0, c_0) = 2 n \pi.$$

另外, 当 $\varepsilon \neq 0$ 时由 (4.1.23) 所定义的 P_ε^m 存在不动点的充分必要条件是下面的联立方程组存在属于 $A \times S_{2\pi} \times I$ 的实根:

$$\left.\begin{aligned}
F_1 &= M_1(a, \varphi, c) + O(\varepsilon) = 0, \\
F_2 &= [\Omega(a, c)mT_0 + \varepsilon M_2(a, \varphi, c) \\
&\quad + O(\varepsilon^2)](\mathrm{mod}\, 2\pi) = 0, \\
F_3 &= M_3(a, \varphi, c) + O(\varepsilon) = 0.
\end{aligned}\right\} \tag{4.1.24}$$

当 (I) 中条件成立时, $(a, \varphi, c, \varepsilon) = (a_0, \varphi_0, c_0, 0)$ 是 (4.1.24) 的一个实根, 即

$$F_i(a_0, \varphi_0, c_0, 0) = 0, \qquad i = 1, 2, 3.$$

为了使 (4.1.24) 在 $\varepsilon \neq 0$ 时也存在实根, 只须要求

$$\left[\frac{\partial(F_1, F_2, F_3)}{\partial(a, \varphi, c)}\right]_{(a_0, \varphi_0, c_0, 0)} \neq 0. \tag{4.1.25}$$

上式成立时, 根据隐函数定理立即可知, 当 $\varepsilon > 0$ 充分小时, (4.1.24) 在 $(a_0, \varphi_0, c_0, 0)$ 附近存在一个根: $a(\varepsilon) = a_0 + O(\varepsilon), \varphi(\varepsilon) = \varphi_0 + O(\varepsilon), c(\varepsilon) = c_0 + O(\varepsilon), 0 < \varepsilon \leqslant \varepsilon(n)$.

直接计算 (4.1.25) 的左边得到

$$\left[\frac{\partial\Omega}{\partial a}\left(\frac{\partial M_1}{\partial \varphi}\frac{\partial M_3}{\partial c} - \frac{\partial M_1}{\partial c}\frac{\partial M_3}{\partial \varphi}\right) + \frac{\partial\Omega}{\partial c}\left(\frac{\partial M_1}{\partial a}\frac{\partial M_3}{\partial \varphi} - \frac{\partial M_1}{\partial \varphi}\frac{\partial M_3}{\partial a}\right)\right]_{(a_0, \varphi_0, c_0)}$$

根据假设上式不为零, 故条件 (4.1.25) 满足.

当条件 (II) 成立时, 同样利用隐函数定理证明, 但此时不能直接用 (4.1.24).

由假设 $\dfrac{\partial\Omega}{\partial a}(a_0, c_0) = \dfrac{\partial\Omega}{\partial c}(a_0, c_0) = 0$, 当 $\varepsilon \neq 0$ 时不难证明, (4.1.24) 在 (a_0, φ_0, c_0) 的 ε 邻域内的实根与当 $\varepsilon \neq 0$ 时下面的方程组实根完全相同:

$$\left.\begin{aligned}
G_1 &\equiv M_1(a, \varphi, c) + O(\varepsilon) = 0, \\
G_2 &\equiv [M_2(a, \varphi, c) + O(\varepsilon)](\mathrm{mod}\, 2\pi) = 0, \\
G_3 &\equiv M_3(a, \varphi, c) + O(\varepsilon) = 0,
\end{aligned}\right\} \tag{4.1.26}$$

其中, (a, φ, c) 在 (a_0, φ_0, c_0) 的 ε 邻域内.

对 (4.1.26) 在 $(a, \varphi, c, \varepsilon) = (a_0, \varphi_0, c_0, 0)$ 处验证隐函数定理的条件即可得到定理结论.

当扰动系统 $(4.1.1)_\varepsilon$ 右端是自治扰动时, 即当 $g_i(i = 1, 2, 3)$ 不显含时间 t 时, 定理 4.1.1 的条件显然不能满足. 此时, Poincaré 映射 P_ε 变为一个二维映射: $P_\varepsilon: \pi_0 \to \pi_0$, 其中 π_0 是未扰动系统的周期轨道邻域的横截平面, P_ε 把 π_0 上的点映射到过这一点的扰动轨道首次返回 π_0 的那点, 即

$$P_\varepsilon: (a_0, c_0) \to (a_\varepsilon(T_\varepsilon(a_0, c_0)), c_\varepsilon(T_\varepsilon(a_0, c_0)))$$

其中, $T_\varepsilon(a_0, c_0) = T(a_0, c_0) + O(\varepsilon)$ 是过 (a_0, c_0) 的扰动轨道首次返回 π_0 的时间.

周期轨道邻域的截平面见图 4.1.1.

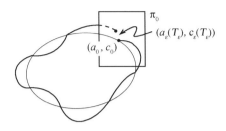

图 4.1.1　周期轨道邻域的截平面

利用 (4.1.20), (4.1.21) 我们仍然可得 P_ε 的表达式如下:

$$P_\varepsilon : (a_0, c_0) \to (a_0, c_0) + \varepsilon(M_1(a_0, c_0), M_3(a_0, c_0)) + O(\varepsilon^2) \tag{4.1.27}$$

其中,

$$M_1(a_0, c_0) = \int_0^{T(a_0, c_0)} F(a_0, \Omega(a_0, c_0)t, c_0)\mathrm{d}t,$$

$$M_3(a_0, c_0) = \int_0^{T(a_0, c_0)} R(a_0, \Omega(a_0, c_0)t, c_0)\mathrm{d}t.$$

因此, 对应于非自治情况的定理 4.1.1, 我们有如下的结论, 其证明类似于定理 4.1.1, 只须引用隐函数存在定理.

定理 4.1.2　若存在 (a_0, c_0) 使得 $M_1(a_0, c_0) = M_3(a_0, c_0) = 0$, 且

$$\left[\frac{\partial(M_1, M_3)}{\partial(a, c)}\right]_{(a_0, c_0)} \neq 0,$$

则在 (a_0, c_0) 附近存在由 (4.1.27) 所定义的 Poincaré 映射 P_ε 的一个孤立不动点 $(a_0, c_0) + O(\varepsilon)$. 换言之, 存在自治扰动系统 $(4.1.1)_\varepsilon$ 的一条孤立周期轨道, 其周期 $T_\varepsilon = T(a_0, c_0) + O(\varepsilon)$.

关于定理 4.1.1 和定理 4.1.2 所述系统 $(4.1.1)_\varepsilon$ 的周期轨道的稳定性, 可以通过 Poincaré 映射 (4.1.23) 和 (4.1.27) 在不动点的特征值的性质来确定. 如果一切特征值的模都小于 1, 则 $(4.1.1)_\varepsilon$ 的周期轨道稳定; 如果存在一个模大于 1 的特征值, 则周期轨道不稳定.

兹引入记号 $\Delta_i (i = 1, \cdots, 4)$ 如下:

$$\Delta_1 = \frac{\partial M_1}{\partial a} + \frac{\partial M_2}{\partial \varphi} + \frac{\partial M_3}{\partial c} = \mathrm{trace}[D\boldsymbol{M}],$$

$$\Delta_2 = mT_0 \frac{\partial\Omega}{\partial a}\frac{\partial M_1}{\partial\varphi} + mT_0 \frac{\partial\Omega}{\partial c}\frac{\partial M_3}{\partial\varphi},$$

$$\Delta_3 = \frac{\partial(M_1, M_2)}{\partial(a, \varphi)} + \frac{\partial(M_1, M_3)}{\partial(a, c)} + \frac{\partial(M_2, M_3)}{\partial(\varphi, c)},$$

$$\Delta_4 = mT_0 \frac{\partial\Omega}{\partial a} \frac{\partial(M_1, M_3)}{\partial(\varphi, c)} + mT_0 \frac{\partial\Omega}{\partial c} \frac{\partial(M_1, M_3)}{\partial(a, \varphi)},$$

以上各式均在 (a_0, φ_0, c_0) 处取值.

对于由 (4.1.23) 定义的 Poincaré 映射 P_ε^m 在不动点 $p_\varepsilon = (a_0, \varphi_0, c_0) + O(\varepsilon)$, 其特征值的近似表达式如下:

(a) 当 $\Delta_2 \neq 0, \Delta_4 \neq 0$ 时, 特征值为

$$\lambda_{1,2} = 1 \pm \sqrt{\varepsilon}\sqrt{\Delta_2} + \frac{\varepsilon}{2}\left(\Delta_1 - \frac{\Delta_4}{\Delta_2}\right) + O(\varepsilon^{3/2}), \lambda_3 = 1 + \varepsilon\frac{\Delta_4}{\Delta_2} + O(\varepsilon^2).$$

(b) 当 $\Delta_2 = 0, \Delta_4 \neq 0$ 时, 特征值为

$$\lambda_1 = 1 + \varepsilon^{2/3}(-\Delta_4)^{1/3} + \varepsilon\frac{\Delta_1}{3} + \frac{\varepsilon^{4/3}}{(-\Delta_4)^{1/3}}\left[\frac{5}{9}\Delta_1^2 - \Delta_3\right] + O(\varepsilon^{5/3}),$$

$$\lambda_2 = 1 + \varepsilon^{2/3}\mathrm{e}^{4\pi i/3}(-\Delta_4)^{1/3} + \varepsilon\frac{\Delta_1}{3} + \frac{\varepsilon^{4/3}\mathrm{e}^{4\pi i/3}}{(-\Delta_4)^{1/3}}\left[\frac{5}{9}\Delta_1^2 - \Delta_3\right] + O(\varepsilon^{5/3}),$$

$$\lambda_3 = 1 + \varepsilon^{2/3}\mathrm{e}^{8\pi i/3}(-\Delta_4)^{1/3} + \varepsilon\frac{\Delta_1}{3} + \frac{\varepsilon^{4/3}\mathrm{e}^{8\pi i/3}}{(-\Delta_4)^{1/3}}\left[\frac{5}{9}\Delta_1^2 - \Delta_3\right] + O(\varepsilon^{5/3}).$$

对于由 (4.1.27) 定义的 Poincaré 映射 P_ε 在不动点 $p_\varepsilon = (a_0, c_0) + O(\varepsilon)$, 其特征值有以下的近似表达式

$$\lambda_{1,2} = 1 + \frac{\varepsilon}{2}\mathrm{trace}D\boldsymbol{M} \pm \frac{\varepsilon}{2}\sqrt{(\mathrm{trace}D\boldsymbol{M})^2 - 4\det D\boldsymbol{M}} + O(\varepsilon^2),$$

其中

$$\mathrm{trace}D\boldsymbol{M} = \frac{\partial M_1}{\partial a} + \frac{\partial M_3}{\partial c},$$

$$\det DM = \frac{\partial M_1}{\partial a}\frac{\partial M_3}{\partial c} - \frac{\partial M_1}{\partial c}\frac{\partial M_3}{\partial a}$$

均在 (a_0, c_0) 处取值.

§4.2 周期轨道的分支与 Melnikov 向量函数的计算与推广

本节首先考虑以下含参数 μ 的系统:

$$\dot{x} = f(x) + \varepsilon g(x, t, \mu), \tag{4.2.1}_\varepsilon$$

其中, $\mu \in \mathbf{R}$ 为参数, g 关于 μ 连续可微. 设 (4.2.1) 满足对 $(4.1.1)_\varepsilon$ 的一切假设.

因此类似于 4.1 节, 我们有 (4.1.23) 所描述的含参数的 Poincaré 映射 P_ε^m. 从而可以证明以下鞍 - 结分支定理.

定理 4.2.1　若存在一点 $\hat{p} = (\hat{a}, \hat{\varphi}, \hat{c}, \hat{\mu})$ 使得 $mT_0\Omega(\hat{a}, \hat{c}) = 2\pi n$ 并且下面 (I)、(II) 两组条件之一成立:

(I) $M_1(\hat{p}) = M_3(\hat{p}) = 0$,

$$\left[\frac{\partial\Omega}{\partial a}\frac{\partial(M_1, M_3)}{\partial(c, \varphi)} + \frac{\partial\Omega}{\partial c}\frac{\partial(M_1, M_3)}{\partial(\varphi, a)}\right]\Big|_{\hat{p}} = 0,$$

并且有如下三组非退化条件之一成立:

(I$_\mathrm{a}$)　$\left[\dfrac{\partial\Omega}{\partial c}\dfrac{\partial(M_1, M_3)}{\partial(\varphi, \mu)}\right]\Big|_{\hat{p}} \neq 0,$

$$\frac{\mathrm{d}}{\mathrm{d}a}\left[\frac{\partial\Omega}{\partial a}\frac{\partial(M_1, M_3)}{\partial(c, \varphi)} + \frac{\partial\Omega}{\partial c}\frac{\partial(M_1, M_3)}{\partial(\varphi, a)}\right]\Big|_{\hat{p}} \neq 0;$$

(I$_\mathrm{b}$)　$\left[\dfrac{\partial\Omega}{\partial a}\dfrac{\partial(M_1, M_3)}{\partial(\mu, c)} + \dfrac{\partial\Omega}{\partial c}\dfrac{\partial(M_1, M_3)}{\partial(a, \mu)}\right]\Big|_{\hat{p}} \neq 0,$

$$\frac{\mathrm{d}}{\mathrm{d}\varphi}\left[\frac{\partial\Omega}{\partial a}\frac{\partial(M_1, M_3)}{\partial(c, \varphi)} + \frac{\partial\Omega}{\partial c}\frac{\partial(M_1, M_3)}{\partial(\varphi, a)}\right]\Big|_{\hat{p}} \neq 0;$$

(I$_\mathrm{c}$)　$\left[\dfrac{\partial\Omega}{\partial a}\dfrac{\partial(M_1, M_3)}{\partial(\mu, \varphi)}\right]\Big|_{\hat{p}} \neq 0,$

$$\frac{\mathrm{d}}{\mathrm{d}c}\left[\frac{\partial\Omega}{\partial a}\frac{\partial(M_1, M_3)}{\partial(c, \varphi)} + \frac{\partial\Omega}{\partial c}\frac{\partial(M_1, M_3)}{\partial(\varphi, a)}\right]\Big|_{\hat{p}} \neq 0;$$

(II)　$M_1(\hat{p}) = M_2(\hat{p}) = M_3(\hat{p}) = 0$,

$$\frac{\partial\Omega}{\partial a}(\hat{a}, \hat{c}) = \frac{\partial\Omega}{\partial c}(\hat{a}, \hat{c}) = 0, \quad \frac{\partial(M_1, M_2, M_3)}{\partial(a, \varphi, c)}\Big|_{\hat{p}} = 0,$$

并且下面三组非退化条件之一成立:

(II$_\mathrm{a}$)　$\dfrac{\partial(M_1, M_2, M_3)}{\partial(\varphi, c, \mu)}\Big|_{\hat{p}} \neq 0, \quad \dfrac{\mathrm{d}}{\mathrm{d}a}\left[\dfrac{\partial(M_1, M_2, M_3)}{\partial(a, \varphi, c)}\right]\Big|_{\hat{p}} \neq 0;$

(II$_\mathrm{b}$)　$\dfrac{\partial(M_1, M_2, M_3)}{\partial(a, c, \mu)}\Big|_{\hat{p}} \neq 0, \quad \dfrac{\mathrm{d}}{\mathrm{d}\varphi}\left[\dfrac{\partial(M_1, M_2, M_3)}{\partial(a, \varphi, c)}\right]\Big|_{\hat{p}} \neq 0;$

(II$_\mathrm{c}$)　$\dfrac{\partial(M_1, M_2, M_3)}{\partial(a, \varphi, \mu)}\Big|_{\hat{p}} \neq 0, \quad \dfrac{\mathrm{d}}{\mathrm{d}c}\left[\dfrac{\partial(M_1, M_2, M_3)}{\partial(a, \varphi, c)}\right]\Big|_{\hat{p}} \neq 0.$

那么, 在 $\hat{p}$ 点附近存在 $(4.2.1)_\varepsilon$ 的 m 阶次谐周期轨道, 此时扰动系统产生鞍结分支点, 并且 $\mu_\varepsilon = \hat{\mu} + O(\varepsilon)$ 是相应的鞍结分支值.

证 首先在条件 (I) 下证明. 从定理 4.1.1 的证明过程以及条件 (I_a)、(I_b)、(I_c) 中的第一个不等式可知, 下面方程组的解对应于 Poincaré 映射 P_ε^m 的不动点, 它们组成 (a, φ, c, μ) 空间中的一条曲线:

$$
\left.
\begin{aligned}
& M_1(a, \varphi, c, \mu) + O(\varepsilon) = 0, \\
& [mT_0\Omega(a, c) + \varepsilon M_2(a, \varphi, c, \mu) + O(\varepsilon^2)](\mathrm{mod}\, 2\pi) = 0, \\
& M_3(a, \varphi, c, \mu) + O(\varepsilon) = 0.
\end{aligned}
\right\}
\tag{4.2.2}
$$

这条曲线的切向量为

$$
\begin{aligned}
\boldsymbol{T} = \bigg(& \frac{\partial \Omega}{\partial c} \frac{\partial(M_1, M_3)}{\partial(\varphi, \mu)} + O(\varepsilon), \ \frac{\partial \Omega}{\partial c} \frac{\partial(M_1, M_3)}{\partial(a, \mu)} + \frac{\partial \Omega}{\partial a} \frac{\partial(M_1, M_3)}{\partial(\mu, c)} + O(\varepsilon), \\
& \frac{\partial \Omega}{\partial a} \frac{\partial(M_1, M_3)}{\partial(\mu, \varphi)} + O(\varepsilon), \ \frac{\partial \Omega}{\partial a} \frac{\partial(M_1, M_3)}{\partial(c, \varphi)} + \frac{\partial \Omega}{\partial c} \frac{\partial(M_1, M_3)}{\partial(\varphi, a)} + O(\varepsilon) \bigg).
\end{aligned}
$$

上式右端的第四个分量是沿 μ 方向的分量, 因此在 $\hat{p}$ 附近存在鞍结分支的条件等价于在 $\hat{p}$ 附近存在一点使得

$$
\frac{\partial \Omega}{\partial a} \frac{\partial(M_1, M_3)}{\partial(c, \varphi)} + \frac{\partial \Omega}{\partial c} \frac{\partial(M_1, M_3)}{\partial(\varphi, a)} + O(\varepsilon) = 0,
\tag{4.2.3}
$$

并且在该点曲线的切向量的 μ 分量的改变率不等于零. 假设 (I_a) 成立, 则由于 $\left[\frac{\partial \Omega}{\partial c} \frac{\partial(M_1, M_3)}{\partial(\varphi, \mu)}\right]\Big|_{\hat{p}} \neq 0$, 即切向量 $\boldsymbol{T}$ 的 a 方向分量非零. 根据隐函数定理, (4.2.2) 所确定的不动点曲线局部地可以表示为 a 的函数. 因此为证明在 $\hat{p}$ 附近存在一点使 (4.2.3) 成立, 只需证明

$$
\frac{\mathrm{d}}{\mathrm{d}a} \left[\frac{\partial \Omega}{\partial a} \frac{\partial(M_1, M_3)}{\partial(c, \varphi)} + \frac{\partial \Omega}{\partial c} \frac{\partial(M_1, M_3)}{\partial(\varphi, a)} \right]\Big|_{\hat{p}} \neq 0,
\tag{4.2.4}
$$

而 (4.2.4) 就是 (I_a) 中的第二个不等式. 此外 (4.2.4) 同时说明, μ 分量的改变率当 ε 充分小时不等于零. 从而关于参数 μ 存在鞍结分支. 在假设 (I_b)、(I_c) 下的情况, 类似地证明.

以下考虑定理的条件 (II).

同样根据定理 4.1.1 的证明, 此时代替 (4.2.2) 的是下面的方程组:

$$
\left.
\begin{aligned}
& M_1(a, \varphi, c, \mu) + O(\varepsilon) = 0, \\
& [M_2(a, \varphi, c, \mu) + O(\varepsilon)](\mathrm{mod}\, 2\pi) = 0, \\
& M_3(a, \varphi, c, \mu) + O(\varepsilon) = 0,
\end{aligned}
\right\}
\tag{4.2.5}
$$

其中, (a, φ, c) 在 $\hat{p} = (\hat{a}, \hat{\varphi}, \hat{c})$ 的 ε 邻域内取值. 在 (a, φ, c, μ) 空间中, (4.2.5) 确定的不动点曲线的切向量为

$$T = \left(\frac{\partial(M_1, M_2, M_3)}{\partial(\varphi, c, \mu)} + O(\varepsilon), \frac{\partial(M_1, M_2, M_3)}{\partial(a, c, \mu)} + O(\varepsilon), \right.$$
$$\left. \frac{\partial(M_1, M_2, M_3)}{\partial(a, \varphi, \mu)} + O(\varepsilon), \frac{\partial(M_1, M_2, M_3)}{\partial(a, \varphi, c)} + O(\varepsilon) \right).$$

因此, 余下的证明与假设 (I) 情形下的证明类似.

若系统 $(4.2.1)_\varepsilon$ 中右端的扰动项是自治的, 对应于定理 4.2.1, 我们有以下的结论, 其证明类似, 不再列出.

定理 4.2.2　对于 (4.1.27) 所描述的含参数的 Poincaré 映射 P_ε, 若存在一点 $\hat{q} = (\hat{a}, \hat{c}, \hat{\mu})$ 使得

$$M_1(\hat{q}) = M_3(\hat{q}) = 0, \quad \mathrm{trace}\left[\frac{\partial(M_1, M_3)}{\partial(a, c)} \right]\Big|_{\hat{q}} \neq 0, \left[\frac{\partial(M_1, M_3)}{\partial(a, c)} \right]\Big|_{\hat{q}} = 0,$$

而且下面两组条件之一成立:

(a) $\left[\dfrac{\partial(M_1, M_3)}{\partial(a, \mu)} \right]\Big|_{\hat{q}} \neq 0, \quad \dfrac{\mathrm{d}}{\mathrm{d}c}\left(\dfrac{\partial(M_1, M_3)}{\partial(a, c)} \right)\Big|_{\hat{q}} \neq 0;$

(b) $\left[\dfrac{\partial(M_1, M_3)}{\partial(c, \mu)} \right]\Big|_{\hat{q}} \neq 0, \quad \dfrac{\mathrm{d}}{\mathrm{d}a}\left(\dfrac{\partial(M_1, M_3)}{\partial(a, c)} \right)\Big|_{\hat{q}} \neq 0,$

则在点 $q = \hat{q} + O(\varepsilon)$ 将产生系统 $(4.2.1)_\varepsilon$ 的周期轨道的鞍结分支.

关于 Poincaré 映射 P_ε 的 Hopf 分支, 可以用下面的两个定理来描述, 其中定理 4.2.3 涉及非自治扰动, 定理 4.2.4 涉及自治扰动.

定理 4.2.3　设 $p(\mu)$ 是 (4.1.23) 中含参数的 Poincaré 映射 P_ε^m 的不动点的光滑曲线, $\mu \in K \subset \mathbf{R}^1$ 为某开区间, 若存在 $\mu_0 \in K$ 使得

$$\frac{\partial\Omega}{\partial a}\Big|_{p(\mu_0)} \neq 0 \quad \text{或} \quad \frac{\partial\Omega}{\partial c}\Big|_{p(\mu_0)} \neq 0,$$

并且

(1) $\Delta_2(p(\mu_0)) < 0,$

(2) $\left(\Delta_1 - \dfrac{\Delta_4}{\Delta_2} - \Delta_2 \right)\Big|_{p(\mu_0)} = 0,$

(3) $\dfrac{\mathrm{d}}{\mathrm{d}\mu}\left(\Delta_1 - \dfrac{\Delta_4}{\Delta_2} - \Delta_2 \right)\Big|_{p(\mu_0)} \neq 0,$

(4) $\Delta_4(p(\mu_0)) \neq 0.$

则在 μ_0 附近存在参数值 $\mu_\varepsilon = \mu_0 + O(\varepsilon)$, 使得 P_ε^m 通过 Hopf 分支产生不变圆, 即扰动系统 $(4.2.1)_\varepsilon$ 在 μ_ε 产生不变环面分支.

证 根据 4.1 节最后一部分所列出的特征值公式, 在本定理的假设下, 映射的 Hopf 分支定理 2.5.2 的条件满足, 因此定理 4.2.3 成立.

定理 4.2.4 设 $q(\mu)$ 是 Melnikov 函数向量 $\boldsymbol{M} = (M_1, M_3)$ 的零点组成的单参数光滑曲线, $\mu \in K$, K 仍是 $\mathbf{R}^1$ 中的开区间. 若存在 $\mu_0 \in K$ 使得

(1) $\left. \mathrm{trace} \dfrac{\partial(M_1, M_3)}{\partial(a, c)} \right|_{q(\mu_0)} = 0,$

(2) $\left. \dfrac{\mathrm{d}}{\mathrm{d}\mu} \left(\mathrm{trace} \dfrac{\partial(M_1, M_3)}{\partial(a, c)} \right) \right|_{q(\mu_0)} \neq 0,$

(3) $\left. \dfrac{\partial(M_1, M_3)}{\partial(a, c)} \right|_{q(\mu_0)} > 0,$

并且后两个相对于 ε 是 $O(1)$ 量级的, 那么对 $\varepsilon \neq 0$ 充分小, 存在 $\hat{\mu} = \mu_0 + O(\varepsilon)$, 使得由 (4.1.27) 所定义的含参数 Poincaré 映射 P_ε 在该参数值 Hopf 分支出现不变圆, 从而存在系统 $(4.2.1)_\varepsilon$ 的不变环面分支.

证 对 4.1 节中所列的特征值验证二维 Hopf 分支定理 2.5.2 的条件即可.

本节和上节所定义的 Melnikov 向量函数及其有关定理都是通过新坐标系 (a, φ, c) 来描述的, 这给应用带来极大不便, 因此, 有必要考虑 Melnikov 向量函数在原坐标系下的计算问题.

根据 (4.1.22) 中 Melnikov 向量函数 $\boldsymbol{M}$ 的定义,

$$\boldsymbol{M} = (M_1(a, \varphi, c, m), M_2(a, \varphi, c, m), M_3(a, \varphi, c, m)),$$

其中每个分量为

$$M_1(a, \varphi, c, m) = \int_0^{mT_0} F(a, \Omega(a, c)t + \varphi, c, t)\mathrm{d}t,$$

$$\begin{aligned}
M_2(a, \varphi, c, m) = {} & \frac{\partial\Omega}{\partial a}(a, c) \int_0^{mT_0} \int_0^t F(a, \Omega(a, c)\eta + \varphi, c, \eta)\mathrm{d}\eta\mathrm{d}t \\
& + \frac{\partial\Omega}{\partial c}(a, c) \int_0^{mT_0} \int_0^t R(a, \Omega(a, c)\eta + \varphi, c, \eta)\mathrm{d}\eta\mathrm{d}t \\
& + \int_0^{mT_0} G(a, \Omega(a, c)t + \varphi, c, t)\mathrm{d}t,
\end{aligned}$$

$$M_3(a, \varphi, c, m) = \int_0^{mT_0} R(a, \Omega(a, c)t + \varphi, c, t)\mathrm{d}t,$$

并且

$$F(a, \varphi, c, t) = \langle \nabla a, g \rangle(x, t),$$

$$G(a, \varphi, c, t) = \langle \nabla \varphi, g \rangle(x, t),$$

$$\mathbf{R}(a,\varphi,c,t) = \langle \nabla c, g \rangle(x,t).$$

注意到 M 的各个分量 M_i 的右端实际上是函数 $F, G, \mathbf{R}$ 沿着未扰动系统的周期轨道 $(a, \Omega(a,c)t + \varphi, c, t)$ 而计算的积分. 若设该周期轨道与 4.1 节基本假设 (A_2) 中的未扰动轨道 $q_0^\alpha(t - t_0, c)$ 对应, 则有

$$\begin{aligned}
M_3(a,\varphi,c,m) &= \int_0^{mT_0} R(a, \Omega(a,c)t + \varphi, c, t)\mathrm{d}t \\
&= \int_0^{mT_0} \langle \nabla c, g \rangle(q_0^\alpha(t - t_0, c), t)\mathrm{d}t \\
&= \tilde{M}_3(\alpha, t_0, c, m),
\end{aligned} \tag{4.2.6}$$

其中, $c = C(x)$ 是已知的 Casimir 函数, 因此, M_3 可以在原坐标系直接计算. 在 (4.2.6) 中 α 与 a 的作用相同, 都是用于区别辛叶 $M_c = \{x \in \mathbf{R}^3 | C(x) = c\}$ 上的周期轨道族中的不同轨道, 而 φ 与 t_0 都是用来区别周期轨道上不同点的坐标.

$$\begin{aligned}
M_1(a,\varphi,c,m) &= \int_0^{mT_0} F(a, \Omega(a,c)t + \varphi, c, t)\mathrm{d}t \\
&= \int_0^{mT_0} \langle \nabla a, g \rangle(q_0^\alpha(t - t_0, c), t)\mathrm{d}t \\
&= \tilde{M}_1(\alpha, t_0, c, m).
\end{aligned} \tag{4.2.7}$$

显然, (4.2.7) 中含有新坐标 a 的梯度向量 ∇a. 注意到在新坐标 a, c 下的 Hamilton $H(x) = \hat{H}(a,c)$ 并且 $\dfrac{\partial \hat{H}}{\partial a}\Big|_c = \Omega(a,c) \neq 0$, 于是由隐函数定理, 从 $\hat{H}(a,c)$ 可以解出

$$a = a(\hat{H}, c) = a(H(x), C(x)). \tag{4.2.8}$$

于是,

$$\nabla a(x) = \frac{\partial a}{\partial H}\Big|_c \nabla H(x) + \frac{\partial a}{\partial c}\Big|_H \nabla C(x). \tag{4.2.9}$$

另一方面, 沿着同一条未扰动周期轨道, 坐标 a 不变, 因此对 (4.2.8) 两边沿着轨道关于 c 求导

$$0 = \frac{\partial a}{\partial H}\Big|_c \cdot \frac{\partial \hat{H}}{\partial c}\Big|_a + \frac{\partial a}{\partial c}\Big|_H. \tag{4.2.10}$$

从而

$$\frac{\partial a}{\partial c}\Big|_H = -\frac{\partial a}{\partial H}\Big|_c \cdot \frac{\partial \hat{H}}{\partial c}\Big|_a. \tag{4.2.11}$$

此外, $\dfrac{\partial a}{\partial H}\Big|_c = \dfrac{1}{\Omega(a,c)}$. 综上所述, 我们得到

$$\int_0^{mT_0} \langle \nabla a, g \rangle (q_0^\alpha(t-t_0,c),t)\mathrm{d}t$$

$$= \frac{1}{\Omega(a,c)}\Big[\int_0^{mT_0} \langle \nabla H, g \rangle (q_0^\alpha(t-t_0,c),t)\mathrm{d}t$$

$$-\frac{\partial \hat{H}}{\partial c}\Big|_a \int_0^{mT_0} \langle \nabla C, g \rangle (q_0^\alpha(t-t_0,c),t)\mathrm{d}t\Big].$$

根据 $\dfrac{\partial \hat{H}}{\partial c}\Big|_a$ 的含义, 可以把它表示为

$$\frac{\partial \hat{H}}{\partial c}\Big|_a = \frac{\partial H}{\partial c}((q^\alpha(0,c))).$$

又因 $\Omega(a,c) = 2\pi/T(\alpha,c), T(\alpha,c)$ 为 $q_\alpha(t,c)$ 的周期. 因此, Melnikov 向量函数的第一分量可在原坐标系下表示为

$$M_1(a,\varphi,c,m) = \tilde{M}_1(\alpha,t_0,c,m)$$

$$= \frac{T(\alpha,c)}{2\pi}\Big[\int_0^{mT_0} \langle \nabla H, g \rangle (q_0^\alpha(t-t_0,c),t)\mathrm{d}t$$

$$-\frac{\partial H}{\partial c}(q_\alpha(0,c))\int_0^{mT_0} \langle \nabla C, g \rangle (q_0^\alpha(t-t_0,c),t)\mathrm{d}t\Big]. \tag{4.2.12}$$

关于 Melnikov 向量函数的第二个分量 M_2, 仔细观察 3.1 节及本节中的定理和公式可以看出, 若

$$\frac{\partial \Omega}{\partial c}\Big|_a \neq 0 \quad \text{或} \quad \frac{\partial \Omega}{\partial a}\Big|_c \neq 0 \tag{4.2.13}$$

时, 除定理 4.2.3 外, 均不需要计算 M_2, 而当条件 (4.2.13) 不满足时, 需要计算 M_2. 然而使 $\dfrac{\partial \Omega}{\partial a}\Big|_c = \dfrac{\partial \Omega}{\partial c}\Big|_a = 0$ 的情况更多地出现在未扰动系统是线性系统的时候, 对于线性系统, 按照引理 4.1.2 的证明方法一般是不难求出坐标 (a,φ,c) 的. 此外, 尽管上面的定理及公式均涉及对 a,φ,c 的偏导数, 但在应用中可以分别用 (4.2.6) 和 (4.2.12) 关于 α,t_0,c 的偏导数来代替, 因为对 a 和 α 的偏导数至多相差一个因子 $\mathrm{d}\alpha/\mathrm{d}a$, 例如,

$$\frac{\partial \Omega(a,c)}{\partial a} = \frac{\partial \tilde{\Omega}(\alpha,c)}{\partial \alpha} \cdot \frac{\mathrm{d}\alpha}{\mathrm{d}a},$$

这不影响定理的结论. 而沿着未扰动系统的周期轨道 $\varphi = \Omega(a,c)t$.

现在, 我们讨论 Melnikov 向量函数从三维向高维的推广问题.

考虑以下 n 维 Poisson 流形 $(\mathbf{R}^n, \{\cdot, \cdot\})$ 上的广义 Hamilton 扰动系统:

$$\dot{x}_i = \{x_i, H\}(x) + \varepsilon g_i(x, t, \mu), \qquad (4.2.14)_\varepsilon$$

其中, $x \in \mathbf{R}^n, i = 1, 2, \cdots, n, H : \mathbf{R}^n \to \mathbf{R}, g_i : R^n \times S_{T_0} \times \mathbf{R}^k \to \mathbf{R}(i = 1, 2, \cdots, n)$ 都是充分光滑的函数, 并且每个 g_i 关于 t 是 T_0 周期的, $\mu \in R^k$ 是参数, $0 < \varepsilon \ll 1$.

与三维情况类似, 我们对未扰动系统 $(4.2.14)_0$ 作如下假设:

(B_1) Poisson 流形 $(R^n, \{\cdot, \cdot\})$ 存在一个 n 维开子流形 M, 使得 Poisson 括号 $\{\cdot, \cdot\}$ 在 M 中的每点处的秩为 2(即结构矩阵 $J(x)$ 的秩在 M 上恒等于 2), 从而存在 $n - 2$ 个 Casimir 函数 $C_1(x), \cdots, C_{n-2}(x), x \in M$.

(B_2) 存在常数 $\delta > 0$, 使得 $C_1(x), \cdots, C_{n-2}(x)$ 在每个水平集 $M_c = \{x \in M | C_i(x) = c_i, i = 1, \cdots, n - 2\}$ 上是独立函数, 其中 $c \in I = \{c = (c_1, c_2, \cdots, c_{n-2}) \in R^{n-2} | |c_i| < \delta, i = 1, \cdots, n - 2\}$, 即全体 $C_i(x)$ 的 Jacobi 矩阵在 M_c 上秩, 对一切 $x \in M_c$,

$$\mathrm{rank}\left[\frac{\partial C_i}{\partial x_j}\right](x) = n - 2.$$

从而每个 $M_c(c \in I)$ 都是 $\mathbf{R}^n$ 的二维辛叶.

(B_3) 未扰动系统 $(4.2.14)_0$ 在每个辛叶 $M_c(c \in I)$ 上存在一个单参数周期轨道族 $q_0^\alpha(t, c), \alpha \in l(c) \subset \mathbf{R}$ 为开子区间, 周期为 $T(\alpha, c)$, 而且 $q_0^\alpha(t, c)$ 关于 c 连续可微.

在以上假设下, 根据引理 4.1.2, 在未扰动周期轨道族的邻域存在坐标变换:

$$x \to (a(x), \varphi(x), c_1(x), \cdots, c_{n-2}(x))$$

使 $(4.2.14)_\varepsilon$ 变为:

$$\left.\begin{aligned}
\dot{a} &= \varepsilon \langle \nabla a, g \rangle(x, t) \equiv \varepsilon F(a, \varphi, c, t), \\
\dot{\varphi} &= \Omega(a, c) + \varepsilon \langle \nabla \varphi, g \rangle(x, t) \\
&\equiv \Omega(a, c) + \varepsilon G(a, \varphi, c, t), \\
\dot{c}_i &= \varepsilon \langle \nabla C_i, g \rangle(x, t) \equiv \varepsilon R_i(a, \varphi, c, t),
\end{aligned}\right\} \qquad (4.2.15)_\varepsilon$$

$$i = 1, \cdots, n - 2.$$

与 (4.1.23) 相对应, 我们考虑下面的 n 维 Poincaré 映射 P_ε^m,

$$P_\varepsilon^m : (a, \varphi, c) \to (a, \Omega(a, c)mT_0 + \varphi, c) + \varepsilon \boldsymbol{M}(a, \varphi, c, m) + O(\varepsilon^2), \qquad (4.2.16)$$

其中, $\boldsymbol{M}$ 为 n 维次谐 Melnikov 向量函数, 其分量为:

$$M_1 = \int_0^{mT_0} F(a, \Omega(a, c)t + \varphi, c, t)\mathrm{d}t,$$

$$M_2 = \frac{\partial \Omega}{\partial a}(a,c) \int_0^{mT_0} \int_0^t F(a, \Omega(a,c)t + \varphi, c, \eta) \mathrm{d}\eta \mathrm{d}t$$
$$+ \sum_{i=1}^{n-2} \frac{\partial \Omega}{\partial c_i}(a,c) \int_0^{mT_0} \int_0^t R_i(a, \Omega(a,c)\eta + \varphi, c, \eta) \mathrm{d}\eta \mathrm{d}t$$
$$+ \int_0^{mT_0} G(a, \Omega(a,c)t + \varphi, c, t) \mathrm{d}t,$$

$$M_{i+2} = \int_0^{mT_0} R_i(a, \Omega(a,c)t + \varphi, c, t) \mathrm{d}t,$$

$$i = 1, 2, \cdots, n-2.$$

通过研究 (4.2.16) 的不动点, 可以获得 (4.2.15)$_\varepsilon$ 的周期轨道的存在性结论. 例如, 与定理 4.1.3 对应的结论如下.

定理 4.2.5　若 $(\hat{a}, \hat{\varphi}, \hat{c})$ 是满足共振条件 $T(\hat{a}, \hat{c}) = mT_0/n$ 的点, 并且下列两组条件之一成立:

(I) $\dfrac{\partial \Omega}{\partial a}(\hat{a}, \hat{c}) \neq 0$ 或存在 $k(1 \leqslant k \leqslant n-2)$ 使 $\dfrac{\partial \Omega}{\partial c_k}(\hat{a}, \hat{c}) \neq 0$, 并且

$$M_j(\hat{a}, \hat{\varphi}, \hat{c}) = 0, \quad j = 1, 3, \cdots, n,$$

$$\left\{ \frac{\partial \Omega}{\partial a} \frac{\partial(M_1, M_3, \cdots, M_n)}{\partial(\varphi, c_1, \cdots, c_{n-2})} \right.$$
$$\left. - \sum_{j=1}^{n-2} (-1)^j \frac{\partial \Omega}{\partial c_j} \frac{\partial(M_1, M_3, \cdots, M_n)}{\partial(a, \varphi, c_1, \cdots, c_{j-1}, c_{j+1}, \cdots, c_{n-2})} \right\}_{(\hat{a}, \hat{\varphi}, \hat{c})} \neq 0.$$

(II) $\dfrac{\partial \Omega}{\partial a}(\hat{a}, \hat{c}) = 0$, $\quad \dfrac{\partial \Omega}{\partial c_i}(\hat{a}, \hat{c}) = 0$, $\quad i = 1, \cdots, n-2$, 且

$$M_j(\hat{a}, \hat{\varphi}, \hat{c}) = 0, \quad j = 1, 3, \cdots, n.$$

$$\frac{\partial(M_1, M_2, \cdots, M_n)}{\partial(a, \varphi, c_1, \cdots, c_{n-2})} \bigg|_{(\hat{a}, \hat{\varphi}, \hat{c})} \neq 0,$$

那么, 对于充分小的 $\varepsilon : 0 < \varepsilon \leqslant \varepsilon(n)$, Poincaré 映射 (4.2.16) 在 $(\hat{a}, \hat{\varphi}, \hat{c})$ 附近存在一个不动点, 从而对应的 n 维广义 Hamilton 扰动系统 (4.2.14)$_\varepsilon$ 存在一个 m 阶次谐周期轨道. 如果共振条件中 $n = 1$, 则上述结论在 $0 < \varepsilon < \varepsilon(l)$ 中一致成立.

关于三维情况的其他结论也可以类似地推广到满足基本假设 $(B_1) - (B_3)$ 的 n 维系统 (4.2.14)$_\varepsilon$ 而得到相应的结论.

此外 n 维 Melnikov 向量函数的各个分量 (除 M_2 以外) 同样可在原坐标下计

算. 相应的公式为:

$$M_1(a,\varphi,c,m) = \widetilde{M}_1(\alpha,t_0,c,m) = \frac{T(\alpha,c)}{2\pi}\Big[\int_0^{mT_0}\langle\nabla H,g\rangle(q_0^\alpha(t-t_0,c),t)\mathrm{d}t$$

$$-\sum_{j=1}^{n-2}\frac{\partial H}{\partial c_j}(q_0^\alpha(0,c))\int_0^{mT_0}\langle\nabla C_j,g\rangle(q_0^\alpha(t-t_0,c),t)\mathrm{d}t\Big],$$

$$\tag{4.2.17}$$

$$M_{i+2}(a,\varphi,c,m) = \widetilde{M}_{i+2}(\alpha,t_0,c,m) = \int_0^{mT_0}\langle\nabla C_i,g\rangle(q_0^\alpha(t-t_0,c),t)\mathrm{d}t, \tag{4.2.18}$$

$$i = 1,\cdots,n-2.$$

在本节结束之前, 我们需要说明当 $(4.2.14)_\varepsilon$ 中的扰动系统为 Hamilton 扰动时, 即若 $(4.2.14)_\varepsilon$ 为以下形式:

$$\dot{x}_i = \{x_i, H_\varepsilon\}(x,t) \equiv \{x_i, H_0\}(x) + \varepsilon\{x_i, H_1\}(x,t),$$

$$i = 1, 2, \cdots, n. \tag{4.2.19}$$

在其他假设不变的条件下, 仍然可以得到 Poincaré 映射 (4.2.16) 及相应的 Melnikov 函数向量, 但此时 (4.2.18) 中后 $n-2$ 个分量全部为 0, 因为 $C_i(x)$ 为 Casimir 函数, 从而有关系

$$\langle\nabla C_i, g\rangle = \{C_i, H_1\} \equiv 0. \tag{4.2.20}$$

因此, 我们不能直接应用已得到的结果. 然而根据 Poisson 括号及 Casimir 函数的性质可知, 此时二维辛叶 M_c 对扰动系统的相流也是不变的, 因此当初始点落在 M_c 上时, 整条扰动轨道都将保持在 M_c 上. 于是与 (4.2.16) 相对应的 n 维 Poincaré 映射变为二维映射:

$$P_\varepsilon : (a,\varphi) \to (a, \Omega(a,c)mT_0 + \varphi) + \varepsilon(M_1(a,\varphi,c,m), M_2(a,\varphi,c,m)) + O(\varepsilon^2). \tag{4.2.21}$$

c 只起到参数的作用, 其中 M_1 同样可以用原坐标直接计算, 即

$$M_1(a,\varphi,c,m) = \widetilde{M}_1(\alpha,t_0,c,m) = \frac{T(\alpha,c)}{2\pi}\int_0^{mT_0}\{H_0, H_1\}(q_0^\alpha(t-t_0,c),t)\mathrm{d}t. \tag{4.2.22}$$

对 (4.2.21) 进行与前面完全相同的讨论即可得到关于系统 (4.2.19) 的相应结果. 实际上, 这种讨论和结果与标准的二维平面情况完全相同.

§4.3　同宿轨道分支与混沌

考虑 Poisson 流形 $(\mathbf{R}^3, \{\cdot,\cdot\})$ 上的广义 Hamilton 扰动系统

$$\dot{x} = f(x) + \varepsilon g(x,t), \quad x \in \mathbf{R}^3, \tag{4.3.1}_\varepsilon$$

其中, $f(x) = J(x)\nabla H(x)$, H 是 Hamilton 函数, $J(x)$ 是 Poisson 流形 $(\mathbf{R}^3, \{\cdot, \cdot\})$ 的结构矩阵, $g : \mathbf{R}^3 \times \mathbf{R} \to \mathbf{R}^3$ 是在有界集上有界的扰动向量场, 并且关于 t 是 T 周期的. 上述向量函数均假定在其定义域内是充分光滑的, $0 < \varepsilon \ll 1$ 是摄动小参数.

为了研究 $(4.3.1)_{\varepsilon \neq 0}$ 的同宿轨道的存在性, 对未扰动系统 $(4.3.1)_{\varepsilon=0}$ 作以下基本假设:

(A_1) 在 Poisson 流形 $\mathbf{R}^3$ 中存在一个连通开子集 M, 使得结构矩阵 $J(x)$ 在 M 上的秩恒为 2(因此 M 是 Poisson 流形 $\mathbf{R}^3$ 的正则点集合), 对应地存在一个定义在 M 上的 Casimir 函数 $C(x)$.

(A_2) 存在正常数 $\delta > 0$, 使得当 $c \in \mathbf{R}$ 并且满足条件 $|c| < \delta$ 时, Casimir 函数 $C(x)$ 的梯度向量 $\nabla C(x)$ 在水平集 $M_c = \{x \in M | C(x) = c\}$ 上不为零, 从而每个 $M_c(|c| < \delta)$ 都是 Poisson 流形 $\mathbf{R}^3$ 的二维辛叶.

(A_3) 对每个 $c \in I \equiv \{c \in \mathbf{R} | \; |c| < \delta\}$, $(4.3.1)_{\varepsilon=0}$ 在 M_c 上的约化系统存在一个光滑依赖于 c 的双曲平衡点 $x(c, 0)$, 此外, 在 M_c 上存在 $(4.3.1)_{\varepsilon=0}$ 的同宿到 $x(c, 0)$ 的轨道 $q_0(t, c)$, 即当 $t \to \pm\infty$ 时, $q_0(t, c) \to x(c, 0)$ 一致地成立. $q_0(t, c)$ 关于 c 是光滑依赖的.

在上述基本假设下, 我们将考虑扰动系统 $(4.3.1)_\varepsilon$ 的同宿轨道存在性问题.

对于 $\mathbf{R}^3$ 中的点集 $S(0) = \{x(c, 0) | c \in I\}$, 以下的结论成立.

命题 4.3.1 $S(0)$ 是 $(4.3.1)_{\varepsilon=0}$ 的一个法向双曲不变流形. 因而存在二维稳定和不稳定流形, 分别记为 $W^s(S(0))$ 和 $W^u(S(0))$, 它们的交是二维同宿流形

$$\Gamma = \{x = q_0(t, c) | (t, c) \in \mathbf{R} \times I\}.$$

证 由于未扰动系统 $(4.3.1)_{\varepsilon=0}$ 满足基本假设 (A_1) 和 (A_2), 根据第 3 章的 Darboux 定理 3.3.9, 在 $S(0)$ 的邻域存在局部坐标变换 $x \to y$, 其中取 $y_3 \equiv c = C(x)$, 使得 $(4.3.1)_\varepsilon$ 变为:

$$\left. \begin{array}{l} \dot{y}_1 = \dfrac{\partial \hat{H}}{\partial y_2}(y) + \varepsilon \hat{g}_1(y, t), \\[2mm] \dot{y}_2 = -\dfrac{\partial \hat{H}}{\partial y_1}(y) + \varepsilon \hat{g}_2(y, t), \\[2mm] \dot{c} = \varepsilon \hat{g}_3(y, t), \end{array} \right\} \qquad (4.3.2)$$

其中, $\hat{H}(y)$ 是 $H(x)$ 经变量改变后的新形式, $\hat{g}_i(y, t) = \langle \nabla y_i, g \rangle(x, t)$. 这里, $\langle \cdot, \cdot \rangle$ 表示向量内积.

当 $\varepsilon = 0$ 时, $(4.3.2)_\varepsilon$ 的前两个方程实际上控制着 $(4.3.1)_{\varepsilon=0}$ 沿着 $S(0)$ 的法方向运动的变化率, 而第三个方程则刻画 $S(0)$ 的切方向运动的变化率. 根据假设 (A_3), $(4.3.1)_{\varepsilon=0}$ 在 $S(0)$ 的线性化流沿着 $S(0)$ 的法向平面上的稳定和不稳定空间是

按指数率收缩和扩张的, 而沿着 $S(0)$ 的切空间变化率为 0, 因此根据 Fenichel(1971) 或 Hirsch, Pugh 和 Shub(1977) 的法向双曲不变流形理论可知, $S(0)$ 是法向双曲不变流形, 并且存在稳定和不稳定流形. 由假设 (A_3) 知, 它们的交就是同宿流形 $\varGamma$.

关于法向双曲不变流形的精确定义可参考上述的两篇文献. 精确地说, 所谓法向双曲性, 即在 $S(0)$ 处的线性化流作用下, $S(0)$ 的切空间 $TS(0)$ 的正交补空间中的向量, 收缩或扩张得比 $TS(0)$ 中的向量激烈. 这种变化率的不同可通过广义 Liapunov 指数来刻画.

当 $\varepsilon \neq 0$ 充分小时, 根据法向双曲不变流形在小扰动下保持不变的定理可以证明如下的结果.

命题 4.3.2　存在 $\varepsilon_0 > 0$, 使得当 $0 < \varepsilon \leqslant \varepsilon_0$ 时, 扰动系统 $(4.3.1)_\varepsilon$ 存在一维法向双曲局部不变流形.

$$S(\varepsilon) = \{x \in \mathbf{R}^3 | x = x(c, \varepsilon) = x(c, 0) + O(\varepsilon), c \in \hat{I} \subset I\},$$

其中, $\hat{I}$ 是一个闭子区间. 此外, 存在 $S(\varepsilon)$ 的局部 C^r 稳定流形 $W^s(S(\varepsilon))$ 和不稳定流形 $W^u(S(\varepsilon))$, 它们分别 C^r 地 ε 接近于 $S(0)$ 的稳定和不稳定流形.

在这个命题中, $S(\varepsilon)$ 是在较弱意义下的不变流形, 因为当 c 的值超出 $\hat{I}$ 时, $(4.3.1)_\varepsilon$ 的轨道可能会离开 $S(\varepsilon)$, 同样地, 它的局部稳定和不稳定流形也是在这种较弱意义下的不变流形.

从 $(4.3.2)_\varepsilon$ 可知, $(4.3.1)_\varepsilon$ 在 $S(\varepsilon)$ 上的运动可用以下的方程来描述:

$$\dot{c} = \varepsilon \langle \nabla C, g \rangle (x(c, 0), t) + O(\varepsilon^2). \tag{4.3.3}_\varepsilon$$

通过把 $S(\varepsilon)$ 中的点代入 $(4.3.2)_\varepsilon$ 可获得这个方程组. 由 $(4.3.3)_\varepsilon$ 可看出, 当 $\varepsilon = 0$ 时, 对应于未扰动系统 $(4.3.1)_{\varepsilon=0}$ 在 $S(0)$ 上的运动方程, 其轨道十分简单, 全由不动点组成. 随着时间的演化, 轨道不会脱离 $S(0)$. 而当 $\varepsilon \neq 0$ 时, $S(\varepsilon)$ 上的 $(4.3.1)_\varepsilon$ 的轨道发生很大变化, 原来的不动点可能根本不存在, 当 $\dot{c} \neq 0$, 随着时间的推移, 从 $S(\varepsilon)$ 上的点出发的扰动系统轨道一般会跑出 $S(\varepsilon)$, 这正是 $S(\varepsilon)$ 只能在较弱意义下称为不变流形的原因.

记

$$K(c) = \frac{1}{T} \int_0^T \langle \nabla C, g \rangle (x(c, 0), t) \mathrm{d}t. \tag{4.3.4}$$

命题 4.3.3　若存在 $c_0 \in \hat{I} \subset I$ 使得 $K(c_0) = 0$ 且 $K'(c_0) \neq 0$, 那么 $x(c_0, \varepsilon) = x(c_0, 0) + O(\varepsilon)$ 就是 $(4.3.1)_\varepsilon$ 在 $S(\varepsilon)$ 上的一个双曲不动点.

证　因为 $(4.3.3)_\varepsilon$ 的平均方程为

$$\dot{c} = \varepsilon K(c) + O(\varepsilon^2), \tag{4.3.5}_\varepsilon$$

直接应用平均定理, 立即可得结论.

为研究 $(4.3.1)_\varepsilon$ 存在同宿到双曲不动点 $x(c_0, \varepsilon)$ 的同宿轨道的条件, 首先确定不动点的稳定和不稳定流形上的轨道性质.

根据平均方程 $(4.3.5)_\varepsilon$ 的不动点 $x(c_0, \varepsilon)$ 的稳定性类型的不同, 其稳定和不稳定流形的维数具有下面两种情况.

命题 4.3.4 设 $x(c_0, \varepsilon)$ 是命题 4.3.3 中所确定的, $(4.3.1)_\varepsilon$ 在 $S(\varepsilon)$ 中的一个双曲平衡点, 那么对充分小的 $\varepsilon > 0$, 存在常数 $B > 0$, 以及 $(4.3.1)_\varepsilon$ 的分别在 $W^s(x(c_0, \varepsilon))$ 和 $W^u(x(c_0, \varepsilon))$ 上的解 $q_\varepsilon^s(t, \theta)$ 和 $q_\varepsilon^u(t, \theta)$ 使得下面各式在指定时间区间上成立:

(i) 当 $\dim W^s[x(c_0, \varepsilon)] = 2$, $\dim W^u[x(c_0, \varepsilon)] = 1$ 时,

$$q_\varepsilon^s(t, \theta) = q_0(t - \theta, c_0) + \varepsilon q_1^s(t, 0) + O(\varepsilon^2), \quad t \in [t_0, \infty),$$

$$q_\varepsilon^u(t, \theta) = q_0(t - \theta, c_0) + \varepsilon q_1^u(t, 0) + O(\varepsilon^2), \quad t \in (-\infty, t_0]. \quad (4.3.6)$$

其中, 初值 $q_\varepsilon^s(t_0, \theta)$ 使 Casimir 函数值 $C(q_\varepsilon^s(t_0, \theta)) \in \widetilde{I} \equiv \{c \in \hat{I} | c_0 - \varepsilon B < c < c_0 + \varepsilon B\}$.

(ii) 当 $\dim W^s[x(c_0, \varepsilon)] = 1, \dim W^u[x(c_0, \varepsilon)] = 2$ 时,

$$q_\varepsilon^s(t, \theta) = q_0(t - \theta, c_0) + \varepsilon q_1^s(t, \theta) + O(\varepsilon^2), \quad t \in [t_0, \infty),$$

$$q_\varepsilon^u(t, \theta) = q_0(t - \theta, c_0) + \varepsilon q_1^u(t, \theta) + O(\varepsilon^2), \quad t \in (-\infty, t_0], \quad (4.3.7)$$

其中, 初始值 $q_\varepsilon^u(t_0, \theta)$ 使 Casimir 函数值 $C(q_\varepsilon^u(t_0, \theta)) \in \widetilde{I}, q_0(t - \theta, c_0)$ 是基本假设 (A$_3$) 中未扰动系统在辛叶 M_{c_0} 上的同宿于 $x(c_0, 0)$ 的轨道.

证 利用摄动法及 Gronwall 不等式进行细致估计即可证明, 详细证明过程与二维系统的情况相似 ((Guckenheimer and Holmes 1983), 引理 4.5.2), 其中对初始值 $q_\varepsilon^{u,s}(t_0, \theta)$ 的要求是为了保证上述扰动解能在半无限时间区间上用未扰动同宿轨道一致地逼近.

容易证明, 命题 4.3.4 中的一阶近似 $q_1^{u,s}(t, \theta)$ 分别满足以下的一阶变分方程:

$$\left. \begin{array}{l} \dot{q}_1^s(t, \theta) = Df(q_0(t - \theta, c_0))q_1^s(t, \theta) + g(q_0(t - \theta, c_0), t), \quad t \in [t_0, \infty), \\ \dot{q}_1^u(t, \theta) = Df(q_0(t - \theta, c_0))q_1^u(t, \theta) + g(q_0(t - \theta, c_0), t), \quad t \in (-\infty, t_0]. \end{array} \right\} \quad (4.3.8)$$

现将 $(4.3.1)_\varepsilon$ 改写为如下的扩展相空间上的自治系统:

$$\left. \begin{array}{l} \dot{x} = f(x) + \varepsilon g(x, \varphi), \\ \dot{\varphi} = 1, \end{array} \quad (x, \varphi) \in \mathbf{R}^3 \times S_T. \right\} \quad (4.3.9)_\varepsilon$$

其中, $S_T = \mathbf{R}/T$ 是周长为 T 的圆.

根据上面所述的命题, $(x(c_0, \varepsilon), \varphi)$ 是 $(4.3.9)_\varepsilon$ 的双曲 T 周期轨道, 其稳定流形和不稳定流形分别记为 $W^s(x(c_0, \varepsilon), \varphi)$ 和 $W^u(x(c_0, \varepsilon), \varphi)$. 研究 $W^s(x(c_0, \varepsilon))$ 和 $W^u(x(c_0, \varepsilon))$ 相交条件等价于研究 $W^s(x(c_0, \varepsilon), \varphi)$ 和 $W^u(x(c_0, \varepsilon), \varphi)$ 的相交条件.

定义扰动系统 $(4.3.9)_\varepsilon$ 的流的全局截面

$$\Sigma^0 = \{((x, \varphi) \in \mathbf{R}^3 \times S_T | \varphi = 0\}. \tag{4.3.10}$$

由 $(4.3.9)_\varepsilon$ 的流确定的 Poincaré 映射 $P_\varepsilon : \Sigma^0 \to \Sigma^0$ 定义为时间 T 映射, 即把 Σ^0 上的点映到沿 $(4.3.9)_\varepsilon$ 的轨道发展, 经过时间 T 后相应的点. 这样, 在 Σ^0 上, $(4.3.9)_\varepsilon$ 的双曲周期轨道 $(x(c_0, \varepsilon), \varphi)$ 就对应于 P_ε 的一个双曲不动点 $x(c_0, \varepsilon)$, 它有一个二维稳定流形和一个一维不稳定流形 (对应于命题 4.3.4(i) 或一个一维稳定流形和一个二维不稳定流形 (对应于命题 4.3.4(ii)). 为确定起见, 以下对第一种情况作细致讨论, 后一种情况的讨论是类似的.

根据假设, 过 $x(c_0, 0)$ 的辛叶 M_{c_0} 上存在未扰动系统 $(4.3.1)_{\varepsilon=0}$ 的同宿到 $x(c_0, 0)$ 的轨道 $q_0(t - \theta, c_0)$, 其中 θ 是区别轨道上不同点而选取的参数. 于是在 Σ^0 上考虑过同宿轨道 $q_0(t - \theta, c_0)$ 的点 $p \equiv q_0(-\theta, c_0)$, 并与未扰动向量场 $(4.3.1)_{\varepsilon=0}$ 在 p 点正交的二维平面 $\prod_p$. 下面的命题说明 $\prod_p$ 实际上由 $\nabla H(p)$ 和 $\nabla C(p)$ 所张成, 即

$$\prod_p = \mathrm{span}\{\nabla C(p), \nabla H(p)\},$$

其中, $C(x)$ 是基本假设 (A_2) 中的 Casimir 函数, H 是未扰动系统的 Hamilton 函数.

稳定与不稳定流形与 $\prod_p$ 的交见下图 4.3.1.

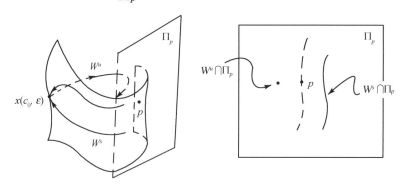

图 4.3.1　稳定与不稳定流形与 $\prod_p$ 的交

命题 4.3.5　设 $C(x)$ 和 $H(x)$ 为上述的两个函数, 则 $\nabla C(x), \nabla H(x)$ 沿着同宿轨道 $q_0(t - \theta, c_0)$ 线性无关, 并且与未扰动向量场 $(4.3.1)_{\varepsilon=0}$ 正交, 因此对任意的 $p \in \{q_0(t, c_0) | -\infty < t < \infty\}, \prod_p$ 是与未扰动向量场 $(4.3.1)_{\varepsilon=0}$ 正交的平面.

证 根据 Casimir 函数定义及自治广义 Hamilton 系统的性质知:

$$\langle \nabla C, f \rangle(x) = \{C, H\}(x) \equiv 0,$$

$$\langle \nabla H, f \rangle(x) = \{H, H\}(x) \equiv 0.$$

因此 $\nabla C, \nabla H$ 均与 f 正交, 且 $\nabla C(p), \nabla H(p)$ 均在 $\prod_p$ 上. 由假设 (A$_2$), $\nabla C(x)$ 沿 $q_0(t - \theta, c_0)$ 不为 0, 且 $\nabla C \times \boldsymbol{n} = 0$, 其中 $\boldsymbol{n}(x) = (J_{23}(x), J_{31}(x), J_{12}(x))^{\mathrm{T}}$, $J_{ij}(x)$ 是 Poisson 结构矩阵的元素. 另一方面, $q_0(t - \theta, c_0)$ 上的点都不是 $(4.3.1)_{\varepsilon=0}$ 的平衡点, 所以 $f(q_0(t - \theta, c_0)) = (\nabla H \times \boldsymbol{n})(q_0(t - \theta, c_0)) \neq 0$. 因此 ∇C 与 ∇H 在 $q_0(t - \theta, c_0)$ 上线性无关.

由 $\prod_p$ 的选取及命题 4.3.4, 对充分小的 $\varepsilon > 0$, $W^s(x(c_0, \varepsilon))$ 和 $W^u(x, (c_0, \varepsilon))$ 均与 $\prod_p$ 横截相交, 从而存在唯一点 $q_\varepsilon^u(0, \theta) \in W^u(x(c_0, \varepsilon)) \bigcap \prod_p$ (注意 $W^u(x(c_0, \varepsilon))$ 是一维的), 该点是沿着扰动轨道离开 $x(c_0, \varepsilon)$ 时间最短的那个交点. 同样, 在 $W^s(x(c_0, \varepsilon)) \bigcap \prod_p$ 中存在一条曲线 (因为 $W^s(x(c_0, \varepsilon))$ 是二维流形), 该曲线是在时间发展下最靠近 $x(c_0, \varepsilon)$ 的那一条交线. 我们在这条交线上选取唯一点 $q_\varepsilon^s(0, \theta)$ 使得向量 $q_\varepsilon^u(0, \theta) - q_\varepsilon^s(0, \theta)$ 与过 p 点的辛叶 M_{c_0} 在 p 处的法向量 $\nabla C(p)$ 垂直, 事实上, 这种点的存在性由命题 4.2.4 所保证. 从而研究 $W^s(x(c_0, \varepsilon))$ 和 $W^u(x(c_0, \varepsilon))$ 的相交问题就转化为判断距离 $\|q_\varepsilon^u(0, \theta) - q_\varepsilon^s(0, \theta)\|$ 是否为零的问题.

为寻求一个既能反映 $q_\varepsilon^u(0, \theta)$ 和 $q_\varepsilon^s(0, \theta)$ 相对位置又便于计算的距离尺度, 我们选用如下纯量函数:

$$D(\theta, c_0, \varepsilon) = \frac{\langle L(q_0(-\theta, c_0)), q_\varepsilon^u(0, \theta) - q_\varepsilon^s(0, \theta) \rangle}{\|L(q_0(-\theta, c_0))\|}. \tag{4.3.11}$$

其中, $\langle \cdot, \cdot \rangle$ 表示向量的内积, $\|\cdot\|$ 表示向量的模, L 是一个列向量函数, 定义为

$$L(x) = \nabla H(x) - \alpha \nabla C(x), \tag{4.3.12}$$

这里

$$\alpha = \frac{\langle \nabla C, \nabla H \rangle}{\|\nabla C\|}(x(c_0, 0)).$$

(4.3.11) 实际上表示向量 $q_\varepsilon^u(0, \theta) - q_\varepsilon^s(0, \theta)$ 在 L 方向上的投影.

命题 4.3.6 $\|q_\varepsilon^u(0, \theta) \quad q_\varepsilon^s(0, \theta)\| = 0$ 的充分必要条件是 $D(\theta, c_0, \varepsilon) = 0$.

证 根据命题 4.3.5, $\nabla H, \nabla C$ 沿着 $q_0(t - \theta, c_0)$ 线性无关. 因此对于一切 $\theta \in R, L(q_0(-\theta, c_0)) \neq 0$, 即 $D(\theta, c_0, \varepsilon)$ 有意义, 且 $L(q_0(-\theta, c_0))$ 也在平面 $\prod_p$ 上与 ∇C 线性无关. L 和 ∇C 也张成平面 $\prod_p$, 从而 $\|q_\varepsilon^u(0, \theta) - q_\varepsilon^s(0, \theta)\|$ 等于零的充分必要条件是 $q_\varepsilon^u(0, \theta) - q_\varepsilon^s(0, \theta)$ 在 $L(q_0(-\theta, c_0))$ 和 $\nabla C(q_0(-\theta, c_0))$ 方向上的投影均为 0. 然而由 $q_\varepsilon^u(0, \theta)$ 和 $q_\varepsilon^s(0, \theta))$ 的选取可知, 在 $\nabla C(q_0(-\theta, c_0))$ 方向上的投影为 0.

利用这个命题, 判定 $W^s(x(c_0,\varepsilon))$ 和 $W^u(x,(c_0,\varepsilon))$ 相交与否就变为判定 (4.3.11) 有无实根的问题了.

利用命题 4.3.4, 还可以把 $D(\theta,c_0,\varepsilon)$ 按 ε 展开, 即

$$D(\theta,c_0,\varepsilon) = \varepsilon \frac{\langle L(q_0(-\theta,c_0)), q_1^u(0,\theta) - q_1^s(0,\theta)\rangle}{\|L(q_0(-\theta,c_0))\|} + O(\varepsilon^2)$$
$$\equiv \varepsilon \frac{M(\theta,c_0)}{\|L(q_0(-\theta,c_0))\|} + O(\varepsilon^2), \tag{4.3.13}$$

我们称 $M(\theta,c_0)$ 为同宿轨道的 Melnikov 函数, 并在后面证明有如下便于计算的分析表达式:

$$M(\theta,c_0) = \int_{-\infty}^{\infty} \langle L,g\rangle(q_0(t,c_0), t+\theta)\mathrm{d}t. \tag{4.3.14}$$

从 (4.3.14) 式可以看出, $M(\theta,c_0)$ 的计算只需要对未扰动系统的同宿轨道有所了解, 就可以通过扰动向量场的已知分量直接计算, 而不必事先知道扰动轨道的信息. 另一方面, 根据定义, $M(\theta,c_0)$ 实际上是 Poicaré 映射 P_ε 的双曲不动点 $x(c_0,\varepsilon)$ 的稳定与不稳定流形之间距离的渐近展式中的 ε 最低阶项, 因此, 在一定条件下, 能直接用它来判定稳定流形与不稳定流形的相交情况.

定理 4.3.1 设 $c_0 \in \hat{I}$ 满足命题 4.3.3 的条件. 或存在 $\theta_0 \in \mathbf{R}$, 使得 $M(\theta_0,c_0) = 0$ 且 $(\mathrm{d}/\mathrm{d}\theta)M(\theta_0,c_0) \neq 0$, 则对充分小的 $\varepsilon > 0$, 在 $q_0(-\theta_0,c_0)$ 附近, Poincaré 映射 P_ε 的双曲不动点 $x(c_0,\varepsilon)$ 的稳定和不稳定流形 $W^s(x(c_0,\varepsilon))$ 和 $W^u(x(c_0,\varepsilon))$ 横截相交, 从而扰动系统 $(4.3.9)_\varepsilon$ 存在到双曲周期轨道 $(x(c_0,\varepsilon),\varphi)$ 的同宿轨道. 另一方面, 如果 $|M(\theta,c_0)|$ 对一切 $\theta \in \mathbf{R}$ 有非零下界, 则 $W^s(x(c_0,\varepsilon)) \bigcap W^u(x(c_0,\varepsilon)) = \varnothing$.

证 将 (4.3.13) 改写为:

$$D(\theta,c_0,\varepsilon) = \varepsilon\widetilde{D}(\theta,c_0,\varepsilon), \tag{4.3.15}$$

$$\widetilde{D}(\theta,c_0,\varepsilon) = \frac{M(\theta,c_0)}{\|L((q_0(-\theta,c_0))\|} + O(\varepsilon).$$

这样当 $\varepsilon \neq 0$ 时, D 与 $\widetilde{D}$ 的零点完全一致. 由定理的假设可知

$$\widetilde{D}(\theta_0,c_0,0) = 0, \frac{\mathrm{d}}{\mathrm{d}\theta}\widetilde{D}(\theta_0,c_0,0) \neq 0.$$

因此, 根据隐函数定理, 对充分小的 $\varepsilon > 0$, 存在 c^r 函数 $\theta(c_0,\varepsilon), \theta(c_0,0) = \theta_0$, 使得

$$\widetilde{D}(\theta(c_0,\varepsilon),c_0,\varepsilon) \equiv 0.$$

再由 $D(\theta,c_0,\varepsilon)$ 的定义即可得到第一部分结论. 另一方面, 在第二种假设下, 当 $\varepsilon > 0$ 充分小时, 对于一切 $\theta \in \mathbf{R}, D(\theta,c_0,\varepsilon) \neq 0$, 从而定理的第二个结论成立.

利用上述定理及第 2 章所述的 Smale-Birkhoff 定理, 立即可得以下结论.

推论 4.3.1 若存在 $\theta_0 \in \mathbf{R}$ 及 $c_0 \in \hat{I}$ 满足定理 4.3.1 中的条件, 那么, 对充分小的 $\varepsilon > 0$, 扰动系统 $(4.3.9)_\varepsilon$ 对应的 Poincaré 映射 P_ε 存在双曲不变集 Λ (即 Smale 马蹄), 从而 $(4.3.1)_\varepsilon$ 存在 Smale 马蹄意义下的混沌运动.

现在推导并证明 $M(\theta, c_0)$ 的表达式 (4.3.14). 为此, 考虑下面含时间 t 的函数:

$$\Delta(t, \theta) = \langle L(q_0(t - \theta, c_0)), q_1^u(t, \theta) - q_1^s(t, \theta) \rangle$$
$$\equiv \Delta^u(t, \theta) - \Delta^s(t, \theta). \tag{4.3.16}$$

首先考虑右边的第一项:

$$\Delta^u(t, \theta) = \langle L(q_0(t - \theta, c_0)), q_1^u(t, \theta) \rangle. \tag{4.3.17}$$

对上式两边关于 t 求导并利用关系式:

$$\dot{q}_0(t - \theta, c_0) = f(q_0(t - \theta, c_0)), \tag{4.3.18}$$

$$\dot{q}_1^u(t, \theta) = Df(q_0(t - \theta, c_0))q_1^u(t, \theta) + g(q_0(t - \theta, c_0), t), \tag{4.3.19}$$

可得

$$\dot{\Delta}^u(t, \theta) = \langle (DL \cdot f)(q_0(t - \theta, c_0)), q_1^u(t, \theta) \rangle$$
$$+ \langle L(q_0(t - \theta, c_0)), Df(q_0(t - \theta, c_0))q_1^u(t, \theta) \rangle$$
$$+ \langle L(q_0(t - \theta, c_0)), g(q_0(t - \theta, c_0), t) \rangle, \tag{4.3.20}$$

其中, f 为未扰动向量场 $(4.2.1)_{\varepsilon=0}$ 的右边.

引理 4.3.1 $DL \cdot f + (Df)^{\mathrm{T}} L \equiv 0$, T 表示矩阵转置.

证 容易验证, 对于任意满足 $\langle B, f \rangle = 0$ 的向量函数 B, 有恒等式:

$$(Df)^{\mathrm{T}} \cdot B + (DB)^{\mathrm{T}} \cdot f = 0. \tag{4.3.21}$$

因此, 由 $\langle L, f \rangle = 0$ 及 (4.3.21) 得

$$DL \cdot f + (Df)^{\mathrm{T}} L = [DL - (DL)^{\mathrm{T}}] \cdot f,$$

而

$$DL - (DL)^{\mathrm{T}} = D^2 H - \alpha D^2 C - (D^2 H)^{\mathrm{T}} + \alpha (D^2 C)^{\mathrm{T}} = 0,$$

因为 Hesse 矩阵 $D^2 H$、$D^2 C$ 为对称矩阵.

由引理 4.3.1 和向量内积的性质得

$$\dot{\Delta}^u(t, \theta) = \langle L(q_0(t - \theta, c_0)), g(q_0(t - \theta, c_0), t) \rangle. \tag{4.3.22}$$

将上式从 $-T_u(< 0)$ 到 0 积分得

$$
\begin{aligned}
&\Delta^u(0, \theta) - \Delta^u(-T_u, \theta) \\
&= \int_{-T_u}^{0} \langle L(q_0(t - \theta, c_0)), g(q_0(t - \theta, c_0), t) \rangle \mathrm{d}t.
\end{aligned}
\tag{4.3.23}
$$

同理可得 $(T_s > 0)$

$$
\begin{aligned}
&\Delta^s(T_s, \theta) - \Delta^s(0, \theta) \\
&= \int_{0}^{T_s} \langle L(q_0(t - \theta, c_0)), g(q_0(t - \theta, c_0), t) \rangle \mathrm{d}t.
\end{aligned}
\tag{4.3.24}
$$

把 (4.3.23) 和 (4.3.24) 两式相加得:

$$
\begin{aligned}
\Delta^u(0, \theta) - \Delta^s(0, \theta) = &\int_{-T_u}^{T_s} \langle L, g \rangle (q_0(t - \theta, c_0), t) \mathrm{d}t \\
&+ \Delta^u(-T_u, \theta) - \Delta^s(T_s, \theta).
\end{aligned}
\tag{4.3.25}
$$

在上式中令 $T_s, T_u \to +\infty$, 再利用下面的引理即可证得 (4.3.14).

引理 4.3.2 (i) $\lim\limits_{T_u \to \infty} \Delta^u(-T_u, \theta) = \lim\limits_{T_s \to \infty} \Delta^s(T_s, \theta) = 0$:

(ii) 广义积分

$$
\int_{-\infty}^{\infty} \langle L, g \rangle (q_0(t - \theta, c_0), t) \mathrm{d}t
$$

绝对收敛.

证　易证下面的恒等式成立:

$$
\beta(x) \cdot (\nabla C \times f)(x) = (\|\nabla C\|^2 \nabla H)(x) - (\langle \nabla C, \nabla H \rangle \nabla C)(x),
\tag{4.3.26}
$$

其中, $\beta(x)$ 是 Casimir 函数的积分因子:

$$
\nabla C(x) = \beta(x) \cdot \boldsymbol{n}(x),
$$

$$
\boldsymbol{n}(x) = (J_{23}(x), J_{31}(x), J_{12}(x))^{\mathrm{T}}.
$$

用无扰动系统同宿轨道 $q_0(t - \theta, c_0)$ 代入 (4.3.26) 两边, 令 $t \to \infty$, 则左端按指数率趋于 0, 因为 $q_0(t - \theta, c_0)$ 按指数率趋于未扰动系统的平衡点 $x(c_0, 0)$ 而右端的极限正好等于

$$
\|\nabla C\|^2 (x(c_0, 0)) \lim_{t \to \infty} L(q_0(t - \theta, c_0))
\tag{4.3.27}
$$

注意由基本假设 (A_2), $\|\nabla C\|^2 (x(c_0, 0)) \neq 0$, 从而 $L(q_0(t - \theta, c_0))$ 当 $t \to \infty$ 时按指数率趋于 0. 另一方面, 从 $q_1^{u, s}(t, \theta)$ 满足的方程 (4.3.19) 可知, 当 $t \to \infty$ 时它们至多随时间 t 线性增长, 因此证得 (i). 同理由于 $g(x, t)$ 在有界集上有界, 所以 (ii) 的积分绝对收敛.

§4.4 含参数扰动系统的同宿轨道分支定理

本节考虑如下含参数的广义 Hamilton 扰动系统:

$$x = f(x) + \varepsilon g(x, t, \mu), \quad x \in \mathbf{R}^3, \tag{4.4.1}_\varepsilon$$

其中, f, g 满足 4.3 节中的一切假设, $\mu \in B \subset \mathbf{R}$ 是实参数, B 是 $\mathbf{R}$ 中某个开区间.

对应于 (4.3.4) 定义,

$$K(c, \mu) = \frac{1}{T} \int_0^T \langle \nabla C, g \rangle (x(c_0, 0), t, \mu) \mathrm{d}t. \tag{4.4.2}$$

命题 4.4.1 若存在 $c_0 \in \hat{I} \subset I, \mu_0 \in B$ 使得 $K(c, \mu_0) = 0$ 且 $K'_c(c_0, \mu_0) \neq 0$, 那么对于一切 $\mu \in \widetilde{B} \subset B$, 存在光滑函数 $c = c(\mu)$, 满足 $c_0 = c(\mu_0), K(c(\mu), \mu) = 0$ 使得 $(x(c(\mu), \varepsilon), \varphi)$ 是 $(4.4.1)_\varepsilon$ 在法向双曲局部不变流形 $S(\varepsilon)$ 上的一个具有 T 周期的双曲周期轨道, 其中 $S(\varepsilon)$ 由命题 4.3.2 所定义.

与 4.3 节的推导完全一样, 可以定义测量 Poincaré 映射 $P_\varepsilon : \Sigma^0 \to \Sigma^0$ 的双曲不动点 $x(c(\mu), \varepsilon)$ 的稳定与不稳定流形之间距离的函数:

$$D(\theta, \mu, \varepsilon) = \frac{\varepsilon M(\theta, \mu)}{\|L(q_0(-\theta, c(\mu)))\|} + O(\varepsilon^2), \tag{4.4.3}$$

这里, Melnikov 函数 $M(\theta, \mu)$ 定义为

$$M(\theta, \mu) = \int_{-\infty}^{\infty} \langle L, g \rangle (q_0(t, c(\mu)), t + \theta, \mu) \mathrm{d}t. \tag{4.4.4}$$

定理 4.4.1 对于含参数的系统 $(4.4.1)_\varepsilon$, 如果存在 $\hat{\theta} \in \mathbf{R}, \hat{\mu} \in \widetilde{R}$ 使得下列条件满足:

(a) $M(\hat{\theta}, \hat{\mu}) = 0,$ (b) $M'_\theta(\hat{\theta}, \hat{\mu}) = 0,$

(c) $M''_{\theta\theta}(\hat{\theta}, \hat{\mu}) \neq 0,$ (d) $M'_\mu(\hat{\theta}, \hat{\mu}) \neq 0,$

那么, 对 $\varepsilon \neq 0$ 充分小, 存在 $\mu_B = \hat{\mu} + O(\varepsilon)$ 使得 Poincaré 映射 P_ε 在 Σ^0 上的双曲不动点 $x(c(\mu_B), \varepsilon)$ 的稳定和不稳定流形在 $q_0(-\hat{\theta}, c(\mu_B)) + O(\varepsilon)$ 二次相切, 即含参数族 (4.4.1) 存在一个二次同宿相切的分支参数值 $\mu_B = \hat{\mu} + O(\varepsilon)$.

证 根据 (4.4.3) 中 D 的定义, 稳定流形与不稳定流形相切的充分必要条件是下面两式存在实根:

$$\widetilde{D}(\theta, \mu, \varepsilon) = 0, \quad \widetilde{D}'_\theta(\theta, \mu, \varepsilon) = 0, \tag{4.4.5}$$

其中, $D(\theta,\mu,\varepsilon) = \varepsilon\widetilde{D}(\theta,\mu,\varepsilon)$. 把 $\widetilde{D}$ 在 $(\hat{\theta},\hat{\mu})$ 处展成 Taylor 级数得

$$\widetilde{D}(\theta,\mu,\varepsilon) = a(\mu - \hat{\mu}) + b(\theta - \hat{\theta})^2 + O(\varepsilon).$$

由假设知 $a \neq 0, b \neq 0$ 为有限数. 根据隐函数定理不难证明 (4.4.5) 确实存在实根, 因此稳定流形和不稳定流形相切, 同时从 $\dfrac{\partial^2 \widetilde{D}}{\partial \theta^2} \neq 0$ 可知是二次相切.

　　上述定理的重要性在于它使我们能通过计算 Melnikov 函数 (4.4.4) 来证明具体的动力系统中二次同宿相切的存在性. 这与 Newhouse(1979) 关于 Wild 双曲集的存在性定理有关. 因此可以利用上述结果与 Newhouse(1974) 和 Robinson(1985) 的结果结合起来研究 $(4.4.1)_\varepsilon$ 的 wild 双曲集的存在性及相关的动力学行为.

　　从定理的条件可以看出, 如果 $(4.4.1)_\varepsilon$ 的扰动项 g 不显含时间 t, 则定理的条件不可能满足, 因此该定理不能用于自治扰动系统. 对于含参数的自治系统 $(4.4.1)_\varepsilon$ 有下面的判定 (非横截) 同宿轨道存在性的分支定理.

　　定理 4.4.2　设系统 $(4.4.1)_\varepsilon$ 中的扰动项 g 不显含时间 t, 但依赖于参数 $\mu \in \widetilde{B}$. 如果存在参数值 μ_0 使得下面两式成立:

　　(a)　$M(\mu_0) = 0$;　　(b)　$M'_\mu(\mu_0) \neq 0$.
那么对 $\varepsilon \neq 0$ 充分小, 存在 $\mu_B = \mu_0 + O(\varepsilon)$ 使得 $(4.4.1)_\varepsilon$ 在 μ_B 出现 (非横截) 同宿轨道分支, 其中 $M(\mu)$ 是由 (4.4.4) 定义的 Melnikov 函数 (但不显含 θ).

　　注意, 定理 4.4.2 所述的同宿轨道是同宿于自治系统 (4.4.1) 的双曲平衡点的. 从这种同宿轨道的存在不能立即得出系统存在混沌运动的结论, 除非系统还满足一些附加条件.

　　最后, 我们对三维系统的结果向 n 维的推广做一些讨论.

　　考虑如下的 Poisson 流形 $(\mathbf{R}^n, \{\cdot, \cdot\})$ 上的 n 维广义 Hamilton 扰动系统:

$$\dot{x} = \{x_i, H\}(x) + \varepsilon g_i(x,t,\mu), x \in \mathbf{R}^n, i = 1,2,\cdots,n, \qquad (4.4.6)_\varepsilon$$

其中, $H: \mathbf{R}^n \to \mathbf{R}, g_i: \mathbf{R}^n \times S_T \times \mathbf{R}^k \to \mathbf{R}(i = 1,2,\cdots,n)$ 均为充分光滑的函数, 且 g_i 关于 t 是 T 周期的, $\mu \in \mathbf{R}^k$ 是参数, $0 < \varepsilon \ll 1$.

　　对未扰动系统 $(4.4.6)_{\varepsilon=0}$ 作如下假设:

　　(B_1) Poisson 流形 $(\mathbf{R}^n, \{\cdot, \cdot\})$ 存在一个 n 维开子集 M, 使得 Poisson 括号 $\{\cdot, \cdot\}$ 在 M 中的每点处的秩为 2(即结构矩阵 $J(x)$ 的秩在 M 上恒为 2), 从而存在 $n-2$ 个 Casimir 函数 $C_1(x), \cdots, C_{n-2}(x), x \in M$.

　　(B_2) 存在常数 $\delta > 0$, 使得 $C_1(x), \cdots, C_{n-2}(x)$ 在每个水平集 $M_c = \{x \in M | C_i(x) = c_i, i = 1, \cdots, n-2\}$ 上函数独立, 其中 $c \in I = \{c = (c_1, \cdots, c_{n-2}) \in \mathbf{R}^{n-2} | |c_i| < \delta, i = 1, \cdots, n-2\}$. 即 $C_i(x)(i = 1, \cdots, n-2)$ 的 Jacobi 矩阵在 M_c 上

的秩为 $n - 2$, 换言之对于一切 $x \in M_c$,

$$\text{rank}\left[\frac{\partial C_i}{\partial x_j}\right](x) = n - 2.$$

从而每个 $M_c(c \in I)$ 都是 $(\mathbf{R}^n, \{\cdot, \cdot\})$ 的二维辛叶.

(B$_3$) 未扰动系统 $(4.4.6)_{\varepsilon=0}$ 在每个 $M_c(c \in I)$ 上的约化 Hamilton 系统有一个光滑依赖于 c 的双曲平衡点 $x(c, 0)$. 此外还存在一族同宿于 $x(c, 0)$ 的同宿轨道 $q_0(t, c)$.

在上述条件下, 前面关于三维系统的结果可以推广到满足上述假设的 n 维系统 $(4.4.6)_{\varepsilon}$. 只须对一些式子稍作修改.

首先, 与 (4.4.3) 对应地, 定义

$$K_i(c) = \frac{1}{T}\int_0^T \langle \nabla C_i, g\rangle(x(c, 0), t)\mathrm{d}t,$$

$$i = 1, 2, \cdots, n - 2. \tag{4.4.7}$$

命题 4.4.2 设 $c_0 \in I$ 是平均方程组

$$\dot{c}_i = \varepsilon K_i(c) + O(\varepsilon^2), \quad i = 1, 2, \cdots, n - 2$$

的双曲不动点, 则 $(x(c_0, \varepsilon), \varphi) = (x(c_0, 0) + O(\varepsilon), \varphi)$ 就是 $(4.4.6)_{\varepsilon}$ 在 $S(\varepsilon)$ 上的一个 T 周期双曲周期轨道.

其次, 将 Melnikov 函数 (4.3.14) 式中的 L 换为

$$L(x) = \nabla H(x) - \sum_{l=1}^{n-2}\alpha_l \nabla C_l(x), \tag{4.4.8}$$

其中,

$$\alpha_l(c_0) = \frac{\langle \nabla C_l, \nabla H\rangle}{\|\nabla C_l\|^2}(x(c_0, 0)).$$

最后, 需要指出, 当 $(4.4.6)_{\varepsilon}$ 中的扰动为 Hamilton 扰动时, 即考虑系统

$$\dot{x} = \{x_i, H_{\varepsilon}\}(x, t) = \{x_i, H_0\}(x) + \varepsilon\{x_i, H_1\}(x, t),$$

$$i = 1, 2, \cdots, n. \tag{4.4.9}$$

此时 (4.4.7) 中的 $K_i(c) \equiv 0(i = 1, \cdots, n - 2)$, 因为 C_i 为 Casimir 函数, 即对于一切 $F \in C^{\infty}(\mathbf{R}^n), \{C_i, F\} = 0$. 此时辛叶对扰动系统的相流是不变的, 因此问题可以化为定义在二维辛叶上的系统. Melnikov 函数变为

$$M(\theta, c) = \int_{-\infty}^{\infty}\{H_0, H_1\}(q_0(t, c), t + \theta)\mathrm{d}t. \tag{4.4.10}$$

于是, 与二维平面周期扰动系统的情况类似, 以下结论成立.

定理 4.4.3　若存在 $c_0 \in I$ 使得 (4.4.10) 关于 θ 存在简单零点, 则 $(4.4.9)_\varepsilon$ 在辛叶 M_{c_0} 上存在 Smale 马蹄意义下的混沌解.

第5章 广义哈密顿系统与微分差分方程的周期解

作为应用, 本章讨论一类微分差分方程周期解的存在性问题.

§5.1 单时滞和双时滞微分差分方程周期解的存在性

关于泛函微分方程, 特别是时滞系统的周期解的存在性研究. 一般而言, 不动点理论是研究这类解存在的主要工具. 但不动点理论所确定的周期解是非构造性的, 一般无法获得解的具体结构. J.L.Kaplan 与 J.A.Yorke (1974) 提出一种新方法, 将时滞微分方程周期解的探求归结于找一个与之相伴的常微分方程组 (称为耦合方程组) 的周期解问题. 温立志与夏华兴 (1987), 王克 (1992) 先后发展了上述论文的想法, 获得某些更一般的结果. 本节我们将指出, 上面三篇文章的主要思想, 实际上是通过广义 Hamilton 系统的周期解族的存在性来确定微分差分方程非平凡周期解的存在性. 为完善起见, 我们首先介绍 Kaplan-Yorke 的基本结果.

考虑时滞微分方程

$$x'(t) = -f(x(t-1)), \tag{5.1.1}$$

其中, $f : \mathbf{R} \to \mathbf{R}$ 是连续函数, 且当 $x \neq 0$ 时, $xf(x) > 0$. 再设 $f(x)$ 是奇函数, 即 $f(x) = -f(-x)$, 称常微分方程

$$x' = -f(y), \quad y' = f(x) \tag{5.1.2}$$

是 (5.1.1) 的伴随方程组.

Kaplan 与 Yorke 的第一个定理如下:

定理 5.1.1 设当 $x \neq 0$ 时, $xf(x) > 0$, f 是奇函数. 又 $F(x) = \int_0^x f(x)\mathrm{d}x \to \infty$, 当 $x \to \infty$. 设 $f(x)$ 有渐近线性, 即

$$\alpha = \lim_{x \to 0} \frac{f(x)}{x}, \quad \beta = \lim_{x \to \infty} \frac{f(x)}{x}. \tag{5.1.3}$$

假如 $\alpha < \frac{1}{2}\pi < \beta$, 或 $\beta < \frac{1}{2}\pi < \alpha$. 于是存在方程 (5.1.1) 的一个具有周期 4 的振动周期解, 这个解满足 (5.1.2). 其中, $y(t) = x(t-1)$.

证　证明的基本思路是先证方程组 (5.1.2) 存在周期 4 的周期解 (x,y), 然后证该周期解中的 $x(t)$ 满足方程 (5.1.1). 记

$$V(x,y) = F(x) + F(y), \quad F = \int_0^v F(v)\mathrm{d}v, \quad v \in \mathbf{R}.$$

由条件 $x \neq 0$ 时 $xf(x) > 0$ 可知, $V(x,y) \geqslant 0$, 当且仅当 $(x,y) = (0,0)$ 时 $V(x,y) = 0$. 当 $x^2 + y^2 \to \infty$ 时, $V(x,y) \to \infty$. 沿着方程组 (5.1.2) 的轨道, 对一切 $t \in \mathbf{R}$,

$$\frac{\mathrm{d}}{\mathrm{d}t}V(x(t),y(t)) = f(x(t))x'(t) + f(y(t))y'(t) \equiv 0.$$

即沿着 (5.1.2) 的解, V 等于常数. 又当且仅当 $(x,y) = (0,0)$, $\nabla V(x,y) = 0$, 因此, 任何 $a > 0$, $V^{-1}(a)$ 都是简单闭曲线. 从而 $r(t) = (x(t),y(t))$ 是周期函数, 并且不等于常数, 除非 $r(t) = (x(t),y(t)) = (0,0)$.

对于任何 $a > 0$, 用 $r_a = (x_a, y_a)$ 代表方程组 (5.1.2) 满足条件 $V(r_a) = a$ 的周期解, 假设 $\theta_a(t)$ 满足

$$\theta_a(t) = \arctan\left(-\frac{x_a(t)}{y_a(t)}\right),$$

则有

$$\theta_a'(t) = \frac{xf(x) + yf(y)}{x^2 + y^2} = R(x,y).$$

用 T_a 表示 r_a 的周期, 则

$$2\pi = \int_0^{2\pi} \mathrm{d}\theta(t) = \int_0^{T_a} R(x(t),y(t))\mathrm{d}t.$$

于是由 α 与 β 的定义立即可知: 当 $a \to 0$ 时, 若 $\alpha \neq 0$, $T_a \to 2\pi/\alpha$; 若 $\alpha = 0$, $T_a \to \infty$. 当 $a \to \infty$ 时, 若 $\beta \neq 0$, $T_a \to 2\pi/\beta$; 若 $\beta = 0$, $T_a \to \infty$. 又因 T_a 是 a 的连续函数, $a \in (0,\infty)$, 故由 $\alpha < \frac{1}{2}\pi < \beta$ 或 $\beta < \frac{1}{2}\pi < \alpha$ 知, 存在某个 a, 使得 $T_a = 4$, 即 (5.1.2) 有周期 4 的周期解.

兹设 $(x(t),y(t))$ 是 (5.1.2) 的上述周期 4 解, 由于 f 是奇函数, $(-x(t),-y(t))$ 也是 (5.1.2) 的解, 因此 $x(t) = -x(t+T) = x(t+2T)$, $2T = 4$, 从而 $T = 2$. 于是 $x(t) = -x(t+2)$. 另一方面, $(y(t),-x(t))$ 也满足方程 (5.1.2), 因此, 轨道在 90° 旋转下不变. 又满足 $V(r(t)) = a$ 的解唯一, 故对某个 $\tau \in (0,4)$, 以下关系式成立:

$$(x(t),y(t)) = (y(t+\tau),-x(t+\tau)),$$

即 $x(t) = y(t+\tau) = x(t+2\tau)$. 这说明对某个整数 n 而言, $2\tau = 4n + 2$, 从而 $\tau = 2n + 1$. 当 $n = 0,1$ 时对应于 $\tau = 1$ 或 $\tau = 3$. 考虑由方程组 (5.1.2) 最大值与最

小值的次序可以推出 $\tau = 1$, 从而 $y(t) = x(t-1)$. 于是由 (5.1.2) 的第一个方程得到解 $x(t)$ 满足方程 $x'(t) = -f(x(t-1))$. 定理证毕.

定理 5.1.1 可以推广到两个时滞的方程

$$x'(t) = -[f(x(t-1)) + f(x(t-2))], \tag{5.1.4}$$

其耦合系统为

$$\left.\begin{array}{l} x'(t) = -f(y) - f(z), \\ y'(t) = f(x) - f(z), \\ z'(t) = f(x) + f(y). \end{array}\right\} \tag{5.1.5}$$

定理 5.1.2 (Kaplan-Yorke) 设 f 是连续奇函数, 满足 $x \neq 0$ 时 $xf(x) > 0$. 又设 α, β 与定理 5.1.1 中的定义相同. 设 $\alpha < \dfrac{\pi}{3\sqrt{3}} < \beta$ 或 $\beta < \dfrac{\pi}{3\sqrt{3}} < \alpha$, 则存在方程 (5.1.4) 的一个振动周期解, 这个解具有周期 6, 并满足方程 (5.1.5), 其中 $y(t) = x(t-1)$, $z(t) = x(t-2)$.

我们将证明比定理 5.1.2 更一般的结果. 因此, 这个定理的证明从略. Kaplan 和 Yorke 认为他们的方法可推广到任意 n 个时滞的微分差分方程, 但他们未能发现其证明方法. 在 5.3 节, 我们将叙述我们得到的证明和更一般的结果。

考虑三维广义 Hamilton 系统:

$$\frac{\mathrm{d}}{\mathrm{d}t} \begin{bmatrix} x_1 \\ x_2 \\ x_3 \end{bmatrix} = \begin{bmatrix} 0 & J_{12}(x) & J_{13}(x) \\ -J_{12}(x) & 0 & J_{23}(x) \\ -J_{13}(x) & -J_{23}(x) & 0 \end{bmatrix} \begin{bmatrix} \partial H/\partial x_1 \\ \partial H/\partial x_2 \\ \partial H/\partial x_3 \end{bmatrix}. \tag{5.1.6}$$

设该系统有非平凡的 Casimir 函数 $C(x)$, $x \in \mathbf{R}^3$, 在辛叶 $\sum\limits_c = \{C(x) = c, x \in \mathbf{R}^3\}$ 上 (5.1.6) 可约化为二维 Hamilton 系统:

$$\frac{\mathrm{d}u}{\mathrm{d}t} = P(u,v,c), \quad \frac{\mathrm{d}v}{\mathrm{d}t} = Q(u,v,c), \tag{5.1.7}$$

其 $(\partial P/\partial u) + (\partial Q/\partial v) \equiv 0$, 且 $P = -\partial \tilde{H}/\partial v$, $Q = \partial \tilde{H}/\partial u$, 在 $\sum\limits_c$ 上, Hamilton 量为

$$\tilde{H}(u,v,c) = \int_{(u_0,v_0)}^{(u,v)} (P\mathrm{d}v - Q\mathrm{d}v) = H|_{G=\varepsilon} = h. \tag{5.1.8}$$

根据第 3 章所述的 Gavrilov 定理 (命题 3.5.7), 显然, 以下结论成立.

引理 5.1.1 假设 (i) 对一切 $c \in \mathbf{R}$, 在每个辛叶 $C(x) = c$ 上, 系统 (5.1.7) 存在有限多个 (至少一个) 平衡点; (ii) $P, Q \in C^2$, 且 $\sum\limits_c$ 是闭的连通定向曲面, 其亏格 $g \geqslant 0$; 则除连接鞍点的分解线以外, (5.1.7) 的一切轨道在 $\sum\limits_c$ 上是闭轨.

现设系统 (5.1.7) 有平衡点 (u_0, v_0), 在该点, (5.1.7) 的线性化系统的矩阵有正的行列式值, 即

$$q_c(u_0, v_0, c) = \left(\frac{\partial P}{\partial u}\frac{\partial Q}{\partial v} - \frac{\partial P}{\partial v}\frac{\partial Q}{\partial u}\right)\Bigg|_{(u_0, v_0, c)} > 0.$$

在这个假设下, (u_0, v_0) 是系统 (5.1.7) 的简单中心.

在引理 5.1.1 的假设下, 根据微分方程定性理论的基本知识易知以下结论正确.

引理 5.1.2 (i) 若 $q_c > 0$, 则围绕中心 (u_0, v_0) 的周期轨道的周期函数是连续的. 又若中心 (u_0, v_0) 是非等时的, 则存在正数 T_M (或 T_m), 使得周期函数的值域位于开区间 $\left(\dfrac{2\pi}{\sqrt{q_c}}, T_M^c\right)$ 或 $\left(T_m^c, \dfrac{2\pi}{\sqrt{q_c}}\right)$ 中.

(ii) 若系统 (5.1.7) 除中心 (u_0, v_0) 之外还有有限的双曲鞍点 $(u_s, v_s)(s=1, 2, \cdots, l)$, 并存在连结这些鞍点的同宿轨道或异宿轨道包围着中心 (u_0, v_0), 则有 $T_M = \infty$, 或 $T_m = \infty$.

现在考虑两时滞方程 (5.1.4) 及其耦合系统 (5.1.5), 显然, (5.1.5) 是广义 Hamilton 系统:

$$\frac{\mathrm{d}}{\mathrm{d}t}\begin{bmatrix} x \\ y \\ z \end{bmatrix} = \begin{bmatrix} 0 & -1 & -1 \\ 1 & 0 & -1 \\ 1 & 1 & 0 \end{bmatrix}\begin{bmatrix} f(x) \\ f(y) \\ f(z) \end{bmatrix}. \tag{5.1.9}$$

其 Hamilton 量是

$$H(x, y, z) = F(x) + F(y) + F(z) = h, \tag{5.1.10}$$

其中, $F(x) = \displaystyle\int_0^x f(s)\mathrm{d}s$, Casimir 函数为

$$C(x, y, z) = x - y + z = c, \tag{5.1.11}$$

在平面辛叶 $\displaystyle\sum_c : C(x, y, z) = c$ 上, (5.1.9) 可简化为以下的二维系统

$$\left.\begin{aligned} \frac{\mathrm{d}x}{\mathrm{d}t} &= -f(y) - f(c - x + y), \\ \frac{\mathrm{d}y}{\mathrm{d}t} &= f(x) - f(c - x + y) \end{aligned}\right\} \tag{5.1.12}$$

或

$$\left.\begin{aligned} \frac{\mathrm{d}u}{\mathrm{d}t} &= -f\left(\frac{v - u}{2}\right) - f\left(\frac{v + u}{2}\right), \\ \frac{\mathrm{d}v}{\mathrm{d}t} &= f\left(\frac{u + v}{2}\right) - f\left(\frac{v - u}{2}\right). \end{aligned}\right\} \tag{5.1.13}$$

其中, $u = x - y$, $v = x + y$.

系统 (5.1.12) 至少存在一个平衡点 $(x, y) = (c/3, -c/3)$, 并且 $q_c = 3[f'(c/3)]^2 \geqslant 0$, 等号仅当 $f'(c/3) = 0$ 时成立. 若 $q_c \neq 0$, 则在辛叶 $\sum_c$ 上必存在包围中心 $(c/3, -c/3)$ 的闭轨道. 又若该中心非等时, 则这族周期轨道的值域为 $\{2\pi/[\sqrt{3}|f'(c/3)|], T_M\}$, T_M 为有限数或无穷大. 利用上面的讨论, 我们得到下面较一般的结果.

定理 5.1.3 倘若存在两个非负数 m, n, 使得 $6(mr_2 - nr_1) = 2r_1 - r_2$, 系统 (5.1.5) 中函数 f 是奇函数, 并且系统 (5.1.5) 中围绕辛叶 $\sum_c$ 上的奇点 $(0, 0)$ 的周期轨道的周期单调增加, 满足关系

$$0 < \frac{2\pi}{\sqrt{3}|f'(0)|} < \frac{6r_1}{1 + 6m} < T_m, \tag{5.1.14}$$

则微分差分方程

$$\frac{\mathrm{d}x}{\mathrm{d}t} = -[f(x(t - r_1)) + f(x(t - r_2))] \tag{5.1.15}$$

至少存在一个周期 $6r_1/1 + 6m$ 的振动周期解. 此外, 若 $T_M > 6r_1$, 则方程 (5.1.15) 存在 $m + 1$ 个周期解, 其周期分别为 $6r_1/(1 + 6j)$, $j = 0, 1, \cdots, m$.

证 考虑 $c = 0$ 时的方程 (5.1.12), 当条件 (5.1.14) 满足时, 方程组 (5.1.12) 在 $\sum_0$ 上必存在过点 $(0, -a)$ $(a, 0)$ 的周期为 $6r_1/(1 + 6m)$ 的振动周期解, 记为 $(x(t), y(t))$. 由 f 的奇函数性质可知, 在 $\sum_0$ 上, $(-x(t), -y(t))$ 也是方程 (5.1.12) 的具有同样周期的周期解. 由唯一性可知, 这组解与解 $(x(t), y(t))$ 只差一个平移数, 即

$$\left.\begin{array}{l} x(t) = -x(t + T_1) = x(t + 2T_1), \\ y(t) = -y(t + T_1) = y(t + 2T_1). \end{array}\right\}$$

记 $\tau = 6r_1/(1 + 6m)$, 则 $2T_1$ 应是 τ 的整数倍, 即存在正数 n 使 $2T_1 = n\tau$, 又因 $0 < T_1 < \tau$, 故 $n = 1$, 从而 $T_1 = \frac{1}{2}\tau$, 故

$$\left.\begin{array}{l} x(t) = -x\left(t + \frac{1}{2}\tau\right) = -x\left(t - \frac{1}{2}\tau\right), \\ y(t) = -y\left(t + \frac{1}{2}\tau\right) = -y\left(t - \frac{1}{2}\tau\right). \end{array}\right\} \tag{5.1.16}$$

另一方面, 由 (5.1.12) 可见, 当 $c = 0$ 时, $(y(t), y(t) - x(t))$ 同样有周期 τ, 且也是 (5.1.12) 的周期解. 因此, 存在平移数 T_2, $0 < T_2 < \tau$, 使得

$$\left.\begin{array}{l} x(t) = y(t + T_2) \\ \quad = y(t + 2T_2) - x(t + 2T_2) \\ \quad = -x(t + 3T_2), \\ y(t) = y(t + T_2) - x(t + T_2) \\ \quad = -x(t + 2T_2) \\ \quad = -y(t + 3T_2). \end{array}\right\} \tag{5.1.17}$$

联合以上两式可得

$$x\left(t - \frac{1}{2}\tau\right) = x(t + 3T_2), \quad y\left(t - \frac{1}{2}\tau\right) = y(t + 3T_2).$$

因此, 存在正整数 k, 使得 $3T_2 + \frac{1}{2}\tau = k\tau$, 即 $T_2 = \frac{1}{6}(2k-1)\tau$. 因 $0 < T_2 < \tau$, 故 k 仅可取 $1, 2, 3$. 兹证明 $k = 2$ 不可能. 事实上, 若 $k = 2$, $T_2 = \frac{1}{2}\tau$, 则由 (5.1.17) 知

$$(x(t), y(t)) = \left(y\left(t - \frac{1}{2}\tau\right), y\left(t + \frac{1}{2}\tau\right) - x\left(t + \frac{1}{2}\tau\right)\right).$$

又由 (5.1.16) 得

$$(x(t), y(t)) = \left(-x\left(t + \frac{1}{2}\tau\right), -y\left(t + \frac{1}{2}\tau\right)\right).$$

令 $t = \frac{1}{2}\tau$, 从上述两式得

$$\left(x\left(\frac{1}{2}\tau\right), y\left(\frac{1}{2}\tau\right)\right) = (-a, -a) = (0, a),$$

从而 $a = 0$, 导致矛盾. 用类似的方法可证 $k \neq 3$. 于是, k 只可能取 1, 从而 $T_2 = \frac{1}{6}\tau$. 因此, 由 (5.1.17) 可知

$$\begin{aligned}
x(t) &= y(t + T_2) = -y(t + 4T_2) \\
&= x(t + 6T_2) \\
&= y(t + 7T_2) \\
&= \cdots \\
&= y(t + (1 + 6i)T_2), \quad i = 0, 1, 2, \cdots
\end{aligned}$$

另一方面,

$$\begin{aligned}
x(t) &= y(t + 2T_2) - x(t + 2T_2) = -y(t + 4T_2) = x(t + 6T_2) \\
&= y(t + 6T_2) - x(t + 6T_2) = \cdots \\
&= y(t + (1 + 6i)T_2) - x(t + (1 + 6j)T_2), \quad j = 0, 1, 2, \cdots
\end{aligned}$$

因此, 在 $\sum_0$ 上, $y(t) = x(t - (1 + 6i)T_2)$, $z(t) = y(t) - x(t) = x(t - (2 + 6j)T_2)$, $(i, j = 0, 1, 2, \cdots)$. 由于 $\tau = [6r_1/(1 + 6m)] = [6r_2/(2 + 6n)]$, 因此 $(1 + 6m)T_2 = r_1$, $(2 + 6n)T_2 = r_2$. 这说明 $y(t) = x(t - r_1)$, $z(t) = x(t - r_2)$, 即 (5.1.12) 在 $\sum_0$ 上的周期 τ 解满足方程 (5.1.15). 定理的后一结论显然成立. 定理证毕.

例 5.1.1   考虑微分差分方程

$$\frac{\mathrm{d}x}{\mathrm{d}t} = -[\sin\omega(t-1) + \sin\omega(t-2)] \tag{5.1.18}$$

及其耦合系统

$$\left.\begin{aligned}
\frac{\mathrm{d}x}{\mathrm{d}t} &= -\sin\omega y - \sin\omega z, \\
\frac{\mathrm{d}y}{\mathrm{d}t} &= \sin\omega x - \sin\omega z, \\
\frac{\mathrm{d}z}{\mathrm{d}t} &= \sin\omega x + \sin\omega y.
\end{aligned}\right\} \tag{5.1.19}$$

后一方程组在 $\displaystyle\sum_0$: $x - y + z = 0$ 上可约化为 (5.1.12) 的形式:

$$\left.\begin{aligned}
\frac{\mathrm{d}u}{\mathrm{d}t} &= -2\sin\frac{v}{2}\cos\frac{u}{2}, \\
\frac{\mathrm{d}v}{\mathrm{d}t} &= 2\cos\frac{v}{2}\sin\frac{u}{2} + 2\sin u.
\end{aligned}\right\} \tag{5.1.20}$$

其中, $\tau = \omega t$, $u = \omega(x-y)$, $v = \omega(x+y)$, 对应的 Hamilton 量为

$$\hat{H}(u, v, 0) = 4\cos\frac{u}{2}\cos\frac{v}{2} + 2\cos u = 2h. \tag{5.1.21}$$

平面系统 (5.1.20) 可看作环面 T^2 上的微分方程. 该方程在展开平面 $[-\pi, \pi] \times [-\pi, \pi]$ 上有 5 个平衡点:$A(\pi, \pi)$, $B(-\pi, \pi)$, $C(-\pi, -\pi)$, $D(\pi, -\pi)$ 是鞍点, $O(0, 0)$ 是中心. 围绕中心 $O(0, 0)$ 的闭轨族有以下参数表示:

$$\left.\begin{aligned}
u(\tau, k) &= 2\arctan(bcn(\Omega_\tau, k)), \\
v(\tau, k) &= 2\arcsin\left(\frac{bsn(\Omega_\tau, k)\mathrm{d}n(\Omega_\tau, k)}{1 + b^2 cn^2(\Omega_\tau, k)}\right).
\end{aligned}\right\} \tag{5.1.22}$$

其中, $k^2 = \dfrac{2\sqrt{3 + 2h} + (3 - h^2)}{4\sqrt{3 + 2h}}$, $\Omega = (3 + 2h)^{-\frac{1}{4}}$, $b^2 = \dfrac{2\sqrt{3 + 2h} + (3 - h^2)}{(1 + h)^3}$, $h \in (-1, 3)$. 显然, $h \to -1$, $k \to 1$; $h \to 3$, $k \to 0$. 回到原变量 x, y, t, 得

$$\left.\begin{aligned}
x(t, k) &= \frac{1}{2\omega}[u(\tilde\omega t, k) + v(\tilde\omega t, k)], \\
y(t, k) &= \frac{1}{2\omega}[v(\tilde\omega t, k) - u(\tilde\omega t, k)].
\end{aligned}\right\} \tag{5.1.23}$$

其中, $\tilde\omega = \omega\Omega$. (5.1.23) 所确定的曲线具有周期 $T(k) = \dfrac{4K(k)}{\tilde\omega}$. 当 $k \to 0$ 时, $T(k) \to \dfrac{2\pi}{\sqrt{3}\omega}$, 即 $\sqrt{q_0} = \sqrt{3}\omega$. 当 $k \to 1$ 时, $T(k) \to \infty$.

综上所述, 若对整数 m, 满足关系 $\omega > \dfrac{1}{3\sqrt{3}}(1+6m)$, 则在 $\mathbf{R}^3$ 中的平面 $x - y + z = 0$ 上, 存在方程组 (5.1.19) 的周期为 $\dfrac{6}{1+6m}$ 的非平凡周期解. 又因 $T_\infty = \infty$, 故 (5.1.18) 必存在周期为 $\dfrac{6}{1+6j}$, $j = 0, 1, 2, \cdots, m$ 的 $m+1$ 个周期解.

考虑具有时滞和超前变元的三阶微分差分方程

$$\dot{x}(t) = f(x(t), x(t-1), \cdots, x(t-m), x(t+1), \cdots, x(t+m)). \tag{5.1.24}$$

其中, m 是某个正整数, $x \in \mathbf{R}^3$, $f: \mathbf{R}^{6m+3} \to \mathbf{R}^3$ 关于每个变元具有连续的二阶偏导数, 即 $f \in C^2(\mathbf{R}^{6m+3}, \mathbf{R}^3)$. 在 f 中用函数 $x(t)$ 代替 $x(t \pm j)$, $(j = 1, 2, \cdots, m)$, 得到一个新的函数 $f^*: \mathbf{R}^3 \to \mathbf{R}^3$. 称三阶微分方程组

$$\dot{x}(t) = f^*(x(t)) \tag{5.1.25}$$

是 (5.1.24) 的耦合系统.

定理 5.1.4　若系统 (5.1.25) 可写为广义 Hamilton 系统的形式, 即

$$\frac{\mathrm{d}x}{\mathrm{d}t} = f^*(x) = J(x)\frac{\partial H}{\partial x}, \ x \in \mathbf{R}^3, \tag{5.1.26}$$

并且对于系统 (5.1.26), 引理 5.1.1 的条件与引理 5.1.2 中 (i) 的条件成立, 并存在正整数 n 使得

$$\frac{2\pi}{\sqrt{q_c}} < \frac{1}{n} < T_m^c \quad \left(\text{或 } T_m^c < \frac{1}{n} < \frac{2\pi}{\sqrt{q_c}} \right). \tag{5.1.27}$$

于是, 对于固定的 c, 系统 (5.1.24) 至少存在一个非平凡的具有周期 $1/n$ 的周期解. 此外, 若 $T_m \geqslant 1$ 或引理 5.1.2 中 (ii) 的条件成立, 则系统 (5.1.24) 至少具有 n 个非平凡周期解, 其周期分别为 $\dfrac{1}{n-s}$, $s = 0, 1, \cdots, n-1$.

又若对一切 $c \in (\alpha, \beta)$, (α, β) 为 $\mathbf{R}$ 中的某个开集, 条件 (5.1.27) 及上述条件成立, 则系统 (5.1.24) 存在不可数无穷多个非平凡周期解.

证　在定理的假设下, 对固定的 $c \in (\alpha, \beta)$, 耦合系统 (5.1.25) 至少具有一个周期为 $1/n$ 的周期解 $x(t) = x(t, c, h)$, 这个解与两个参数 h, c 有关. 显然

$$x(t \pm j, h, c) = x\left(t \pm jn \cdot \frac{1}{n}, h, c\right) = x(t, c, h),$$

$$j = 1, 2, \cdots, m.$$

因此, 这个解也满足系统 (5.1.24), 即

$$\dot{x}(t) = f^*(x(t)) = f(x(t), x(t-1), \cdots, x(t-m), x(t+1), \cdots, x(t+m)).$$

当 c 在 (α, β) 中改变时, 可得不同的周期解, 因此, (5.1.24) 存在不可数无穷多周期解.

考虑具体的三阶系统

$$\left.\begin{array}{l} \dot{x} = -g(y(t-\delta_1)) - h^*(z(t-\delta_2)), \\ \dot{y} = f(x(t-\delta_3)) - h^*(z(t-\delta_4)), \\ \dot{z} = f(x(t-\delta_5)) + g(y(t-\delta_6)). \end{array}\right\} \tag{5.1.28}$$

其中, $\delta_j = 0$ 或 1, $j = 1, 2, \cdots, 6$.

系统 (5.1.28) 的伴随系统为

$$\left.\begin{array}{l} \dot{x} = -g(y) - h^*(z), \\ \dot{y} = f(x) - h^*(z), \\ \dot{z} = f(x) + g(y). \end{array}\right\} \tag{5.1.29}$$

这个方程组有广义 Hamilton 形式

$$\frac{\mathrm{d}}{\mathrm{d}t} \begin{bmatrix} x \\ y \\ z \end{bmatrix} = \begin{bmatrix} 0 & -1 & -1 \\ 1 & 0 & -1 \\ 1 & 1 & 0 \end{bmatrix} \begin{bmatrix} f(x) \\ g(y) \\ h^*(z) \end{bmatrix}, \tag{5.1.30}$$

其 Hamilton 量为

$$H(x, y, z) = F(x) + G(y) + H^*(z) = h, \tag{5.1.31}$$

这里, $F(x) = \int_0^x f(s)\mathrm{d}s$, $G(x) = \int_0^y g(s)\mathrm{d}s$, $H^*(z) = \int_0^z h^*(s)\mathrm{d}s$.

系统 (5.1.30) 的 Casimir 函数是 $C(x, y, z) = x - y + z = c$. 若函数 f, g 与 h 有全局的单值反函数 f^{-1}, g^{-1}, $(h^*)^{-1}$, 则系统 (5.1.30) 的奇点充满曲线 $(x(s), y(s), z(s)) = (f^{-1}(s), g^{-1}(-s), (h^*)^{-1}(s))$, $z \in I \subset \mathbf{R}$. 否则 (5.1.30) 将有多条奇点构成的曲线. 对固定的 $c \in \mathbf{R}$, 在辛叶 $\sum_c$ (平面): $C(x, y, z) = c$ 上, 系统 (5.1.29) 可化为

$$\left.\begin{array}{l} \dfrac{\mathrm{d}x}{\mathrm{d}t} = -g(y) - h^*(c - x + y), \\ \dfrac{\mathrm{d}y}{\mathrm{d}t} = f(x) - h^*(c - x + y). \end{array}\right\} \tag{5.1.32}$$

注意当 $c = c_0$ 时 (5.1.32) 的线性化系统在点 $(x_0, y_0) = (f^{-1}(s_0), g^{-1}(s_0))$ 有行列式

$$q_{c_0}(x_0, y_0, c_0) = [f'(x_0) + g'(y_0)](h^*)'(z_0) + f'(x_0)g/(y_0),$$

其中, $z_0 = c - x_0 + y_0$.

以下定理不要求 f, g, h^* 为奇函数, 严格单调增加和渐进线性等条件, 具有较多的一般性.

定理 5.1.5　假设函数 f, g 与 h^* 是 $C^2(\mathbf{R}, \mathbf{R})$ 函数, $q_{c_0} > 0$, 则

(i) 若 (5.1.32) 的中心非等时, 且围绕着中心 (x_0, y_0) 的闭轨族的周期函数满足不等式 (5.1.27), 则系统 (5.1.28) 至少存在一个非平凡周期 $1/n$ 解.

(ii) 若存在连结有限鞍点的分解线包围着中心 (x_0, y_0), 且 $2\pi/\sqrt{q_{c_0}} < 1/n < +\infty$, 则系统 (5.1.28) 至少存在 n 个分别具有周期 $\dfrac{1}{n}, \dfrac{1}{n-1}, \cdots, 1$ 的非平凡周期解.

(iii) 若对一切 $c \in (\alpha, \beta) \subset \mathbf{R}$, (i) 或 (ii) 中的条件成立, 则系统 (5.1.28) 存在不可数无穷多个非平凡周期解.

例 5.1.2　设 $f(x) = g(x) = \omega x - x^2$, $h * (z) = \omega z$. 为讨论 (5.1.28) 周期解的存在性, 只需考虑以下平面二次系统

$$
\left.
\begin{aligned}
\frac{\mathrm{d}u}{\mathrm{d}t} &= -\omega v + \frac{1}{2}(u^2 + v^2), \\
\frac{\mathrm{d}v}{\mathrm{d}t} &= -2c_0\omega + u(3\omega - v).
\end{aligned}
\right\}
\tag{5.1.33}
$$

其中, $\omega > 0$. Hamilton 量为

$$
\begin{aligned}
\hat{H}(u, v, c_0) &= 2c_0\omega u + \frac{3}{2}\omega u^2 + \frac{1}{2}\omega v^2 \\
&\quad - \frac{1}{2}u^2 v - \frac{1}{6}v^3 \\
&= h.
\end{aligned}
\tag{5.1.34}
$$

系统 (5.1.33) 的平衡点当 $c_0 \neq 0$ 时是圆 $u^2 + (v-\omega)^2 = \omega^2$ 与双曲线 $u = 2c_0\omega/(3\omega - v)$ 的交点, 当 $c_0 = 0$ 时是上述圆与直线 $u = 0$ 的交点. 由简单的定性分析可知, 当 $|c_0| < \omega$ 时, (5.1.33) 有两个平衡点 $A(u_0, v_0)$ 与 $B(u_1, v_1)$. A 是中心, B 是鞍点, 存在包围 A 而同宿到 B 的同宿轨道, 此外,

$$
q(u_0, v_0, c_0) = 3\omega^2 + (v_0^2 - u_0^2) - 2\omega v_0 > 0.
$$

另一方面二次 Hamilton 系统的中心非等时, 周期单调增加. 因此, 对于 $c_0 \in (-\omega, \omega)$ 以及给定的整数 n, 取 ω 满足关系:

$$
\frac{2\pi}{\sqrt{3\omega^2 + (v_0^2 - u_0^2) - 4\omega v_0}} < \frac{1}{n}.
$$

则系统 (5.1.28) 必存在不可数无穷多非平凡周期解.

特别情况, 若 $c_0 = 0$, $A = (0,0)$, $B = (0, 2\omega)$, 系统 (5.1.33) 的包围 $(0,0)$ 的周期轨道有以下参数表示:

$$
\left.
\begin{aligned}
u(t,k) &= \frac{2b^2\Omega\,\mathrm{sn}(\Omega t, k)\mathrm{cn}(\Omega t, k)\mathrm{dn}(\Omega t, k)}{1 + b^2\mathrm{sn}^2(\Omega t, k)} \\
v(t,k) &= 3\Omega - \frac{3\Omega - \delta}{1 + b^2\mathrm{sn}^2(\Omega t, k)}.
\end{aligned}
\right\}
\tag{5.1.35}
$$

其中, 椭圆函数的模 $k^2 = \dfrac{(3\omega - \beta)(\gamma - \delta)}{(3\omega - \gamma)(\beta - \delta)}$, $b^2 = \dfrac{\gamma - \delta}{3\omega - \gamma}$, $\Omega = \dfrac{1}{2}\sqrt{\dfrac{(3\omega - \gamma)(\beta - \delta)}{3}}$, β, γ, δ 是三次代数方程 $v^3 - 3\omega v^2 + 6h = 0$ 的实根, $h \in (0, \dfrac{\omega^3}{3})$. (5.1.35) 所确定的曲线有周期 $T(k) = \dfrac{2K(k)}{\Omega}$. 显然, $\lim\limits_{k \to 0} T(k) = \dfrac{2\pi}{\omega\sqrt{3}} = \dfrac{2\pi}{\sqrt{q_0}}$, $\lim\limits_{k \to 1} T(k) = \infty$. 因此, 当 $c_0 = 0$ 时, 对给定的 n, 取 $\omega > \dfrac{2\pi}{\sqrt{3}n}$, 则相应的系统 (5.1.28) 必存在周期为 $\dfrac{1}{n}, \dfrac{1}{n-1}, \cdots, 1$ 的 n 个非平凡周期解.

§5.2 双时滞微分差分系统形式的推广

本节讨论以下的两个时滞微分方程:

$$
x'(t) = -f(x(t - r_1))g(x(t - r_2)) - f(x(t - r_2))g(x(t - r_1)) \tag{5.2.1}
$$

和

$$
x'(t) = -f(x(t - r_1))g(x(t - r_2)) + f(x(t - r_2))g(x(t - r_1)). \tag{5.2.2}
$$

其中, $r_i (i = 1, 2)$ 是正常数. 为了研究 (5.2.1) 的周期解, 我们考虑以下的三维系统

$$
\left.
\begin{aligned}
\frac{\mathrm{d}x}{\mathrm{d}t} &= -f(y)g(z) - f(z)g(y), \\
\frac{\mathrm{d}y}{\mathrm{d}t} &= f(x)g(z) - f(z)g(x), \\
\frac{\mathrm{d}z}{\mathrm{d}t} &= f(x)g(y) + f(y)g(x).
\end{aligned}
\right\}
\tag{5.2.3}
$$

该系统可记为下面的形式

$$
\frac{\mathrm{d}}{\mathrm{d}t}
\begin{pmatrix} x \\ y \\ z \end{pmatrix}
=
\begin{pmatrix}
0 & -g(x) & -g(y) \\
g(z) & 0 & -g(x) \\
g(y) & g(x) & 0
\end{pmatrix}
\begin{pmatrix} f(x) \\ f(y) \\ f(z) \end{pmatrix}
$$

$$= \begin{pmatrix} 0 & f(z) & -f(y) \\ -f(z) & 0 & f(x) \\ f(y) & -f(x) & 0 \end{pmatrix} \begin{pmatrix} g(x) \\ g(y) \\ g(z) \end{pmatrix}.$$

或简写为

$$\frac{\mathrm{d}}{\mathrm{d}t} \begin{pmatrix} x \\ y \\ z \end{pmatrix} = J_g(x,y,z)\nabla H = J_f(x,y,z)\nabla C.$$

其中, 两个函数 $H(x,y,z)$ 和 $C(x,y,z)$ 是 (5.2.3) 的两个首次积分.

$$H(x,y,z) = F(x) + F(y) + F(z), \tag{5.2.4}$$

$$C(x,y,z) = G(x) + G(y) + G(z), \tag{5.2.5}$$

$F(x) = \int_0^x f(s)\mathrm{d}s,\ G(x) = \int_0^x g(s)\mathrm{d}s,\ \nabla H$ 和 ∇G 分别为 H 和 C 的梯度函数. 如果 $H(x,y,z)$ 和 $C(x,y,z)$ 是两个独立的函数, 我们称 (5.2.3) 为双 Hamilton 系统. 以下我们取 H 作为 Hamilton 函数, 取 C 作为 Casimir 函数.

本节的主要假设如下:

(H$_1$) $f \in C^r$, $r \geqslant 3$, $f(-x) = -f(x)$ 并且对某个常数 A, 当 $0 < x < A$ 时, $xf(x) > 0$, $f'(0) = \omega > 0$.

(H$_2$) $g \in C^r$, $r \geqslant 2$, $g(-x) = g(x)$, $g(0) = \alpha > 0$ 并且对某个常数 A, 当 $0 < x < A$ 时, $g(x) > 0$.

(H$_3^1$) 存在非负整数 m_1 和 m_2(不必不同), 使得方程 (1) 中的时滞 r_1 和 r_2 满足

$$r_i = (6m_1 + i)\mu_1, \quad i = 1,2. \tag{5.2.6}_a$$

(H$_3^2$) 存在非负整数 m_1 和 m_2(不必不同), 使得方程 (2) 中的时滞 r_1 和 r_2 满足

$$r_i = (6m_1 - i)\mu_2, \quad i = 1,2. \tag{5.2.6}_b$$

兹设 $x(t)$ 为方程 (5.2.1) 的一个解, 并定义 $y(t) = x(t - r_1)$, $z(t) = x(t - r_2)$. 显然, $X(t) = (x(t), y(t), z(t))$ 满足 (5.2.3) 的第一个方程. 以下定理是本节的主要结论.

定理 5.2.1　设条件 (H$_1$) 和 (H$_2$) 成立, 则系统 (5.2.3) 存在一族周期解, 这些周期解位于辛叶 $C(x,y,z) = 0$ 上, 包围辛叶上的原点并形成一个具有周期函数 $P(h)$ 的周期环域, 其中 h 为每个周期解对应的 Hamilton 量.

此外, 倘若条件 (H$_3^1$) 成立, 则以下结论正确:

(1) 如果 $P(h) \in \left(0, \dfrac{2\pi}{\sqrt{3}\omega\alpha}\right)$, 并且 $\mu_1 < \dfrac{2\pi}{3\sqrt{3}\omega\alpha}$, 则 (5.2.1) 存在无穷多周期为 $p_1 = \dfrac{6\mu_1}{6m+1}$ 的周期解, 其中 m 为任意正整数, μ_1 由 (5.2.6)$_a$ 定义.

(2) 如果 $P(h) \in \left(\dfrac{2\pi}{\sqrt{3}\omega\alpha}, \infty\right)$, 并且 $\mu_1 > \dfrac{2\pi}{3\sqrt{3}\omega\alpha}$, 则 (5.2.1) 至少存一个周期为 $6\mu_1$ 的周期解.

倘若条件 (H_3^2) 成立, 则以下结论正确:

(3) 如果 $P(h) \in \left(0, \dfrac{2\pi}{\sqrt{3}\omega\alpha}\right)$, 并且 $\mu_2 < \dfrac{2\pi}{3\sqrt{3}\omega\alpha}$, 则 (5.2.2) 存在无穷多周期为 $p_1 = \dfrac{6\mu_1}{6m-1}$ 的周期解, 其中 m 为任意正整数, μ_1 由 (5.2.6)$_b$ 定义.

(4) 如果 $P(h) \in \left(\dfrac{2\pi}{\sqrt{3}\omega\alpha}, \infty\right)$, 并且 $\mu_2 > \dfrac{2\pi}{3\sqrt{3}\omega\alpha}$, 则 (5.2.2) 至少存一个周期为 $6\mu_2$ 的周期解.

5.2.1 伴随系统和原方程解之间的基本关系

我们考虑方程 (5.2.1) 和系统 (5.2.3) 的关系. 首先, 引入以下的线性映射 T_3: $\mathbf{R}^3 \to \mathbf{R}^3$,

$$T_3 = \begin{pmatrix} 0 & 1 & 1 \\ 0 & 0 & 1 \\ -1 & 0 & 0 \end{pmatrix}.$$

显然, $T_3^3 = -I$, $T_3^6 = I$, I 表示单位矩阵. 用 $G^{(1)}$ 表示由 T_3 产生的 $O(3)$ 的子群, 即

$$G^{(1)} = \{g \in O(3) : g = T_3^l,\ l = 1, 2, \cdots, 6\}.$$

$G^{(1)}$ 是一个紧 Lie 群, 是 $\mathbf{R}^3$ 上的广义辛作用. 容易验证, 若 $X(t)$ 是 (5.2.3) 的一个解, 则对于所有的 $g \in G^{(1)}$, $gX(t)$ 也是 (5.2.3) 的解. 具有这种性质的系统 (5.2.3) 称为 $G^{(1)}-$ 等变的系统. 以下用 S 表示由 $C = 0$ 所定义的曲面:

$$S = \{(x, y, z) \in \mathbf{R}^3 :\ G(x) - G(y) + G(z) = 0\}.$$

当条件 (H_2) 满足时, G 是一个奇函数, 因此, 若 $(x, y, z) \in S$, 则 $(-x, -y, -z) \in S$, $0 \in S$. 另一方面, 若 Γ 是 S 上的一条包围原点的闭曲线, 我们说 Γ 接近原点, 若 $\Gamma \in B_A(0)$, 其中 A 是假设 (H_1) 和 (H_2) 中出现的常数.

命题 5.2.1 设条件 (H_1) 和 (H_2) 成立, 则系统 (5.2.3) 是 $G^{(1)}-$ 等变的系统. 换言之, 若 $X(t) = (x(t), y(t), z(t))$ 是 (5.2.3) 的一个非常数周期解, 则对于所有的 $g \in G^{(1)}$, $gX(t)$ 也是 (5.2.3) 的解.

兹设 $X(t)$ 是 (5.2.3) 的位于辛叶 $C(x,y,z)=0$ 上, 包围原点并充分接近原点的一个非常数周期解. 并设 p 是这个解的周期. 我们在下面将证明

$$T_3(X(t)) = X\left(t - \frac{p}{6}\right) \tag{5.2.7}$$

成立.

命题 5.2.2　如果条件 $(H_1), (H_1)$ 和 (H_3^1) 成立, 并且 $X(t) = (x(t), y(t), z(t))^{\mathrm{T}}$ 是 (5.2.3) 的一个周期为 $p = 6\mu_1$ 的非常数周期解, 则 $x(t)$ 是 (5.2.1) 的具有同样周期的非常数周期解.

证　由 (5.2.7) 可知,

$$T_3(X(t)) = (y(t), z(t), -x(t))^{\mathrm{T}} = X(t - \frac{p}{6}) = (x(t-\mu_1), y(t-\mu_1), z(t-\mu_1))^{\mathrm{T}}.$$

因此,

$$y(t) = x(t-\mu_1) = x(t-\mu_1-6m_1\mu_1) = x(t-r_1),$$

$$z(t) = y(t-\mu_1) = x(t-2\mu_1) = x(t-2\mu_1-6m_2\mu_1) = x(t-r_2).$$

由 (5.2.3) 的第一个方程可见, $x(t)$ 是 (5.2.1) 的一个周期为 $p = 6\mu_1$ 的非常数周期解.

对应于方程 (5.2.2), 我们需要研究伴随系统

$$\frac{\mathrm{d}}{\mathrm{d}t}\begin{pmatrix} x \\ y \\ z \end{pmatrix} = -J_g(x,y,z)\nabla H, \tag{5.2.8}$$

线性映射 $T_3^{-1}: \mathbf{R}^3 \to \mathbf{R}^3$ 和 $\mathbf{R}^3$ 上的广义辛作用:

$$G^{(2)} = \{g \in O(3): \ g = T_3^{-l}, l = 1, 2, \cdots, 6\}.$$

类似于命题 5.2.1, 以下结论成立.

命题 5.2.3　设条件 (H_1) 和 (H_2) 成立, 则系统 (5.2.8) 是 $G^{(2)}-$ 等变的系统. 换言之, 若 $X(t) = (x(t), y(t), z(t))$ 是 (5.2.8) 的一个非常数周期解, 则对于所有的 $g \in G^{(1)}$, $gX(t)$ 也是 (5.2.8) 的解.

兹设 $X(t)$ 是 (5.2.8) 的位于辛叶 $C(x,y,z)=0$ 上, 包围原点并充分接近原点的一个非常数周期解. 并设 p 是这个解的周期. 我们在下面将证明

$$T_3^{-1}(X(t)) = X\left(t - \frac{p}{6}\right) \tag{5.2.9}$$

成立. 于是, 类似于命题 5.2.2, 以下结论成立.

命题 5.2.4 如果条件 $(H_1), (H_1)$ 和 (H_3^2) 成立, 并且 $X(t) = (x(t), y(t), z(t))^T$ 是 (5.2.8) 的一个周期为 $p = 6\mu_2$ 的非常数周期解, 则 $x(t)$ 是 (5.2.2) 的具有同样周期的非常数周期解.

命题 5.2.5 设条件 $(H_1), (H_1)$ 和 (H_3^1)(或 (H_3^2)) 成立. 如果系统 (5.2.3) (或 (5.2.8)) 存在无穷多周期为 $\dfrac{\mu_1}{6m+1}$ $\left(或 \dfrac{\mu_2}{6m-1}\right)$ 的非常数周期解, 则方程 (5.2.1) (或 (5.2.2)) 存在同样周期的周期解.

证 记 $\bar{\mu}_1 = \dfrac{\mu_1}{6m+1}$. 设 $X(t)$ 是 (5.2.3) 的周期为 $p_1 = 6\mu_1$ 的一个非常数周期解. 于是, 对于 $i = 1, 2$, 有

$$
x(t - r_i) = x\left(t - \frac{i + 6m_i}{i + 6m_i} r_i\right) = x(t - m_i p_1 - i\mu_1) = x(t - i\mu_1)
$$

故

$$
x'(t) = -f(x(t-\mu_1))g(x(t-2\mu_1)) - f(x(t-2\mu_1))g(x(t-\mu_1)).
$$

令 $r_1^{(1)} = \mu_1$, $r_2^{(1)} = 2\mu_1$. 则有

$$
\frac{r_1^{(1)}}{6m+1} = \frac{r_2^{(1)}}{2(6m+1)} = \bar{\mu}_1.
$$

这意味着条件 (H_3^1) 对 $r_1^{(1)}$ 成立. 根据命题 5.2.2, 我们得到关于方程 (5.2.1) 的结果. 类似地, 可证关于方程 (5.2.2) 的结论.

5.2.2 伴随系统的周期解存在性

现在, 我们讨论系统 (5.2.3). 根据广义 Hamilton 系统理论, 在辛叶 $C(x, y, z) = 0$ 上, (5.2.3) 可化为

$$
\left.
\begin{aligned}
\frac{\mathrm{d}x}{\mathrm{d}t} &= -f(y)g(z(x,y)) - f(z(x,y))g(y), \\
\frac{\mathrm{d}y}{\mathrm{d}t} &= f(x)g(z(x,y)) - f(z(x,y))g(x).
\end{aligned}
\right\}
\tag{5.2.10}
$$

其中, $z(x,y) = G^{-1}(G(y) - G(x))$. 条件 (H_2) 保证了 $G^{-1}(u)$ 的局部存在性. (5.2.10) 有首次积分

$$
\tilde{H}(x,y) = H(x,y,z(x,y)) = F(x) + F(y) + F(z(x,y)).
\tag{5.2.11}
$$

于是, (5.2.10) 具有形式

$$
\frac{\mathrm{d}x}{\mathrm{d}t} = -g(z(x,y))\tilde{H}_y, \quad \frac{\mathrm{d}y}{\mathrm{d}t} = g(z(x,y))\tilde{H}_x.
$$

(5.2.10) 的线性化系统在原点有如下系数矩阵:

$$\boldsymbol{L} = \begin{pmatrix} g(0)f'(0) & -2g(0)f'(0) \\ 2g(0)f'(0) & -g(0)f'(0) \end{pmatrix} = \omega\alpha \begin{pmatrix} 1 & -2 \\ 2 & -1 \end{pmatrix}.$$

矩阵 $\boldsymbol{L}$ 有一对纯虚特征值: $\sqrt{3}\omega\alpha$. 因此, 线性化系统 $\dot{Y} = LY$, $Y = (x, y)^{\mathrm{T}}$ 有以下通解:

$$\left. \begin{aligned} x(t) &= a\cos(\sqrt{3}\omega\alpha t) - b\sin(\sqrt{3}\omega\alpha t), \\ y(t) &= \frac{a + \sqrt{3}b}{2}\cos(\sqrt{3}\omega\alpha t) + \frac{\sqrt{3}a - b}{2}\sin(\sqrt{3}\omega\alpha t). \end{aligned} \right\} \tag{5.2.12}$$

其中, a 和 b 是实常数. 显然, (5.2.12) 定义的周期解的周期为 $P_0 = \dfrac{2\pi}{\sqrt{3}\omega\alpha}$. 我们设 $g''(0) = 2\alpha_1 \neq 0$, $f'''(0) = 6\omega_1 \neq 0$. 则在原点的某个邻域内,

$$G^{-1}(u) = \frac{1}{\alpha}u - \frac{\alpha_1}{3\alpha^4}u^3 + \text{h.o.t.}, \tag{5.2.13}$$

$$z(x, y) = G^{-1}(G(y) - G(x)) = (y - x) - \frac{\alpha_1}{\alpha}xy(y - x) + \text{h.o.t.}. \tag{5.2.14}$$

从而, (5.2.10) 化为

$$\left. \begin{aligned} \frac{\mathrm{d}x}{\mathrm{d}t} &= \omega\alpha x - 2\omega\alpha y + a_3 x^3 - b_3 x^2 y + b_3 xy^2 - 2c_3 y^3 + \text{h.o.t.}, \\ \frac{\mathrm{d}y}{\mathrm{d}t} &= 2\omega\alpha x + \omega\alpha y + c_3 x^3 - b_3 x^2 y + b_3 xy^2 - a_3 y^3 + \text{h.o.t.} \end{aligned} \right\} \tag{5.2.15}$$

其中, $a_3 = 2\omega\alpha_1 + \omega_1\alpha$, $b_3 = 8\omega\alpha_1 + 3\omega_1\alpha$, $c_3 = 2\omega\alpha_1 + 2\omega_1\alpha$, h.o.t. 表示高阶项. 应用 (5.2.12) 和 (5.2.13), 可得到 (5.2.3) 的线性化系统的通解 $X_l(t) = (x(t), y(t), z(t))^{\mathrm{T}}$ 如下:

$$\left. \begin{aligned} x(t) &= a\cos(\sqrt{3}\omega\alpha t) - b\sin(\sqrt{3}\omega\alpha t), \\ y(t) &= \frac{a + \sqrt{3}b}{2}\cos(\sqrt{3}\omega\alpha t) + \frac{\sqrt{3}a - b}{2}\sin(\sqrt{3}\omega\alpha t), \\ z(t) &= \frac{-a + \sqrt{3}b}{2}\cos(\sqrt{3}\omega\alpha t) + \frac{\sqrt{3}a + b}{2}\sin(\sqrt{3}\omega\alpha t). \end{aligned} \right\} \tag{5.2.16}$$

容易验证:

$$X_l(0) = T_3 X_l\left(\frac{P_0}{6}\right) = \left(a, \frac{a + \sqrt{3}b}{2}, \frac{-a + \sqrt{3}b}{2}\right)^{\mathrm{T}}.$$

因此, 根据解的唯一性定理有

$$X_l(t) = T_3 X_l\left(t + \frac{P_0}{6}\right) \quad \text{或} \quad T_3 X_l(t) = X_l\left(t - \frac{P_0}{6}\right). \tag{5.2.17}$$

类似地, 对于 (6.2.8) 的线性化系统有

$$X_l(t) = T_3^{-1} X_l\left(t + \frac{P_0}{6}\right) \quad \text{或} \quad T_3^{-1} X_l(t) = X_l\left(t - \frac{P_0}{6}\right). \tag{5.2.18}$$

综合上面的讨论, 并应用 J.Moser 的定理, 我们得到

命题 5.2.6 设条件 (H_1) 和 (H_2) 成立. 则系统 (5.2.3) (或 (5.2.8)) 在原点的某个邻域内存在依赖于参数 ϵ 的周期解 Γ 的 $G^{(1)}$ $(G^{(2)})$– 轨道族. 当 $\epsilon \to 0$, 对应的轨道趋于原点, 其周期 P_ϵ 趋于 P_0. 在广义辛作用 $G^{(1)}$ $(G^{(2)})$ 下, 这些周期轨道保持关系 (5.2.17) (或 (5.2.18)), 其中用 $X(t)$ 代替 $X_l(t)$ 表示 (5.2.3) (或 (5.2.8)) 的周期轨道.

最后, 我们分析上述周期轨道的周期函数. 令 $u = \sqrt{3}(x - y)$, $v = x + y$, $\tau = \sqrt{3}\omega\alpha t$, (5.2.15) 变为

$$\begin{aligned}
\frac{\mathrm{d}u}{\mathrm{d}t} &= -v\left(1 + \frac{\omega_1}{4\omega}(u^2 + v^2)\right) + \text{h.o.t.,} \\
\frac{\mathrm{d}v}{\mathrm{d}t} &= u\left(1 + \frac{20\omega\alpha_1 + 9\omega_1\alpha}{36\omega\alpha}u^2 + \frac{3\omega_1 - 4\omega\alpha_1}{12\omega\alpha}v^2\right) + \text{h.o.t.}
\end{aligned} \tag{5.2.19}$$

这个方程的周期函数 $P(h)$ 可记为

$$P(h) = 2\pi(1 + \tau_2 h^2 + \tau_3 h^3 + \cdots),$$

其中, $\tau_2 = -\dfrac{\alpha_1}{72\alpha}$. 这说明当 $\alpha_1 \neq 0$, (5.2.19) 的中心不是等时中心. 并且在原点的某个小邻域内, 周期函数 $P(h)$ 当 $\alpha_1 > 0$ (< 0) 是减少的 (增加的).

综合以上, 应用命题 5.2.1~5.2.6, 我们得到定理 5.2.1 的结论.

§5.3 多时滞微分差分方程周期解的存在性

我们首先考虑微分差分方程

$$x' = -[f(x(t-1)) + f(x(t-2)) + \cdots + f(x(t-(n-1)))] \tag{5.3.1}$$

及相应的伴随系统

$$\frac{\mathrm{d}X^{\mathrm{T}}}{\mathrm{d}t} = A_n \nabla H(X(t)). \tag{5.3.2}$$

其中, $X = (x_1, x_2, \cdots, x_n)$, A_n 是具有元素 1 的反对称矩阵

$$A_n = \begin{bmatrix} 0 & -1 & -1 & \cdots & -1 & -1 \\ 1 & 0 & -1 & \cdots & -1 & -1 \\ \vdots & \vdots & \vdots & & \vdots & \vdots \\ 1 & 1 & 1 & \cdots & 0 & -1 \\ 1 & 1 & 1 & \cdots & 1 & 0 \end{bmatrix}_{n \times n}, \tag{5.3.3}$$

$$H(X) = H(x_1, x_2, \cdots, x_n) = F(x_1) + F(x_2) + \cdots + F(x_n). \tag{5.3.4}$$

$F(x) = \int_0^x f(s) \mathrm{d}s$. 在 (5.3.1) 中取 $x_1 = x(t)$, $x_2 = x(t-1)$, $\cdots$, $x_n = x(t-(n-1))$, 显然, (5.3.2) 的解满足 (5.3.1) 中的第一个方程. Kaplan 与 Yorke 提出以下问题: 可否由系统 (5.3.2) 存在周期为 $2n$ 的周期解而推出方程 (5.3.1) 存在周期为 $2n$ 的周期解? 他们猜测结论是对的, 但未能给出证明. 我们将研究更一般的微分差分方程

$$x' = -[f(x(t-r_1)) + f(x(t-r_2)) + \cdots + f(x(t-r_{n-1}))] \tag{5.3.5}$$

和它的伴随系统 (5.3.2). 我们假设以下条件成立:

(H_1) 函数 $f(x) \in C^1$, 当 $x \neq 0, f(-x) = -f(x)$, $f(0) = 0$,

当 $0 < x < a$, $xf(x) > 0$, a 是某个常数.

5.3.1　周期解存在的主要定理

显然, 当 $n = 2k$ 时, 伴随系统 (5.3.2) 是经典的 $2k$ 维 Hamilton 系统, 满足 $A_n^{\mathrm{T}} J + J A_n = 0$. 其中,

$$J = \begin{pmatrix} 0 & I \\ -I & 0 \end{pmatrix}_{2k \times 2k}.$$

这里, I 是 $k \times k$ 单位矩阵. 当 $n = 2k+1$ 时, 系统 (5.3.2) 是广义的 Hamilton 系统. 其 Casimir 函数是

$$C(X) \equiv C(x_1, x_2, \cdots, x_n) = x_1 + \sum_{i=1}^{k}(x_{2i+1} - x_{2i}). \tag{5.3.6}$$

在辛叶 $C(x, y, z) = 0$ 上, (5.3.2) 可化为经典的 $2k$ 维 Hamilton 系统:

$$\frac{\mathrm{d}X^{\mathrm{T}}}{\mathrm{d}t} = A_{2k} \nabla H^*(X), \quad X = (x_1, x_2, \cdots, x_{2k}), \tag{5.3.7}$$

其中,

$$H^*(X) \equiv H^*(x_1, x_2, \cdots, x_{2k}) = F(x_1) + F(x_2) + \cdots + F\left(\sum_{i=1}^{k}(x_{2i+1} - x_{2i})\right). \quad (5.3.8)$$

以下引入线性映射 $T_n: \mathbf{R}^n \to \mathbf{R}^n$

$$T_n = \begin{pmatrix} 0 & I_{n-1} \\ -1 & 0 \end{pmatrix},$$

其中, I_{n-1} 是 $(n-1) \times (n-1)$ 单位矩阵.

定义 5.3.1 设 G 是作用在 $\mathbf{R}^n$ 上的一个紧 Lie 群. 映射 $\Phi: \mathbf{R}^n \to \mathbf{R}^n$ 称为 G 等变的, 倘若对一切 $g \in G$ 和 $X \in \mathbf{R}^n$, 有 $\Phi(gX) = g\Phi(X)$. 函数 $H: \mathbf{R}^n \to \mathbf{R}^n$ 称为 G 不变的, 倘若对一切 $g \in G$ 和 $X \in \mathbf{R}^n$, 有 $H(gX) = H(X)$. 集合 $GX_0 = \{gX_0 | g \in G\}$ 称为 X_0 的群 G 轨道.

兹定义群 $G^{(1)}$ 如下:

$$G^{(1)} = \{g | g = T_n^s, \ s = 1, 2, \cdots, 2n\}.$$

显然, $G^{(1)}$ 是 $O(n)$ 的闭子群. 因为 $T_n^{\mathrm{T}} J T_n = J$, 故 $G^{(1)}$ 是 $\mathbf{R}^n$ 上的一个广义辛作用. 容易证明以下结论.

命题 5.3.1 设条件 (H_1) 成立. 则函数 $\Phi(X) = A_n \nabla H(X)$ 是 $G^{(1)}$ 等变的, Hamilton 函数 $H(X)$ 是 $G^{(1)}$ 不变的. 如果 $X(t)$ 是 (5.3.2) 的一个周期为 P 的非常数周期解, 则对于所有的 $g \in G^{(1)}$, $gX(t)$ 也是 (5.3.2) 的一个周期为 P 的非常数周期解. 并且 $gX(t)$ 是围绕原点振动的周期解.

以下设 $X(t)$ 是 (5.3.2) 的一个周期为 P 的非常数周期解. 假设存在常数 l, 使得

$$X^{\mathrm{T}}(t) = T_n X^{\mathrm{T}}\left(t + \frac{lp}{2n}\right), \quad (5.3.9)$$

其中, $0 \leqslant l < n$, $lm \neq 0 \ (\mathrm{mod} 2n)$, $m = 1, 2, \cdots, 2n-1$. 我们将在后面证明这样的 l 的存在性. 本节的主要结果是

定理 5.3.1 设条件 (H_1) 成立, $f'(0) = \omega > 0$ 并且

(H_2) 系统 (5.3.2) $(n = 2k)$ 或 (5.3.7) $(n = 2k+1)$ 存在一个满足条件 (5.3.9) 的周期为 $P = 2n\mu$ 的非常数周期解 $X(t) = (x_1(t), x_2(t), \cdots, x_{2k}(t))^{\mathrm{T}}$.

(H_3) 方程 (5.3.5) 中的时滞 r_i 满足

$$r_i = (i + 2nm_i)l\mu, \quad i = 1, 2, \cdots, n-1. \quad (5.3.10)$$

其中, m_i $(i = 1, 2, \cdots, n-1)$ 是某个非负整数 (不必不同), l 和 μ 由 (H_2) 确定. 则 $x(t) = x_1(t)$ 是 (5.3.5) 的一个周期为 $P = 2n\mu$ 的非常数周期解.

证　根据定理的条件, 对于系统 (5.3.2)$(n = 2k)$ 或 (5.3.7) $(n = 2k + 1)$ 的满足条件 (5.3.9) 的周期为 $P = 2n\mu$ 的非常数周期解 $X(t)$, $X^{\mathrm{T}}(t) = T_n X^{\mathrm{T}}(t + l\mu)$ 成立. 于是, $X^{\mathrm{T}}(t) = (x_2(t), x_3(t), \cdots, x_n(t), -x_1(t)) = (x_1(t - l\mu), \cdots, x_n(t - l\mu))^{\mathrm{T}} = X^{\mathrm{T}}(t - l\mu)$. 应用条件 (5.3.10), 可得

$$x_2(t) = x_1(t - l\mu) = x_1\left(t - \frac{r_1}{1 + 2nm_1} - \frac{2m_1 n r_1}{1 + 2nm_1}\right) = x_1(t - r_1),$$

$$x_3(t) = x_2(t - l\mu)$$
$$= x_1(t - 3l\mu)$$
$$= x_1\left(t - \frac{2r_2}{2 + 2nm_1} - \frac{2m_2 n r_2}{2 + 2nm_2}\right)$$
$$= x_1(t - r_2),$$
$$\vdots$$
$$x_n(t) = x_{n-1}(t - l\mu)$$
$$= x_1(t - (n-1)l\mu)$$
$$= x_1\left(t - \frac{(n-1)r_{n-1}}{(n-1) + 2nm_{n-1}} - \frac{2m_{n-1} n r_{n-1}}{(n-1) + 2nm_{n-1}}\right)$$
$$= x_1(t - r_{n-1}).$$

因此, 由 (5.3.2) 的第一个方程可知 $x(t) = x_1(t)$ 是 (5.3.5) 的周期为 $P = 2n\mu$ 的非常数周期解.

5.3.2　伴随系统的周期解存在性

现在, 我们讨论系统 (5.3.2)$(n = 2k)$ 或 (5.3.7) $(n = 2k + 1)$ 的非常数周期解的存在性. 我们用 $\sigma(A)$ 表示矩阵 A 的谱系, 即特征值全体的集合.

命题 5.3.2　设 $f'(0) = \omega > 0$, 用 λ_0 表示系统 (5.3.2) 与 (5.3.7) 在 $2k$ 维相空间中原点的线性化系统的系数矩阵 ωA_{2k} 与 ωA_{2k}^* 的特征值, 记 $\lambda = \lambda_0/\omega$, 则

$$\det[\lambda I_{2k} - A_{2k}] = \frac{1}{2}[(1 + \lambda)^{2k} + (1 - \lambda)^{2k}] = 0 \tag{5.3.11}$$

与

$$\det[\lambda I_{2k} - A_{2k}^*] = \frac{1}{2\lambda}[(1 + \lambda)^{2k+1} + (1 - \lambda)^{2k+1}] = 0 \tag{5.3.12}$$

是特征方程. 因此, A_{2k} 与 A_{2k}^* 分别有 k 对纯虚特征值, 其谱系如下:

$$\sigma(A_{2k}) = \left\{ \pm \mathrm{i}\gamma_q = \pm \mathrm{i} \tan \frac{(2q+1)\pi}{2n}, \ q = 0, 1, \cdots, k-1, \ n = 2k \right\}. \tag{5.3.13}$$

$$\sigma(A_{2k}^*) = \left\{ \pm i\tilde{\gamma}_q = \pm i \tan \frac{q\pi}{n}, \ q = 1, 2, \cdots, k, \ n = 2k+1 \right\}. \tag{5.3.14}$$

令 $\xi_q = (\xi_q^{(1)}, \xi_q^{(2)}, \cdots, \xi_q^{(2k)})^{\mathrm{T}}$ 和 $\eta_q = (\eta_q^{(1)}, \eta_q^{(2)}, \cdots, \eta_q^{(2k)})^{\mathrm{T}}$ 分别为 $i\gamma_q$ 和 $i\tilde{\gamma}_q$ 的特征向量, 则

$$\xi_q^{(j)} = (-1)^{j-1} \exp\left(\frac{i(j-1)(2q+1)\pi}{2k} \right),$$

$$\eta_q^{(j)} = (-1)^{j-1} \exp\left(\frac{2i(j-1)q\pi}{2k+1} \right), \quad j = 1, 2, \cdots, 2k.$$

证 在原点计算系统 (5.3.2) 与 (5.3.7) 的线性化系统矩阵可知, (5.3.2) 的线性化系统的系数矩阵为 ωA_{2k}, 其中 A_{2k} 是 (5.3.3) 中所述的 $2k \times 2k$ 反对称矩阵, 而 (5.3.7) 的线性化系统有系数矩阵

$$\omega A_{2k}^* = \omega A_{2k} H_{xx}^*(0)$$
$$= \omega \begin{bmatrix} 1 & -2 & 0 & -2 & \cdots & 0 & -2 \\ 2 & -1 & 0 & -2 & \cdots & 0 & -2 \\ \vdots & \vdots & \vdots & \vdots & & \vdots & \vdots \\ 2 & 0 & 2 & 0 & \cdots & 1 & -2 \\ 2 & 0 & 2 & 0 & \cdots & 2 & -1 \end{bmatrix}_{2k \times 2k}. \tag{5.3.15}$$

通过行列式计算可知

$$\det(\lambda I_{2k} - A_{2k}) = \frac{(1+\lambda)^{2k}}{2}\left[1 + \left(\frac{1-\lambda}{1+\lambda} \right)^{2k} \right]$$
$$= \frac{(1+\lambda)^{2k}}{2}(1+\mu^{2k}) = 0,$$

$$\det(\lambda I_{2k} - A_{2k}^*) = \frac{(1+\lambda)^{2k+1}}{2\lambda}\left[1 + \left(\frac{1-\lambda}{1+\lambda} \right)^{2k+1} \right]$$
$$= \frac{(1+\lambda)^{2k}}{2\lambda}(1+\mu^{2k+1}) = 0,$$

其中, $\mu = \dfrac{1-\lambda}{1+\lambda}$, 故 $\lambda = \dfrac{1-\mu}{1+\mu}$. 由于 $\lambda = -1$ 不是 A_{2k} 与 A_{2k}^* 的特征根, 通过解方程 $\mu^{2k} = -1$ 与 $\mu^{2k+1} = 1$ 即可得到谱系的计算公式, 进而得到特征向量公式.

注释 5.3.1 当 $l_i < l_j$ 时, $\tan \dfrac{(2l_i+1)\pi}{2n} < \tan \dfrac{(2l_j+1)\pi}{2n} < \tan \dfrac{l_i\pi}{n} < \tan \dfrac{l_j\pi}{2n}$, 因此, ωA_{2k} 与 ωA_{2k}^* 的特征值集合可按其虚部的大小排列为: $n = 2k$,

$$\sigma(\omega A_{2k}) = \{i\alpha_1, i\alpha_2, \cdots, i\alpha_k\} = \left\{ i\omega \tan \frac{\pi}{2n}, i\omega \tan \frac{3\pi}{2n}, \cdots, i\omega \tan \frac{(n-1)\pi}{2n} \right\};$$

$n = 2k + 1$,

$$\sigma(\omega A_{2k}^*) = \{i\alpha_1^*, i\alpha_2^*, \cdots, i\alpha_k^*\} = \left\{ i\omega \tan \frac{\pi}{n}, i\omega \tan \frac{2\pi}{n}, \cdots, i\omega \tan \frac{(n-1)\pi}{2n} \right\}.$$

一般对 Hamilton 系统所证明的定理是对具有标准辛结构矩阵 J 的系统 $\dot{u} = J\nabla H$ 而给定的. 本节所讨论的系统 (5.3.2) 与 (5.3.7) 可否化为标准形式? 以下的命题回答了这个问题.

命题 5.3.3   存在非奇异矩阵 B, 使得通过变换 $Y^{\mathrm{T}} = BX^{\mathrm{T}}$, 系统 (6.3.2) 与 (6.3.7) 可分别化为以下的标准形式:

$$\frac{\mathrm{d}Y^{\mathrm{T}}}{\mathrm{d}t} = J\nabla \tilde{H}(Y) \tag{5.3.16}$$

与

$$\frac{\mathrm{d}Y^{\mathrm{T}}}{\mathrm{d}t} = J\nabla \tilde{H}^*(Y) \tag{5.3.17}$$

其中, $Y = (y_1, y_2, \cdots, y_{2k})$, $\tilde{H}(Y) = H(B^{-1}Y^{\mathrm{T}})$, $\tilde{H}^*(Y) = H^*(B^{-1}Y^{\mathrm{T}})$, H 与 H^* 分别由 (5.3.4) 与 (5.3.8) 所确定.

证   众所周知, 对于反对称矩阵 A_{2k}, 存在非奇异矩阵 $\boldsymbol{Q}$, 使得

$$\boldsymbol{Q}A_{2k}\boldsymbol{Q}^{\mathrm{T}} = \mathrm{ding}(K, K, \cdots, K) \equiv R,$$

其中, $K = \begin{bmatrix} 0 & 1 \\ -1 & 0 \end{bmatrix}$. 通过变换某些行及其相应的列, 可将 R 变为 J. 这说明存在非奇异矩阵 $\boldsymbol{B}$ 使得 $J = \boldsymbol{B}A_{2k}\boldsymbol{B}^{\mathrm{T}}$.

作线性变换 $Y = \boldsymbol{B}X^{\mathrm{T}}$. 从而 $X^{\mathrm{T}} = B^{-1}Y^{\mathrm{T}}$, 于是 (5.3.2) 化为

$$\begin{aligned} \dot{Y}^{\mathrm{T}} = \boldsymbol{B}\dot{X}^{\mathrm{T}} &= \boldsymbol{B}A_{2k}\nabla H(X) = \boldsymbol{B}A_{2k}((\nabla\tilde{H}(Y)^{\mathrm{T}}B)^{\mathrm{T}} \\ &= \boldsymbol{B}A_{2k}\boldsymbol{B}^{\mathrm{T}}\nabla\tilde{H}(Y) = J\nabla\tilde{H}(Y). \end{aligned}$$

这就是标准形式 (5.3.16), 类似地可证 (5.3.17) 成立. 证毕.

注意到

$$\nabla\tilde{H}(Y) = (\boldsymbol{B}^{-1})^{\mathrm{T}}\nabla H(X), \ \nabla\tilde{H}^*(Y) = (\boldsymbol{B}^{-1})^{\mathrm{T}}\nabla H^*(X), \ X^{\mathrm{T}} = \boldsymbol{B}^{-1}Y^{\mathrm{T}},$$

故当 $|Y| \to 0$, 有 $\nabla\tilde{H}(Y) = \omega(\boldsymbol{B}^{-1})^{\mathrm{T}}\boldsymbol{B}^{-1}Y^{\mathrm{T}} + o(|Y|)$, $\nabla\tilde{H}^*(Y) = \omega(\boldsymbol{B}^{-1})^{\mathrm{T}}M\boldsymbol{B}^{-1}Y^{\mathrm{T}} + o(|Y|)$, 其中 $\omega M = H_{xx}^*(0)$. 记 $\tilde{\boldsymbol{B}} = (\boldsymbol{B}^{-1})^{\mathrm{T}}\boldsymbol{B}^{-1}$, $\tilde{M} = (\boldsymbol{B}^{-1})^{\mathrm{T}}M\boldsymbol{B}^{-1}$. 根据命题 5.3.3, $J = \boldsymbol{B}A_{2k}\boldsymbol{B}^{\mathrm{T}}$, $\boldsymbol{B}A_{2k}\boldsymbol{B}^{-1} = J(\boldsymbol{B}^{-1})^{\mathrm{T}}\boldsymbol{B}^{-1} = J\tilde{B}$, 这说明矩阵 $J\tilde{B}$ 与 A_{2k} 相似, 从而 $\sigma(J\tilde{B}) = \sigma(A_{2k})$. 类似地,

$$J\tilde{M} = J(\boldsymbol{B}^{-1})^{\mathrm{T}}M\boldsymbol{B}^{-1} = BA_{2k}\boldsymbol{B}^{\mathrm{T}}(\boldsymbol{B}^{-1})^{\mathrm{T}}M\boldsymbol{B}^{-1} = BA_{2k}M\boldsymbol{B}^{-1},$$

即矩阵 $A_{2k}M$ 与矩阵 $J\tilde{M}$ 相似, 从而 $\sigma(J\tilde{M}) = \sigma(A_{2k}^*)$. 于是, $\boldsymbol{B}A_{2k}\boldsymbol{B}^{-1} = J(\boldsymbol{B}^{-1})^{\mathrm{T}}\boldsymbol{B}^{-1} = J\tilde{\boldsymbol{B}}$, 从而 $\sigma(J\tilde{\boldsymbol{B}}) = \sigma(A_{2k})$, $\sigma(J\tilde{M}) = \sigma(A_{2k}M) = \sigma(A_{2k}^*)$.

以下考虑典则 Hamilton 系统

$$\frac{\mathrm{d}x_i}{\mathrm{d}t} = -\frac{\partial H}{\partial y_i}, \quad \frac{\mathrm{d}y_i}{\mathrm{d}t} = \frac{\partial H}{\partial x_i}, \quad (i = 1, 2, \cdots, k)$$

即

$$\dot{z} = J\nabla H(z), \quad z = (x, y)^{\mathrm{T}}, \tag{5.3.18}$$

其中 $H(z) = H(x_1, x_2, \cdots, x_k, y_1, y_2, \cdots, y_k) = H(x, y)$, $H(0) = H_z(0) = 0$.

引理 5.3.1 (Lyapunov 中心定理) 设 (5.3.8) 中的 $H(z) \in C^2(\mathbf{R}^{2k}, \mathbf{R})$ 满足条件

(i) $H(0) = 0$, $\nabla H(0) = 0$, $H''(0) > 0$ (即 $H''(0)$ 正定);

(ii) $JH''(0)$ 存在 k 对纯虚特征根 $\pm\mathrm{i}\omega_q$, $q = 1, 2, \cdots, k$ 使得对一切 $j \neq l$, $\frac{\omega_j}{\omega_l} \neq$ 整数.

则对一切充分小的 $\epsilon > 0$, 在曲面 $H(z) = \epsilon$ 上, 系统 (5.3.18) 存在 k 个几何上不同的周期轨道 Z_{q,ϵ_q}, 当 $\epsilon \to 0$, 其周期 T_{q,ϵ_q} 趋于 $\frac{2\pi}{\omega_q}$, $q = 1, 2, \cdots, k$. 此外, Z_{q,ϵ_q} 是 C^1 依赖于 ϵ_q 的, 并且 $\lim_{\epsilon_q \to 0} \|Z_{q,\epsilon_q}\|_{L^\infty} \to 0$,

$$\lim_{\epsilon_q \to 0} \frac{Z_{q,\epsilon_q}}{\epsilon_q} = \nu_q = \xi_q \mathrm{e}^{\mathrm{i}\omega_q t} + \bar{\xi}_q \mathrm{e}^{-\mathrm{i}\omega_q t}, \quad q = 1, 2, \cdots, k.$$

其中, $A\xi_q = \mathrm{i}\omega_q \xi_q$, $A = JH''(0)$.

应用 T.Bartsch 的书中的定理 9.2, 定理 9.5, 可得

引理 5.3.2 设 (5.3.8) 中的 $H(z) \in C^2(\mathbf{R}^{2k}, \mathbf{R})$ 满足引理 5.3.1 中的条件 (i), (ii), 并满足 (iii) $H : \mathbf{R}^{2k} \to \mathbf{R}$ 在 $\mathbf{R}^{2k}$ 中的某个紧 Lie 群 G 广义辛作用下是不变的. 则对每个 $T_{q,\epsilon_q} < \frac{2pi}{\omega_q}$, $\left|T_{q,\epsilon_q} - \frac{2pi}{\omega_q}\right|$ 充分小, 存在 (5.3.18) 的闭轨道的至少一个 G 轨道, 该轨道有周期 $T_{q,\epsilon_q} < \frac{2pi}{\omega_q}$, 位于曲面 $H(z) = \epsilon$ 上. 当 $\epsilon \to 0$ 时, 该轨道收敛于原点.

通过求解两个线性微分方程, 我们得到

引理 5.3.3 系统 (5.3.2) 和 (5.3.7) 的线性化系统 $\dot{x} = \omega A_{2k}x$ 和 $\dot{x} = \omega A_{2k}^*x$ 分别具有以下的 k 族周期解:

$$X_q^{\mathrm{T}}(t) = (x_1^{(q)}(t), x_2^{(q)}(t), \cdots, x_{2k}^{(q)}(t))^{\mathrm{T}} = a\xi_q \mathrm{e}^{\mathrm{i}\gamma_q t} + \bar{a}\bar{\xi}_q \mathrm{e}^{-\mathrm{i}\gamma_q t}$$

$$= (\alpha\mathrm{Re}\xi_q - \beta\mathrm{Im}\xi_q)\cos\gamma_q t - (\alpha\mathrm{Im}\xi_q + \beta\mathrm{Re}\xi_q)\sin\gamma_q t, \tag{5.3.19}$$

和

$$\tilde{X}_q^{\mathrm{T}}(t) = (x_1^{(q)}(t), x_2^{(q)}(t), \cdots, x_{2k}^{(q)}(t))^{\mathrm{T}} = a\eta_q \mathrm{e}^{\mathrm{i}\tilde{\gamma}_q t} + \bar{a}\bar{\eta}_q \mathrm{e}^{-\mathrm{i}\tilde{\gamma}_q t}$$

$$= (\alpha \mathrm{Re}\eta_q - \beta \mathrm{Im}\eta_q)\cos\tilde{\gamma}_q t - (\alpha \mathrm{Im}\eta_q + \beta \mathrm{Re}\eta_q)\sin\tilde{\gamma}_q t, \tag{5.3.20}$$

其中, $a = \dfrac{\alpha + \mathrm{i}\beta}{2}$, 当 $n = 2k$, $k = 0, 1, \cdots, k-1$; 当 $n = 2k+1$, $k = 1, 2, \cdots, k$.

此外, 当 $n = 2k$ 时,

$$X_q^{\mathrm{T}}(t) = T_{2k} X_q^{\mathrm{T}}\left(t + \frac{2k - (2q+1)}{4k}T_q\right) = T_{2k} X_q^{\mathrm{T}}\left(t + \frac{l}{2n}T_q\right), \tag{5.3.21}$$

其中, $T_q = \dfrac{2\pi}{\gamma_q}$, $l = 2k - (2q+1)$; 当 $n = 2k+1$ 时, 取 $x_{2k+1}^{(q)}(t) = \displaystyle\sum_{j=1}^{k}[x_{2j}^{(q)}(t) - x_{2j-1}^{(q)}(t)]$, $\hat{X}_q(t) = (\tilde{X}_q(t), x_{2k+1}^{(q)}(t))$, 则有

$$\hat{X}_q^{\mathrm{T}}(t) = T_{2k+1}\hat{X}_q^{\mathrm{T}}\left(t + \frac{(2k+1) - 2q}{2(2k+1)}T_q^*\right) = T_{2k+1}\hat{X}_q^{\mathrm{T}}\left(t + \frac{l}{2n}T_q^*\right), \tag{5.3.22}$$

其中, $T_q^* = \dfrac{2\pi}{\tilde{\gamma}_q}$, $l = (2k+1) - 2q$.

应用上面的引理可得

定理 5.3.2　设条件 (H_1) 成立, 则系统 (5.3.2) 和 (5.3.7) 在原点的某个邻域内存在 k 个不同的周期解的 $G^{(1)}$ 轨道族 $\{\varGamma^q\}$, 每个周期解族依赖于一个参数 ϵ_q. 当 $\epsilon_q \to 0$, 对于 $n = 2k$, 对应的轨道趋于原点, 周期 $T_{q,\epsilon_q} < \dfrac{2\pi}{\gamma_q}$ 并且 $T_{q,\epsilon_q} \to \dfrac{2\pi}{\gamma_q}$ (对于 $n = 2k+1$, 对应的轨道趋于原点, 周期 $T_{q,\epsilon_q} < \dfrac{2\pi}{\tilde{\gamma}_q}$ 并且 $T_{q,\epsilon_q} \to \dfrac{2\pi}{\tilde{\gamma}_q}$). 在广义辛作用 T_n 下, 这些不同的周期解族 $\{\varGamma^q\}$ 保持关系 (5.3.21) 和 (5.3.22), 其中 $X_q^{\mathrm{T}}(t)$ 和 $\hat{X}_q^{\mathrm{T}}(t)$ 分别是系统 (5.3.2) 和 (5.3.7) 的周期解的 $G^{(1)}$ 轨道.

5.3.3　微分差分方程的周期解

对于命题 6.3.2 中的每个 q, 当 $n = 2k$ 时, 记 $l = 2k - (2q+1)$; 当 $n = 2k+1$ 时, 记 $l = (2k+1) - 2q$.

定理 5.3.3　设条件 (H_1) 成立, 并且 $f'(0) = \omega > 0$.

(i) 当 $n \neq jl$ $\left(2 \leqslant j \leqslant \dfrac{n}{3}, l\ 是奇数,\ 3 \leqslant l \leqslant k\right)$, 对于满足条件 $T_{q,\epsilon_q} \equiv 2n\mu < \dfrac{2\pi}{\gamma_q}\left(\dfrac{2\pi}{\tilde{\gamma}_q}\right)$ 的数 μ, 条件 $r_i = (i + 2nm_i)l\mu$ 成立, 其中 T_{q,ϵ_q} 充分地接近 $\dfrac{2\pi}{\gamma_q}\left(\dfrac{2\pi}{\tilde{\gamma}_q}\right)$, 即 (5.3.10) 中的条件 (H_3) 满足. 则 (5.3.2)((5.3.7)) 的每个周期解族 $\{\varGamma^q\}$ 确定方程 (5.3.5) 的一个周期 $2n\mu$ 的周期解.

(ii) 当 $n = jl_0$ $\left(2 \leqslant j \leqslant \dfrac{n}{3}, l_0 = 2k - 2q_0 + 1\ 或\ l_0 = (2k+1) - q_0\ 固定\right)$, 对于满足条件 $T_{q_0,\epsilon_{q_0}} \equiv 2n\mu < \dfrac{2\pi}{\gamma_{q_0}}\left(\dfrac{2\pi}{\tilde{\gamma}_{q_0}}\right)$ 的数 μ, 条件 $r_i = (i + 2jm_i)l_0\mu$ 成立, 其中

$T_{q_0,\epsilon_{q_0}}$ 充分地接近 $\dfrac{2\pi}{\gamma_{q_0}}$ $\left(\dfrac{2\pi}{\tilde{\gamma}_{q_0}}\right)$, 即 (5.3.10) 中的条件 (H_3) 满足. 则 (5.3.2) ((5.3.7)) 的周期解族 $\{\Gamma^{q_0}\}$ 确定方程 (5.3.5) 的一个周期 $2j\mu$ 的周期解.

证 当定理的条件满足时, 根据定理 5.3.2, 系统 (5.3.2) $(n=2k)$(5.3.7) $(n=2k+1)$ 存在 k 个不同的周期为 T_{q,ϵ_q} 的周期解的 $G^{(1)}$ 轨道族 $\{\Gamma^q\}$, 又因 $T_{q,\epsilon_q}=2n\mu$ 满足 (i) 中的条件. 因此, 当 $n\neq jl$, 系统 (5.3.2) $(n=2k)$ (5.3.7) $(n=2k+1)$ 的周期解族 $\{\Gamma^q\}$ 确定方程 (5.3.5) 的一个周期 $2n\mu$ 的周期解.

当 $n=jl_0$, 定理的条件保证系统 (5.3.2) $(n=2k)$(5.3.7) $(n=2k+1)$ 存在一个周期 $T_{q_0,\epsilon_{q_0}}=2j\mu$ 的周期解, 注意

$$X_{q_0}^{\mathrm{T}}=T_n X_{q_0}^{\mathrm{T}}\left(t+\frac{l_0}{2n}T_{q_0}\right)=T_n X_{q_0}^{\mathrm{T}}\left(t+\frac{1}{2j}T_{q_0}\right)=T_n X_{q_0}^{\mathrm{T}}(t+\mu)$$

因此, (5.3.5) 存在周期 $2j\mu$ 的周期解.

注释 5.3.2 当 $n=l_0 j=j(2m_0+1)$, $q_0=\dfrac{1}{2}(2k-l_0-1)$, $(n=2k)$, $q_0=\dfrac{1}{2}(2k-l_0+1)$, $(n=2k+1)$, 线性化系统 $\dot{x}=\omega A_{2k}x$ 与 $\dot{x}=\omega A_{2k}^* x$ 有特征值 $\gamma_{q_0}=\pm\omega\mathrm{i}$. 其对应的特征向量 $(n=2k)$ 是 $\xi=(0,-\beta,0,\beta,0,-\beta,\cdots,0,(-1)^{k+1}\beta)^{\mathrm{T}}$. 显然, $T_{2k}^{2j}\xi=\xi$, 即 ξ 是 T_{2k}^{2j} 对应于特征值 1 的特征向量.

最后, 在 (5.3.10) 中我们令 $r_i=i$, $l\mu=1$, $m_i=0$, 则得到

推论 5.3.1 设定理 5.3.2 的条件成立, 则方程 (5.3.1) 存在周期 $2n$ 的周期解.

第6章 广义哈密顿系统的 KAM 理论简介

经典力学中有一大类系统是近可积的, 如太阳系可视为这样的系统. 这种近可积系统在小扰动下, 其运动是否具有稳定性? Poincare 称该问题为动力学的基本问题. Poincare 首先证明, 当未扰动可积系统的频率的分量两两有理公度 (最大共振) 时, 周期轨道在通有的小扰动下仍然保持. 在其他的频率向量情形, Poincare 发现存在小除数问题. 小除数困惑了人们近半个世纪, 直到 20 世纪五六十年代, Kolmogolov, Arnold 和 Moser 克服了小除数的困难, 建立了著名的 KAM 理论. 该理论指出, 在一定的非退化条件下, Hamilton 系统的绝大多数不变环面 (拟周期轨道)在小扰动下能够保持. 这些保持的不变环面的频率满足充分无理性 (Diophantine)条件, 形成一个无处稠密的正测度的 Cantor 集, 因而是非共振的.

KAM 理论的建立是 20 世纪动力系统和经典力学理论的重要进展. 它肯定了近可积系统 (如太阳系) 在小扰动下的大多数稳定性.

对于广义哈密顿系统, 类似的 KAM 理论是否成立? 答案是肯定的. 本章我们将介绍近几年由中国数学家李勇和易英飞所发展的广义哈密顿系统 (特别是奇数维系统) 的 KAM 理论. 为理解本章的内容, 读者需要预先了解经典哈密顿系统的基本的 KAM 程序.

§6.1 引言和主要结果

设 $G \times T^n$ 是一个流形, $G \subset R^l$ 是有界、连通的闭区域, T^n 是标准的 n- 维环面, l 和 n 是正整数. $I = (A_{ij}) : G \times T^n \to R^{(l+n) \times (l+n)}$ 是实解析反对称的结构矩阵, 满足 $\mathrm{rank} I > 0$ 和 Jacobi 恒等式:

$$\sum_{m=1}^{l+n} \left(A_{im} \frac{\partial A_{jk}}{\partial z_m} + A_{jm} \frac{\partial A_{ki}}{\partial z_m} + A_{km} \frac{\partial A_{ij}}{\partial z_m} \right) = 0. \tag{6.1.1}$$

其中, $z = (y, x) \in G \times T^n$, $i, j, k = 1, 2, \cdots, l+n$. 该结构矩阵定义了 Poisson 结构, 换言之, 对于一切定义在 $G \times T^n$ 上的 1- 形式 ω, 定义了一个 2- 形式 $\omega^2 : \omega(\cdot, I\omega^1) = \omega^1(\cdot)$, 于是, 对于一切定义在 $G \times T^n$ 上的光滑函数有

$$\{f_1, f_2\} = \mathrm{d}f_2(I\mathrm{d}f_1) = \langle \nabla f_1, I\nabla f_2 \rangle = \omega^2(I\mathrm{d}f_1, I\mathrm{d}f_2),$$

其中, $\{\cdot, \cdot\}$ 表示 Poisson 括号, ∇ 表示定义在 $R^l \times T^n$ 上的 Euclid 梯度. 2- 形式 ω^2 关于 T^n 是不变的, 即结构矩阵 I 不依赖于 $x \in T^n$, i.e., $I = I(y)$, $y \in G$.

在 Poisson 流形 $(G \times T^n, \omega^2)$ 上, 我们研究 Hamilton 系统

$$H(y, x) = N(y) + \epsilon P(y, x), \qquad (6.1.2)$$

其中, N 和 P 是实解析函数, $\epsilon > 0$ 是小参数. 对应于 (7.1.2) 的运动方程为

$$\begin{pmatrix} \dot{y} \\ \dot{x} \end{pmatrix} = I(y) \nabla (N(y) + \epsilon P(y, x)). \qquad (6.1.3)$$

兹设 (6.1.3) 的未扰动系统是完全可积的, 即 $y = (y_1, y_2, \cdots, y_l) \in G$ 满足对合条件 $\{y_i, y_j\} = 0$, $i, j = 1, 2, \cdots, l$. 从而结构矩阵 I 的形式为

$$\begin{pmatrix} 0 & B \\ -B^T & C \end{pmatrix}, \qquad (6.1.4)$$

其中, $0 = 0_{l,l}$, $B = B_{l,n}$, $C = C_{n,n}$, $C^T = -C$.

显然, (6.1.3) 是广义哈密顿系统. 当 $n = l$, $I \equiv J$ 为标准的辛矩阵时, $(G \times T^n, \omega^2)$ 变成通常的辛流形, (6.1.3) 是标准的 Hamilton 系统. 当 $l > n$ 或 $n + l$ 是奇数时, I 在 G 上是奇的, 2- 形式 ω^2 变成退化的. 这是建立广义哈密顿系统的 KAM 理论困难之所在.

在 (6.1.3) 中令 $\epsilon = 0$, 则未扰动系统化为

$$\dot{y} = 0, \quad \dot{x} = \omega(y), \quad y = (y_1, y_2, \cdots, y_l)^T$$

其中,

$$(0, 0, \cdots, 0, \omega_1(y), \omega_2(y), \cdots, \omega_n(y))^T = I(y) \nabla N(y). \qquad (6.1.5)$$

因此, 相空间 $G \times T^n$ 可被分层到具有平行流的不变的 n- 环面 $\{T_y : y \in G\}$ 上.

设以下类似于 Rüssmann 的非退化条件成立:

$$\text{R)} \quad \max_{y \in G} \text{rank} \left\{ \frac{\partial^i \omega}{\partial y^i} : |i| \leqslant n - 1 \right\} = n, \quad \text{where } i^n_+ \in Z^n_+ \text{ and } |i| = \sum_{j=1}^n |i_j|.$$

对于标准的 Hamilton 系统, 该条件是使得 KAM 环得以保持的最弱的非退化条件, 它等价于频率 $\{\omega(y) : y \in G\}$ 不在 $\mathbf{R}^n$ 中任何超平面上.

本章的主要结果是以下的两个定理.

定理 6.1.1 设 (6.1.3) 满足非退化条件 R). 则存在某个 $\epsilon_0 > 0$ (ϵ_0 依赖于 l, n, I, H, 某个 $G \times T^n$ 中的复邻域和以下定义的 Diophantine 常数 τ) 和 Cantor 集族 $G_\epsilon \subset G$, $0 < \epsilon \leqslant \epsilon_0$), 使得以下的结论成立:

1) 对于任何 $y \in G_\epsilon$, 未扰动的环面 T_y 得以保持, 即存在扰动系统的一个解析的, Diophantine 的, 不变的 $n-$ 环面, 且对于某个 γ, $0 < \gamma \leqslant \epsilon^{\frac{1}{8n+12}}$ 和某个固定的 τ, $\tau > \max\{0, l(l-1)-1, n(n-1)-1\}$, 该环面的频率 $\omega_\epsilon(y)$ 是 Diophantine 型 (γ, τ) 的. 此外, 扰动的环面形成一个 Whitney 光滑族.

2) 当 $\epsilon \to 0$, Lebesque 测度 $|G \setminus G_\epsilon| = O\left(\epsilon^{\frac{1}{4(2n+3)(l_*-1)}}\right) \to 0$,
其中

$$l_* = \begin{cases} 2, & \text{if } n = 1, \\ \max\{l, n\}, & \text{if } n > 1. \end{cases}$$

3) 如果 I 是常数矩阵, 并且 Hessian 矩阵 $\dfrac{\partial^2 N}{\partial y^2}$ 在 G 上是非奇的, 则对于 $0 < \gamma \leqslant \epsilon^{\frac{1}{8n+12}}$ 和某个固定的 τ ($\tau > n-1$), 所有 Diophantine 型 (γ, τ) 的未扰动 Diophantine 环面得以保持, 并且扰动的环面保持对应的未扰动环面的频率.

注意, 环面的频率 $\omega \in \mathbf{R}^n$ 或其对应的环面称为 Diophantine 型 (γ, τ) 的, 如果

$$|\langle k, \omega \rangle| > \frac{\gamma}{|k|^\tau}, \quad k \in Z^n \setminus \{0\}.$$

与标准的 Hamilton 系统不同, 对于广义哈密顿系统, 由于作用 - 角度变量个数不相等造成两个问题: 当作用变量个数大于角度变量个数时, 造成频率变量变化时参数的缺乏; 当作用变量个数少于角度变量个数时, 造成频率变量变化时参数的超定性. 为了得到 KAM 型的结果, 增加变形参数是必要的. 下面, 我们讨论系统:

$$\begin{pmatrix} \dot{y} \\ \dot{x} \end{pmatrix} = I(y, \xi) \nabla (N(y), \xi) + \epsilon P(y, x, \xi), \tag{6.1.6}$$

其中, ξ 是位于 Euclid 空间 $\mathbf{R}^p$ 中某有界闭域 Ξ 上的参数, $x \in T^n$, $y \in G \subset \mathbf{R}^l$, I, N, P 除满足 (6.1.3) 的条件外, 还解析地依赖于参数 ξ. 代替条件 R), 我们设以下条件成立:

$$\text{R1)} \quad \max_{y \in G, \xi \in \Xi} \text{rank} \left\{ \frac{\partial^i \omega}{\partial (y, \xi)^i} : |i| \leqslant n-1 \right\},$$

其中, $(0, 0, \cdots, 0, \omega_1(y, \xi), \cdots, \omega_n(y, \xi))^{\mathrm{T}} = I(y, \xi) \nabla N(y, \xi)$.

定理 6.1.2　设 (6.1.6) 满足非退化条件 **R1**). 则存在某个 $\epsilon_0 > 0$ (ϵ_0 依赖于 l, n, p, I, H, 某个 $G \times \Xi \times T^n$ 中的复邻域和 Diophantine 常数 τ) 和 Cantor 集族 $G_\epsilon \subset G \times \Xi$, $0 < \epsilon \leqslant \epsilon_0$), 使得以下的结论成立:

1) 对于任何 $(y, \xi) \in G_\epsilon$, 未扰动的环面 $T_{y,\xi}$ 得以保持, 即存在扰动系统的一个解析的, Diophantine 的, 不变的 $n-$ 环面, 且对于某个 γ, $0 < \gamma \leqslant \epsilon^{\frac{1}{8n+12}}$ 和某个固

定的 τ, $\tau > \max\{0, (l+p)((l+p)-1)-1, n(n-1)-1\}$, 该环面的频率 $\omega_\epsilon(y)$ 是 Diophantine 型 (γ, τ) 的. 此外, 扰动的环面形成一个 Whitney 光滑族.

2) 当 $\epsilon \to 0$, Lebesque 测度 $|G \setminus G_\epsilon| = O\left(\epsilon^{\frac{1}{4(2n+3)(l_*-1)}}\right) \to 0$, 其中

$$
l_* = \begin{cases} 2, & \text{if } n = 1, \\ \max\{l+p, n\}, & \text{if } n > 1. \end{cases}
$$

3) 如果 I 是常数矩阵, 并且 Hessian 矩阵 $\dfrac{\partial^2 N}{\partial(y,\xi)^2}$ 在 $G \times \Xi$ 上是非奇的, 则对于 $0 < \gamma \leqslant \epsilon^{\frac{1}{8n+12}}$ 和某个固定的 τ $(\tau > n-1)$, 所有 Diophantine 型 (γ, τ) 的未扰动 Diophantine 环面得以保持, 并且扰动的环面保持对应的未扰动环面的频率.

记号:

6.2~6.4 节致力于定理 6.1.1 的证明. 定理 6.1.2 的证明是类似的. 兹用 $|\cdot|$ 表示向量的 Euclid 范数和集合的 Lebesgue 测度, 用 $|\cdot|_D$ 表示函数在区域 D 上的上确界范数, 兹用 $\langle\,;\rangle$ 表示通常的 Euclid 空间的内积. 对于给定的 $r, s > 0$, 分别记

$$
D(s,r) = \{(y,x): |y| < s^2, |\text{Im}x| < r\}, \quad D(s) = \{y: |y| < s^2\}
$$

为 $G \times T^n$ 和 G 中的 (s^2, r) 和 s^2 复邻域.

§6.2 KAM 环面的构造和估计

设 $y_0 \in G$ 是一个给定的点. 在点 y_0 哈密顿量的 Taylor 展开式为

$$
H(y, y_0, x) = e_0(y_0) + \langle \Omega(y_0), y - y_0 \rangle + \bar{h}(y - y_0) + \epsilon P(y, x),
$$

其中, $e_0(y_0) = N(y_0)$, $\Omega_0(y_0) = \dfrac{\partial N(y_0)}{\partial y}$, $\bar{h}(y - y_0) = O(|y - y_0|^2)$. 对上式应用变换 $(y - y_0) \to y$ 得到

$$
H(y, y_0, x) = e_0(y_0) + \langle \Omega(y_0), y \rangle + \bar{h}(y) + \epsilon P(y + y_0, x).
$$

记 $\bar{h}(y) = h_0(y) + h_*(y)$, $h_0(y)$ 是 $\bar{h}(y)$ 的 Taylor 展开式到 $2(n+1)+2$ 阶的截断. 于是, 我们得到以下规范型

$$
H_0 = H(y, y_0, x) = N_0 + P_0, \tag{6.2.1}
$$

其中,

$$
N_0 = N_0(y, y_0) = e_0(y_0) + \langle \Omega(y_0), y \rangle + h_0(y),
$$

$$P_0 = P_0(y, y_0, x) = h_*(y) + \epsilon P(y + y_0, x).$$

因此, 当 $\epsilon = 0$ 时, 对每个 $y_0 \subset G$, (6.1.2) 和 (6.1.3) 的不变 n- 环面对应于 (6.2.1) 的 $\mathfrak{S}_{y_0} = \{0\} \times T^n$. 为证这些环面中大多数的保持性, 我们应用 KAM 型方法, 通过归纳地构造定义在一串区域上的典则变换 (即保持 2- 形式 ω^2 的变换) 系列, 来估计扰动系统中的依赖于 x 的项. 记 $m = 2(n+1) + 1$, $\gamma = \epsilon^{\frac{1}{4m}}$. 兹选择数 a_0, b, σ, d 使得 $0 < a_0 < b \ll \sigma \ll 1$, $0 < d \ll 1$, 并且

$$\frac{\sigma}{b+\sigma} - (b+\sigma) > 2a_0, \ 2 - m(b+\sigma) - \sigma > \frac{3}{2}, \ \delta(1 + b + \sigma) > 1, \tag{6.2.2}$$

其中, $\delta = 1 - d$. 为了开始作归纳法, 首先设 $\mathbf{O}_0 = G$, $r_0 = \delta$, $\gamma_0 = 4\gamma$, $\beta_0 = s_0$, $s_0 = \epsilon^{\frac{1}{2m}}$, $\mu_0 = \frac{1}{4}\epsilon^{\frac{1}{m+1}}$. 不失一般性, 设 $0 < r_0, \beta_0, \gamma_0, \mu_0, s_0 \leqslant 1$. 显然, 当 ϵ 很小时, 有

$$|P_0|_{D(s_0, r_0) \times \mathbf{O}_0} \leqslant \gamma_0 s_0^m \mu_0.$$

以下假设 KAM 归纳程序中第 ν 步成立, 即对于哈密顿量

$$H = H_\nu = N + P, \tag{6.2.3}$$

$$N = N_\nu = e(y_0) + \langle \Omega(y_0), y \rangle + h(y),$$

其中, $(y, x) \in D = D_\nu = D(r, s)$, $r = r_\nu \leqslant r_0$, $s = s_\nu \leqslant s_0$, $y_0 \in \mathbf{O}$, $e(y_0) = e_\nu(y_0)$, $\Omega(y_0) = \Omega_\nu(y_0)$ 在 $\mathbf{O}$ 是实解析的, $h(y) = h_\nu(y, y_0) = O(y^2)$ 是 y 的阶数小于或等于 $m+1$ 的多项式, $P = P_\nu(y, y_0, x)$ 是在 $(y, x) \in D$ 和 $y_0 \in \mathbf{O}$ 解析的函数, 并且对于 $0 < \mu = \mu_\nu \leqslant \nu_0$, $0 < \gamma = \gamma_\nu \leqslant \gamma_0$,

$$|P|_{D \times \mathbf{O}} \leqslant \gamma s^m \mu. \tag{6.2.4}$$

为使哈密顿量的希望值能进入下一个 KAM 归纳程序 $((\nu+1)$-KAM 步), 我们构造一个典则变换 $\Phi = \Phi_{\nu+1}$, 使得哈密顿量 (6.1.2) 变到较小的相和频率区域. 下面, 我们详细地介绍一个 KAM 步. 为简单起见, 对于表示区域、规范型、扰动等的量, 我们用"+"代替下标 $\nu + 1$, 我们不详细说明 P 和 P_+ 的依赖性等. 以下的常数 $c_1 - c_5$ 是正的, 不依赖于迭代过程.

设 $\tau > \max\{0, l(l-1) - 1, n(n-1) - 1\}$ 固定并定义

$$r_+ = \delta r - \mathrm{d}\left(1 - \frac{1}{2}\delta^2\right)r_0, \ \gamma_+ = \frac{1}{4}\gamma_0 + \frac{1}{2}\gamma, \ s_+ = s^{1+b+\sigma},$$

$$K_+ = \left(\left[\log\frac{1}{s}\right] + 1\right)^3, \ \Gamma(u) = \sum_{0 < |k| \leqslant K_+} |k|^{n+\tau+2m+8}\mathrm{e}^{-\frac{1}{8}u},$$

$$\Delta_+ = \left(\gamma\left(s_+^{m+1}\mu + \frac{s_+^{m+1}}{s}\mu\right) + s^{2m}\mu^2 + s^{m+2}\mu\right)\Gamma^3(r - r_+),$$

$$D_+ = D(s_+, r_+), \quad \tilde{D} = D\left(\beta_0, r_+ + \frac{5}{8}(r - r_+)\right),$$

$$D_* = D\left(\frac{1}{2}s, r_+ + \frac{6}{8}(r - r_+)\right), \quad D_{**} = D\left(s, r_+ + \frac{7}{8}(r - r_+)\right),$$

$$D_i = D\left(is, r_+ + \frac{i-1}{8}(r - r_+)\right), \quad i = 1, 2, \cdots, 8.$$

6.2.1 截断

我们考虑 P 的 Taylor-Fourier 级数

$$P = \sum_{i\in\mathbf{Z}_+^n, k\in\mathbf{Z}^n} p_{ki}y^i e^{\sqrt{-1}\langle k,x\rangle},$$

并记

$$R = \sum_{|i|\leqslant m+1, |k|\leqslant K_+} p_{ki}y^i e^{\sqrt{-1}\langle k,x\rangle} \tag{6.2.5}$$

作为 P 关于 x 到 K_+ 阶和关于 y 到 $m+1$ 阶的截断.

引理 6.2.1 设以下条件成立

H1) $s_+ \leqslant \dfrac{s}{16}$,

H2) $\displaystyle\int_{K_+}^{\infty} \lambda^n e^{-\frac{\lambda(r-r_+)}{16}} \leqslant s^{(m+1)(1+b+\sigma)}$.

则存在常数 c_1 使得

$$|P - R|_{D_s} \leqslant c_1\gamma\left(s^{(m+1)(1+b+\sigma)} + \frac{s_+^{m+1}}{s}\right)\mu.$$

证 记

$$I' = \sum_{|k|>K_+} p_{ki}y^i e^{\sqrt{-1}\langle k,x\rangle},$$

$$II' = \sum_{|k|\leqslant K_+, |i|>m+1} p_{ki}y^i e^{\sqrt{-1}\langle k,x\rangle} = \int \frac{\partial^p}{\partial y^p} \sum_{|k|\leqslant K_+, |i|>m+1} p_{ki}e^{\sqrt{-1}\langle k,x\rangle}y^i \mathrm{d}y,$$

其中, $\displaystyle\int$ 是 $\dfrac{\partial^p}{\partial y^p}$ 的 p- 阶反导数, $|p| = m+1$. 显然,

$$P - R = I' + II'.$$

为估计 I', 由 Cauchy 估计式得

$$\left| \sum_{i \in Z_+^n} p_{ki} y^i \right| \leqslant |P|_{D(s,r)} e^{-|k|r} \leqslant \gamma s^m \mu e^{-|k|r}.$$

在应用条件 H2) 得

$$|I'|_{D_{**}} \leqslant \sum_{|k|>K_+} \gamma s^m \mu e^{-|k|r} e^{|k|(r_+ + \frac{7}{8}(r-r_+))} \leqslant \gamma s^m \mu \sum_{|u|>K_+} |u|^n e^{-|u|\frac{r-r_+}{8}}$$

$$\leqslant \gamma s^m \mu \int_{K_+}^{\infty} \lambda^n e^{-\frac{\lambda(r-r_+)}{16}} \mathrm{d}\lambda \leqslant \gamma s^{(m+1)(1+b+\sigma)} \mu.$$

故

$$|P - I'|_{D_{**}} \leqslant |P|_{D(s,r)} + |I'_{D_{**}} \leqslant 2\gamma s^m \mu.$$

注意到

$$II' = P - I' - R, \quad \frac{\partial^i (P - I')}{\partial y^i} = \frac{\partial II'}{\partial y^i}, \quad |i| > m+1$$

以及条件 H1) 得 $D_s \subset D_{**}$. 因此, 由 D_{**} 上的 Cauchy 估计得

$$|II'| \leqslant \left| \int \frac{\partial^i}{\partial y^i} \sum_{|k| \leqslant K_+, |u|>m+1} p_{kuq} e^{\sqrt{-1}\langle k,x \rangle} y^u \mathrm{d}y \right|_{D_s}$$

$$\leqslant \left| \int \left| \frac{\partial^i}{\partial y^i}(P - I') \right| \mathrm{d}y \right|_{D_s}$$

$$\leqslant 2 \left(\frac{1}{s - 8s_+} \right)^{m+1} \gamma s^m \mu \left| \int \mathrm{d}y \right|_{D_s}$$

$$\leqslant 2^{m+1} \gamma \mu \frac{s_+^{m+1}}{s},$$

其中, $\int$ 是 i- 阶反导数, $|i| = m + 1$. 因此,

$$|P - R|_{D_s} \leqslant 2^{m+1} \gamma \left(s^{(m+1)(1+b+\sigma)} + \frac{s_+^{m+1}}{s} \right) \mu.$$

6.2.2 修正的线性格式

为了将 (6.2.3) 变换到下一个 KAM 环节的哈密顿量, 我们要找到一个典则变换 Φ_+, 以便在 R 中估计所有的共振项, 即

$$p_{ki} y^i e^{\sqrt{-1}\langle k,x \rangle}, \quad 0 < |k| \leqslant K_+, \ |i| \leqslant m + 1.$$

为此, 我们首先构造一个以下形式的广义哈密顿量 F:

$$F = \sum_{0<|k|\leqslant K_+,|i|\leqslant m+1} f_{ki}y^i\mathrm{e}^{\sqrt{-1}\langle k,x\rangle}, \qquad (6.2.6)$$

使其满足以下的线性方程

$$\{N,F\}+R-[R]-Q=0, \qquad (6.2.7)$$

其中,

$$\left.\begin{array}{l}
[R]=[R](y)=\dfrac{1}{(2\pi)^n}\displaystyle\int_{T^n}R(y,x)\mathrm{d}x, \\[3mm]
Q=\{h,F\}+\displaystyle\sum_{0<|k|\leqslant K_+,|i|\leqslant m+1}\sqrt{-1}\langle k,(B^{\mathrm{T}}(y+y_0)-B^{\mathrm{T}}(y_0))\varOmega(y_0)\rangle f_{ki}y^i\mathrm{e}^{\sqrt{-1}\langle k,x\rangle}.
\end{array}\right\} \qquad (6.2.8)$$

注意, 我们通过减去反映 $\{N,F\}$ 关于 I 和 h 的依赖性的项 Q, 修正了典型地应用于经典哈密顿系统的 KAM 理论的线性方程.

将 (6.2.5), (6.2.6) 代入 (6.2.7) 得

$$-\sum_{0<|k|\leqslant K_+,|i|\leqslant m+1}\sqrt{-1}\langle k,\omega(y_0)\rangle f_{ki}y^i\mathrm{e}^{\sqrt{-1}\langle k,x\rangle}$$

$$+\sum_{0<|k|\leqslant K_+,|i|\leqslant m+1}p_{ki}y^i\mathrm{e}^{\sqrt{-1}\langle k,x\rangle}$$

$$=0.$$

其中, $\omega(y_0)=-B^{\mathrm{T}}(y_0)\varOmega(y_0)$. 比较上式的系数可得线性方程

$$\sqrt{-1}\langle k,\omega(y_0)\rangle f_{ki}=p_{ki}, \quad 0<|k|\leqslant K_+, \quad |i|\leqslant m+1. \qquad (6.2.9)$$

我们记

$$\mathbf{O}_+=\left\{y_0\in\mathbf{O}:|\langle k,\omega(y_0)\rangle|>\frac{\gamma}{|k|^\tau},\ 0<|k|\leqslant K_+\right\}. \qquad (6.2.10)$$

显然, 方程 (6.2.9) 在 $\mathbf{O}_+$ 上是唯一地可解的. 并且对于 $0<|k|\leqslant K_+,|i|\leqslant m+1$, 所有的解 f_{ki} 在 $\mathbf{O}_+$ 上是解析的. 因此, 我们已得到所希望的广义哈密顿量 F, 它在 $y_0\in\mathbf{O}_+$ 和 $(y,x)\in D$ 上是实解析的.

兹记 $\Phi_+=\phi_F^1$ 为对应于广义哈密顿量 F 的运动方程的时间 1 映射, 即

$$\begin{pmatrix}\dot{y}\\\dot{x}\end{pmatrix}=I(y+y_0)\nabla F(y,x). \qquad (6.2.11)$$

于是, Φ_+ 是一个典则变换, 并且

$$
\begin{aligned}
H_+ &= H \circ \Phi_+ \\
&= H \circ \phi_F^1 \\
&= (N + R) \circ \phi_F^1 + (P - R) \circ \phi_F^1 \\
&= (N + R) + \{N, F\} + \int_0^1 \{R_t, F\} \circ \phi_F^1 \mathrm{d}t + (P - R) \circ \phi_F^1 \\
&= (N + [R]) + (\{N, F\} + R - [R] - Q) + \int_0^1 \{R_t, F\} \circ \phi_F^1 \mathrm{d}t \\
&\quad + (P - R) \circ \phi_F^1 + Q = (N + [R]) + \{R_t, F\} \circ \phi_F^1 \mathrm{d}t + Q,
\end{aligned}
$$

其中, $R_t = (1 - t)\{N, F\} + R$. 以下记

$$
e_+ = e + p_{00}, \tag{6.2.12}
$$

$$
\Omega_+ = \Omega + p_{01}, \tag{6.2.13}
$$

$$
\omega_+ = -B^T \Omega_+, \tag{6.2.14}
$$

$$
h_+ = h + \sum_{2 \leqslant |i| \leqslant m+1} p_{0i} y^i, \tag{6.2.15}
$$

$$
N_+ = N + [R] = e_+ \langle \Omega_+(y_0), y \rangle + h_+,
$$

$$
P_+ = \int_0^1 \{R_t, F\} \circ \phi_F^1 \mathrm{d}t + (P - R) \circ \phi_F^1 + Q.
$$

因此,

$$
H_+ = N_+ + P_+
$$

是具有所希望的规范型 N_+ 的下一个 KAM 环节的哈密顿量.

需要注意的事实是, 由于 Jacobi 衡等式 (6.1.1) 成立, 故结构矩阵 $I(y + y_0)$ 在每个 KAM 步中都保持不变. 设 $I(z)$, $z = (y, x)$ 是在 $G \times T^n$ 上的结构矩阵, ϕ_F^t 是向量场 $I(z) \nabla F(z)$ 所生成的流, 则由 (6.1.1) 可知

$$
\frac{\partial \phi_F^t}{\partial z}(z)^T I(z) \frac{\partial \phi_F^t}{\partial z}(z) = I(\phi_F^t(z)),
$$

这意味着在变换 $z_1 = \phi_F^t(z)$ 下, Poisson 结构在 $G \times T^n$ 上保持不变.

6.2.3　对变换的估计

引理 6.2.2　　*存在常数 c_2, 使得以下结论成立:*

1) 在 $\mathbf{O}_+$ 上, 对于一切 $0 < |k| \leqslant K_+$ 有

$$|f_{ki}| \leqslant c_2 |k|^\tau s^{m-2|i|} \mu \mathrm{e}^{-|k|r};$$

2) 在 $D_* \times \mathbf{O}_+$ 上,

$$|F|, \ |F_x|, \ s^2 |F_y| \leqslant c_2 s^m \mu \Gamma(r - r_+);$$

在 $\tilde{D} \times \mathbf{O}_+$ 上,

$$\partial_y^i F = 0, \quad |i| > m + 1,$$

并且

$$|D^i F| \leqslant c_2 \mu \Gamma(r - r_+), \quad |i| \leqslant m + 1.$$

证　　1) 应用标准的 Cauchy 估计得

$$s^{2|i|} |p_{ki}| \leqslant |P|_{D(s,r)} \mathrm{e}^{-|k|r} \leqslant \gamma s^m \mu \mathrm{e}^{-|k|r}. \tag{6.2.16}$$

于是, 由 (6.2.9), (6.2.10) 和 (6.2.16) 可得所欲证的估计式.

2) 由 1) 的结论立即可知, 在 $D_* \times \mathbf{O}_+$ 上,

$$|F| \leqslant \sum_{0 < |k| \leqslant K_+, |i| \leqslant m+1} |f_{ki}| |y^i \mathrm{e}^{|k|(r_+ + \frac{3}{4}(r - r_+))} \leqslant c s^m \mu \Gamma(r - r_+).$$

类似地可证关于导数的估计.

引理 6.2.3　　*设以下条件成立:*

H3) $c_2 \mu \Gamma(r - r_+) < \dfrac{1}{8}(r - r_+)$;

H4) $c_2 s \mu \Gamma(r - r_+) < \dfrac{1}{4} s_+$;

H5) $c2(s^{\frac{a_0}{2}} + \mu^{\frac{a_0}{2}}) \Gamma^3(r - r_+) < 1$.

则我们有下面的结论:

1) 记 ϕ_F^t 为方程 (6.2.11) 产生的流, 则对一切 $0 \leqslant t \leqslant 1$,

$$\phi_F^t : D_3 \to D_4.$$

2) $\Phi_+ : D_+ \to D(s, r)$.

3) 存在常数 c_3, 使得对一切 $0 \leqslant t \leqslant 1$ 有

$$|\phi_F^t - \mathrm{id}|_{\tilde{D} \times \mathbf{O}_+} \leqslant c_3 \mu \Gamma(r - r_+),$$

$$|D\phi_F^t - \mathrm{Id}|_{\tilde{D}\times \mathbf{O}_+} \leqslant c_3\mu\Gamma(r - r_+),$$

$$|D^i\phi_F^t|_{\tilde{D}\times \mathbf{O}_+} \leqslant c_3\mu\Gamma(r - r_+),\quad 2 \leqslant i \leqslant m+1.$$

4) 公式如下:

$$|\Phi_+ - \mathrm{id}|_{\tilde{D}\times \mathbf{O}_+} \leqslant c_3\mu\Gamma(r - r_+),$$

$$|D\Phi_+ - \mathrm{Id}|_{\tilde{D}\times \mathbf{O}_+} \leqslant c_3\mu\Gamma(r - r_+),$$

$$|D^i\Phi_+|_{\tilde{D}\times \mathbf{O}_+} \leqslant c_3\mu\Gamma(r - r_+),\quad 2 \leqslant i \leqslant m+1.$$

证　1) 用 ϕ_{F1}^t, ϕ_{F2}^t 表示 ϕ_F^t 分别在 y, x 两个平面的分量, 并用 X_F 表示 (6.2.11) 的右边所定义的向量场. 则

$$\phi_F^t = \mathrm{id} + \int_0^t X_F \circ \phi_F^\lambda \mathrm{d}\lambda.$$

对于任意的 $(y, x) \in D_3$, 记 $t_* = \sup\{t \in [0, 1] : \phi_F^t(y, x) \in D_4\}$. 由条件 H1) 得, $D_4 \subset D_*$. 于是由条件 H3), H4) 和引理 6.2.2 可知

$$
\begin{aligned}
|\phi_{F1}^t(y, x)| &= |y| + \left| \int_0^t B(\phi_{F1}^\lambda + y_0)F_x \circ \phi_F^\lambda \mathrm{d}\lambda \right| \\
&\leqslant |y| + c|F_x|_{D_*} \\
&\leqslant s_+ + c_2 s^m \mu\Gamma(r - r_+) < s_+ + 3s_+ \\
&= 4s_+, \\
|\phi_{F2}^t(y, x)| &= |x| + \left| \int_0^t (-B(\phi_{F1}^\lambda + y_0)F_y \circ \phi_F^\lambda + C(\phi_{F1}^\lambda + y_0)F_x \circ \phi_F^\lambda)\mathrm{d}\lambda \right| \\
&\leqslant |x| + c(|F_x| + |F_y|)_{D_*} \leqslant r_+ + \frac{2}{8}(r - r_+) + c_2 s^{m-2}\mu\Gamma(r - r_+) \\
&< r_+ + \frac{3}{8}(r - r_+),
\end{aligned}
$$

其中, B, C 是在 (6.1.4) 中定义的矩阵. 这就证明了对于一切 $0 \leqslant t \leqslant t_*$, $\phi_F^t(y, x) \in D_4$. 因此, $t_* = 1$ 并且 1) 成立.

2) 由1)显然可推出 2).

3) 由引理 6.2.2 和上面的结果立即可得

$$|\phi_F^t - \mathrm{id}|_{\tilde{D}} \leqslant c_2\mu\Gamma(r - r_+).$$

应用条件 H5), 引理 7.2.2 和 Gronwall 不等式可得

$$
\begin{aligned}
D\phi_F^t &= \mathrm{Id} + \int_0^t (D(I\nabla F))D\phi_F^\lambda \mathrm{d}\lambda \\
&= \mathrm{Id} + \int_0^t ((DI \cdot DF) \circ \phi_F^\lambda \cdot D\phi_F^\lambda + (ID^2F) \circ \phi_F^\lambda) \cdot D\phi_F^\lambda)\mathrm{d}\lambda,
\end{aligned}
$$

故

$$\begin{aligned}
|D\phi_F^t - \mathrm{Id}|_{\tilde{D}} &\leqslant \int_0^t (|DI||DF| + |I||D^2F|)_{\tilde{D}} |D\phi_F^\lambda - \mathrm{Id}|_{\tilde{D}}\,\mathrm{d}\lambda \\
&\quad + (|DI||DF| + |I||D^2F|)_{\tilde{D}} \\
&\leqslant c\mu\Gamma(r - r_+).
\end{aligned}$$

关于 ϕ_F^t 的高阶导数的估计可用类似的方法归纳的证明.

4) 由3)可得 4).

6.2.4 关于新哈密顿量的估计

引理 6.2.4 存在常数 c_4 使得

$$|\Omega^+ - \Omega|_{\mathbf{O}_+} \leqslant c_4\gamma s^{m-2}\mu,$$
$$|\omega^+ - \omega|_{\mathbf{O}_+} \leqslant c_4\gamma s^{m-2}\mu,$$
$$|e_+ - e|_{\mathbf{O}_+} \leqslant c_4\gamma s^m\mu,$$
$$|h_+ - h|_{D(s_+)\times\mathbf{O}_+} \leqslant c_4\gamma s^m\mu.$$

证明 由 (6.2.4) 和 (6.2.12)~(6.2.15) 立即得到这个结论.

引理 6.2.5 倘若条件 H6) $\quad c_4\gamma_0 s^{m-2}\mu < \dfrac{\gamma - \gamma_+}{K_+^{\tau+1}}$ 成立, 则对一切 $y_0 \in \mathbf{O}_+$ 和 $0 < |k| \leqslant K_+$,

$$|\langle k, \omega_+(y_0)\rangle| > \frac{\gamma_+}{|k|^\tau}.$$

证明 由条件 H6) 和引理 6.2.4 得

$$\begin{aligned}
|\langle k, \omega_+(y_0)\rangle| &\geqslant |\langle k, \omega(y_0)\rangle| - c_4\gamma_0 s^{m-2}\mu K_+ \\
&\geqslant \frac{\gamma}{|k|^\tau} - c_4\gamma_0 s^{m-2}\mu K_+ \\
&> \frac{\gamma_+}{|k|^\tau},
\end{aligned}$$

这就证明了该引理.

引理 6.2.6 存在常数 c_5 使得

$$|P_+|_{D_+} \leqslant c_5\Delta_+.$$

因此, 若满足
H7)

$$c_5\Delta_+ \leqslant \gamma_+ s_+^m\mu_+,$$

则

$$|P_+|_{D_+ \times \mathbf{O}_+} \leqslant \gamma_+ s_+^m \mu_+.$$

证 应用引理 6.2.2, 条件 2) 和 Cauchy 估计得

$$|Q|_{D_+ \times \mathbf{O}_+} \leqslant (|I||h_y||F_x|)_{D_* \times \mathbf{O}_+} + c s^{2+m} \mu \Gamma(r - r_+)$$
$$\leqslant c s^{2+m} \mu \Gamma(r - r_+).$$

令

$$W = \int_0^1 \{R_t, F\} \circ \phi_F^t \mathrm{d}t.$$

则由 Cauchys 估计得

$$|W|_{D_+ \times \mathbf{O}_+} \leqslant (|I|(|R_x||F_y| + |R_y||F_x| + |R_x||F_x| + |\{\{h, F\}, F\}|))_{D_* \times \mathbf{O}_+}$$
$$\leqslant c s^{2m} \mu^2 \Gamma^2(r - r_+).$$

注意到

$$P_+ = W + (P - R) \circ \phi_F^1 + Q.$$

由上面的估计和引理 6.2.1 可得

$$|P_+|_{D_+ \times \mathbf{O}_+} \leqslant c\left(\gamma\left(s_+^{m+1}\mu + \frac{s_+^{m+1}}{s}\mu\right) + s^{2m}\mu^2 + s^{m+2}\mu\right)\Gamma^3(r - r_+) = c\Delta_+.$$

§6.3 迭 代 引 理

本节我们要证明一个迭代引理, 用以保证在每个 KAM 步骤中典则变换的归纳构造是可行的.

设 $r_0, s_0, \gamma_0, \mu_0, \mathbf{O}_0, H_0, N_0, e_0, \Omega_0, P_0$ 是 6.2 节开始所定义的量. 记 $\tilde{D}_0 = D(r_0, \beta_0)$, $D_0 = D(r_0, s_0)$, $K_0 = 0$, $\Phi_0 = \mathrm{id}$. 对于一切 $\nu = 0, 1, \cdots$, 我们设 6.2 节中无下附标的量具有附标 ν, 设所有有下附标 $+$ 的量具有附标 $\nu + 1$. 于是, 对于一切 $\nu = 0, 1, \cdots$, 有

$$r_\nu, \ s_\nu, \ \mu_\nu, \ K_\nu, \ \mathbf{O}_\nu, \ D_\nu, \ \tilde{D}_\nu, \ H_\nu, N_\nu, \ e_\nu, \ \Omega_\nu, \ \omega_\nu, \ h_\nu, \ P_\nu, \ \Phi_\nu.$$

特别地,

$$\left.\begin{array}{l} H_\nu = H_\nu(y, x) = N_\nu + P_\nu, \\ N_\nu = e_\nu + \langle \Omega_\nu, y \rangle + h_\nu(y). \end{array}\right\}$$

其中, $(y,x) \in \tilde{D}_\nu, y_0 \in \mathbf{O}_\nu, e_\nu = e_\nu(y_0), \omega_\nu = \omega_\nu(y_0) = -B^{\mathrm{T}}(y_0)\Omega_\nu(y_0), \Omega_\nu = \Omega_\nu(y_0)$ 在 $\mathbf{O}_\nu$ 上是解析的, h_ν 是变量 y 的阶数小于或等于 $m+1$ 的多项式, $h_\nu = h_\nu(y)$ 和 $P_\nu = P_\nu(y,x)$ 分别在 $y_0 \in \mathbf{O}_\nu$ 和 $(y,x) \in \tilde{D}_\nu$ 上是解析的. 此外, 对于 $\nu = 1,2,\cdots,$

$$s_\nu = s_{\nu-1}^{1+b+\sigma},$$
$$\mu_\nu = c_0 s_{\nu-1}^\sigma \mu_{\nu-1}, \quad c_0 = \max\{1, c_1, \cdots, c_5\},$$
$$\gamma_\nu = \gamma_0\left(1 - \sum_{i=1}^\nu \frac{1}{2^{i+1}}\right),$$
$$K_\nu = \left(\left[\log\frac{1}{s_{\nu-1}}\right] + 1\right)^3,$$
$$\Delta_\nu = \left(\gamma_\nu\left(s_\nu^{m+1}\mu_\nu + \frac{s_\nu^{m+1}}{s_{\nu-1}}\mu_\nu\right) + s_{\nu-1}^{2m}\mu_\nu^2 + s_{\nu-1}^{m+2}\mu_\nu\right)\Gamma^3(r_{\nu-1} - r_\nu),$$
$$\mathbf{O}_\nu = \left\{y_0 \in \mathbf{O}_{\nu-1} : |\langle k, \omega_{\nu-1}(y_0)\rangle| > \frac{\gamma_{\nu-1}}{|k|^\tau}, \ 0 < |k| \leqslant K_\nu\right\},$$
$$D_\nu = D(r_\nu, s_\nu),$$
$$\tilde{D}_\nu = D\left(r_\nu + \frac{7}{8}(r_{\nu-1} - r_\nu), \beta_0\right).$$

引理 6.3.1 (迭代引理) 记 $\mu_* = \mu_0^{1-a_0}$. 若 $\mu_0 = \mu_0(\varepsilon_0)$ 充分小, 则对所有的 $\nu = 0, 1, \cdots$, 以下结论成立.

1) 公式如下:

$$|e_\nu - e_0|_{\mathbf{O}_\nu} \leqslant 2\gamma_0\mu_*, \tag{6.3.1}$$
$$|e_{\nu+1} - e_\nu|_{\mathbf{O}_{\nu+1}} \leqslant \frac{\gamma_0\mu_*}{2^{\nu+1}}, \tag{6.3.2}$$
$$|\Omega_\nu - \Omega_0|_{\mathbf{O}_\nu} \leqslant 2\gamma_0\mu_*, \tag{6.3.3}$$
$$|\Omega_{\nu+1} - \Omega_\nu|_{\mathbf{O}_{\nu+1}} \leqslant \frac{\gamma_0\mu_*}{2^{\nu+1}}, \tag{6.3.4}$$
$$|\omega_\nu - \omega_0|_{\mathbf{O}_\nu} \leqslant 2\gamma_0\mu_*, \tag{6.3.5}$$
$$|\omega_{\nu+1} - \omega_\nu|_{\mathbf{O}_{\nu+1}} \leqslant \frac{\gamma_0\mu_*}{2^{\nu+1}}, \tag{6.3.6}$$
$$|h_\nu - h_0|_{D(s_\nu)\times\mathbf{O}_\nu} \leqslant 2\gamma_0\mu_*, \tag{6.3.7}$$
$$|h_{\nu+1} - h_\nu|_{D(s_{\nu+1})\times\mathbf{O}_{\nu+1}} \leqslant \frac{\gamma_0\mu_*}{2^{\nu+1}}, \tag{6.3.8}$$
$$\frac{1}{s_\nu^m}|P_\nu|_{D_\nu\times\mathbf{O}_\nu} \leqslant \gamma_\nu\mu_\nu. \tag{6.3.9}$$

2) $\Phi_{\nu+1} : \tilde{D}_{\nu+1} \times \mathbf{O}_{\nu+1} \longrightarrow \tilde{D}_\nu$ 关于 $(y,x) \in \tilde{D}_{\nu+1}$ 是典则的和实解析的, 关于 $y_0 \in \mathbf{O}_{\nu+1}$ 是解析的. 此外,

$$H_{\nu+1} = H_\nu \circ \Phi_{\nu+1},$$

并且在 $\tilde{D}_{\nu+1} \times \mathbf{O}_{\nu+1}$ 上有

$$|\Phi_{\nu+1} - \mathrm{id}|, \ |D\Phi_{\nu+1} - \mathrm{id}|, \ |D^i \Phi_{\nu+1}| \leqslant \frac{\mu_*}{2^{\nu+1}}, \quad 2 \leqslant i \leqslant m+1. \tag{6.3.10}$$

3)

$$\mathbf{O}_{\nu+1} = \{y_0 \in \mathbf{O}_\nu : |\langle k, \omega_\nu(y_0) \rangle| > \frac{\gamma_\nu}{|k|^\tau}, \ K_\nu < |k| \leqslant K_{\nu+1}\}.$$

证明　我们通过归纳地实现 KAM 步骤来证明此引理. 首先对所有的 $\nu = 0, 1, \cdots$ 验证第二节的条件 H1)~H7). 注意

$$\mu_\nu = c_0^\nu \mu_0 s_0^{\frac{\sigma}{b+\sigma}((1+b+\sigma)^\nu - 1)}, \tag{6.3.11}$$

$$s_\nu = s_0^{(1+b+\sigma)^\nu}, \tag{6.3.12}$$

$$s_0 = \varepsilon^{\frac{1}{2m}}, \ \mu_0 = \frac{1}{4}\varepsilon^{\frac{1}{m+1}}, \ \gamma_0 = 4\varepsilon^{\frac{1}{4m}}. \tag{6.3.13}$$

由 (6.3.13) 可见, 如果 ε_0 很小, 则

$$s_{\nu+1} \leqslant s_0^{b+\sigma} s_\nu \leqslant \frac{s_\nu}{16},$$

即 H1) 成立.

为验证 H2) 成立, 兹记

$$E_\nu = \frac{r_\nu - r_{\nu+1}}{8} = \frac{1}{16} r_0 (1 - \delta) \delta^{\nu+2}.$$

由于 $\delta(1 + b + \sigma) > 1$, 故当 ε_0 很小时,

$$\frac{E_\nu}{2} \log \frac{1}{s_\nu} = -\frac{1}{32} r_0 (1 - \delta) \delta^2 (\delta(1 + b + \sigma))^\nu \log s_0 \geqslant -\frac{1}{32} r_0 (1 - \delta) \delta^2 \log s_0 \geqslant 1.$$

于是, 由上述不等式和 (6.3.12), (6.3.13) 可知, 当 ε_0 很小时, 使得 s_ν 也很小, 从而

$$\log(n+1)! + 3n \log \left(\left[\log \frac{1}{s_\nu} \right] + 1 \right) - \frac{E_\nu}{2} \left(\left[\log \frac{1}{s_\nu} \right] + 1 \right)^3$$

$$\leqslant \log(n+1)! + 3n \log \left(\log \frac{1}{s_\nu} + 2 \right) - \left(\log \frac{1}{s_\nu} \right)^2$$

$$\leqslant -(m+1)(1 + b + \sigma) \log \frac{1}{s_\nu},$$

因此,

$$\int_{K_{\nu+1}}^\infty \lambda^n \mathrm{e}^{-\lambda \frac{E_\nu}{2}} \mathrm{d}\lambda \leqslant (n+1)! K_{\nu+1}^n \mathrm{e}^{-K_{\nu+1} \frac{E_\nu}{2}} \leqslant s_{\nu+1}^{m+1},$$

即 H2) 成立. 类似地, 当 ε_0 很小时,

$$(\nu+1)\log(2c_0) + \log 2 + (m-2)\log s_\nu + \log \mu_\nu$$
$$+ 3(\tau+1)\log\left(\log\frac{1}{s_\nu} + 2\right)$$
$$< 0.$$

故得

$$c_0\gamma_0 s_\nu^{m-2}\mu_\nu K_{\nu+1}^{\tau+1} < \frac{\gamma_0}{2^{\nu+2}} < \gamma_\nu - \gamma_{\nu+1},$$

即 H6) 成立.

令

$$l_0 = \min\left\{b, \frac{a_0}{2}\right\},$$
$$\eta = 8 + n + 2m[\tau] + 2m.$$

其中, $[\tau]$ 表示其整数部分. 注意

$$\Gamma_\nu = \Gamma(r_\nu - r_{\nu+1}) \leqslant \int_1^\infty \lambda^{8+n+2m[\tau]+2m}\mathrm{e}^{-\lambda E_\nu}\mathrm{d}\lambda \leqslant \frac{\eta!}{E_\nu^\eta}. \tag{6.3.14}$$

由 (6.3.11) 可知,

$$\frac{\mu_\nu^{l_0}}{E_\nu^{4\eta}} = \left(\frac{16}{r_0(1-\delta)\delta^2}\right)^{4\eta}\mu_0^{l_0}c_0^{l_0\nu}\frac{s_0^{\frac{l_0\sigma}{b+\sigma}((1+b+\sigma)^\nu - 1)}}{\delta^{(4\eta)\nu}} \leqslant c_*\mu_0^{l_0}\left(\frac{c_0^{l_0}s_0^{l_0\sigma}}{\delta^{4\eta}}\right)^\nu \leqslant c_*\mu_0^{l_0}, \tag{6.3.15}$$

其中, $c_* = \left(\dfrac{16}{r_0(1-\delta)\delta^2}\right)^{4\eta}$, 故由 (6.3.14) 知, 当 ε_0 很小时,

$$\frac{c_0\mu_\nu\Gamma_\nu}{E_\nu} \leqslant c_0\eta!\frac{\mu_\nu}{E_\nu^{\eta+1}} \leqslant c_0\eta!\frac{\mu_\nu^{l_0}}{E_\nu^{3\eta}} \leqslant c_0 c_*\eta!\mu_0^{l_0} \leqslant 1.$$

这就验证了 H3).

类似地, 当 ε_0 很小时, 有

$$\frac{c_0 s_\nu\mu_\nu\Gamma_\nu}{s_{\nu+1}}$$
$$= \frac{c_0\mu_\nu\Gamma_\nu}{s_\nu^{b+\sigma}}$$
$$\leqslant \frac{c_0\mu_\nu}{s_\nu^{b+\sigma}}\frac{\eta!}{E_\nu^\eta}$$

$$\leqslant c_0\eta!\left(\frac{16}{r_0(1-\delta)\delta^2}\right)^\eta \frac{\mu_0}{s_0^{\frac{\sigma}{b+\sigma}}} \frac{s_0^{(1+b+\sigma)^\nu\left(\frac{\sigma}{b+\sigma}-(b+\sigma)\right)}}{\delta^{\eta\nu}}$$

$$\leqslant c_0\eta!\left(\frac{16}{r_0(1-\delta)\delta^2}\right)^\eta s_0^{(3-\frac{\sigma}{b+\sigma})}\left(\frac{c_0 s_0^{2(b+\sigma)}a_0}{\delta^\eta}\right)^\nu$$

$$\leqslant c_0\eta!\left(\frac{16}{r_0(1-\delta)\delta^2}\right)^\eta s_0^{(3-\frac{\sigma}{b+\sigma})} \leqslant \frac{1}{4}, \tag{6.3.16}$$

$$c_0\mu_\nu^{l_0}\Gamma_\nu^4 \leqslant c_0(\eta!)^4\frac{\mu_\nu^{l_0}}{E_\nu^{4\eta}} \leqslant c_0 c_*(\eta!)^4\mu_0^{l_0}\left(\frac{c_0^{l_0}s_0^{l_0\sigma}}{\delta^{4\eta}}\right)^\nu \leqslant c_0 c_*(\eta!)^4\mu_0^{l_0} \leqslant \frac{1}{4}, \tag{6.3.17}$$

$$c_0 s_\nu^{l_0}\Gamma_\nu^4 \leqslant c_0(\eta!)^4\frac{s_\nu^{l_0}}{E_\nu^{4\eta}} \leqslant c_0 c_*(\eta!)^4\frac{s_0^{(1+b+\sigma)^\nu}}{\delta^{4\eta\nu}}$$

$$\leqslant c_0 c_*(\eta!)^4 s_0\left(\frac{s_0^{b+\sigma}}{\delta^{4\eta}}\right)^\nu \leqslant c_0 c_*(\eta!)^4 s_0 \leqslant \frac{1}{16}. \tag{6.3.18}$$

显然, (6.3.16) 就是 H4), 并且 (6.3.17) 连同 (6.3.18) 验证了 H5). 此外, 取 ε_0 足够小, 由 (6.3.17) 得

$$c_0\mu_\nu^{a_0}\Gamma_\nu^3 \leqslant \frac{1}{2^\nu}. \tag{6.3.19}$$

又对每个 $\nu \geqslant 1$, 由 (6.2.2) 和 (6.3.13) 得

$$\frac{c_0\Delta_{\nu+1}}{s_{\nu+1}^m\mu_{\nu+1}\gamma_{\nu+1}} \leqslant 4c_0\left(s_\nu^{1+b} + s_\nu^b + s_\nu^{2m-m(1+b+\sigma)-\sigma}\frac{\mu_{\nu+1}}{\gamma_0}\right.$$

$$\left. + s_\nu^{m+2-m(1+b+\sigma)-\sigma}\frac{1}{\gamma_0}\right)\Gamma_\nu^4$$

$$\leqslant 4c_0\left(2s_\nu^b + 2\frac{s_\nu^{2-m(b+\sigma)-\sigma}}{\gamma_0}\right)\Gamma_\nu^4$$

$$\leqslant 8c_0\left(s_\nu^b + \frac{s_\nu^{\frac{3}{2}}}{\gamma_0}\right)\Gamma_\nu^4$$

$$\leqslant 8c_0(s_\nu^b + s_\nu)\Gamma_\nu^4 \leqslant 16c_0 s_\nu^{l_0}\Gamma_\nu^4.$$

因此, 由 (6.3.18), H7) 成立.

下面, 我们实现归纳过程. 首先, 由引理 6.2.1~6.2.4, 6.2.6 和 (6.3.19) 式立即可知, 对于 $\nu = 1$, 本引理的 1) 和 2) 成立. 兹归纳假设对某个 ν, 当 $i = 1, 2, \cdots, \nu$ 时, 1) 和 2) 正确. 于是, 根据引理 6.2.2~ 引理 6.2.4, 引理 6.2.6 和 (6.3.19) 式可知, 对于 $i = \nu + 1$, 第二节中的 KAM 步是有效的. 特别, 对于 $i = \nu + 1$, 所有的公式 (6.3.1)~(6.3.10) 成立. 这就证明了本引理的 1) 和 2).

3) 显然对 $\nu = 1$ 成立. 下设 $\nu > 0$. 由引理 6.2.5 得

$$\mathbf{O}_\nu = \left\{ y_0 \in \mathbf{O}_\nu : |\langle k, \omega_\nu(y_0) \rangle| > \frac{\gamma_\nu}{|k|^\tau}, \ 0 < |k| \leqslant K_\nu \right\}.$$

故

$$\begin{aligned}
\mathbf{O}_{\nu+1} &= \left\{ y_0 \in \mathbf{O}_\nu : |\langle k, \omega_\nu(y_0) \rangle| > \frac{\gamma_\nu}{|k|^\tau}, \ 0 < |k| \leqslant K_{\nu+1} \right\} \\
&= \left\{ y_0 \in \mathbf{O}_\nu : |\langle k, \omega_\nu(y_0) \rangle| > \frac{\gamma_\nu}{|k|^\tau}, \ 0 < |k| \leqslant K_\nu \right\} \\
&\quad \bigcap \left\{ y_0 \in \mathbf{O}_\nu : |\langle k, \omega_\nu(y_0) \rangle| > \frac{\gamma_\nu}{|k|^\tau}, \ K_\nu < |k| \leqslant K_{\nu+1} \right\} \\
&= \mathbf{O}_\nu \bigcap \left\{ y_0 \in \mathbf{O}_\nu : |\langle k, \omega_\nu(y_0) \rangle| > \frac{\gamma_\nu}{|k|^\tau}, \ K_\nu < |k| \leqslant K_{\nu+1} \right\} \\
&= \left\{ y_0 \in \mathbf{O}_\nu : |\langle k, \omega_\nu(y_0) \rangle| > \frac{\gamma_\nu}{|k|^\tau}, \ K_\nu < |k| \leqslant K_{\nu+1} \right\}.
\end{aligned}$$

引理证毕.

§6.4 主要结果的证明

6.4.1 定理 6.1.1 的 1)、2) 的证明

首先, 我们证明收敛性. 设 $\mu_* = \mu_*(\varepsilon_0)$ 充分小, 则由引理 6.3.1 可知, 对于 $\nu = 0, 1, \cdots$ 有

$$D_{\nu+1} \times \mathbf{O}_{\nu+1} \subset D_\nu \times \mathbf{O}_\nu,$$

$$\Psi^\nu = \Phi_0 \circ \Phi_1 \circ \cdots \circ \Phi_\nu : D_{\nu+1} \times \mathbf{O}_{\nu+1}^* \to D_0,$$

$$H \circ \Psi^\nu = H_\nu = N_\nu + P_\nu,$$

$$N_\nu = e_\nu + \langle \Omega_\nu, y \rangle + h_\nu(y),$$

这些量满足引理中所描述的所有性质.

记

$$\mathbf{O}_* = \bigcap_{\nu=0}^{\infty} \mathbf{O}_\nu, \quad G_* = D\left(\frac{\beta_0}{2}, \frac{r_0}{2}\right) \times \mathbf{O}_*, \quad G^* = D\left(\frac{\beta_0}{2}\right) \times \mathbf{O}_*.$$

则 $\mathbf{O}_*$ 是一个 Cantor 集.

由引理 6.3.1 和 1) 可知, 在 $\mathbf{O}_*$ 上, e_ν, Ω_ν 分别一致地收敛到 e_∞, Ω_∞. 并且, h_ν 在 G^* 上一致地收敛到 h_∞. 因此, N_ν 在 G^* 上一致地收敛到

$$N_\infty = e_\infty + \langle \Omega_\infty, y \rangle + h_\infty(y).$$

兹证 Ψ^ν 在 G^* 上的一致收敛性. 为此, 我们注意

$$\Psi^\nu - \Psi^{\nu-1} = \Phi_0 \circ \cdots \circ \Phi_\nu - \Phi_0 \circ \cdots \circ \Phi_{\nu-1}$$
$$= \int_0^1 D(\Phi_0 \circ \cdots \circ \Phi_{\nu-1})(id + \theta(\Phi_\nu - id))d\theta(\Phi_\nu - id).$$

由引理 6.3.1、6.3.2 得到

$$|\Phi_\nu - id|_{G_*} \leqslant \frac{\mu_*}{2^\nu},$$

及

$$|D(\Phi_1 \circ \cdots \circ \Phi_{\nu-1})(id + \theta(\Phi_\nu - id))|$$
$$\leqslant |D\Phi_1(\Phi_2 \circ \cdots \circ \Phi_{\nu-1})(id + \theta(\Phi_\nu - id))| \cdots |D\Phi_{\nu-1}(id + \theta(\Phi_\nu - id))|$$
$$\leqslant \left(1 + \frac{\mu_*}{2}\right) \cdots \left(1 + \frac{\mu_*}{2^{\nu-1}}\right)$$
$$\leqslant e^{\frac{\mu_*}{2} + \cdots + \frac{\mu_*}{2^{\nu-1}}}$$
$$\leqslant e^{\mu_*}.$$

从而

$$|\Psi^\nu - \Psi^{\nu-1}|_{G_*} \leqslant e^{\mu_*} \frac{\mu_*}{2^\nu},$$

这意味着 Ψ^ν 的一致收敛性. 用 Ψ^∞ 表示 Ψ^ν 的极限, 则

$$|\Psi^\infty - id|_{G_*} \leqslant |\Phi_0 - id|_{G_*} + \sum_{\nu=1}^\infty |\Psi^\nu - \Psi^{\nu-1}|_{G_*}$$
$$\leqslant 2\mu_*.$$

因此, Ψ^∞ 是一致地接近恒同映射的, 并在 $D\left(\dfrac{\beta_0}{2}, \dfrac{r_0}{2}\right)$ 上实解析.

类似地, 我们可证在 G^* 上, 对于 $i = 1, 2, \cdots, m+1$, $D^i\Psi^\nu$ 分别一致地收敛到 $D^i\Psi^\infty$. 应用 Whitney 扩展定理的标准语言, 可进一步证明, Ψ^∞ 关于 $y_0 \in \mathbf{O}_*$ 是 Whitney 光滑的. 因此, 在 G_* 上,

$$P_\nu = H \circ \Psi^\nu - N_\nu,$$

一致地收敛于

$$P_\infty = H \circ \Psi^\infty - N_\infty.$$

由于

$$|P_\nu|_{D_\nu} \leqslant \gamma_\nu s_\nu^m \mu_\nu,$$

故由 Cauchy 估计可知, 对于一切 $1 \leqslant |j| \leqslant m$ 和 $\nu = 1, 2, \cdots$, 有

$$|\partial_y^j P_\nu|_{D(r_{\nu+1}, \frac{1}{2}s_\nu)} \leqslant \frac{4^{2m+1}}{r_\nu - r_{\nu+1}} \gamma \mu_\nu.$$

令 $\nu \to \infty$ 可见, 对于一切 $1 \leqslant |j| \leqslant m$, 在 $D\left(0, \frac{r_0}{2}\right) \times \mathbf{O}_*$ 上,

$$\partial_y^j P_\infty = 0.$$

因此, 对于每个 $y_0 \in \mathbf{O}_*$, 广义哈密顿量

$$H_\infty = N_\infty + P_\infty$$

或它的伴随向量场 $I(y + y_0)\nabla H_\infty$ 存在一个解析的、拟周期的、不变的 n- 环面 $T_{y_0} = \{0\} \times T^n$, 并具有 Diophantine 频率 $\omega_\infty(y_0) = -B^{\mathrm{T}}(y_0)\Omega_\infty(y_0)$. 此外, 这些不变的 n- 环面形成一个 Whitney 光滑族.

还需要证明的是作测度估计. 注意到条件 R) 意味着存在一个满足 $|G \setminus G^0| = 0$ 的开集 $G^0 \subset G$ 使得对于所有的 $y \in G^0$ 有

$$\mathrm{rank}\left\{\frac{\partial^\alpha \omega_0}{\partial p^\alpha} : |\alpha| \leqslant n-1\right\} = n. \tag{6.4.1}$$

因此, 不失一般性, 我们可设 (6.4.1) 在 $G = \mathbf{O}_0$ 上成立. 根据 (6.3.5), Cauchy 估计和 Whitney 扩展定理, 对于 $\nu = 0, 1, \cdots$, 在 $\mathbf{O}_0$ 上, ω_ν 具有一致光滑的延拓, 使得对于一切 $|\alpha| \leqslant m$, $p \in \mathcal{O}_0$, $\nu = 0, 1, \cdots$ 有

$$|\partial_p^\alpha(\omega_\nu(p) - \omega_0(p))| \leqslant c\mu_*,$$

其中, c 为不依赖 ν 的常数. 于是, 若 ε_0 充分地小, 则在 $\mathbf{O}_0$ 上, 对于一切 $\nu = 0, 1, \cdots, \nu = 0, 1, \cdots$, 有

$$\mathrm{rank}\left\{\frac{\partial^\alpha \omega_\nu}{\partial p^\alpha} : |\alpha| \leqslant n-1\right\} = n. \tag{6.4.2}$$

当 $n = 1$ 时, $\mathbf{O}_0$ 是一个闭区间 $[d_1, d_2] \subset R^1$. 由于条件 R) 意味着在 $\mathbf{O}_0$ 上, $\omega(y) \neq 0$, 故存在一个 $\sigma' > 0$ 使得

$$|\omega(y)| \geqslant \sigma' \text{ for all } y \in \mathbf{O}_0.$$

令 ε 足够小, 使得

$$\gamma < \min\left\{\frac{\sigma'}{2}, \frac{d_2 - d_1}{2}\right\}.$$

于是我们可简单地取

$$\mathbf{O}_* = [d_1 + \gamma, d_2 - \gamma],$$

从而有 $|\mathbf{O}_0 \setminus \mathbf{O}_*| = O(\gamma)$.

当 $n \geqslant 2$ 时, 以下引理可用于测度的估计 (证略).

引理 6.4.1　设 $\Lambda \subset \mathbf{R}^d$ $(d > 1)$ 是一个有界闭域. $g : \Lambda \to \mathbf{R}^d$ 是光滑映射, 使得

$$\mathrm{rank}\left\{ \frac{\partial^\alpha g}{\partial p^\alpha} : |\alpha| \leqslant d-1 \right\} = d.$$

则对于固定的 $\tau > \mathrm{d}(d-1) - 1$,

$$\left| \left\{ p \in \Lambda : |\langle g(p), k \rangle| \leqslant \frac{\gamma}{|k|^\tau} \right\} \right| \leqslant c(\Lambda, p, \tau) \left(\frac{\gamma}{|k|^{\tau+1}} \right)^{\frac{1}{d-1}}, \quad k \in Z^d \setminus \{0\}, \ \gamma > 0.$$

注意, 引理 6.4.1 中的常数 c 并不依赖于 g, 而是依赖于 g 的直到 $d-1$ 阶的低阶导数.

我们考虑下面的三种情况, 以确定 $|\mathbf{O}_0 \setminus \mathbf{O}_*|$ 的估计.

情况 1: $l = n$. 对于所有的 $k \in Z^n \setminus \{0\}$ 和 $\nu = 0, 1, \cdots$, 令

$$R_k^{\nu+1} = \left\{ p \in \mathbf{O}_\nu : |\langle k, \omega_\nu(p) \rangle| \leqslant \frac{\gamma_\nu}{|k|^\tau} \right\},$$

$$\hat{R}_k^{\nu+1} = \left\{ p \in \mathbf{O}_0 : |\langle k, \omega_\nu(p) \rangle| \leqslant \frac{\gamma_\nu}{|k|^\tau} \right\}.$$

则由引理 6.3.1~6.3.3 得

$$\mathbf{O}_{\nu+1} = \mathbf{O}_\nu \setminus \bigcup_{K_\nu < |k| \leqslant K_{\nu+1}} R_k^{\nu+1}$$

和

$$\mathbf{O}_0 \setminus \mathbf{O}_* = \bigcup_{\nu=0}^{\infty} \bigcup_{K_\nu < |k| \leqslant K_{\nu+1}} R_k^{\nu+1}.$$

根据引理 6.4.1 和 (6.4.2) 式可知, 对于所有的 $k \in Z^n \setminus \{0\}$ 和 $\nu = 0, 1, \cdots$,

$$|R_k^{\nu+1}| \leqslant |\hat{R}_k^{\nu+1}| \leqslant c \left(\frac{\gamma}{|k|^{\tau+1}} \right)^{\frac{1}{n-1}},$$

其中, c 是一个不依赖于 ν 的常数. 于是,

$$|\mathbf{O}_0 \setminus \mathbf{O}_*| \leqslant \sum_{\nu=0}^{\infty} \sum_{K_\nu < |k| \leqslant K_{\nu+1}} |R_k^{\nu+1}| \leqslant c\gamma^{\frac{1}{n-1}} \sum_{\nu=0}^{\infty} \sum_{K_\nu < |k| \leqslant K_{\nu+1}} \frac{1}{|k|^{\frac{\tau+1}{n-1}}}$$

$$= O(\gamma^{\frac{1}{n-1}}) = O(\gamma^{\frac{1}{l_*-1}}),$$

这就是所要证明的结果.

情况 2: $l < n$. 记 $\bar{\mathbf{O}}_0 = [1,2]^{n-l}$ 并定义

$$\tilde{\mathbf{O}}_0 = \mathbf{O}_0 \times \bar{\mathbf{O}}_0,$$

$$\tilde{\mathbf{O}}_* = \mathbf{O}_* \times \bar{\mathbf{O}}_0,$$

$$\tilde{p} = (p, \bar{p})^{\mathrm{T}}, \quad \bar{p} \in \bar{\mathbf{O}}_0,$$

$$\tilde{\omega}_\nu(\tilde{p}) = \omega_\nu(p), \quad \nu = 0,1,\cdots, \ \tilde{p} \in \tilde{\mathbf{O}}_0.$$

于是, 当 μ_0 充分小时, 在 $\tilde{\mathbf{O}}_0$ 上, 对于所有的 $\nu = 0,1,\cdots$, 显然有

$$\mathrm{rank}\left\{ \frac{\partial^\alpha \tilde{\omega}_\nu}{\partial \tilde{p}^\alpha} : \forall |\alpha| \leqslant n-1 \right\} = n.$$

类似于情况 1, 得

$$|\tilde{\mathbf{O}}_0 \setminus \tilde{\mathbf{O}}_*| = O(\gamma^{\frac{1}{n-1}}).$$

根据 Fubini 定理得到

$$|\mathbf{O}_0 \setminus \mathbf{O}_*| = O(\gamma^{\frac{1}{n-1}}) = O(\gamma^{\frac{1}{l_*-1}}).$$

这就是所要证明的结果.

情况 3: $l > n$. 对于任何 $p \in \mathbf{O}_0$, 条件 **R**) 意味着存在指标集

$$\alpha^i \in \{\alpha \in Z_+^l : |\alpha| \leqslant n-1\}, \quad i = 0,1,\cdots,n-1,$$

使得

$$\mathrm{rank}\left\{ \frac{\partial^{\alpha^i} \omega}{\partial p^{\alpha^i}}(p) : i = 0,1,\cdots,n-1 \right\} = n.$$

由于 $\mathrm{rank}\left\{ \dfrac{\partial \omega}{\partial p}(p) \right\} \leqslant n$, 存在 $p_{i_1}, p_{i_2}, \cdots, p_{i_{l-n}}$, 使得

$$\frac{\partial \omega}{\partial p_{i_j}}(p) \notin \left\{ \frac{\partial^{\alpha^i} \omega}{\partial p^{\alpha^i}}(p) : i = 0,1,\cdots,n-1 \right\}, \quad j = 1,2,\cdots,l-n.$$

定义

$$\Omega(p) = (p_{i_1}, p_{i_2}, \cdots, p_{i_{l-n}})^{\mathrm{T}}, \quad p \in \mathbf{O}_0,$$

$$\tilde{\omega}_\nu(p) = (\omega_\nu(p), \Omega(p))^{\mathrm{T}}, \quad \nu = 0,1,\cdots, \ p \in \mathbf{O}_0,$$

$$\tilde{R}_k^{\nu+1} = \left\{ p \in \mathbf{O}_\nu : |\langle k, \tilde{\omega}_\nu(p) \rangle| \leqslant \frac{\gamma_\nu}{|k|^\tau} \right\}, \quad k \in Z^l \setminus \{0\}, \ \nu = 0,1,\cdots,$$

$$\tilde{\mathbf{O}}_{\nu+1} = \tilde{\mathbf{O}}_\nu \setminus \bigcup_{K_\nu < |k| \leqslant K_{\nu+1}} \tilde{R}_k^{\nu+1}, \quad \nu = 0,1,\cdots,$$

$$\tilde{\mathbf{O}}_* = \bigcap_{\nu \geqslant 0} \tilde{\mathbf{O}}_\nu.$$

则在 $\mathbf{O}_0$ 上, 对于一切 $\nu = 0, 1, \cdots$, 有

$$\mathrm{rank}\left\{\frac{\partial^{\alpha^i}\tilde{\omega}_\nu}{\partial p^{\alpha^i}}(p) : i = 0, 1, \cdots, n-1; \frac{\partial\tilde{\omega}_\nu}{\partial p_{i_j}}(p) : j = 1, \cdots, l-n\right\} = l$$

这导致在 $\mathbf{O}_0$ 上, 对于一切 $\nu = 0, 1, \cdots$, 有

$$\mathrm{rank}\left\{\frac{\partial^{\alpha}\tilde{\omega}_\nu}{\partial p^\alpha} : |\alpha| \leqslant l-1\right\} = l$$

类似于情况 1, 得

$$|\mathbf{O}_0 \setminus \tilde{\mathbf{O}}_*| = O(\gamma^{\frac{1}{l-1}}).$$

由于 $\tilde{\mathbf{O}}_* \subset \mathbf{O}_*$,

$$|\mathbf{O}_0 \setminus \mathbf{O}_*| \leqslant |\mathbf{O}_0 \setminus \tilde{\mathbf{O}}_*| = O(\gamma^{\frac{1}{l-1}}) = O(\gamma^{\frac{1}{l_*-1}}),$$

这就是所要证明的结果.

注意, 当 $\varepsilon \to 0$ 时,

$$|\mathbf{O}_0 \setminus \mathbf{O}_*| = O(\gamma^{\frac{1}{l_*-1}}) = O(\varepsilon^{\frac{1}{4(2n+3)(l_*-1)}}) \to 0.$$

特别是对于 $\nu = 0, 1, \cdots$, 每个 $\mathbf{O}_\nu$ 是非空的, 故每个 KAM 步骤能够继续进行. 令 $G_\varepsilon = \mathbf{O}_*$ 并重命名 $G = \mathcal{O}_0$. 于是, 定理 6.1.1 的 1)、2) 证毕.

6.4.2　定理 6.1.1 的 3) 的证明简介

设 $y_0 \in G$ 使得伴随固定的 $\tau > n-1$, $\omega = \omega(y_0)$ 是 Diophantine 的.

对于每个 KAM 步, 在作典则变换 ϕ_F^1 之后, 通过新的变换

$$\phi:\ x \to x,\ \ y \to y + y^*$$

可证明定理 6.1.1 的 3). 在每一个 KAM 步, 为确定 y^*, 我们需要分割 N 中的 h 项作为

$$h(y) = \frac{1}{2}\langle y, A(y_0)y\rangle + \hat{h}(y),$$

其中, $\hat{h} = O(|y|^3)$, 并由归纳假设 $A(y_0)$ 在 $\mathbf{O}$ 上非奇. 因此, 我们可应用隐函数定理来选择 y^*, 使其作为以下方程的唯一解

$$A(y_0)y + \partial_y \hat{h}(y) = -p_{01}. \tag{6.4.3}$$

通过复合变换

$$\Phi_+ = \phi_F^1 \circ \phi$$

6.2 节中的新哈密顿量变为

$$H \circ \Phi_+ = N_+ + P_+,$$
$$N_+ = e_+ + \langle \Omega_+, y \rangle + \frac{1}{2}\langle y, A_+ y \rangle + \hat{h}_+(y).$$

其中

$$\Omega_+ = \Omega,$$
$$e_+ = e + \langle \Omega, y^* \rangle + \frac{1}{2}\langle y^*, A y^* \rangle + \hat{h}(y^*) + [R](y^*),$$
$$A_+ = A + \partial_y^2 \hat{h}(y^*) + \partial_y^2 [R](y^*),$$
$$\hat{h}_+(y) = \hat{h}(y + y^*) - \hat{h}(y^*) - \langle \partial_y \hat{h}(y^*), y \rangle - \frac{1}{2}\langle y, \partial_y^2 \hat{h}(y^*) y \rangle$$
$$+ [R](y + y^*) - [R](y^*) - \langle \partial_y [R](y^*), y \rangle - \frac{1}{2}\langle y, \partial_y^2 [R](y^*) y \rangle$$

并且 P_+ 按上面定义.

注 到上面的结果得

$$|y^*| \mathbf{O} \leqslant c\gamma s^{m-2} \mu.$$

这就在每个 KAM 步给出了 ϕ 的估计.

设 6.2 节开头的 $\tau > n - 1$ 固定. 通过组合所有的变换 ϕ 及它们的估计于引理 6.3.1, 并证明复合变换的收敛性, 定理的余下部分可类似地证明. 由于环面的频率 ω 在所有的 KAM 步骤中保持不变, 故不需要再作测度估计.

定理 6.1.2 的证明

用 $(y_0, \xi_0) \in G \times \Xi =: \mathbf{O}_0$ 代替 $y_0 \in G$, 6.3 节中关于哈密顿量 (6.1.2) 的所有叙述对于参数化的哈密顿量 (6.1.6) 完全成立. 在应用条件 **R1**), 定理 6.1.2 所要的测度估计可类似于定理 6.1.1 进行.

§6.5 对扰动的静态三维 Euler 流体轨道流的应用

对于三维无黏性、不可压缩的流体流, 在适当的坐标下, 其流体的质点轨道可用三维保体积流来描述, 其数学模型是以下的三维散度为零的常微分方程:

$$\left.\begin{array}{l}\dot{z}_1 = \dfrac{\partial H(z_1, z_2)}{\partial z_2} \\[2mm] \dot{z}_2 = -\dfrac{\partial H(z_1, z_2)}{\partial z_1} \\[2mm] \dot{z}_3 = h(z_1, z_2).\end{array}\right\} \tag{6.5.1}$$

(6.5.1) 的右边描述的是 Euler 流的速度场 (在现在的坐标下). 兹设静态 Euler 流存在一族椭圆涡线, 即

H) 在 (z_1, z_2) 平面, 存在一个区域 **D**, 其内的水平曲线 $H(z_1, z_2) = c$ 是闭曲线.

对于静态 Euler 流, 该条件一般都成立. 根据 Arnold 的研究结果, 对于三维保体积流, 若静态 Euler 速度场在某个区域内和它的速度场不几乎处处共线, 则 (7.5.1) 存在充满闭或稠轨道的不变环面, 或者存在充满闭轨道的不变环域.

应用假设 **H)**, 我们可用通常的方法约化 $(z_1, z_2) \in$ **D** 到作用 – 角度变量, 从而使 (6.5.1) 化为

$$\left.\begin{aligned} \dot{\mathcal{I}} &= 0, \\ \dot{\theta} &= \omega_1(\mathcal{I}), \\ \dot{z}_3 &= h(\mathcal{I}, \theta). \end{aligned}\right\} \tag{6.5.2}$$

Mezic 和 Wiggins 曾证明, 如果在 **D** 内 $\omega_1(\mathcal{I}) \neq 0$, 则保体积变换 $(\mathcal{I}, \theta, z_3) \to (\mathcal{I}, \theta, \phi)$:

$$\phi = z_3 + \frac{\theta}{2\pi} \int_0^{2\pi} \frac{h(\mathcal{I}, \theta)}{\omega_1(\mathcal{I})} \mathrm{d}\theta - \int \frac{h(\mathcal{I}, \theta)}{\omega_1(\mathcal{I})} \mathrm{d}\theta$$

将 (6.5.2) 化为

$$\left.\begin{aligned} \dot{\mathcal{I}} &= 0, \\ \dot{\theta} &= \omega_1(\mathcal{I}), \\ \dot{\phi} &= \omega_2(\mathcal{I}), \end{aligned}\right\} \tag{6.5.3}$$

其中, $\phi \in S^1$ 或 R^1, 并且

$$\omega_2(\mathcal{I}) = \frac{\omega_1(\mathcal{I})}{2\pi} \int_0^{2\pi} \frac{h(\mathcal{I}, \theta)}{\omega_1(\mathcal{I})} \mathrm{d}\theta.$$

换言之, 在假设 **H)** 下, 静态 Euler 流的质点相空间 $\mathbf{R}^3$ 可叶层化为两维环面或柱面, 其上的点分别由作用 – 角度 – 角度变量或作用 – 作用 – 角度变量所描述.

为理解流体质点的迁移和混合, 一个重要的方法是研究系统 (6.5.3) 在适当的扰动下, 其不变的 2- 维环面或 1- 维环 (在柱面上) 的保持性. 此时, KAM 理论扮演着重要作用. 事实上, (6.5.3) 可在广义哈密顿匡架下进行处理. 以作用 – 角度 – 角度变量为例, (6.5.3) 右边可记为

$$I(\mathcal{I}) \nabla N(\mathcal{I}) = \begin{pmatrix} 0 & B^{\mathrm{T}}(\mathcal{I}) \\ -B(\mathcal{I}) & C \end{pmatrix} \begin{pmatrix} N'(\mathcal{I}) \\ 0 \\ 0 \end{pmatrix}. \tag{6.5.4}$$

其中, C 是任意的 2×2 反对称矩阵, $B(\mathcal{I})$ 和 $N(\mathcal{I})$ 使得

$$\begin{pmatrix} \omega_1(\mathcal{I}) \\ \omega_2(\mathcal{I}) \end{pmatrix} + B(\mathcal{I}) N'(\mathcal{I}) = 0.$$

由于 C 是常数矩阵, $I(\mathcal{I})$ 显然满足 Jacobi 恒等式, 故定义了一个结构矩阵. 为了应用上面的结果, 我们拟增加充分光滑的扰动 $\varepsilon I(\mathcal{I})\nabla P(\mathcal{I}, \theta, \phi)$ (其散度不为零).

例 6.5.1 (作用 – 角度 – 角度变量) 考虑以下的广义哈密顿系统

$$\begin{pmatrix} \dot{r} \\ \dot{\theta} \\ \dot{\varphi} \end{pmatrix} = \boldsymbol{I}\nabla\left(\frac{1}{2}r^2 + \varepsilon P(r, \theta, \varphi)\right). \tag{6.5.5}$$

其中, $r \in R_+^1$, $(\theta, \varphi) \in T^2$, $\varepsilon > 0$ 是小参数, P 是实解析的, $\boldsymbol{I}$ 是结构矩阵. $\boldsymbol{I}$ 具有形式

$$\boldsymbol{I} = \begin{pmatrix} 0 & \alpha & \beta \\ -\alpha & 0 & -\gamma \\ -\beta & \gamma & 0 \end{pmatrix},$$

其中, α, β, γ 是满足 $|\alpha| + |\beta| + |\gamma| \neq 0$ 的任意实数. 显然,

$$\omega = (\omega_1, \omega_2)^{\mathrm{T}} = -(\alpha r, \beta r)^{\mathrm{T}}.$$

由于 $\mathrm{rank}\dfrac{\partial \omega}{\partial r} \leqslant 1$, 故非退化条件 **R**) 不满足. 我们不能应用定理 6.1.1. 但是, 如果 $r \neq 0$, 则

$$\mathrm{rank}\frac{\partial \omega}{\partial(r, \alpha)} = \mathrm{rank}\frac{\partial \omega}{\partial(r, \beta)} = \mathrm{rank}\frac{\partial \omega}{\partial(\alpha, \beta)} \equiv 2.$$

我们可应用定理 6.1.2 而得到以下结论.

命题 6.5.1 对于系统 (6.5.5), 设 $0 < \delta < r_0$ 是一个任意常数, A, B 是任意的两个紧区间. 则以下结论成立.

1) 对于固定的 $r_0, \gamma \neq 0$, 存在一个 Cantor 集族 $G_\varepsilon \subset G = A \times B$ 满足当 $\varepsilon \to 0$ 时, $|G \setminus G_\varepsilon| \to 0$, 使得当 ε 足够小时, 对于 $(\alpha, \beta) \in G_\varepsilon$, 所有的未扰动 2- 环面 $T_{r_0, \alpha, \beta}$ 得以保持;

2) 对于满足 $|\beta| + |\gamma| \neq 0$ 的固定的 β, γ, 存在一个 Cantor 集族 $G_\varepsilon \subset G = [\delta, r_0] \times A$, 满足当 $\varepsilon \to 0$ 时, $|G \setminus G_\varepsilon| \to 0$, 使得当 ε 足够小时, 对于 $(r, \alpha) \in G_\varepsilon$, 所有的未扰动 2- 环面 $T_{r, \alpha}$ 得以保持;

3) 对于满足 $|\alpha| + |\gamma| \neq 0$ 的固定的 α, γ, 存在一个 Cantor 集族 $G_\varepsilon \subset G = [\delta, r_0] \times B$, 满足当 $\varepsilon \to 0$ 时, $|G \setminus G_\varepsilon| \to 0$, 使得当 ε 足够小时, 对于 $(r, \beta) \in G_\varepsilon$, 所有的未扰动 2- 环面 $T_{r, \beta}$ 得以保持.

例 6.5.2 (作用 – 作用 – 角度变量) 考虑以下的广义哈密顿系统

$$\begin{pmatrix} \dot{r} \\ \dot{y} \\ \dot{\theta} \end{pmatrix} = I\nabla(\frac{1}{2}(r^2 + y^2) + \varepsilon P(r, y, \theta)), \tag{6.5.6}$$

其中, $r \in R_+^1$, $y \in R^1$, $\theta \in T^1$ 是小参数, P 是实解析的, I 是结构矩阵. I 具有形式

$$I = \begin{pmatrix} 0 & 0 & \beta \\ 0 & 0 & -\gamma \\ -\beta & \gamma & 0 \end{pmatrix},$$

其中, β, γ 为满足 $|\beta| + |\gamma| \neq 0$ 任意的实常数. 显然,

$$\omega = -\beta r + \gamma y, \quad \text{and} \quad \text{rank} \frac{\partial \omega}{\partial (r, y)} \equiv 1.$$

于是, 由定理 6.1.1 立即可得

命题 6.5.2　对于系统 (6.5.5), 设 $A \subset R_+^1, B \subset R^1$ 是两个紧区间. 则存在一个 Cantor 集族 Then there is a family of Cantor sets $G_\varepsilon \subset G = A \times B$, 满足当 $\varepsilon \to 0$ 时, $|G \setminus G_\varepsilon| \to 0$, 使得当 ε 足够小时, 对于 $(r, y) \in G_\varepsilon$, 所有的未扰动的 1- 环 $T_{r,y}$ 得以保持.

第7章 经典 Hamilton 系统的
某些新推广形式及相关结果

广义 Hamilton 系统作为经典 Hamilton 系统的推广显示出了诱人的理论价值和应用前景, 值得进一步深入研究. 另一方面, 对众多学科中很多实际问题的数学模型而言, 仍然无法直接运用前面介绍的广义 Hamilton 系统理论和方法, 需要进一步推广 Hamilton 系统的定义, 发展相应的理论和方法. 本章就一些常见的 Hamilton 系统推广形式加以介绍.

§7.1 Leibniz 流形上的向量场

回顾经典的Poisson括号的定义我们知道, 光滑流形 M 上的Poisson括号实际上定义了函数空间 $C^\infty(M)$ 上的一个李代数结构, 满足五条重要性质: (i) 双线性; (ii) 反对称; (iii) 导数性质 (也称Leibniz法则); (iv) Jacobi恒等式; (v) 非退化性. 由于非退化性, 经典意义下的Poisson括号只能用于描述偶数维相空间上的动力系统. 去掉这个限制就得到前面几章讨论的广义Poisson括号和广义哈密顿系统, 它们可以描述包括奇数维相空间的系统, 同时保持前四条基本性质. 正是基于这些性质, 具有 Hamilton 形式的动力系统才具有了很多特殊的动力学性质, 如括号结构的反对称性就蕴涵哈密顿量是运动常数, 括号结构满足Jacobi恒等式意味着哈密顿向量场定义的流是Poisson映射等. 同时我们要也注意到, 无论是经典哈密顿形式或是上述意义下的广义哈密顿形式, 都只能描述保守力学系统, 对耗散系统是不能用Poisson括号来表示的. 因此有必要对上述理论做进一步的推广. 对耗散系统建立相应的几何描述的研究过去的 20 多年一直在进行, 如 Kaufman(1984), Grmela(1986), Morrison(1986), Loday(1993), Bloch, Krishnaprasad, Marsden and Ratiu(1996), Ortega and Bielsa(2004), Partha Guha(2007) 等.

本节我们要介绍的推广系统与前面讨论的广义 Hamilton 系统很相似, 也是由一个括号结构和一个光滑函数定义的, 但是此时的括号结构不是Poisson括号, 而是Leibniz括号. 很多重要的系统都能用这种括号来定义, 如梯度系统、受控耗散系统以及非完整约束简单力学系统等.

定义 7.1.1 假设 P 是一个光滑流形, $C^\infty(P)$ 是在它上面定义的光滑函数空间. 若双线性括号映射 $[\cdot, \cdot]: C^\infty(P) \times C^\infty(P) \to C^\infty(P)$ 满足条件: 对于任意的

$f, g, h \in C^\infty(P)$

$$[fg, h] = [f, h]g + f[g, h], \quad [f, gh] = g[f, h] + h[f, g], \tag{7.1.1}$$

则称该括号为 P 上的一个**Leibniz 括号**, 称对子 $(P, [\cdot, \cdot])$ 为**Leibniz 流形**. 进一步, 如果这个括号还满足反对称条件, 即对任意 $f, g \in C^\infty(P)$, $[f, g] = -[g, f]$ 成立, 则称 $(P, [\cdot, \cdot])$ 为**概 Poisson 流形**, 相应的括号记为 $\{\cdot, \cdot\}$.

注释 7.1.1　由上述定义可知, 括号是否具有反对称性是 Leibniz 流形与概 Poisson 流形的根本差别. 之所以称后一种流形为概 Poisson 流形, 是因为它若还满足 Jacobi 恒等式, 就能成为一个 Poisson 流形.

类似于 Poisson 流形的情况, 对 Leibniz 流形上的函数 $f \in C^\infty(P)$, 若 $[f, g] = 0$ (或 $[g, f] = 0$) 对任意函数 $g \in C^\infty(P)$ 成立, 则称 f 为 Leibniz 流形 $(P, [\cdot, \cdot])$ 的**左**(或**右**)**Casimir 函数**.

定义 7.1.2　假设 $(P, \{\cdot, \cdot\})$ 为概 Poisson 流形. 由括号 $\{\cdot, \cdot\}$ 对应的**Jacobi 算子**是指映射 $\mathbf{J}: C^\infty(P) \times C^\infty(P) \times C^\infty(P) \to C^\infty(P)$:

$$\mathbf{J}(f, g, h) = \{\{f, g\}, h\} + \{\{g, h\}, f\} + \{\{h, f\}, g\}. \tag{7.1.2}$$

显然, Jacobi 算子为零算子就对应于 Jacobi 恒等式, 此时概 Poisson 流形就是 Poisson 流形.

至此, 可以引入 Leibniz 流形 $(P, [\cdot, \cdot])$ 上的向量场的概念. 对给定的光滑函数 $h \in C^\infty(P)$ 和任意的 $f \in C^\infty(P)$, 通过关系式 $X_h^R[f] = [f, h]$ 和 $X_h^L = -[h, f]$, 可定义流形 P 上的两个向量场 X_h^R 和 X_h^L. 分别称它们为与哈密顿函数 $h \in C^\infty(P)$ 所对应的**右 (左)Leibniz 向量场**. 以下我们所考虑的向量场 X_h 均指右 Leibniz 向量场 X_h^R.

与广义哈密顿向量场类似, Leibniz 向量场 X_h 确定的流 $\phi: P \times \mathbf{R} \to P$ 满足

$$X_h(f) = \frac{\mathrm{d}}{\mathrm{d}t}|_{t=0} f(\phi_t(x)) = [f, h](\phi_t(x)), \quad f \in C^\infty(P). \tag{7.1.3}$$

如果 Leibniz 括号还是反对称的, 则立即可知, 沿着轨线, Leibniz 向量场的哈密顿函数值 h 不改变.

此外, 如果由 Leibniz 流形 P 上的两个光滑函数 $h_1, h_2 \in C^\infty(P)$ 所确定的向量场 X_{h_1} 和 X_{h_2} 相同, 即对所有的 $f \in C^\infty(P)$, $[f, h_1 - h_2] = 0$ 成立, 则称这两个函数是等价的. 易证上述关系定义了 $C^\infty(P)$ 上的一个等价关系.

对给定的两个光滑函数 $g, h \in C^\infty(P)$, 可确定 Leibniz 流形 P 上的唯一向量场 $X_{g,h}$, 使得

$$X_{g,h}[f] = [[f, g], h] + [[g, h], f] + [[h, f], g]. \tag{7.1.4}$$

定义 7.1.3 设 $(P_1, [\cdot, \cdot]_1)$ 和 $(P_2, [\cdot, \cdot]_2)$ 是两个 Leibniz 流形. 如果存在光滑映射 $\phi: P_1 \to P_2$, 使得对任意 $f, g \in C^\infty(P_2)$, 条件

$$\phi^*[f, g]_2 = [\phi^* f, \phi^* g]_1$$

成立, 则称映射 ϕ 为**Leibniz 映射**.

根据这个定义, 可以证明, 若 X_h 是 P_2 上的哈密顿函数为 h 的 Leibniz 向量场, 则 $X_{h \circ \phi}$ 是 P_1 上以 $h \circ \phi$ 为哈密顿函数的 Leibinz 向量场, 并且 $T\phi \circ X_{h \circ \phi} = X_h \circ \phi$. 我们称这两个向量场为 $\phi-$ 相关的 Leibniz 向量场.

命题 7.1.1 若 Leibniz 映射 $\phi: (P, \{\cdot, \cdot\}_P) \to (Q, [\cdot, \cdot]_Q)$ 是满射, 并且 $(P, \{\cdot, \cdot\}_P)$ 是 Poisson 流形. 那么 $(Q, [\cdot, \cdot]_Q)$ 也是 Poisson 流形.

证明 利用 ϕ 是 Leibniz 满映射及 P 为 Poisson 流形的条件不难证明 Leibniz 括号 $[\cdot, \cdot]$ 满足反对称性和 Jacobi 恒等式, 从而 $(Q, [\cdot, \cdot]_Q)$ 是 Poisson 流形.

显然辛流形和 Poisson 流形是 Leibniz 流形的特例. 作为例子, 以下介绍一些非平凡的 Leibniz 流形.

(i) 伪度量括号与梯度动力系统.

设 $g: TP \times TP \to \mathbf{R}$ 是光滑流形 P 上的伪黎曼度量, 亦即 P 上的非退化 $(0, 2)$ 型对称张量场. $g^\sharp: T^*P \to TP$ 和 $g^\flat: TP \to T^*P$ 是相应的向量丛映射. 对任意光滑函数 $h \in C^\infty(P)$, 定义 P 上的梯度向量场 $\nabla h := g^\sharp dh$. 所谓与 g 伴随的**伪度量括号** $[\cdot, \cdot]: C^\infty(P) \times C^\infty(P) \to \mathbb{R}$ 定义为:

$$[f, h] := g(\nabla f, \nabla h), \quad \forall f, h \in C^\infty(P). \tag{7.1.5}$$

显然, 这个括号是一个对称的非退化 Leibniz 括号, 此时与函数 h 相伴的 Leibniz 向量场 X_h 就是梯度场 ∇h. 这种括号也叫作 Beltrami 括号. 梯度场广泛出现在优化控制、动力系统和电路理论中. 例如, 动力学中的一个常见问题就是研究非线性振子的相互作用以及它们之间的能量交换, 其中一个特别值得关注的情况就是所谓三波或三元组相互作用问题. 按文献 Bloch(2000) 的做法, 这个问题可以转化为 $\mathbf{R}^3$ 上的如下动力系统:

$$\frac{\mathrm{d}x}{\mathrm{d}t} = s_1 \gamma_1 yz, \quad \frac{\mathrm{d}y}{\mathrm{d}t} = s_2 \gamma_2 xz, \quad \frac{\mathrm{d}z}{\mathrm{d}t} = s_3 \gamma_3 xy, \tag{7.1.6}$$

其中, 参数 $s_1, s_2, s_3 \in \{-1, 1\}$ 并且 $\gamma_1, \gamma_2, \gamma_3$ 是满足 $\gamma_1 + \gamma_2 + \gamma_3 = 0$ 的三个实数. 若在 $\mathbf{R}^3$ 上引入伪黎曼度量:

$$\begin{pmatrix} \dfrac{1}{s_1 \gamma_1} & 0 & 0 \\ 0 & \dfrac{-1}{s_2 \gamma_2} & 0 \\ 0 & 0 & \dfrac{1}{s_3 \gamma_3} \end{pmatrix} \tag{7.1.7}$$

并且取 Hamilton 函数 $H(x, y, z) = xyz$, 则对这个系统恰好可以表示为上述梯度向量场.

(ii) 双括号耗散系统.

前面提到, 由概 Poisson 括号导出的 Leibniz 动力系统是保持能量不变的. 一般而言, Leibniz 系统不具有这样的性质. 实际上 Leibniz 系统是适合于某些耗散系统的动力学模型. 例如, Morrison(1986) 为了对某些耗散现象进行建模, 在一个已知的反对称 Poisson 括号上再加一个对称括号而引入了如下的 Leibniz 括号:

$$[\cdot, \cdot]_{\text{Leibniz}} = \{\cdot, \cdot\}_{\text{skew}} + [\cdot, \cdot]_{\text{sym}}, \tag{7.1.8}$$

其中, $\{\cdot, \cdot\}_{\text{skew}}$ 是反对称括号, $[\cdot, \cdot]_{\text{sym}}$ 是对称括号. 许多物理问题都可以转化为在这种框架下的 Leibniz 系统. 例如, 描述外部向量场 $\boldsymbol{B}$ 中的磁化向量 $\boldsymbol{M}$ 演化的 Landau-Lifschitz 模型:

$$\dot{\boldsymbol{M}} = \gamma \boldsymbol{M} \times \boldsymbol{B} + \frac{\lambda}{\|\boldsymbol{M}\|^2} (\boldsymbol{M} \times (\boldsymbol{M} \times \boldsymbol{B})), \tag{7.1.9}$$

其中, γ 和 λ 是物理参数. 如果在 $\mathbf{R}^3$ 上定义由下面两个括号的和形成的 Leibniz 括号,

$$\{f, g\}_{\text{skew}}(\boldsymbol{M}) := \boldsymbol{M} \cdot (\nabla f(\boldsymbol{M}) \times \nabla g(\boldsymbol{M})), \tag{7.1.10}$$

$$\{f, g\}_{\text{sym}}(\boldsymbol{M}) := \frac{\lambda (\boldsymbol{M} \times \nabla f(\boldsymbol{M}))(\boldsymbol{M} \times \nabla g(\boldsymbol{M}))}{\gamma \|\boldsymbol{M}\|^2}, \tag{7.1.11}$$

并取哈密顿函数 $h(\boldsymbol{M}) = \gamma \boldsymbol{B} \cdot \boldsymbol{M}$, 则上面的 Landau-Lifschitz 模型就可以表示为一个 Leibniz 系统. 与此相关的, 还有受某种耗散力作用的刚体运动满足的微分方程:

$$\dot{\boldsymbol{M}} = \boldsymbol{M} \times \boldsymbol{\Omega} + \alpha(\boldsymbol{M} \times (\mathbf{M} \times \boldsymbol{\Omega})), \tag{7.1.12}$$

此时, $\boldsymbol{M}$ 和 $\boldsymbol{\Omega}$ 分别是刚体坐标系下刚体的角动量向量和角速度向量

$$\boldsymbol{\Omega} := \left(\frac{M_1}{I_1}, \frac{M_2}{I_2}, \frac{M_3}{I_3} \right), \tag{7.1.13}$$

其中 I_1, I_2, I_3 是刚体的主转动惯量. 此时, 若取前面同样的括号并令 $\alpha = \lambda/\gamma\|\boldsymbol{M}\|^2$, 则这个刚体系统也可以表示为 Leibniz 系统, 而哈密顿函数为

$$H(\boldsymbol{M}) := \frac{1}{2} \left(\frac{M_1^2}{I_1} + \frac{M_2^2}{I_2} + \frac{M_3^2}{I_3} \right). \tag{7.1.14}$$

这方面更多的研究成果可参见 Bloch, Krishnaprasad, Marsden 和 Ratiu(1996) 及该文中所引用的文献.

(iii) 概 Poisson 流形与非完整约束力学系统.

受约束的简单力学系统可以用 D'Alembert 原理写出其运动方程. 当约束对速度线性依赖时, 该力学系统的运动方程就可以表示为概 Poisson 流形 (参见定义 7.1.1) 上的 Leibniz 系统形式. 如果约束不满足线性条件, 运动方程一般就不再具有概 Poisson 流形表示. 然而, 如果约束关于速度是仿射线性的, 则运动方程仍然可以在 Leibniz 流形上表述, 但此时的 Leibniz 括号一般不具有反对称性. 具体我们考虑构形空间 Q 上的一个简单力学系统, 它在切丛 TQ 上的拉格朗日函数 L 对应的 Legendre 变换 $\mathbb{F}L : TQ \to T^*Q$ 是一个微分同胚. 系统的运动约束由仿射子丛 $C \subset TQ$ 构成, 这个子丛也称为允许运动状态集. 这样我们可以将该力学系统表示为约束流形 $D := \mathbb{F}L(C) \subset T^*Q$ 上的具哈密顿函数 H 的哈密顿系统. 设

$$T_D(T^*Q) := \{v_\alpha \in T(T^*Q) | \alpha \in D\} = T(T^*Q)|_D \tag{7.1.15}$$

是限制丛. D'Alembert 原理就定义一个向量子丛 $W \subset T_D(T^*Q)$ 使得当 $TD \cap W = \{0\}$ 且哈密顿向量场 $X_H|_D$ 是 $TD \oplus W$ 的截痕时, 有下面的分解

$$X_H|_D = X_D^H + X_W^H, \tag{7.1.16}$$

其中, X_D^H 是描述约束动力系统运动的向量场, 而补向量场 X_W^H 其实就是约束力场. 下面的定理表明, 存在 T^*Q 上的 Leibniz 结构, 使得与函数 H 关联的 Leibniz 向量场 X_H^R 限制在 D 上就是 X_D^H.

定理 7.1.1 (Ortega 等 (2000))　设 T^*Q 是仿紧的, $H \in C^\infty(T^*Q)$ 是光滑函数, 其对应的哈密顿向量场为 X_H. 再设 $D \subset T^*Q$ 是闭的嵌入约束子流形, 而 $W \subset T_D(T^*Q)$ 是满足 $T_D(T^*Q) = TD \oplus W$ 的光滑向量子丛. 则存在 T^*Q 上的 Leibniz 结构 $[\cdot, \cdot]$ 使得

$$X_H^R(z) = \pi X_H(z) =: X_D^H(z), \quad z \in D, \tag{7.1.17}$$

其中, $\pi : TD \oplus W \to TD \oplus W$ 是向 W 的自然投影.

注释 7.1.2　(1) 从定理的证明过程可知, 满足 (7.1.17) 的 Leibniz 结构并不唯一. 这将会在讨论系统族中的分叉问题时带来方便.

(2) 若约束子丛 C 是线性的, 则分别与 Poisson 括号 $\{\cdot, \cdot\}$ 和 Leibniz 括号 $[\cdot, \cdot]$ 关联的哈密顿向量场 X_H 和 X_H^R 在 D 上重合, 相应的流描述了约束系统的实际动力学.

(iv) 概辛流形上的 Hamilton 系统.

若在经典辛流形定义中保留除 Jacobi 恒等式 (等价地, 2 形式的闭性) 外的所有四个条件, 则就得到所谓概辛流形的概念. 概辛流形实际上是著名的概 Dirac 流形

的一种特例, 在非完整约束力学中已有很好的应用. 对概辛流形的深入研究有助于概 Dirac 流形的认识. 本节介绍在这种推广辛流形上的广义 Hamilton 系统.

定义 7.1.4　流形 M 上的一个非退化 (但不必是闭的)2- 形式 σ 称为 M 的一个**概辛结构** (almost symplectic structure), 此时对子 (M, σ) 称为**概辛流形**.

定义 7.1.5　设 X 是这种概辛流形 M 上的一个向量场. 如果 X 使得 $\mathbf{i}_X \sigma$ 成为恰当 1- 形式, 即存在函数 $H \in C^\infty(M)$ 满足 $\mathbf{i}_X \sigma = -\mathrm{d}H$, 则称 X 是关于概辛结构 σ 的**Hamilton 向量场**, 仍记为 X_H. H 称为 X_H 的 Hamilton 量. 如果 X_H 还是 σ 的对称向量场, 即 $L_{X_H} \sigma = 0$, 则称 X_H 关于 σ 是**强 Hamilton 向量场**.

注释 7.1.3　如果 σ 是闭形式, 则 (M, σ) 就是辛流形. 从上述定义看, 概辛流形上 Hamilton 向量场与辛流形上的 Hamilton 向量场没什么区别, 但若以向量场的强 Hamilton 性来比较, 即可看出它们的不同. 实际上, 根据 Cartan 的 Lie 导数公式 $L_X \sigma = \mathrm{d}(\mathbf{i}_X \sigma) + \mathbf{i}_X \mathrm{d}\sigma$, Hamilton 向量场 X_H 是强 Hamilton 的充要条件是 $\mathbf{i}_X \mathrm{d}\sigma = 0$. 对辛流形而言, 恒有 $\mathrm{d}\sigma = 0$, 从而推知, 辛流形上的 Hamilton 向量场必是强 Hamilton 的. 而在概辛流形上, 强 Hamilton 性质相当于只要求 σ 沿 X 方向是闭的.

类似于辛流形的情况, 利用概辛结构 σ, 可以定义函数空间 $C^\infty(M)$ 上的概辛 Poisson 括号 $\{\,,\,\}_\sigma$:

$$\{F, G\}_\sigma := \sigma(X_F, X_G). \tag{7.1.18}$$

它满足辛流形上 Poisson 括号除 Jacobi 恒等式外的所有性质. 与辛流形情况一样, 同样有关系 $L_{X_H} G = \{G, H\}_\sigma$. 从而可证结论:

命题 7.1.2　F 是 X_G 的首次积分的充要条件是 $\{F, G\}_\sigma = 0$.

此外, 我们知道, 辛流形上的 Poisson 括号 $\{,\}$ 有性质: $[X_F, X_G] = X_{\{G, F\}}$, 从而辛流形上的全体 Hamilton 向量场构成一个 Lie 代数, 它与辛流形上全体光滑函数空间构成的 Lie 代数是同态的. 但是, 对概辛流形而言, 由于 σ 不再是闭形式, $\{\,,\,\}_\sigma$ 不满足 Jacobi 恒等式, 概辛流形上的光滑函数空间在括号 $\{\,,\,\}_\sigma$ 下不再是 Lie 代数, $[X_F, X_G] = X_{\{G, F\}_\sigma}$ 也不一定成立. 因而概辛流形上的 Hamilton 向量场就不再构成一个 Lie 代数. 然而, 从下面的命题可推知, 概辛流形上的强 Hamilton 向量场构成一个 Lie 代数.

命题 7.1.3　设 (M, σ) 是概辛流形. 若其上的向量场 Y 和 Z 是 σ 的对称向量场 (即 $L_Y \sigma = L_Z \sigma = 0$), 则 $[Y, Z] = X_{\sigma(Y, Z)}$.

证明　$\mathrm{d}(\sigma(Y, Z)) = L_Z(\mathbf{i}_Y \sigma) - \mathbf{i}_Z \mathrm{d}(\mathbf{i}_Y \sigma) = \mathbf{i}_Y(L_Z \sigma) + \mathbf{i}_{[Z, Y]} \sigma = -\mathbf{i}_{[Y, Z]} \sigma$.

一旦认识到概辛结构 σ 和概辛 Poisson 括号 $\{,\}_\sigma$ 与通常辛结构及相应的括号的上述差异, 自然要问: 对概辛流形上的 Hamilton 向量场而言, 辛流形上 Hamilton 向量场所具有的哪些性质能够保持? 哪些性质不再成立? 对这些问题的研究显然是很有意义的. 最近, Fassò 和 Sansonetto(2006) 特别研究了概辛流形上的 Hamilton 系统的 Liouville 可积性问题, 在假设对合首次积分的 Hamilton 向量场是概辛结构 σ 的对称向量场条件下, 他们证明了辛流形情况下关于相空间的结构性质 (如运动 的拟周期性、不变环面叶层结构、作用 – 角度坐标等) 本质上仍能推广到概辛流形 情况.

§7.2 Nambu-Poisson 流形

Nambu(1973) 以 Liouville 定理为指引, 提出了一种经典 Hamilton 力学的推广形 式, 并获得了许多应用, 例如, Nambu 力学可以用于研究含约束条件的退化 Hamilton 系统. 然而此后的研究几乎都是从物理的角度进行的, 没有引起数学家的足够重视. Takhtajan(1994) 对 Nambu-Poisson 括号进行了更细致的研究, 提出了 Nambu 括号 推广的公理化代数描述, 要求括号必须满足反对称、Leibniz 法则和所谓基本恒等式 三个条件. 下面介绍这方面的知识, 详细可参看 Nakanishi(1999) 及其引文.

先介绍 Nambu 的推广. 记 $(x, y, z) \equiv \vec{r} \in \mathbf{R}^3$. 则 Nambu 提出的由函数 $R, S \in C^\infty(\mathbf{R}^3)$ 确定的 $\mathbf{R}^3$ 上的 Hamilton 运动方程为

$$\frac{\mathrm{d}x}{\mathrm{d}t} = \frac{\partial(R, S)}{\partial(y, z)}, \quad \frac{\mathrm{d}y}{\mathrm{d}t} = \frac{\partial(R, S)}{\partial(z, x)}, \quad \frac{\mathrm{d}z}{\mathrm{d}t} = \frac{\partial(R, S)}{\partial(x, y)}, \tag{7.2.1}$$

或用向量形式表示为

$$\frac{\mathrm{d}\vec{r}}{\mathrm{d}t} = \nabla R \times \nabla S. \tag{7.2.2}$$

对任意函数 $F \in C^\infty(\mathbf{R}^3)$, 其沿着向量场 (7.2.1) 的时间演化为

$$\frac{\mathrm{d}F}{\mathrm{d}t} = \frac{\partial F}{\partial x}\frac{\mathrm{d}x}{\mathrm{d}t} + \frac{\partial F}{\partial y}\frac{\mathrm{d}y}{\mathrm{d}t} + \frac{\partial F}{\partial z}\frac{\mathrm{d}z}{\mathrm{d}t} = \nabla F \cdot (\nabla R \times \nabla S). \tag{7.2.3}$$

方程 (7.2.3) 的右端称为 Nambu-Poisson 括号, 记为 $\{F, R, S\}$. 这种广义 Poisson 括 号不满足 Jacobi 恒等式. 注意 R 和 S 都是运动常数, 而且速度场 $\frac{\mathrm{d}\vec{r}}{\mathrm{d}t}$ 是零散度 场: $\nabla \cdot (\nabla R \times \nabla S) = 0$, 这表明 Nambu 方程相空间中 Liouville 定理仍然成立, 也就 是说如果将 $\nabla R \times \nabla S$ 看作是对应于双 Hamilton 函数 R 和 S 的 Hamilton 向量场, 则它保持 $\mathbf{R}^3$ 中的体积元不变.

对于自由刚体绕定点转动的角动量 $\vec{M} = (M_x, M_y, M_z)$, 其运动方程由 Euler 方 程所描述, 该方程可以用上述 Nambu 方程 (7.2.1) 表示, 其中, 我们取 $R = \frac{1}{2}(M_x^2 + M_y^2 + M_z^2)$, $S = \frac{1}{2}(M_x^2/I_x + M_y^2/I_y + M_z^2/I_z)$, (I_x, I_y, I_z) 是刚体的转动惯量.

为引入一般流形上的 Nambu 方程, 我们先介绍 Nambu-Poisson 流形的概念. 设 M 是一个 m- 维 C^∞ 流形. 记 $\Gamma(\Lambda^n TM)$ 为全局横截 $\eta: M \to \Lambda^n TM$ 的空间. 则对

每个 $\eta \in \Gamma(\Lambda^n TM)$, 都可确定下面的括号:

$$\{f_1, \cdots, f_n\} = \eta(\mathrm{d}f_1, \cdots, \mathrm{d}f_n), \quad \forall f_1, \cdots, f_n \in C^\infty(M). \tag{7.2.4}$$

记 $A = \sum f_{i_1} \wedge \cdots \wedge f_{i_{n-1}}$, $f_{i_j} \in C^\infty(M)$. 上述括号显然满足 Leibniz 法则, 因此对应于 A 可定义向量场 X_A 如下:

$$X_A(g) = \sum \{f_{i_1} \wedge \cdots \wedge f_{i_{n-1}}, g\}, \ g \in C^\infty(M). \tag{7.2.5}$$

这就是 (Nambu-)Hamilton 向量场. 记这种向量场全体组成的空间为 $\mathcal{H}$.

定义 7.2.1　对任意 $X_A \in \mathcal{H}$, 若 n 阶张量 $\eta \in \Gamma(\Lambda^n TM)$ 满足条件 $L_{X_A}\eta = 0$, 则称 η 为 Nambu-Poisson 张量. 对子 (M, η) 称为 Nambu-Poisson 流形.

记 $\mathcal{F} = C^\infty(M) \times \cdots \times C^\infty(M)$ 为 $C^\infty(M)$ 的 n 次乘积空间. 则存在 Nambu-Poisson 流形的如下等价定义.

定义 7.2.2　对子 $(M, \{\cdot, \cdots, \cdot\})$ 称为 n 阶 Nambu-Poisson 流形, 倘若存在满足下列三条件的多重线性映射 $\{\cdot, \cdots, \cdot\} : \mathcal{F} \to C^\infty(M)$:

1) 斜对称性.

$$\{f_1, \cdots, f_n\} = (-1)^{\epsilon(\sigma)} \{f_{\sigma(1)}, \cdots, f_{\sigma(n)}\}, \quad \forall f_i \in C^\infty(M),$$

其中, σ 表示 n 个元素的任意置换, $\epsilon(\sigma)$ 表示置换 σ 的奇偶性.

2) Leibniz 法则.

$$\{f_1 f_2, \cdots, f_{n+1}\} = f_1 \{f_2, f_3, \cdots, f_{n+1}\} + f_2 \{f_1, f_3, \cdots, f_{n+1}\}.$$

3) 基本恒等式 (FI).

$$\begin{aligned} &\{\{f_1, \cdots, f_{n-1}, f_n\}, f_{n+1}, \cdots, f_{2n-1}\} \\ &+ \{f_n, \{f_1, \cdots, f_{n-1}, f_{n+1}\}, \\ &f_{n+2}, \cdots, f_{2n-1}\} + \cdots + \{f_n, \cdots, f_{2n-2}, \{f_1, \cdots, f_{n-1}, f_{2n-1}\}\} \\ &= \{f_1, \cdots, f_{n-1}, \{f_n, \cdots, f_{2n-1}\}\}. \end{aligned}$$

注释 7.2.1　在上述定义中, 当 $n = 2$ 时, 条件 FI 就是 Jacobi 恒等式, 此时得到通常的 Poisson 流形.

对于点 $p \in M$, 当条件 $\eta(p) \neq 0$ 成立时, 称该点为正则点. 在正则点附近, Nambu-Poisson 张量 η 有下面的局部结构.

定理 7.2.1　设 $\eta \in \Gamma(\Lambda^n TM)$, $n \geqslant 3$. 若 η 是 n 阶 Nambu-Poisson 张量, 则在每个正则点 p 附近存在局部坐标为 $(x_1, \cdots, x_n, x_{n+1}, \cdots, x_m)$ 的邻域 U, 使得在 U 上

$$\eta = \frac{\partial}{\partial x_1} \wedge \cdots \wedge \frac{\partial}{\partial x_n}, \tag{7.2.6}$$

反之亦然.

推论 7.2.1 (1) 若 η 是 $n \geqslant 3$ 阶的 Nambu-Poisson 张量, $f \in C^\infty(M)$, 则 $f\eta$ 仍然是一个 Nambu-Poisson 张量.

(2) 若 $m = n \geqslant 3$, 则每个 $\eta \in \Gamma(\Lambda^n TM)$ 都是 Nambu-Poisson 张量.

(3) 对每个 Nambu-Poisson 张量 η, 其 Schouten 括号必满足 $[\eta, \eta] = 0$.

根据这个推论, $\mathbf{R}^3$ 上对应于 Nambu 广义 Poisson 括号的 3 阶张量就是一个 Nambu-Poisson 张量. 设 (M, η) 是 Nambu-Poisson 流形, 体积元为 Ω 且 $m \geqslant n \geqslant 3$. 因此 $\omega = \mathbf{i}(\eta)\Omega$ 是一个 $(m - n)$ 形式. 下面的定理用这个微分形式来刻画 Nambu-Poisson 张量.

定理 7.2.2 设 $\eta \in \Gamma(\Lambda^n TM)$. 则 η 是 Nambu-Poisson 张量的充分和必要条件是 η 在正则点附近满足下面两个条件:

1) ω 是局部可分的;

2) 存在局部定义的 1- 形式 θ, 使得 $\mathrm{d}\omega = \theta \wedge \omega$.

注释 7.2.2 显然上面的判据与体积元的选取无关. 满足上述两个条件的微分形式 ω 叫作 Nambu-Poisson 形式.

推论 7.2.2 如果 $m = n + 1$, 则 η 是 Nambu-Poisson 张量的充分和必要条件是 $\omega \wedge \mathrm{d}\omega = 0$.

§7.3 共形 Hamilton 系统

辛几何与几何力学关系十分紧密, 几乎是同义词. 它们的重要特征之一是流形上的辛微分同胚形成一个群. 这种性质可以用作 "几何" 的定义. 自然就产生如何将其推广的问题. 1913 年 Cartan 发现, 在一定限制条件下, 一个流形上只存在六类微分同胚群: (i) 微分同胚 Diff; (ii) 保持辛 2 形式 ω 的微分同胚 Diff_ω; (iii) 保持体积形式 μ 的微分同胚 Diff_μ; (iv) 相差一个函数因子条件下保持接触形式 α 的微分同胚 Diff_α 以及共形群 (conformal group); (v) Diff_ω^c 和 (vi) Diff_μ^c, 分别为相差一个函数因子条件下保持形式 ω 或 μ 的微分同胚. (i)~(iv) 类微分同胚以及它们的群论性质在动力系统理论中已有广泛研究. 然而作为 Diff_ω 和 Diff_μ 的自然推广的共形群的研究却相对较少. 本节简单介绍 Diff_ω^c 的几何性质及其动力学, 详细内容参看 McLachlan and Perlmutter(2001) 及其引文.

在流形 $M = \mathbf{R}^{2n}$, 坐标为 (q, p), 而 $\omega = \mathrm{d}q \wedge \mathrm{d}p$ 的最简单情况下, 共形向量场 (即相应的流是共形微分同胚) 具有下面的形式:

$$\dot{q} = \frac{\partial H}{\partial p}, \quad \dot{p} = -\frac{\partial H}{\partial q} + cp, \tag{7.3.1}$$

其中, $H : \mathbf{R}^{2n} \to \mathbf{R}$ 是 Hamilton 函数. 它们确定的流具有性质 $\varphi^*\omega = \mathrm{e}^{ct}\omega$. 因此当 $c < 0$ 时, 任意两个切向量的辛内积都指数型收缩. 含摩擦的 Duffing 振子等简单力学系统都属于这种类型. 如果 $H = T + V(q), T = \frac{1}{2}p^t M(q)p$, 那么当 $c < 0, M$ 正定时, $\dot{H} = cT \leqslant 0$. 因此这种系统是能量和辛面积均耗散的.

先介绍辛流形的情况. 设 M 是赋与了辛形式 ω 的辛流形. 如果 M 是恰当的, 则 $\omega = -\mathrm{d}\theta$. 对于 M 上的函数 $H \in C^\infty(M)$, 其对应的 Hamilton 向量场记为 X_H.

定义 7.3.1　向量场 X^c 称具有参数 $c \in \mathbf{R}$ 的**共形向量场**. 若

$$\mathbf{L}_{X^c}\omega = c\omega, \tag{7.3.2}$$

微分同胚 φ^c 称为共形的, 若

$$(\varphi^c)^*\omega = c\omega, \tag{7.3.3}$$

所有微分同胚 φ^c 形成的伪群记为 Diff_ω^c.

命题 7.3.1　下列结论成立:

1) 共形向量场 X^c 的时间 t- 流是参数为 e^{ct} 的共形微分同胚.

2) (M, ω) 具有参数 $c \neq 0$ 共形向量场的充分和必要条件为 M 是恰当的.

3) 对给定的 $H \in C^\infty(M)$ 且 M 恰当, 则由

$$\mathbf{i}_{X_H^c}\omega = \mathbf{d}H - c\theta \tag{7.3.4}$$

所定义的向量场 X_H^c 是共形的.

4) 如果流形 M 还满足 $H^1(M) = 0$, 则对给定的 X^c 存在函数 H 使得 $X^c = X_H^c$, 并且 M 上的全体共形向量场的集合可表示为

$$\{X_H + cZ | H \in C^\infty(M)\}, \tag{7.3.5}$$

其中 Z 定义为

$$\mathbf{i}_Z\omega = -\theta, \tag{7.3.6}$$

通常成为 Liouville 向量场.

证明　设 φ_t 是 X^c 定义的流. 根据 Lie 导数定理可得 $(\mathrm{d}/\mathrm{d}t)\varphi_t^*\omega = \varphi_t^*\mathbf{L}_{X^c}\omega = c\varphi_t^*\omega$, 从而有唯一解 $\varphi_t^*\omega = \mathrm{e}^{ct}\omega$. 结论 1 证毕. 为证结论 2, 由 Lie 导数公式 $\mathbf{L}_{X^c}\omega = \mathbf{i}_{X^c}(\mathrm{d}\omega) + \mathrm{d}(\mathbf{i}_{X^c}\omega)$ 可知 X^c 在 (M, ω) 上共形的充要条件是 $\mathrm{d}(\mathbf{i}_{X^c}\omega) = c\omega$. 所以, 若 $c \neq 0, \omega$ 必为恰当形式, 即存在 1- 形式 θ 使得 $\omega = -\mathrm{d}\theta$. 此时 (7.3.2) 变为:

$$\mathrm{d}(\mathbf{i}_{X^c}\omega) = -c\mathrm{d}\theta. \tag{7.3.7}$$

而结论 3 由 $\mathbf{L}_{X_H^c}\omega = \mathrm{d}\mathbf{i}_{X_H^c}\omega = -c\mathrm{d}\theta = c\omega$ 证得. 为证结论 4, 我们注意到 $\mathbf{L}_Z\omega = \mathrm{d}\mathbf{i}_Z\omega = -c\mathrm{d}\theta = \omega$, 并且对任意 $H \in C^\infty(M), \mathbf{L}_{X_H}\omega = 0$, 所以 $Z + X_H$ 显然是具参

数 1 的共形向量场. 反之, 对给定的 X^c, 因条件 $H^1(M) = 0$ 意味着 M 上闭 1- 形式必为恰当形式, 从 (7.3.7) 可知存在函数 H 使得 $\mathbf{i}_{X^c}\omega = \mathrm{d}H - c\theta$, 这样由 ω 的非退化性即可得 $X^c = X_H + cZ$. 命题证毕.

命题 7.3.2 流形 $(M, -\mathrm{d}\theta)$ 上的全体共形向量场形成一个 Lie 代数, 而全体 Hamilton 向量场形成它的一个理想, 并且 $[X_h, X^c] = X_{-(X^c(h)-ch)}$.

证明 由 $\mathbf{L}_{X^c}\mathbf{i}_{X_h}\omega = \mathbf{i}_{[X^c,X_h]}\omega + \mathbf{i}_{X_h}\mathbf{L}_{X^c}\omega = \mathbf{i}_{[X^c,X_h]}\omega + c\mathbf{i}_{X_h}\omega = \mathbf{i}_{[X^c,X_h]}\omega + c\mathrm{d}h$ 可得 $\mathbf{i}_{[X^c,X_h]}\omega = \mathbf{L}_{X^c}\mathrm{d}h - c\mathrm{d}h = \mathrm{d}(X^c(h) - ch)$, 于是 $[X_h, X^c] = X_{-(X^c(h)-ch)}$.

根据辛结构 ω 导出的 Poisson 括号定义及上述命题, 可得下面的结论.

命题 7.3.3 向量场 X^c 共形的充分和必要条件是对一切 $f, g \in C^\infty(M)$ 下式成立:

$$X^c\{f, g\} = \{X^c f, g\} + \{f, X^c g\} = c\{f, g\}. \tag{7.3.8}$$

而微分同胚 φ^c 共形的充分和必要条件是下式成立:

$$\{f \circ \varphi^c, g \circ \varphi^c\} = c\{f, g\} \circ \varphi^c. \tag{7.3.9}$$

当 M 是正则余切丛时, 共形向量场 Z 有特别简单的形式.

命题 7.3.4 设 $(M, \omega) = (T^*Q, -\mathrm{d}\theta)$. 则 Z 与余切丛的纤维相切, 并且在纤维上是线性和径向的. Z 在局部坐标 (q, p) 下可表示为 $Z = p\frac{\partial}{\partial p}$.

现在介绍 Poisson 流形 P 上的共形向量场. 以下用 L 表示流形 P 的辛叶, ω_L 表示这个辛叶上的辛形式.

定义 7.3.2 设 P 是 Poisson 流形, 其最高维辛叶是 Casimir 函数集的水平集. 称 φ 是 $C-$ **共形的**, 倘若存在 Casimir 函数 C 使得微分同胚 φ 满足

$$\{f \circ \varphi, g \circ \varphi\} = C\{f, g\} \circ \varphi, \quad \forall f, g \in C^\infty(P). \tag{7.3.10}$$

若 (7.3.10) 中的函数 C 为一个常数, 则称 φ 是特殊共形的; 特别若 $C \equiv 1$, 则 φ 就是熟知的 Poisson 映射.

在描述 Poisson 流形上的共形微分同胚的性质之前, 我们先介绍一个关于 Poisson 映射的命题.

命题 7.3.5 设 P 是 Poisson 流形, $\varphi: P \to P$ 是微分同胚. 则 φ 是 Poisson 映射的充要条件是对一切 $z \in P$, φ 把过 z 的辛叶 L_z 映到过 $\varphi(z)$ 的辛叶 $L_{\varphi(z)}$ 上, 而且该映射是辛映射, 即

$$\varphi^* \omega_{L_{\varphi(z)}} = \omega_{L_z}. \tag{7.3.11}$$

证明 若 φ 是 Poisson 微分同胚, 则由 Poisson 映射性质可得切映射 $T_z\varphi|_{T_zL_z} : T_zL_z \to T_{\varphi(z)}L_{\varphi(z)}$ 是满射. 而由 φ 是微分同胚可推知这个切映射还是单射. 注意到每点 $z' \in L_{\varphi(z)}$ 都可以由一系列 Hamilton 弧相连接, 所以 φ 限制在 L_z 上是满

射. 然而, 因为对每个函数 $h \in C^\infty(P)$ 都满足 $T\varphi \cdot X_{h\circ\varphi} = X_{h\circ\varphi}$, 每段 Hamilton 弧在 L_z 上都有一个 φ 下的对应弧. 于是, 存在 $z_0 \in L_z$ 使得 $\varphi(z_0) = z'$. 从而证得 $\varphi(L_z) = L_{\varphi(z)}$. 由于 φ 是微分同胚, $\varphi|_{L_z}$ 必是一对一的. 最后证 $\varphi|_{L_z}$ 是辛映射. L_z 的每个切向量都可通过某个 Hamilton 向量场 X_h 表示为 $T\varphi^{-1} \cdot X_h(\varphi(z))$, 使得

$$\varphi^*\omega_{\varphi(z)}(T\varphi^{-1} \cdot X_h(\varphi(z)), T\varphi^{-1} \cdot X_g(\varphi(z)))$$
$$= \omega_{\varphi(z)}(X_h(\varphi(z)), X_g(\varphi(z)))$$
$$= \{h, g\} \circ \varphi(z)$$
$$= \{h \circ \varphi, g \circ \varphi\}(z)$$
$$= \omega_z(X_{h\circ\varphi}(z), X_{g\circ\varphi}(z))$$
$$= \omega_z(T\varphi^{-1} \cdot X_h(\varphi(z)), T\varphi^{-1} \cdot X_g(\varphi(z))).$$

反之, 假设辛叶在 φ 下是辛微分同胚的. 取定 $z \in P$ 和 $f, g \in C^\infty(P)$. 因为 $\mathrm{d}(f \circ \varphi)(z) \cdot X_{g\circ\varphi}(z) = \mathrm{d}f(\varphi(z)) \cdot T_z\varphi \cdot X_{g\circ\varphi}(z)$, 为证 $\{f \circ \varphi, g \circ \varphi\}(z) = \{f, g\} \circ \varphi(z)$, 只需证 $T_z\varphi \cdot X_{g\circ\varphi}(z) = X_g \circ \varphi(z)$.

注意, 对每个 $w_{\varphi(z)} \in T_{\varphi(z)}L_{\varphi(z)}$ 均存在唯一的 $y_z \in T_zL_z$ 满足 $T\varphi(y_z) = w$. 于是,

$$\omega_{\varphi(z)}(T\varphi \cdot X_{g\circ\varphi}(z), w_{\varphi(z)}) = \varphi^*(\omega_{\varphi(z)})(X_{g\circ\varphi}(z), y_z) = \omega_z(X_{g\circ\varphi}(z), y_z)$$
$$= \mathrm{d}(g \circ \varphi)(z) \cdot y_z = \mathrm{d}g(\varphi(z)) \cdot w_{\varphi(z)}.$$

用上述命题的证明方法直接可证下面关于共形微分同胚的相应结论.

命题 7.3.6　Poisson 流形上的微分同胚 φ 共形的充分和必要条件是, 它将辛叶映到相同维数的辛叶, 并且限制在辛叶上是一个共形微分同胚, 即对每个辛叶 L 都存在常数 c 使得 $\varphi^*\omega_{\varphi(L)} = c\omega_L$. 而微分同胚 φ 是特殊共形的充分和必要条件是 c 的选取与辛叶 L 无关. φ 是 Poisson 映射的充分和必要条件是 $c \equiv 1$.

在 Poisson 流形 P 的辛叶不由 Casimir 函数水平集定义时, 我们可以用上述命题作为共形 Poisson 微分同胚的定义.

类似于辛流形的情况, 也可以定义 Poisson 流形上的共形向量场. 向量场 X 叫作**共形**、**特殊共形**或**Poisson 向量场**, 如果对一切 $f, g \in C^\infty(P)$ 下式成立

$$X\{f, g\} = \{Xf, g\} + \{f, Xg\} - c\{f, g\}, \tag{7.3.12}$$

其中, c 分别是依赖辛叶的常数、与辛叶无关的常数或零.

类似于辛流形上的情况, 可证下面的命题.

命题 7.3.7　Poisson 流形上的共形 (特殊共形, 或 Poisson) 微分同胚全体形成一个群, 且以保持辛叶不变的微分同胚为其子群; 而共形 (特殊共形, 或 Poisson) 向

量场全体形成一个 Lie 代数. 全体 Poisson 向量场构成特殊共形向量场 Lie 代数和共形向量场 Lie 代数的一个理想.

命题 7.3.8 Poisson 流形上的全体 Hamilton 向量场构成共形向量场 Lie 代数的一个理想, 而且 $[X^C, X_H] = X_{X^C H - CH}$.

作为 Poisson 流形上的共形向量场的例子, 以下我们介绍所谓的**斜积 Hamilton 系统**. 设 $(M, -\mathrm{d}\theta)$ 是恰当辛流形, N 是任意流形, 则 $P = M \times N$ 也是一个流形, 其辛叶为 $M \times \{y\}$ ($y \in N$). 设 $H : P \to \mathbf{R}$ 是 Hamilton 函数. 为将 M 上的 Hamilton 向量场 X_H 和向量场 Z (即 $\mathbf{i}_Z \omega = -\theta$) 扩张到 P 上, 令它们在 N 方向上的分量为零. 设 Y 是 N 上的任意向量场, 通过令 M 方向分量为零可以将其扩展成 P 上的向量场. 再设 $C : N \to \mathbf{R}$ 是任意函数. 则下面的向量场就是 P 上的一个 C- 共形向量场

$$X^C := X_H + C(y)Z + Y. \tag{7.3.13}$$

在局部坐标 (q, p, y) 下, 这个共形向量场表示为

$$\dot{q} = H_p(q, p, y), \quad \dot{p} = -H_q(q, p, y) + C(y)p, \quad \dot{y} = Y(y). \tag{7.3.14}$$

下面的命题表明, Poisson 流形 P 上的所有共形向量场均有 X^C 的形式.

命题 7.3.9 设 Z 是 P 上的一个共形参数 $c = 1$ 的特殊共形向量场. 则共形向量场 Lie 代数就是集合 $\{X + CZ \mid X$ 是 Poisson 向量场, C 是 Casimir 函数$\}$.

§7.4 恰当 Poisson 结构

研究一般的 Poisson 流形 $\mathbf{M}$ 上的 Hamilton 系统的动力学几乎是不可能的. 最近, 易英飞和张祥 (2006) 运用动力系统的方法和上同调理论完整地解决了恰当 Poisson 结构的分类问题, 获得了恰当 Poisson 结构定义的 Hamilton 流的一些性质. 本节介绍他们的工作.

假设 $\mathcal{X}^k(\mathbf{M})$ 是流形 $\mathbf{M}$ 上的光滑 k- 重线性向量组成的空间, $\Omega^k(\mathbf{M})$ 是微分 k- 形式空间. 对 $\mathbf{M}$ 上给定的具有局部标准表示的体积元 ω, 考虑它的导出同构映射 $\Phi : \mathcal{X}^k(\mathbf{M}) \to \Omega^{n-k}(\mathbf{M})$: $u \to \mathbf{i}_u \omega$, 其中 $\mathbf{i}_u \omega$ 是 u 和 ω 的内积. 比如, $u = f(x) \partial_{i_1} \wedge \partial_{i_2} \wedge \cdots \partial_{i_k}$ ($1 \leqslant i_1 < i_2 < \cdots < i_k \leqslant n$), 而在局部坐标 $\{x_i\}$ 下 $\omega = \mathrm{d}x_1 \wedge \mathrm{d}x_2 \wedge \cdots \wedge \mathrm{d}x_n$, 则 $\mathbf{i}_u \omega = (-1)^{i_1-1}(-1)^{i_2-2} \cdots (-1)^{i_k-k} f(x) \mathrm{d}x_1 \wedge \widehat{\mathrm{d}x_{i_1}} \wedge \cdots \wedge \widehat{\mathrm{d}x_{i_2}} \wedge \cdots \wedge \widehat{\mathrm{d}x_{i_k}} \wedge \cdots \wedge \mathrm{d}x_n$, 此处 $\hat{x}$ 表示 x 的冗长 (omission).

记

$$D \equiv \Phi^{-1} \circ d \circ \Phi: \quad \mathcal{X}^k(\mathbf{M}) \to \mathcal{X}^{k-1}(\mathbf{M}) \tag{7.4.1}$$

为同构映射 Φ 下的拉回算子, 其中 d 是微分形式的外导数.

定义 7.4.1　称 k- 重线性向量 $\boldsymbol{X}_k$ 是**恰当的**(exact), 如果 $D(\boldsymbol{X}_k) = 0$. 特别地, 满足 $D(\Lambda) = 0$ 的 Poisson 结构 Λ 称为**恰当 Poisson 结构**.

易知辛结构总是恰当的. 算子 D 有很多重要的应用, 比如可以用来计算 Schouten 括号, 还可以用于验证 Poisson 括号应满足的 Jacobi 恒等式. 下面介绍算子 D 的一些主要性质.

命题 7.4.1　下面的结论成立.

(i) 对任意 $\boldsymbol{X} \in \mathcal{X}(\boldsymbol{M})$, $D(\boldsymbol{X}) = \mathrm{div}_\omega \boldsymbol{X}$, 其中 $\mathrm{div}_\omega \boldsymbol{X}$ 是向量场 $\boldsymbol{X}$ 关于体积元 ω 的散度.

(ii) 对任意 $\boldsymbol{X}, \boldsymbol{Y} \in \mathcal{X}(\boldsymbol{M})$, $D(\boldsymbol{X} \wedge \boldsymbol{Y}) = [\boldsymbol{Y}, \boldsymbol{X}] + (\mathrm{div}_\omega \boldsymbol{Y})\boldsymbol{X} - (\mathrm{div}_\omega \boldsymbol{X})\boldsymbol{Y}$, 其中 $[\cdot, \cdot]$ 是两个向量场的 Lie 括号, $\wedge$ 表示两个向量的楔积 (wedge).

(iii) 对任意 $U \in \mathcal{X}^\mu(\boldsymbol{M})$ 和 $V \in \mathcal{X}^\nu(\boldsymbol{M})$,

$$[U, V] = (-1)^\mu D(U \wedge V) - D(U) \wedge V - (-1)^\mu U \wedge D(V),$$

其中, $[U, V]$ 表示多重线性向量场 U 和 V 的 Schouten 括号: 若 $U = u_1 \wedge \cdots \wedge u_\mu$, 而 $V = v_1 \wedge \cdots \wedge v_\nu$, 则

$$[U, V] = \sum_{s,t} (-1)^{s+t} u_1 \wedge \cdots \wedge \widehat{u}_s \wedge \cdots \wedge u_\mu \wedge [u_s, v_t] \wedge v_1 \wedge \cdots \wedge \widehat{v}_t \wedge \cdots \wedge v_\nu.$$

(iv) 设 Λ 是一个 Poisson 结构, 而 $\boldsymbol{X}_\Lambda = D(\Lambda)$ 是它的卷积向量场. 则 Lie 导数 $L_{\boldsymbol{X}_\Lambda} \Lambda \equiv [\boldsymbol{X}_\Lambda, \Lambda] = 0$.

(v) 反对称双线性向量场 Λ 是恰当 Poisson 结构的充要条件是 $D(\Lambda) = 0$ and $D(\Lambda \wedge \Lambda) = 0$.

注释 7.4.1　1) 上述命题中的论断 (i) 意味着向量场是恰当的充要条件是它的散度为零. 因此, 根据 Gauss 定理可知, 恰当向量场导出的流是保体积的.

2) 对于三维向量场 $\boldsymbol{v} = a\partial_x + b\partial_y + c\partial_z$, 其卷积向量场按通常方式可定义为 $\nabla \times \boldsymbol{v} = (c_y - b_z)\partial_x + (a_z - c_x)\partial_y + (b_x - a_y)\partial_z$. 这正是算子 D 对 $\Lambda = a\partial_y \wedge \partial_z + b\partial_z \wedge \partial_x + c\partial_x \wedge \partial_y$ 作用后所得的卷积向量场 $\boldsymbol{X}_\Lambda = D(\Lambda)$. 于是, 算子 D 统一了向量场的散度和卷积运算.

下面的命题描述了算子 D 导出的某种同伦性质, 可用于恰当 Poisson 结构的分类问题.

命题 7.4.2　下面结论成立.

(i) $D^2 = 0$.

(ii) 向量空间

$$H_k(\mathbf{R}^n) = \left((\text{kernel of } D) \cap \mathcal{X}^k(\mathbf{R}^n)\right) / \left((\text{image of } D) \cap \mathcal{X}^k(\mathbf{R}^n)\right)$$

形成的 $\mathbf{R}^n$ 的 D-同伦具有拓扑结构

$$H_k(\mathbf{R}^n) = \begin{cases} \mathbf{R}, & k = n, \\ 0, & 0 \leqslant k < n. \end{cases}$$

在 Piosson 流形 $\mathbf{M}$ 的局部坐标 $\{x_i\}$ 下, Poisson 结构 Λ 有如下局部表示:

$$\Lambda(\mathrm{d}f, \mathrm{d}g) = \{f, g\} = \sum_{i,j=1}^n w_{ij} \frac{\partial f}{\partial x_i} \frac{\partial g}{\partial x_j}, \quad f, g \in C^\infty(\mathbf{M}), \tag{7.4.2}$$

其中, $w_{ij} \in C^\infty(\boldsymbol{M})$, $i, j = 1, \cdots, n$, 满足恒等式

$$w_{ij} + w_{ji} = 0, \qquad \sum_{l=1}^n \sum_{\sigma \in A_3} w_{l\sigma(i)} \frac{\partial w_{\sigma(j)\sigma(k)}}{\partial x_l} = 0,$$

这里 A_3 是作用在 (i, j, k) 上的循环置换群. $\boldsymbol{J} = (w_{ij})$ 是与 Λ 对应的结构矩阵.

引理 7.4.1 设 Λ 是 $\mathbf{R}^n$ 上的结构矩阵为 $\boldsymbol{J} = (w_{ij})$ 的光滑 Poisson 结构. 则 Λ 恰当的充分和必要条件是

$$\sum_{j=1}^n \frac{\partial w_{ij}}{\partial x_j} = 0, \qquad i = 1, \cdots, n. \tag{7.4.3}$$

证明 直接由下面等式可证:

$$D(\Lambda) = 2 \sum_{i=1}^n \left(\sum_{j=1, j \neq i}^n \frac{\partial w_{ij}}{\partial x_j} \right) \frac{\partial}{\partial x_i}. \tag{7.4.4}$$

众所周知, 对光滑流形 $\boldsymbol{M}$ 上的给定的光滑向量场 $\boldsymbol{X}$, 满足关系 $\boldsymbol{X}(H) \equiv 0$ 的光滑函数 H 称为向量场 $\boldsymbol{X}$ 的**首次积分**. 下面的定理描述了 Poisson 流形上恰当 Hamilton 向量场的一个刻画.

定理 7.4.1 用 Λ 表示光滑流形 $\mathbf{M}$ 上的 Poisson 结构. 由 Λ 和函数 H 定义的 Hamilton 向量场 $\mathbf{X}_H$ 是恰当的充分和必要条件为卷积向量场 $\mathbf{X}_\Lambda = D(\Lambda)$ 和梯度向量场 ∇H 在 $\mathbf{M}$ 上处处正交, 即 $D(\Lambda)$ 属于 H 的等值超曲面的切空间. 换言之, H 是卷积向量场 $D(\Lambda)$ 的首次积分.

证明 不失一般性, 我们可以在 M 的局部坐标系 $\{x_i\}_{i=1}^n$ 下证明该定理, 并取标准体积元为 $\omega = \mathrm{d}x_1 \wedge \cdots \wedge \mathrm{d}x_n$. 其中, $n = \dim M$.

设 $J = (w_{ij})$ 是 Λ 的结构矩阵, $\mathbf{X}_H = J\nabla H$ 是相应的 Hamilton 向量场. 利用 J 的反对称性计算可得

$$D(\mathbf{X}_H) = -\sum_{i=1}^n \left(\sum_{j=1}^n \frac{\partial w_{ij}}{\partial x_j} \right) \frac{\partial H}{\partial x_i}. \tag{7.4.5}$$

再由 (7.4.4), 进一步可得

$$D(\mathbf{X}_H) = -\frac{1}{2}D(\Lambda) \cdot \nabla H, \tag{7.4.6}$$

从而证得定理结论.

注释 7.4.2　1) 从 (7.4.6) 和等式

$$D(\mathbf{X}_H) = \Phi^{-1} \circ d \circ \Phi(\mathbf{X}_H) = \Phi^{-1} \circ d \circ \mathbf{i}_{\mathbf{X}_H}\omega = \Phi^{-1}(L_{\mathbf{X}_H}\omega)$$

可知, Poisson 结构 Λ 恰当的充分和必要条件是其对应的任意 Hamilton 向量场都是恰当的. 即体积元 ω 在 Λ 定义的任意 Hamilton 向量场下不变.

2) 根据 Birkhoff 遍历定理, 对可定向流形 M 上由恰当 Poisson 结构导出的任意 Hamilton 流 ϕ_t 而言,

$$P(f)(\mathbf{x}) = \lim_{T \to \infty} \frac{1}{T} \int_0^T f \circ \phi_t(x)\mathrm{d}t,$$

对任意函数 $f \in L^1(M)$ 都有定义且是 L^1 函数.

一个反对称双线性向量场 Λ 是否为恰当 Poisson 结构必须考查它是否恰当以及是否满足 Jacobi 恒等式. 当维数 $n \geqslant 3$ 时, Λ 恰当的充要条件为 $(n-2)$ 形式

$$\Omega_{n-2} = \sum_{1 \leqslant i < j \leqslant n} (-1)^{i+j-1}w_{ij}\mathrm{d}x_1 \wedge \cdots \wedge \widehat{\mathrm{d}x_i} \wedge \cdots \wedge \widehat{\mathrm{d}x_j} \wedge \cdots \wedge \mathrm{d}x_n$$

是闭的, 即 $\mathrm{d}\Omega_{n-2} = 0$. 而且, 若 Λ 恰当, 则存在 $(n-3)$- 形式 Ω_{n-3} 使得 $\mathrm{d}\Omega_{n-3} = \Omega_{n-2}$, 或等价地, 存在 3- 线性向量 $\boldsymbol{X}_3$ 使得 $D\boldsymbol{X}_3 = \Lambda$.

下面的命题建立了恰当性与 Jacobi 恒等式之间的某种联系, 特别得出, 对恰当 Poisson 结构, Jacobi 恒等式可用对称的形式表述.

命题 7.4.3　设 Λ 是 $\mathbf{R}^n$ 上的反对称双线性向量场, 结构矩阵为 $J = \{w_{ij}\}$. 则 Λ 是恰当 Poisson 结构的充分和必要条件是

$$\sum_{j=1}^n \frac{\partial w_{ij}}{\partial x_j} = 0, \qquad i = 1, \cdots, n, \tag{7.4.7}$$

$$\sum_{s=1, s \neq i,j,k}^n \left(A_{ijk}^s \cdot \frac{\partial B_{ijk}^s}{\partial x_s} + B_{ijk}^s \cdot \frac{\partial A_{ijk}^s}{\partial x_s} \right) = 0, \tag{7.4.8}$$

$$1 \leqslant i < j < k \leqslant n,$$

其中, $A_{ijk}^s = (w_{si}, w_{sj}, w_{sk})$, $B_{ijk}^s = (w_{jk}, w_{ki}, w_{ij})$.

注意在恰当性条件下, (7.4.8) 不可能再进一步简化. 对三维流形而言, 条件 (7.4.8) 是自然满足的, 这说明此时恰当性蕴涵 Jacobian 恒等式.

以下将前述的一般结果运用于几个常见的特殊情况.

首先考虑定义在 $\mathbf{R}^n$ 或 $\mathbf{C}^n$ 上的 Lie-Poisson 结构 (参见 §3.2),

$$L = \sum_{i,j,k=1}^{n} c_{ij}^k x_k \partial_i \wedge \partial_j, \tag{7.4.9}$$

其中, c_{ij}^k 是 n 维 Lie 代数的结构常数. 对这类结构有如下结果.

定理 7.4.2 设 L 是(7.4.9)中定义的 Lie-Poisson 结构. 则下列结论成立:

(i) L 恰当的充分和必要条件是 $\sum_{j=1}^{n} c_{ij}^j = 0$, $i = 1, \cdots, n$.

(ii) 伴随的 Hamilton 向量场 $X_H = L(\cdot, \mathrm{d}H)$ 恰当的充分和必要条件是 Hamilton 函数 H 是完全可积向量场 $\sum_{i=1}^{n} \left(\sum_{j=1}^{n} c_{ij}^j \right) \partial_i$ 的首次积分.

(iii) 如果在(7.4.9)导出的 Lie 括号作用下, 一次齐次多项式构成的 Lie 代数 $\mathfrak{g}$ 是幂零的, 则结构(7.4.9) 仿射等价于 $c_{ij}^k = 0$ ($k \geqslant \min\{i,j\}$) 时的结构(7.4.9), 从而后者是恰当的.

Lie-Poisson 结构在 Poisson 结构的规范型研究中具有重要作用. 设 Λ 是如下定义在 $\mathbf{R}^n$ 或 $\mathbf{C}^n$ 的原点邻域的解析 Poisson 结构:

$$\Lambda = \sum_{i,j,k=1}^{n} (c_{ij}^k x_k + R_{ij}(x)) \partial_i \wedge \partial_j, \tag{7.4.10}$$

其中, $R_{ij} = O(|x|^2)$, $i, j = 1, \cdots, n$. 则可证下面的结果.

命题 7.4.4 设 Λ 是上面定义的秩为 $2m$ 的解析 Poisson 结构. 如果以 Λ 的奇异部分的线性截断系数 $\{c_{ij}^k\}$ 为结构常数的 Lie 代数 $\mathfrak{g}$ 是半单的, 则 Λ 解析等价于

$$P = \sum_{i=1}^{m} \frac{\partial}{\partial p_i} \Lambda \frac{\partial}{\partial q_i} + \sum_{1 \leqslant i < j \leqslant n-2m} \left(\sum_{k=1}^{n-2m} c_{ij}^k y_k \right) \frac{\partial}{\partial y_i} \Lambda \frac{\partial}{\partial y_j}.$$

如果还满足 $\sum_{j=1}^{n-2m} c_{ij}^j = 0 (i = 1, \cdots, n-2m)$, 即 P 恰当, 则与 Λ 相伴的任意 Hamilton 流都解析等价于保体积流.

我们考虑另一种特殊的 Poisson 结构. 设整数 $n \geqslant 3$. 双线性映射: $C^\infty(\mathbf{M}) \times C^\infty(\mathbf{M}) \to C^\infty(\mathbf{M})$ 称为 $\mathbf{R}^n$ 上的**Jacobi 结构**$\{\cdot, \cdot\}$, 倘若

$$\{f, g\} = u \det(J(f, g, P_1, \cdots, P_{n-2})),$$

其中, $u, P_i \in C^\infty(\mathbf{R}^n)$, $i = 1, \cdots, n-2$, J 是函数 $f, g, P_1, \cdots, P_{n-2}$ 关于变量 $x_1, \cdots, x_n$ 在通常意义下的 Jacobi 矩阵, 而 det 表示矩阵行列式. 通常称这种结构由函数 $P_1, \cdots, P_{n-2}$ 生成, u 称为这个结构的 Jacobi 系数.

易证 Jacobi 结构是一个 Poisson 结构. Przybysz(2001) 已证明, Jacobi 系数为常数的 Jacobi 结构总是恰当的.

注意, 若 $P_1, \cdots, P_{n-2}$ 函数相关的, 则 Jacobi 结构就是平凡的. 因此, 以下总假定这些函数是函数独立的. 下面的定理给出了 Poisson 结构成为 Jacobi 结构的条件.

定理 7.4.3　对 $\mathbf{R}^n$ 上的 Poisson 结构, 下列结论成立.

(i) 当 $n = 2$ 时, 光滑 Poisson 结构恰当的充分和必要条件是它的结构系数为常数.

(ii) 当 $n = 3$ 时, 光滑 Poisson 结构恰当的充分和必要条件是 Jacobi 系数为常数的 Jacobi 结构.

(iii) 当 $n > 3$ 时, 光滑 Poisson 结构是具非零常数 Jacobi 系数的 Jacobi 结构的充分和必要条件是它是恰当的, 其秩 $\leqslant 2$ 并且秩为零的点集测度为零.

特别, 由上述定理的 (ii) 立即可推知, 在三维情况下, 伴随于恰当 Poisson 结构的任意 Hamilton 向量场都是可积的.

在第 3 章我们知道, 对于流形 $\mathbf{M}$ 上的 Poisson 结构 Λ 和任意的 $f \in C^\infty(\mathbf{M})$, 使得 $\Lambda(\mathrm{d}f, \mathrm{d}h) = \{f, h\} = 0$ 对成立的函数 h 称为 Casimir 函数. Λ 的所有 Casimirs 函数构成的集合称为结构 Λ 的**中心**. 下面的定理给出了一个用 Casimir 函数刻画 Jacobi 结构的结果.

定理 7.4.4　$\mathbf{R}^n$ 上的 Poisson 结构 Λ 有 $n-2$ 个函数独立的 Casimirs 函数的充要条件是: 这个结构是一个 Jacobi 结构. 因此, 若 Λ 恰有 $n-2$ 函数独立的 Casimirs 函数, 则除一个 Lebesque 零测度集外, Casimir 函数的公共水平流形是一个 2 维辛流形.

定理 7.4.5　设 Λ 是 $\mathbf{R}^n$ 上由 $P_1, \cdots, P_{n-2}$ 生成的 Jacobi 结构. 则下面的结论成立.

(i) 若 $P_1, \cdots, P_{n-2}$ 函数独立, 则 Λ 的中心是 $C^\infty(\mathbf{R}^n)$ 的由 $P_1, \cdots, P_{n-2}$ 生成的子代数.

(ii) 对任意函数 $H \in C^\infty(\mathbf{R}^n)$, Hamilton 向量场 $\boldsymbol{X}_H = \Lambda(\cdot, \mathrm{d}H)$ 有下面的规范形式

$$\left.\begin{array}{l} \dot{I} = 0, \\ \dot{\phi} = \omega(I), \end{array}\right\}$$

其中, $I = (I_1, \cdots, I_{n-1})^\mathrm{T}$. 并且当 H 与 $P_1, \cdots, P_{n-2}$ 函数独立时, $\omega(I) = 0$.

结合定理 7.4.4 和定理 7.4.5 中的论断 (i), 容易得出下面的推论.

推论 7.4.1 (i) $\mathbf{R}^n$ 上以函数独立的 $n-2$ 个函数 $P_1, \cdots, P_{n-2}$ 作为 Casimir 函数的 Poisson 结构的中心就是由这 $n-1$ 个函数生成的子代数. (ii) 在 $\mathbf{R}^3$ 情况下, Poisson 结构有 Casimir 函数的充分和必要条件是它是一个 Jacobi 结构. Poisson 结构恰当的充分和必要条件是它为 Jacobi 系数为常数的 Jacobi 结构.

利用前面的定理和推论, 通过直接计算可证下面的定理, 它刻画了 Casimir 水平曲面为二次曲面的 Poisson 结构.

定理 7.4.6 对 $\mathbf{R}^3$ 上的 Poisson 结构 Λ, 下面的结论成立.

(1) Λ 不以环面为其 Casimir 水平曲面.

(2) Λ 有水平曲面为二次曲面的 Casimir 函数的充分和必要条件为: 它与下面的一个 Jacobi 结构仿射等价 (可能相差一个 Jacobi 系数 u):

(i) $\Lambda_1 = -z\partial_x \wedge \partial_y + y\partial_x \wedge \partial_z - x\partial_y \wedge \partial_z$, Casimir 函数为 $C = x^2 + y^2 + z^2$;

(ii) $\Lambda_2 = z\partial_x \wedge \partial_y + y\partial_x \wedge \partial_z - x\partial_y \wedge \partial_z$, Casimir 函数为 $C = x^2 + y^2 - z^2$;

(iii) $\Lambda_3 = \partial_x \wedge \partial_y + 2y\partial_x \wedge \partial_z - 2x\partial_y \wedge \partial_z$, Casimir 函数为 $C = x^2 + y^2 - z$;

(iv) $\Lambda_4 = \partial_x \wedge \partial_y - 2y\partial_x \wedge \partial_z - 2x\partial_y \wedge \partial_z$, Casimir 函数为 $C = x^2 - y^2 - z$;

(v) $\Lambda_5 = 2\partial_x \wedge \partial_z + x\partial_y \wedge \partial_z$, Casimir 函数为 $C = x^2 - 4y$;

(vi) $\Lambda_6 = y\partial_x \wedge \partial_z - x\partial_y \wedge \partial_z$, Casimir 函数为 $C = x^2 + y^2$;

(vii) $\Lambda_7 = y\partial_x \wedge \partial_z + x\partial_y \wedge \partial_z$, Casimir 函数为 $C = x^2 - y^2$.

注意, 该定理可用于构造完全可积 Hamilton 系统. 相关的成果可参考 Ballesteros and O. Ragnisco(1998) 和 Kasperczuk(2000).

读者欲了解恰当 Poisson 结构的更全面的论述, 可以参阅易英飞和张祥 (2006) 及其所引的文献.

§7.5 保持 n-形式系统的 Lie 对称群约化

在非线性微分方程的研究中, Lie 对称性分析的主要作用在于系统的约化. 对于高维系统而言, 存在 Lie 对称性可降低系统的维数, 使问题得到一定程度的简化. 一个自然的问题是, 如果原系统具有某种重要而便于应用的性质, 经过上述约化后, 该性质是否仍然保持不变? 换言之, 当系统具有什么样的对称群时, 约化过程不会使原系统的某些性质丧失? 辛流形上的 Hamilton 系统的约化问题曾经引起众多学者的关注. 对于保持 Hamilton 结构的对称群约化问题, Marsden 和 Weinstein(1974) 引入 Lie 群方法, 完善地给出了辛流形上的约化程序.

保持 $n-$形式的 n 维系统 (也可称为零散度系统) 在物理, 大气动力学, 生物学等领域大量存在, 比 Hamilton 系统更广泛. 因此将 Hamilton 系统的有关理论和方法向零散度系统推广, 是非常有意义的工作. 黄德斌、赵晓华和刘增荣 (1998) 考虑了零散度系统的 Lie 对称群约化问题, 基于保持 Hamilton 结构的约化理论, 应用

Lie 对称群的方法, 获得了相应的对称约化程序. 本节就介绍他们的主要结果, 相关细节和背景可参看原文及其引文. 本节所用的符号与 Olver(1985) 中的基本一致.

定义 7.5.1　设 M 为 n 维流形, Ω 是 M 上的一个 n 形式, F 是 M 上的任一向量场. 如果 Ω 关于向量场 F 的 Lie 导数 $L_F\Omega = 0$, 则称向量场 F 保持 n- 形式 Ω.

以下设流形 M 的局部坐标为 $\{x^1, \cdots, x^n\}$, 考虑 $n-$ 形式 Ω 为典型形式 $\mathrm{d}x^1 \wedge \cdots \wedge \mathrm{d}x^n$, 而向量场 $\mathbf{F}$ 有局部表示

$$F = \sum_{i=1}^{n} f_i(x^1, \cdots, x^n, t)\frac{\partial}{\partial x^i}. \tag{7.5.1}$$

从微分形式理论可知 $L_F\Omega = \mathrm{div}F\Omega$, 其中 $\mathrm{div}F$ 是向量场的散度

$$\mathrm{div}F = \sum_{i=1}^{n} \frac{\partial f_i(x^1, \cdots, x^n, t)}{\partial x^i}.$$

因此, 零散度向量场与保持 $n-$ 形式向量场是等价的.

定义 7.5.2　用 G 表示作用在 $M \times R$ 上的单参数 Lie 群. 设 G 满足条件: (i) G 是向量场 (7.5.1) 的单参数对称群; (ii) G 的无穷小生成元 V 有形式

$$V = \sum_{i=1}^{n} \xi^i(x^1, \cdots, x^n)\frac{\partial}{\partial x^i}. \tag{7.5.2}$$

我们称 G 是向量场 (7.5.1) 的空间对称群. 如果 G 的无穷小生成元 V 还满足条件

$$\sum_{i=1}^{n} \frac{\partial \xi^i(x^1, \cdots, x^n)}{\partial x^i} = 0, \tag{7.5.3}$$

则称 G 是向量场 (7.5.1) 的保持 $n-$ 形式的空间对称群.

一般说来, 给定一个形如 (7.5.1) 的向量场, 怎样求出它的空间对称群并不是一件容易的事. 但是可结合向量场的实际几何或物理背景, 来获得其空间对称群. 利用 Olver(1985) 中的定理 2.3.6 和定理 2.7.1 容易证明下面的判定定理.

定理 7.5.1　V 生成的 Lie 群 G 是 (7.5.1) 的空间对称群的充要条件是 $[F, V] = 0$, 其中 $[F, V]$ 表示 Lie 括号, 其坐标表示定义为:

$$[F, V]_i = \sum_{j=1}^{n} \left(f_j \frac{\partial \xi^i}{\partial \xi^j} - \xi^j \frac{\partial f_i}{\partial x^j} \right), \quad i = 1, \cdots, n. \tag{7.5.4}$$

利用直化定理将向量场 V "变直", 即可证明下面的结论 (详见 Olver(1985) 定理 2.6.6).

定理 7.5.2 设 (7.5.1) 具有一个单参数对称群 G, 其无穷小生成元为 V, 那么在满足条件 $V|_{(x,t)} \neq 0$ 的点 (x, t) 附近, 存在一个局部变换:

$$x^i = \eta_i(y^1, \cdots, y^n, s), \quad t = \varphi(y^1, \cdots, y^n, s), \quad i = 1, \cdots, n. \tag{7.5.5}$$

使得 (7.5.1) 变成

$$\frac{\mathrm{d}y^i}{\mathrm{d}s} = g_i(y^1, \cdots, y^{n-1}, s), \quad i = 1, \cdots, n. \tag{7.5.6}$$

并且 $y^1, \cdots, y^{n-1}, s$ 构成 V 的函数独立不变量的完全系, 即

$$V(y^i) = 0, \quad i = 1, \cdots, n-1, \quad V(s) = 0, \quad V(y^n) = 1. \tag{7.5.7}$$

注释 7.5.1 因为 (7.5.6) 的右端与 y^n 无关, 故 y^n 可通过积分求出. 所以通常称 (7.5.5) 的前 $n-1$ 个方程为 (7.5.1) 在 G 下的约化方程. 特别, 当 G 是空间对称群时, 我们有下面的推论.

推论 7.5.1 如果上述定理中的对称群 G 是空间对称群, 则可在变换 (8.5.5) 中取 $s = t$, 而 $\eta_i(i = 1, \cdots, n)$ 与 s 无关, 即 $y_i^n(i = 1, \cdots, n)$ 与 t 无关.

证明 因为 G 是空间对称群, 故 t 就是 G 的一个不变量, 所以可取 $s = t$. 另一方面, 因为

$$V(y^j) = \sum_{i=1}^n \xi^i \frac{\partial y^j}{\partial x^i}, \quad j = 1, \cdots, n,$$

其中, $\xi^i(i = 1, \cdots, n)$ 与 t 无关, 故 $V(y^j) = 0$ 或 1 的解都与无关.

引理 7.5.1 如果一阶常微分方程组 (7.5.1) 在微分同胚 φ:

$$x^i = \varphi_i(y^1, \cdots, y^n), \quad i = 1, \cdots, n. \tag{7.5.8}$$

下变为新的常微分方程组

$$\frac{\mathrm{d}y^i}{\mathrm{d}t} = g_i(y^1, \cdots, y^n, t), \quad i = 1, \cdots, n. \tag{7.5.9}$$

则两个方程的右端必满足关系

$$\sum_{i=1}^n \frac{\partial f_i}{\partial x^i} = \frac{1}{|J|} \sum_{i=1}^n \frac{\partial(|J|g_i)}{\partial y^i}, \tag{7.5.10}$$

其中, J 是变换 φ 的矩阵, $|J|$ 是行列式.

证明 利用行列式的导数性质直接验证即可.

7.5.1 单参数对称群情况

有了以上准备, 就可以证明以下关于单参数对称群的定理.

定理 7.5.3 设 n 维向量场 (7.5.1) 保持 n- 形式 Ω, 并且具有一个单参数保持 n- 形式 Ω 的空间对称群 G. 则存在局部坐标变换使得 (7.5.1) 的 $(n-1)$ 维约化向量场保持 $(n-1)$- 形式.

证明 设 G 的无穷小生成元为 $V = (\xi_1, \cdots, \xi_n)$. 由定理 7.5.2 及推论 7.5.1 可知, 存在形如 (7.5.8) 的局部变换使得 (7.5.1) 化为形式

$$\frac{\mathrm{d}y^i}{\mathrm{d}t} = k_i(y^1, \cdots, y^{n-1}, t), \qquad i = 1, \cdots, n. \tag{7.5.11}$$

由定理假设及引理 7.5.1 中的关系 (7.5.10) 可得

$$\sum_{i=1}^{n} \frac{\partial(|J|k_i)}{\partial y^i} = 0. \tag{7.5.12}$$

又从 (7.5.7) 式可知, 向量场 V 在 φ 下被变为 $(0, \cdots, 0, 1)$, 再次利用引理 7.5.1 可得

$$0 = \sum_{i=1}^{n} \frac{\partial \xi_1}{\partial x^i} = \frac{1}{|J|} \left(0 + \cdots + 0 + \frac{\partial |J|}{\partial y_n} \right) \Rightarrow \frac{\partial |J|}{\partial y_n} = 0. \tag{7.5.13}$$

从而 $|J|$ 与 y_n 无关. 将 (7.5.13) 代回 (8.5.12), 得到

$$\sum_{i=1}^{n-1} \frac{\partial(|J|k_i)}{\partial y^i} = 0. \tag{7.5.14}$$

现在考虑方程 (7.5.1) 的约化系统, 即 (7.5.5) 的前 $(n-1)$ 个方程

$$\frac{\mathrm{d}y^i}{\mathrm{d}t} = k_i(y^1, \cdots, y^n, t), \qquad i = 1, \cdots, n. \tag{7.5.15}$$

作变换 Γ:

$$z^1 = \int |J| \mathrm{d}y^1, \quad z^2 = y^2, \cdots, z^{n-1} = y^{n-1}. \tag{7.5.16}$$

设在这个变换下, (7.5.15) 化为

$$\frac{\mathrm{d}z^i}{\mathrm{d}t} = g_i(z^1, \cdots, z^{n-1}, t), \qquad i = 1, \cdots, n-1. \tag{7.5.17}$$

显然变换 Γ 可逆, 即 Γ^{-1} 存在. 换言之, (7.5.17) 在变换 Γ^{-1} 下变为 (7.5.15). 现在

计算 Γ^{-1} 的 Jacobi 矩阵 $\frac{\mathrm{D}z}{\mathrm{D}y}$ $(z = (z^1, \cdots, z^{n-1}), y = (y^1, \cdots, y^{n-1}))$.

$$
\frac{\mathrm{D}z}{\mathrm{D}y} = \begin{pmatrix} |J| & \dfrac{\partial}{\partial y^2} \displaystyle\int |J| \mathrm{d}y^1 & \cdots & \dfrac{\partial}{\partial y^{n-1}} \displaystyle\int |J| \mathrm{d}y^1 \\ 0 & 1 & \cdots & 0 \\ \vdots & \vdots & & \vdots \\ 0 & 0 & \cdots & 1 \end{pmatrix}. \tag{7.5.18}
$$

再利用定理 8.5.1 及 (7.5.14) 式可得

$$
\sum_{i=1}^{n-1} \frac{\partial g_i}{\partial z^i} = \frac{1}{|\mathrm{D}z/\mathrm{D}y|} \sum_{i=1}^{n-1} \frac{\partial(|\mathrm{D}z/\mathrm{D}y|k_i)}{\partial y^i} = \frac{1}{J} \sum_{i=1}^{n-1} \frac{\partial(|J|k_i)}{\partial y^i} = 0.
$$

综上所述, 对于满足定理 7.5.3 条件的向量场 (7.5.1), 存在变换 $x \to z$, 使得 (7.5.1) 变为

$$
\left.\begin{aligned} \frac{\mathrm{d}z^i}{\mathrm{d}t} &= g_i(z^1, \cdots, z^{n-1}, t), \quad i = 1, \cdots, n-1, \\ \sum_{i=1}^{n-1} \frac{\partial g_i}{\partial z^i} &= 0, \quad i = 1, \cdots, n-1, \\ \frac{\mathrm{d}z^n}{\mathrm{d}t} &= g_n(z^1, \cdots, z^{n-1}, t), \quad z^n = y^n. \end{aligned}\right\} \tag{7.5.19}
$$

从而证明了定理的结论.

注释 7.5.2 从定理 7.5.3 的证明过程可知, 使 (7.5.1) 变为 (7.5.19) 的变换与向量场无关, 而与对称群 G 有关. 并且整个变换是保持 n- 形式的变换.

在定理 7.5.3 中, 当 $n = 3$ 时, 可直接得到 Mezic 和 Wiggins(1994) 的如下主要结果.

推论 7.5.2 假设如下三维微分系统是一个保体积系统

$$
\frac{\mathrm{d}x^i}{\mathrm{d}t} = f_{i(x^1, x^2, x^3, t)}, \quad i = 1, 2, 3. \tag{7.5.20}
$$

如果该系统存在一个单参数保体积的空间对称群 G, 那么存在局部坐标变换

$$
x^i = \varphi_i(z^1, z^2, z^3), \quad i = 1, 2, 3,
$$

使得 (7.5.20) 变成

$$
\left.\begin{aligned} \frac{\mathrm{d}z^1}{\mathrm{d}t} &= \frac{\partial H(z^1, z^2, t)}{\partial z^2}, \\ \frac{\mathrm{d}z^2}{\mathrm{d}t} &= \frac{\partial H(z^1, z^2, t)}{\partial z^1}, \\ \frac{\mathrm{d}z^3}{\mathrm{d}t} &= k_3(z^1, z^2, t), \end{aligned}\right\} \tag{7.5.21}
$$

其中, $H(z^1, z^2, t)$ 是某个确定的函数.

证明　　直接应用定理 7.5.3 可知, (7.5.20) 的二维约化系统是保持 2- 形式的二维向量场, 故可以表示成 Hamilton 形式. 因此, (7.5.20) 可以变换为 (7.5.21) 的形式.

7.5.2　多参数群的情形

定理 7.5.4　　设

$$\frac{\mathrm{d}x^i}{\mathrm{d}t} = f_{i(x^1, \cdots, x^n, t)}, \quad i = 1, \cdots, n \tag{7.5.22}$$

是一保持 n- 形式的 n 维向量场, 且它具有一个两参数空间对称群 G, 并且满足条件

i) v_1, v_2 是保持 n- 形式的;

ii) $[v_1, v_2] = 0$, 即 G 是两参数 Abelian 群, 其中 v_1, v_2 是 G 的两个独立无穷小生成元.

则 (7.5.22) 可被局部地约化成一个保持 $(n-2)$ 形式的 $(n-2)$ 维向量场.

证明　　首先, 我们用 v_1 对 (7.5.22) 进行约化. 与定理 7.5.3 的证明一样, 不妨设系统 (7.5.22) 在变换 φ:

$$x^i = \varphi_i(y^1, \cdots, y^n), \quad i = 1, \cdots, n,$$

将 (7.5.22) 变成约化系统 (7.5.15).

按照 Lie 群理论, 系统 (7.5.15) 应以商群 G/G_1 作为单参数对称群, 其中 G_1 是 v_1 生成的 Lie 群, G/G_1 是 v_2 在 v_1 的不变量完全系的约化向量场 (记为 v_3) 生成的单参数对称群. 现设

$$v_2 = \eta^1 \frac{\partial}{\partial x^1} + \cdots + \eta^n \frac{\partial}{\partial x^n} \equiv (\eta^1, \cdots, \eta^n).$$

兹求 v_3.

定理 7.5.2 知的 v_1 的不变量完全集为 $t, y^1, \cdots, y^{n-1}$, 再补充一个变量 y^n 使得 $t, y^1, \cdots, y^{n-1}, y^n$ 构成一组新坐标. 在此坐标下设 v_2 变为

$$\widetilde{\eta}^1(y^1, \cdots, y^{n-1}) \frac{\partial}{\partial y^1} + \cdots + \widetilde{\eta}^{n-1}(y^1, \cdots, y^{n-1}) \frac{\partial}{\partial y^{n-1}} + \widetilde{\eta}^n(y^1, \cdots, y^{n-1}, y^n) \frac{\partial}{\partial y^n}.$$

因此

$$v_3 = \widetilde{\eta}^1(y^1, \cdots, y^{n-1}) \frac{\partial}{\partial y^1} + \cdots + \widetilde{\eta}^{n-1}(y^1, \cdots, y^{n-1}) \frac{\partial}{\partial y^{n-1}}.$$

又因为 $[v_1, v_2] = 0$, 故由定理 7.5.1 知, v_2 对应的自治系统

$$\frac{\mathrm{d}x^i}{\mathrm{d}t} = \eta^i(x^1, \cdots, x^n), \quad i = 1, \cdots, n \tag{7.5.23}$$

以 v_1 生成的单参数群作为对称群. 因为定理 7.5.3 中的变换与具体向量场无关, 故可同样用上面的变换 φ 去变换 (7.5.23), 设得到的系统为

$$\frac{\mathrm{d}y^i}{\mathrm{d}t} = h^i(y^1, \cdots, y^{n-1}), \quad i = 1, \cdots, n. \tag{7.5.24}$$

综合上面的讨论, 根据 Olver(1985), 有 $h^i = \widetilde{\eta}^i$, $i = 1, \cdots, n$, 所以 $(n-1)$ 维系统 (8.5.15) 以 $v_3 = (h^1, \cdots, h^{n-1})$ 生成的群作为对称群, 即 $[v_3, k] = 0$, $k = (k_1, \cdots, k_{n-1})$.

继续像定理 7.5.3 的证明一样做第二步变换 Γ, 同时变换 (7.5.15) 和 (7.5.24). 不妨设 (7.5.15) 在变换 Γ 下同样变到系统 (7.5.17) 的形式. 另一方面由定理 7.5.3 知 (7.5.24) 的前 $(n-1)$ 个方程在变换 Γ 下应变为一个保持 $(n-1)-$ 形式的 $(n-1)$ 维的自治向量场, 故知 v_3 在变换 Γ 下变为一个保持 $(n-1)-$ 形式的自治向量场 (记为 v_3^*).

现由 $[v_3, k] = 0$ 很容易得出 $[v_3^*, g] = 0$, $g = (g_1, \cdots, g_{n-1})$(见 (7.5.17)) (事实上这是因为 Lie 括号的定义与坐标无关), 所以系统 (7.5.17) 具有一个保持 $(n-1)$ 形式的空间对称群 (由 v_3^* 生成), 故再次利用定理 7.5.3 就得系统 (7.5.22) 最后被约化成一保持 $(n-2)$ 形式的系统.

更一般地, 对 r 参数群, 从上面的证明不难得出如下结果.

定理 7.5.5 对于保持 n 形式的 n 维向量场, 若存在一个 r 参数保持 $n-$ 形式的空间 Abelian 对称群, 则该向量场可被局部地约化成一个保持 $(n-r)$ 形式的 $(n-r)$ 维向量场.

特别考虑 $n = 4$ 时, 有下面的推论.

推论 7.5.3 设

$$\frac{\mathrm{d}x^i}{\mathrm{d}t} = f_i(x^1, \cdots, x^4, t), \quad i = 1, \cdots, 4 \tag{7.5.25}$$

是一个 4 维一阶常微分方程组并满足条件

i) $\mathrm{div}(f) = 0$, 即保持 4 - 形式;

ii) 存在一个由 v_1 与 v_2 生成的 2 参数对称群, 其中 v_1 与 v_2 是空间保持 4- 形式的, 且 $[v_1, v_2] = 0$.

那么, 一定存在变换

$$x^i = \varphi_i(y^1, \cdots, y^4), \quad i = 1, \cdots, 4,$$

使得 (7.5.25) 变为系统

$$
\left.\begin{aligned}
\frac{\mathrm{d}y^1}{\mathrm{d}t} &= \frac{\partial H}{\partial y^2}(y^1, y^2, t), \\
\frac{\mathrm{d}y^2}{\mathrm{d}t} &= -\frac{\partial H}{\partial y^1}(y^1, y^2, t), \\
\frac{\mathrm{d}y^3}{\mathrm{d}t} &= k_3(y^1, y^2, t), \\
\frac{\mathrm{d}y^4}{\mathrm{d}t} &= k_4(y^1, y^2, y^3, t),
\end{aligned}\right\}
\tag{7.5.26}
$$

其中, H 是某个确定的函数.

从上面的其推论易知, 若原系统 (7.5.25) 是自治的, 则 (7.5.26) 存在首次积分 $H(y^1, y^2)$, 代回原坐标就得到原系统的一个首次积分.

当 (7.5.26) 是自治系统时, 基于以上重要的坐标变换, 我们可用现有的方法来研究此类四维系统及其扰动系统的动力学性质. 首先, 系统 (7.5.25) 的前三个方程与 y_4 无关且存在一个自治首次积分, 据郭仲衡和陈玉明 (1995) 可写成一广义 Hamilton 系统, 从而可用第 4 章的方法讨论其扰动系统. 另外, 系统 (7.5.26) 及其扰动系统恰好是 Wiggins(1988) 中的一种特例, 故可用其方法研究 Smale 马蹄的存在性. 下面我们详细讨论如何研究其不变环面的存在性.

我们具体地讨论系统 (7.5.26) 中 k_4 与 y_3 无关时的周期扰动系统 (这在实际约化中经常出现)

$$
\left.\begin{aligned}
\frac{\mathrm{d}y^1}{\mathrm{d}t} &= \frac{\partial H}{\partial y^2}(y^1, y^2) + \varepsilon f_1(y^1, \cdots, y^4, t, \varepsilon), \\
\frac{\mathrm{d}y^2}{\mathrm{d}t} &= -\frac{\partial H}{\partial y^1}(y^1, y^2) + \varepsilon f_2(y^1, \cdots, y^4, t, \varepsilon), \\
\frac{\mathrm{d}y^3}{\mathrm{d}t} &= k_3(y^1, y^2) + \varepsilon f_3(y^1, \cdots, y^4, t, \varepsilon), \\
\frac{\mathrm{d}y^4}{\mathrm{d}t} &= k_4(y^1, y^2) + \varepsilon f_4(y^1, \cdots, y^4, t, \varepsilon),
\end{aligned}\right\}
\tag{$7.5.27)_\varepsilon$}
$$

其中, $f = (f_1, f_2, f_3, f_4)$ 关于时间 t 是周期函数, 周期 $T = 2\pi/\omega, \varepsilon$ 是一小量.

现对 $(7.5.27)_\varepsilon$ 作下面非常一般性的假设.

假设 7.5.1　在 $y^1 - y^2$ 面内存在子集 D, 使得在 D 内, $H(y^1, y^2) = h$ 是闭曲线族.

如果上面的假设成立, 则从经典力学知在 D 内存在作用 – 角度变换: $(y^1, y^2) \to (I, \theta)$ 使得 $(7.5.27)_{\varepsilon=0}$ 化为

$$
\left.\begin{aligned}
\dot{I} &= 0, \\
\dot{\theta} &= \Omega_1(I), \\
\dot{y}^3 &= h_3(I, \theta), \\
\dot{y}^4 &= h_4(I, \theta).
\end{aligned}\right\}
\tag{7.5.28}
$$

下面悉述作用 – 角度 – 角度 – 角度变换定理.

定理 7.5.6 设 (7.5.28) 中 $\Omega_1(I) \neq 0$, 则存在变换

$$(I, \theta, y^3, y^4) \to (I, \phi_1, \phi_2, \phi_3)$$

下, 使得系统 (7.5.28) 化为

$$\left.\begin{aligned}
\dot{I} &= 0, \\
\dot{\phi}_1 &= \Omega_1(I), \\
\dot{\phi}_2 &= \Omega_2(I), \\
\dot{\phi}_3 &= \Omega_3(I),
\end{aligned}\right\} \tag{7.5.29}_{\varepsilon=0}$$

其中, $I \in R^1, \phi_1 \in S^1, \phi_2, \phi_3 \in S^1$ 或 R^1, 并且该变换是保积的.

证明 作变换

$$\left.\begin{aligned}
\dot{I} &= I, \\
\dot{\phi}_1 &= \theta, \\
\dot{\phi}_2 &= y^3 + \frac{\Delta_1}{2\pi}\theta - \int \frac{h_3(I, \theta)}{\Omega_1(I)}\mathrm{d}\theta, \\
\dot{\phi}_3 &= y^4 + \frac{\Delta_2}{2\pi}\theta - \int \frac{h_4(I, \theta)}{\Omega_1(I)}\mathrm{d}\theta,
\end{aligned}\right\} \tag{7.5.30}$$

其中,

$$\Delta_1 = \int_0^{2\pi} \frac{h_3(I, \theta)}{\Omega_1(I)}\mathrm{d}\theta, \quad \Delta_2 = \int_0^{2\pi} \frac{h_4(I, \theta)}{\Omega_1(I)}\mathrm{d}\theta.$$

于是容易验证可得定理的结论.

为了便于讨论, 我们只考虑情形 $y^3, y^4 \in S^1$, 即 $\phi_2, \phi_3 \in S^1$.

上面的定理证实了满足假设 7.5.1 的系统 $(7.5.27)_{\varepsilon=0}$ 存在三维不变环面 T^3, 其整个相空间由这些三维不变环面光滑 "重叠" 而成. 在每个三维不变环面上系统的流要么成无理流要么成有理流, 即其轨道要么是闭轨, 要么稠密于整个环面.

现在我们考虑扰动系统 (7.5.28) 在相应变化下的系统

$$\left.\begin{aligned}
\dot{I} &= \varepsilon g_0(I, \phi_1, \phi_2, \phi_3, t, \varepsilon), \\
\dot{\phi}_1 &= \Omega_1(I) + \varepsilon g_1(I, \phi_1, \phi_2, \phi_3, t, \varepsilon), \\
\dot{\phi}_2 &= \Omega_2(I) + \varepsilon g_2(I, \phi_1, \phi_2, \phi_3, t, \varepsilon), \\
\dot{\phi}_3 &= \Omega_3(I) + \varepsilon g_3(I, \phi_1, \phi_2, \phi_3, t, \varepsilon),
\end{aligned}\right\} \tag{7.5.31}_{\varepsilon}$$

其中, $I \in R^1, \phi_1, \phi_2, \phi_3 \in S^1$, 且 $g_i, i = 0, 1, 2, 3$ 关于 t 是周期函数, 周期 $T = 2\pi/\omega$, ε 是一个小量.

我们将应用 Wiggins(1990) 中的方法导出 $(7.5.31)_\varepsilon$ 的四维 Poincaré 映射.

由正则摄动理论及 Gronwall 不等式可知, 当 ε 充分小时, 在 $t \in [t_0, t_0 + T]$ 上系统 $(7.5.31)_\varepsilon$ 的解可用系统 $(7.5.31)_{\varepsilon=0}$ 的解充分逼近. 因此, 我们得到 $(7.5.31)_\varepsilon$ 的解的展开式

$$
\left.
\begin{aligned}
I^\varepsilon(t) &= I^0 + \varepsilon I^1(t) + O(\varepsilon^2), \\
\phi_1^\varepsilon(t) &= \phi_1^0 + \Omega_1(I^0)t + \varepsilon\phi_1^1(t) + O(\varepsilon^2), \\
\phi_2^\varepsilon(t) &= \phi_2^0 + \Omega_2(I^0)t + \varepsilon\phi_2^1(t) + O(\varepsilon^2), \\
\phi_3^\varepsilon(t) &= \phi_3^0 + \Omega_3(I^0)t + \varepsilon\phi_3^1(t) + O(\varepsilon^2).
\end{aligned}
\right\}
\tag{7.5.32}
$$

其中, $I^0, \phi_1^0, \phi_2^0, \phi_3^0$ 是初值. $I^1(t), \phi_1^1(t), \phi_2^1(t), \phi_3^1(t)$ 满足一阶变分方程

$$
\begin{pmatrix}
\dot{I}^1 \\
\dot{\phi}_1^1 \\
\dot{\phi}_2^1 \\
\dot{\phi}_3^1
\end{pmatrix}
=
\begin{pmatrix}
0 & 0 & 0 & 0 \\
\dfrac{\partial \Omega_1}{\partial I}(I_0) & 0 & 0 & 0 \\
\dfrac{\partial \Omega_2}{\partial I}(I_0) & 0 & 0 & 0 \\
\dfrac{\partial \Omega_3}{\partial I}(I_0) & 0 & 0 & 0
\end{pmatrix}
\begin{pmatrix}
I^1 \\
\phi_1^1 \\
\phi_2^1 \\
\phi_3^1
\end{pmatrix}
+
\begin{pmatrix}
g_0 \\
g_1 \\
g_2 \\
g_3
\end{pmatrix}.
\tag{7.5.33}
$$

其中, $g_i(i = 0, 1, 2, 3)$ 分别在 $I = I^0$, $\phi_1 = \phi_1^0 + \Omega_1(I^0)t$, $\phi_2 = \phi_2^0 + \Omega_2(I^0)t$, $\phi_3 = \phi_3^0 + \Omega_3(I^0)t(\varepsilon = 0)$ 处取值.

现构造系统 $(7.5.31)_\varepsilon$ 的四维 Poincaré 映射

$$
P_\varepsilon: \ (I^\varepsilon(0), \phi_1^\varepsilon(0), \phi_2^\varepsilon(0), \phi_3^\varepsilon(0)) \to (I^\varepsilon(T), \phi_1^\varepsilon(T), \phi_2^\varepsilon(T), \phi_3^\varepsilon(T)),
$$

$$
(I^0, \phi_1^0, \phi_2^0, \phi_3^0) \to (I^0 + \varepsilon I^1(T), \phi_1^0 + \Omega_1(I^0)T + \varepsilon\phi_1^1(T), \phi_2^0 + \Omega_2(I^0)T + \varepsilon\phi_2^1(T),
$$

$$
\phi_3^0 + \Omega_3(I^0)T + \varepsilon\phi_3^1(T)) + O(\varepsilon^2),
\tag{7.5.34}
$$

其中, 我们利用了 $I^\varepsilon(0) = I^0, \phi_1^\varepsilon(0) = \phi_1^0, \phi_2^\varepsilon(0) = \phi_2^0, \phi_3^\varepsilon(0) = \phi_3^0$.

从 (7.5.33) 可立即得出 $I^1(T), \phi_1^1(T), \phi_2^1(T), \phi_3^1(T)$ 的具体表达式

$$
\left.
\begin{aligned}
I^1(T) &= \int_0^T g_0 \mathrm{d}t \equiv F_0(I^0, \phi_1^0, \phi_2^0, \phi_3^0), \\
\phi_1^1(T) &= \frac{\partial \Omega_1}{\partial I}(I_0) \int_0^T \int_0^t g_0 \mathrm{d}\xi \mathrm{d}t + \int_0^T g_1 \mathrm{d}t \equiv F_1(I^0, \phi_1^0, \phi_2^0, \phi_3^0), \\
\phi_2^1(T) &= \frac{\partial \Omega_2}{\partial I}(I_0) \int_0^T \int_0^t g_0 \mathrm{d}\xi \mathrm{d}t + \int_0^T g_2 \mathrm{d}t \equiv F_2(I^0, \phi_1^0, \phi_2^0, \phi_3^0), \\
\phi_3^1(T) &= \frac{\partial \Omega_3}{\partial I}(I_0) \int_0^T \int_0^t g_0 \mathrm{d}\xi \mathrm{d}t + \int_0^T g_3 \mathrm{d}t \equiv F_3(I^0, \phi_1^0, \phi_2^0, \phi_3^0).
\end{aligned}
\right\}
\tag{7.5.35}
$$

其中, $g_i, i = 0, 1, 2, 3$ 分别在 $I = I^0$, $\phi_1 = \phi_1^0 + \Omega_1(I^0)t, \phi_2 = \phi_2^0 + \Omega_2(I^0)t, \phi_3 = \phi_3^0 + \Omega_3(I^0)t$, $\varepsilon = 0$ 处取值.

把 (7.5.35) 代入 (7.5.34) 就得 Poincare 映射

$$\left.\begin{aligned}
I &\to I + \varepsilon F_0(I, \phi_1, \phi_2, \phi_3) + O(\varepsilon^2), \\
\phi_1 &\to \phi_1 + 2\pi\frac{\Omega_1(I)}{\omega} + \varepsilon F_1(I, \phi_1, \phi_2, \phi_3) + O(\varepsilon^2), \\
\phi_2 &\to \phi_2 + 2\pi\frac{\Omega_2(I)}{\omega} + \varepsilon F_2(I, \phi_1, \phi_2, \phi_3) + O(\varepsilon^2), \\
\phi_3 &\to \phi_3 + 2\pi\frac{\Omega_3(I)}{\omega} + \varepsilon F_3(I, \phi_1, \phi_2, \phi_3) + O(\varepsilon^2).
\end{aligned}\right\} \tag{7.5.36}$$

其中, 利用了 $T = 2\pi/\omega$, 而映射 (7.5.36) 恰好是 Xia(1992) 中所讨论过的四维情形, 所以我们可用其结果来研究 $(7.5.31)_{\varepsilon=0}$ 中存在的三维不变环面 T^3 在 $(7.5.31)_\varepsilon$ 中怎样变化.

例 7.5.1 1987 年, Lorenz 和 Krishnamurthy 研究了一个描述大气运动的模型, 简称 L-K 模型. 现我们考虑修正的无黏性、无强迫的大气流模型

$$\left.\begin{aligned}
\dot{u} &= -v\omega + bvz, \\
\dot{v} &= u\omega - buz, \\
\dot{\omega} &= -\frac{1}{2}(u^2 + v^2), \\
\dot{x} &= -z, \\
\dot{z} &= x + \frac{1}{2}b(u^2 + v^2).
\end{aligned}\right\} \tag{7.5.37}$$

容易验证 (7.5.37) 以

$$\xi = -v\frac{\partial}{\partial u} + u\frac{\partial}{\partial v}$$

生成的单参数群作为对称群, 于是可按前面描述的方法进行约化.

经计算 ξ 有不变量 $u^2 + v^2, \omega, z, x$, 并且 $\xi(\arctan(v/u)) = 1$, 故做变换 φ:

$$u_1 = u^2 + v^2, \quad v_1 = \arctan\frac{v}{u}, \quad \omega_1 = \omega, \quad x_1 = x, \quad z_1 = z,$$

使得 (7.5.37) 变为

$$\left.\begin{aligned}
\dot{u_1} &= 0, \\
\dot{\omega_1} &= -\frac{1}{2}u_1, \\
\dot{x_1} &= -z_1, \\
\dot{z_1} &= x_1 + \frac{1}{2}bu_1, \\
\dot{v_1} &= \omega_1 - bz_1.
\end{aligned}\right\} \tag{7.5.38}$$

容易验证变换 φ 的 Jacobi 行列式等于 1, 故不需再作定理 8.5.3 证明中的第二步变换. 事实上 (7.5.38) 中的前 4 个方程与 v_1 无关并且是保持 4- 形式的 (即散度为零).

显然 (7.5.38) 的简单表示能使我们容易求得其精确解为

$$\left.\begin{aligned}
u_1(t) &= \rho_0^2, \\
\omega_1(t) &= -\frac{1}{2}\rho_0^2 t + \omega_0, \\
x_1(t) &= (x_0 + b\rho_0^2)\cos t - z_0\sin t - \frac{1}{2}b\rho_0^2, \\
\dot{z}_1(t) &= (x_0 + b\rho_0^2)\sin t + z_0\cos t, \\
\dot{v}_1(t) &= -\frac{1}{4}\rho_0^2 t^2 + \omega_0 t + b(x_0 + b\rho_0^2)\cos t - bz_0\sin t + v_0.
\end{aligned}\right\}$$

其中, $\rho_0, \omega_0, z_0, v_0$ 是初值.

回到原系统 (7.5.37), 我们可求出系统的两个首次积分,

$$u^2 + v^2 = \rho^2, \quad x^2 + z^2 + b(u^2 + v^2) = c,$$

其中, ρ, C 是任意常数.

并且系统 (7.5.37) 限制在其不变曲面 $\{(x,z)|x^2 + z^2 + b\rho^2 x = C\}$ 上是一族闭轨.

第 8 章　理论的应用

本章介绍广义 Hamilton 系统及其扰动理论在物理、力学、生物及工程中的某些应用. 部分内容是对某些已知结果的新处理. 在广义 Hamilton 系统理论框架下, 证明较为简洁清晰. 特别, 我们揭示了一类微分差分系统周期解存在性的关键思想, 简化了有些文献中难于检验的条件.

§8.1　平面三个旋涡运动与三种群 Volterra 系统的周期解

8.1.1　平面三旋涡的相对运动

旋涡的平面运动可视为一个 Hamilton 系统, H. Aref(1979) 曾经用作图法研究过三个点旋涡的平面运动. 钱敏和蒋云平 (1983) 讨论过平面旋涡的限制三体问题. 本节对一般的旋涡三体问题作理论分析.

设 $P_\alpha = (x_\alpha, y_\alpha)$ 是平面上第 α 个旋涡的位置坐标, k_α 是它的强度 (即旋量), $\alpha = 1, 2, \cdots, n$. 则旋涡运动由 Hamilton 量

$$\left.\begin{aligned}
H &= \sum_{\alpha \neq \beta} \frac{k_\alpha k_\beta}{4\pi} \ln l_{\alpha\beta}, \\
l_{\alpha\beta} &= [(x_\alpha - x_\beta)^2 + (y_\alpha - y_\beta)^2]^{1/2},
\end{aligned}\right\} \tag{8.1.1}$$

所描述, 相应的运动方程为:

$$k_\alpha \dot{x}_\alpha = \frac{\partial H}{\partial y_\alpha}, \quad k_\alpha \dot{y}_\alpha = -\frac{\partial H}{\partial x_\alpha}. \tag{8.1.2}$$

该系统有四个首次积分:

$$\sum_{\alpha=1}^n k_\alpha x_\alpha = C_1, \quad \sum_{\alpha=1}^n k_\alpha y_\alpha = C_2,$$

$$\sum_{\alpha=1}^n k_\alpha (x_\alpha^2 + y_\alpha^2) = C_3, \quad H = C_4,$$

其中 $C_i (i = 1, 2, 3, 4)$ 是常数. 若 $\sum_\alpha k_\alpha \neq 0$, 可引入旋涡中心

$$(X, Y) = \frac{1}{\sum_\alpha k_\alpha} \left(\sum_\alpha k_\alpha x_\alpha, \sum_\alpha k_\alpha y_\alpha \right). \tag{8.1.3}$$

从上面的首次积分表达式可见, (X, Y) 是运动不变量. 取上述中心为坐标原点, 考虑旋涡的相对位置 $l_{\alpha\beta}$, 由 (8.1.2) 可得相对运动的方程如下:

$$\frac{\mathrm{d}}{\mathrm{d}t}l_{\alpha\beta}^2 = \frac{2}{\pi}\sum_{\alpha\neq\gamma}k_\gamma\sigma_{\alpha\beta\gamma}A_{\alpha\beta\gamma}\left(\frac{1}{l_{\beta\gamma}^2} - \frac{1}{l_{\gamma\alpha}^2}\right), \tag{8.1.4}$$

其中 $\sigma_{\alpha\beta\gamma}$ 是 α, β 与 γ 所对应的三个点决定的三角形定向. 若 α, β, γ 反时针, $\sigma_{\alpha\beta\gamma} = 1$, 反之为 -1. 而 $A_{\alpha\beta\gamma}$ 为此三角形的面积, 它是边长 $l_{\alpha\beta}$ 等的函数. $A_{\alpha\beta\gamma}$ 一般不为零, 仅当三点共线时才为零. 系统 (8.1.4) 有另一个首次积分

$$\sum_{\alpha\neq\beta}k_\alpha k_\beta l_{\alpha\beta}^2 = C,$$

它与上述四个首次积分不独立.

以下研究 $n = 3$ 的情况. 当 $k_1 k_2 k_3 \neq 0$ 时, 记 $u = l_{12}^2$, $\mathrm{v} = l_{13}^2$, $w = l_{23}^2$, 则 (8.1.4) 化为:

$$\left.\begin{aligned}
\dot{u} &= \frac{2}{\pi}k_3\sigma_{123}A(u, \mathrm{v}, w)\left(\frac{1}{w} - \frac{1}{\mathrm{v}}\right), \\
\dot{\mathrm{v}} &= \frac{2}{\pi}k_2\sigma_{132}A(u, \mathrm{v}, w)\left(\frac{1}{w} - \frac{1}{u}\right), \\
\dot{w} &= \frac{2}{\pi}k_1\sigma_{231}A(u, \mathrm{v}, w)\left(\frac{1}{\mathrm{v}} - \frac{1}{u}\right).
\end{aligned}\right\} \tag{8.1.5}$$

系统 (8.1.5) 有物理意义的区域为

$$D = \{(u, \mathrm{v}, w) \in \mathbf{R}_+^3 | \sqrt{u} + \sqrt{\mathrm{v}} \geqslant \sqrt{w}, \sqrt{\mathrm{v}} + \sqrt{w} \geqslant \sqrt{u}, \sqrt{u} + \sqrt{w} \geqslant \sqrt{\mathrm{v}}\}.$$

在边界 ∂D 上, $A(u, \mathrm{v}, w) = 0$. 不妨设 $\sigma_{123} = 1, \sigma_{132} = -1, \sigma_{231} = 1$. 于是系统 (8.1.5) 可表示为以下的广义 Hamilton 系统:

$$\begin{bmatrix} \dot{u} \\ \dot{\mathrm{v}} \\ \dot{w} \end{bmatrix} = \begin{bmatrix} 0 & -\dfrac{2A}{\pi k_1} & \dfrac{2A}{\pi k_2} \\ \dfrac{2A}{\pi k_1} & 0 & -\dfrac{2A}{\pi k_3} \\ -\dfrac{2A}{\pi k_2} & \dfrac{2A}{\pi k_3} & 0 \end{bmatrix} \begin{bmatrix} \dfrac{k_1 k_2}{u} \\ \dfrac{k_1 k_3}{\mathrm{v}} \\ \dfrac{k_2 k_1}{w} \end{bmatrix} \tag{8.1.6}$$

其中 Hamilton 量与 Casimir 函数分别为

$$H(u, \mathrm{v}, w) = k_1 k_2 \ln u + k_1 k_3 \ln \mathrm{v} + k_2 k_3 \ln w, \tag{8.1.7}$$

$$C(u, \mathrm{v}, w) = \frac{1}{k_3}u + \frac{1}{k_2}\mathrm{v} + \frac{1}{k_1}w. \tag{8.1.8}$$

因此, 根据第 3 章的结果, 限制于辛叶

$$\Sigma_c : C(u, \mathrm{v}, w) = c \tag{8.1.9}$$

上, 系统 (8.1.6) 是二维 Hamilton 系统. 事实上, 令 $\xi_1 = C(u, \mathrm{v}, w), \xi_2 = \mathrm{v}, \xi_3 = w$, 则 (8.1.6) 可简化为以下二维系统:

$$\left.\begin{aligned}
\dot{\xi}_2 &= \frac{2k_2 A}{\pi}\left[\frac{1}{k_3\left(c - \dfrac{\xi_2}{k_2} - \dfrac{\xi_3}{k_1}\right)} - \frac{1}{\xi_3}\right], \\[4mm]
\dot{\xi}_3 &= \frac{2k_1 A}{\pi}\left[\frac{1}{\xi_2} - \frac{1}{k_3\left(c - \dfrac{\xi_2}{k_2} - \dfrac{\xi_3}{k_1}\right)}\right].
\end{aligned}\right\} \tag{8.1.10}$$

对于任何实数 $c \in \mathbf{R}$, 系统 (8.1.10) 在区域 $D \bigcap \Sigma_c$ 内有平衡点 $E(\xi_0, \xi_0)$, 即

$$\xi_2 = \xi_3 = \frac{Ck_1k_2k_3}{k_1k_2 + k_2k_3 + k_1k_3} = \xi_0(c, k), \quad \xi_2\xi_3 \neq 0. \tag{8.1.11}$$

用 Df 表示方程组 (8.1.10) 在平衡点 E 的线性化系统的系数矩阵. 记 $r = k_1k_2 + k_2k_3 + k_3k_1$. 通过计算可知,

$$\det(Df)|_E = \frac{r^5}{C^4(k_1k_2k_3)^4} = \left(\frac{r}{\xi_0^4}\right). \tag{8.1.12}$$

于是, 由平面定性理论立即可知下述定理成立.

定理 8.1.1　设 $k_1k_2k_3 \neq 0, \sum\limits_{\alpha=1}^{3} k_\alpha \neq 0$. 则当 $r = k_1k_2 + k_2k_3 + k_3k_1 < 0$ 时, 系统 (8.1.10) 的平衡点 E 是鞍点; 当 $r > 0$ 时, 平衡点 E 是中心. 因此, 当 $r > 0$ 时, 在每张辛叶 Σ_c 上, 系统 (8.1.10) 存在一系周期解.

这个定理严格地完善了本节开头所引两文献的讨论. 证明也是十分简洁的.

8.1.2　三种群 Volterra 模型

在第一象限 $\mathbf{R}_+^3 = \{(x_1, x_2, x_3) \in \mathbf{R}_+^3 | x_1 \geqslant 0, x_2 \geqslant 0, x_3 \geqslant 0\}$ 内考虑 Volterra 方程:

$$\left.\begin{aligned}
\dot{x}_1 &= x_1(k_1 - \gamma x_2 + \beta x_3), \\
\dot{x}_2 &= x_2(k_2 - \alpha x_3 + \gamma x_1), \\
\dot{x}_3 &= x_3(k_3 - \beta x_1 + \alpha x_2),
\end{aligned}\right\} \tag{8.1.13}$$

其中, $\alpha, \beta, \gamma, k_1, k_2, k_3$ 满足条件

$$k_1\alpha + k_2\beta + k_3\gamma = 0, \tag{8.1.14}$$

并且 (i) $\alpha, \beta, \gamma > 0$ 或 (ii)$\alpha, \gamma > 0, \beta < 0, k_1 > 0, k_3 < 0$.

上述数学模型中 x_1, x_2, x_3 分别表示三个种群 A, B, C 的成员密度. 情况 (i) 的生物学意义是物种 C 以 B 为食饵; 物种 B 以 A 为食饵, 而 A 又以 C 为食饵. 情况 (ii) 表示物种 C 以 B 和 A 为食饵, 当 B 和 A 都不存在时, 其增长率为负; B 以 A 为食饵; A 有充足的食物, 若 B 与 C 不以它为食, A 将无限增加.

当条件 (8.1.14) 满足时, 系统 (8.1.13) 在 $\mathbf{R}_+^3$ 中的平衡点充满直线 (段)

$$x_1 = \alpha\tau, \quad x_2 = \beta\tau - \frac{k_3}{\alpha}, \quad x_3 = \gamma\tau + \frac{k_2}{\alpha}. \tag{8.1.15}$$

用 (p, q, s) 表示系统 (8.1.13) 在 $\mathbf{R}_+^3$ 中上述直线 (段) 上的任一平衡点. 作变换:

$$\xi_1 = \ln\frac{x_1}{p}, \quad \xi_2 = \ln\frac{x_2}{q}, \quad \xi_3 = \ln\frac{x_3}{s}, \tag{8.1.16}$$

可将 (8.1.13) 化为 $\mathbf{R}_+^3$ 中的以下系统:

$$\left.\begin{array}{l} \dot{\xi}_1 = k_1 - \gamma q e^{\xi_2} + \beta s e^{\xi_3}, \\ \dot{\xi}_2 = k_2 - \alpha s e^{\xi_3} + \gamma p e^{\xi_1}, \\ \dot{\xi}_3 = k_3 - \beta p e^{\xi_1} + \alpha q e^{\xi_2}. \end{array}\right\} \tag{8.1.17}$$

显然, (8.1.17) 的平衡点 $(0, 0, 0)$ 对应于原系统的平衡点 (p, q, s). 系统 (8.1.17) 具有广义 Hamilton 系统的形式:

$$\begin{bmatrix} \dot{\xi}_1 \\ \dot{\xi}_2 \\ \dot{\xi}_3 \end{bmatrix} = \begin{bmatrix} 0 & -\gamma & \beta \\ \gamma & 0 & -\alpha \\ -\beta & \alpha & 0 \end{bmatrix} \begin{bmatrix} p(e^{\xi_1} - 1) \\ q(e^{\xi_2} - 1) \\ s(e^{\xi_3} - 1) \end{bmatrix}, \tag{8.1.18}$$

其中, Hamilton 函数为

$$H(\xi_1, \xi_2, \xi_3) = p(e^{\xi_1} - \xi_1) + q(e^{\xi_2} - \xi_2) + s(e^{\xi_3} - \xi_3). \tag{8.1.19}$$

系统 (8.1.18) 具有 Casimir 函数:

$$C(\xi_1, \xi_2, \xi_3) = \alpha\xi_1 + \beta\xi_2 + \gamma\xi_3. \tag{8.1.20}$$

作变换 $w = C(\xi_1, \xi_2, \xi_3), u = \xi_2, \mathrm{v} = \xi_3$, 则 (8.1.17) 可化为辛叶 $\Sigma_0 : \alpha\xi_1 + \beta\xi_2 + \gamma\xi_3 = 0$ 上的平面 Hamilton 系统:

$$
\left.
\begin{array}{l}
\dot{u} = k_2 - \alpha s e^{\mathrm{v}} + \gamma p_\gamma e^{-(\beta u + \gamma \mathrm{v})/\alpha}, \\
\dot{\mathrm{v}} = k_3 - \beta p e^{-(\beta u + \gamma \mathrm{v})/\alpha} + \alpha q e^{u}.
\end{array}
\right\}
\tag{8.1.21}
$$

因为 $(\xi_1, \xi_2, \xi_3) = (0,0,0)$ 是位于辛叶 Σ_0 上的奇点, 故叶层常数 $c = 0$, 在 Σ_0 上存在唯一平衡点 $(u, \mathrm{v}) = (0, 0)$. 仍然用 Df 表示 (8.1.21) 在 $(0, 0)$ 点的导算子矩阵, 简单地计算可得

$$
\det(Df)|_{(0,0)} = (\alpha^2 sq + \beta^2 ps + \gamma^2 pq) > 0.
$$

因此平面系统 (8.1.21) 的唯一奇点 $(0, 0)$ 是中心. 回到原系统, 综合以上讨论可知, 以下结论成立:

定理 8.1.2 当条件 (8.1.14) 及 (i), (ii) 满足时, 系统 (8.1.13) 的轨线除去平衡点外全是闭轨. 这些闭轨位于过该系统的平衡点 (p, q, s) 的以下不变曲面上.

$$
\alpha \ln \frac{x_1}{p} + \beta \ln \frac{x_2}{q} + \gamma \ln \frac{x_3}{s} = 0.
\tag{8.1.22}
$$

注意, 张锦炎 (1983) 曾研究过梯度共轭系统的全周期性, 她考虑过系统 (8.1.13) 的周期解问题. 本节的结果简化了该文的证明, 不必研究 $H(\xi_1, \xi_2, \xi_3) - (p + q + s)$ 的正规性质.

§8.2 大 Rayleigh 数 Lorenz 方程的周期解与同宿分支

众所周知, Lorenz 方程

$$
\frac{\mathrm{d}x}{\mathrm{d}t} = \sigma(y - x), \frac{\mathrm{d}y}{\mathrm{d}t} = \gamma x - y - xz, \frac{\mathrm{d}z}{\mathrm{d}t} = xy - bz
\tag{8.2.1}
$$

描述大气环流中的对流运动. 某些单极直流发电机的数学模型, 例如 Moffatt 的模型

$$
\left.
\begin{array}{l}
\dot{x} = \gamma(y - x), \\
\dot{y} = mx - (1 + m)y + xz, \\
i = g[1 + mx^2 - (1 + m)xy]
\end{array}
\right\}
\tag{8.2.2}
$$

也可化为 Lorenz 方程的形式 (E.Knobloch, 1981). 关于 Lorenz 方程的动力学性质研究涉及对湍流的理解这一困难问题, 因此非常引人注目.

若参数 $\gamma \gg \sigma$, 即 Rayleigh 数足够大, Robbins(1979) 曾研究过系统 (8.2.1) 的周期解存在性, 作变换:

$$w = \gamma - z, \quad x = y, \quad y = z$$

并取 $b = 1$, (8.2.1) 可化为以下形式:

$$\dot{w} = \gamma - zy - w, \quad \dot{z} = wy - z, \quad \dot{y} = \sigma(z - y), \tag{8.2.3}$$

再引入尺度变换:

$$t \to \varepsilon t, \ w \to \frac{w}{\varepsilon^2 \sigma}, \ z \to \frac{z}{\varepsilon^2 \sigma}, \ y \to \frac{y}{\varepsilon}, \ \varepsilon = \frac{1}{\sqrt{\gamma\sigma}},$$

则 (8.2.1) 变为以下的 Robbins 模型:

$$\left.\begin{array}{l} \dfrac{\mathrm{d}w}{\mathrm{d}t} = -zy + \varepsilon(1 - w), \\[2mm] \dfrac{\mathrm{d}z}{\mathrm{d}t} = wy - \varepsilon z, \\[2mm] \dfrac{\mathrm{d}y}{\mathrm{d}t} = z - \varepsilon\sigma y. \end{array}\right\} \tag{$8.2.4)_\varepsilon$}$$

上面的小参数 ε 依整于 $\sigma, \tau = \varepsilon t$ 也与 σ 有关. 与上述变换不同, Sparrow 采用另一个变换

$$x = \frac{\xi}{\varepsilon}, \ y = \frac{\eta}{\varepsilon^2 \sigma}, \ z = \frac{1}{\varepsilon^2}\left(\frac{\tilde{z}}{\sigma} + 1\right), \ \tau = \varepsilon t, \ \varepsilon = \frac{1}{\sqrt{\gamma}},$$

将 (8.2.1) 化为以下更一般的形式 (省略了新变量中的 $\sim$):

$$\left.\begin{array}{l} \dfrac{\mathrm{d}\xi}{\mathrm{d}\tau} = \eta - \varepsilon\sigma\xi, \\[2mm] \dfrac{\mathrm{d}\eta}{\mathrm{d}\tau} = -\xi y - \varepsilon\eta, \\[2mm] \dfrac{\mathrm{d}z}{\mathrm{d}\tau} = \xi\eta - \varepsilon b(z + \sigma). \end{array}\right\} \tag{$8.2.5)_\varepsilon$}$$

用平均法, Sparrow 研究过系统 (8.2.5) 的周期解问题, 并写在他的著名著作 (Sparrow, 1982) 之中, Robbins 与 Sparrow 的工作被后来出版的许多著作所引用, 如李炳熙 (1984), Sachdev(1991) 等. 实际上, 他们的结论是很不完善的. 用广义 Hamilton 系统的扰动理论, 可以对上述两个模型的研究获得完整的结果 (李继彬, 张建铭, 1993).

首先, 我们注意到, 当 $\varepsilon = 0$ 时, 未扰动系统 $(8.2.4)_0$ 和 $(8.2.5)_0$ 的平衡点分别填满了 w 轴和 z 轴或 η 轴. 但当 $\varepsilon \neq 0$ 时, 扰动系统 (8.2.4) 和 (8.2.5) 分别仅有三个平衡点, 其坐标分别为: $(w, z, y) = (1, 0, 0)$, $(\varepsilon^2\sigma, \varepsilon\sigma\alpha, \alpha)$, $(\varepsilon^2\sigma, -\varepsilon\sigma\alpha, -\alpha)$ 以及 $(\xi, \eta, z) =$

$(-\sigma, 0, 0), (\xi_+^0, \varepsilon\sigma\xi_+^0, -\xi^2\sigma), (\xi_-^0, \varepsilon\sigma\xi_-^0, -\xi^2\sigma)$, 其中 $\alpha = [(1 - \varepsilon^2\sigma)/\sigma]^{1/2}, \xi_\pm^0 = [(1 - \varepsilon^2)b]^{1/2}$. 平衡点 $(1,0,0)$ 与 $(-\sigma, 0, 0)$ 是鞍点.

当 $\varepsilon = 0$ 时, 系统 $(8.2.4)_\varepsilon$ 可化为三维 Hamilton 系统:

$$\frac{\mathrm{d}}{\mathrm{d}t}\begin{bmatrix} w \\ z \\ y \end{bmatrix} = \begin{bmatrix} 0 & 0 & -z \\ 0 & 0 & w \\ z & -w & 0 \end{bmatrix}\begin{bmatrix} 1 \\ 0 \\ y \end{bmatrix} = J\begin{bmatrix} \partial H/\partial w \\ \partial H/\partial z \\ \partial H/\partial y \end{bmatrix}, \tag{8.2.6}$$

其中, Hamilton 函数为:

$$H(w, z, y) = w + \frac{1}{2}y^2 = A. \tag{8.2.7}$$

此外, 系统 $(8.2.6)$ 还存在 Casimir 函数:

$$C(w, z, y) = w^2 + z^2 = B^2. \tag{8.2.8}$$

按照广义 Hamilton 系统的理论, 三维系统 $(8.2.4)$ 与 $(8.2.5)$ 可在辛叶 $(8.2.8)$ 上约化为二维的 Hamilton 系统. 事实上, 对于固定的 $B > 0$, 变量代换:

$$\left.\begin{array}{l} w = (B + \rho)\cos(\theta - \pi), \\ z = (B + \rho)\sin(\theta - \pi), \\ y = y, \end{array}\right\} \tag{8.2.9}$$

使 $(8.2.4)$ 变为辛叶 $(8.2.8)$ 上的如下系统:

$$\left.\begin{array}{l} \dfrac{\mathrm{d}\rho}{\mathrm{d}t} = -\varepsilon(B + \rho + \cos\theta), \\[2mm] \dfrac{\mathrm{d}\theta}{\mathrm{d}t} = y + \varepsilon\dfrac{\sin\theta}{B + \rho}, \\[2mm] \dfrac{\mathrm{d}y}{\mathrm{d}t} = -B\sin\theta - \varepsilon\sigma y, \end{array}\right\} \tag{8.2.10$_\varepsilon$}$$

其中, $|\rho/B| \ll 1$. 类似地, 对于系统 $(8.2.5)$, 按照变量代换:

$$z = (B + \rho)\cos\theta, \quad \eta = (B + \rho)\sin\theta, \quad \xi = -y, \tag{8.2.11}$$

该系统可化为:

$$\left.\begin{array}{l} \dfrac{\mathrm{d}\rho}{\mathrm{d}t} = -\varepsilon[b\sigma\cos\theta + (B + \rho)(b - 1)\cos^2\theta + B + \rho], \\[2mm] \dfrac{\mathrm{d}\theta}{\mathrm{d}t} = y + \dfrac{\varepsilon}{B + \rho}[(b - 1)(B + \rho)\cos\theta + b\sigma]\sin\theta, \\[2mm] \dfrac{\mathrm{d}y}{\mathrm{d}t} = -B\sin\theta - \varepsilon\sigma y. \end{array}\right\} \tag{8.2.12$_\varepsilon$}$$

显然, 系统 $(8.2.10)_\varepsilon$ 和 $(8.2.12)_\varepsilon$ 都是具有一个慢变量 ρ 的扰动摆系统. 这里, 我们已建立了大 Rayleigh 数 Lorenz 模型和扰动摆方程之间的联系.

当 $\varepsilon = 0$ 时, 系统 $(8.2.10)_0$ 与 $(8.2.12)_0$ 是具有如下 Hamilton 函数的 Hamilton 系统:

$$H(\theta, y) = \frac{1}{2}y^2 - B\cos\theta = A. \tag{8.2.13}$$

容易看出, 当 $-B < A < B$ 时, $(8.2.10)_0$ 有振动型周期轨 $\{\Gamma_0^k\}$:

$$\left.\begin{array}{l} \theta_0(t, k) = 2\arcsin[k\operatorname{sn}(\sqrt{B}t, k)], \\ y_0(t, k) = 2k\sqrt{B}\operatorname{cn}(\sqrt{B}t, k), \end{array}\right\} \tag{8.2.14}$$

其中, $k^2 = \dfrac{A+B}{2B}, \operatorname{sn}(u, k), \operatorname{cn}(u, k)$ 和 $\operatorname{dn}(u, k)$ 是模为 k 的 Jacobi 椭圆函数.

当 $A = B$ 时, 存在 $(8.2.10)_0$ 的连接点 $(\rho, \theta, y) = (0, \pi, 0)$ 的两条同宿轨 $\{\Gamma_{k\pm}^1\}$, 其参数表示为

$$\left\{\begin{array}{l} \theta_h(t) = \pm 2\arctan(\sinh\sqrt{B}t), \\ y_h(t) = \pm 2\sqrt{B}\operatorname{sech}\sqrt{B}t. \end{array}\right. \tag{8.2.15}$$

当 $B < A < +\infty$ 时, $(8.2.10)_0$ 存在旋转型周期轨道 $\{\Gamma_{r\pm}^{k_1}\}$, 其参数表示为:

$$\left.\begin{array}{l} \theta_{r\pm}(t, k_1) = \pm 2\arcsin\left[\operatorname{sn}\left(\dfrac{\sqrt{B}}{k_1}t, k_1\right)\right], \\[3mm] y_{r\pm}(t, k_1) = \pm\dfrac{\sqrt{B}}{k_1}\operatorname{dn}\left(\dfrac{\sqrt{B}}{k_1}t, k_1\right), \end{array}\right\} \tag{8.2.16}$$

其中, $k_1 = k^{-1} = \left(\dfrac{2B}{A+B}\right)^{1/2}$. $\{\Gamma_0^k\}$ 和 $\{\Gamma_{r\pm}^{k_1}\}$ 的周期分别是 $T_0(k) = \dfrac{4K(k)}{\sqrt{B}}$ 和 $T_r(k_1) = \dfrac{k_1 K(k_1)}{\sqrt{B}}$, 我们用 $K(k)$ 与 $E(k)$ 分别表示第一类与第二类完全椭圆积分. 注意到 $A/B = 2k^2 - 1 = \dfrac{2-k_1^2}{k_1^2}$. 若用作用 – 角度变量 (I, θ), 经过计算我们知道 $(8.2.10)_0$ 的作用变量是

$$I = \frac{8B}{\pi} \cdot \left\{\begin{array}{ll} E(k) - (1-k^2)K(k), & \text{当 } 0 < k < 1 \text{ 时}, \\[3mm] \dfrac{1}{2k_1}E(k_1), & \text{当 } 0 < k_1 < 1 \text{ 时}. \end{array}\right. \tag{8.2.17}$$

现考虑 Robbins 的模型 $(8.2.10)_\varepsilon$. 为研究该系统周期解的存在性, 根据第 4 章

的讨论, 只需计算如下的 Melnikov 函数:

$$M_1(B, \sigma, k) = \int_{-T/2}^{T/2} \left[\frac{B}{B+\rho} \sin^2 \theta(t) - \sigma y^2(t) \right] dt$$

$$= - \left[\sigma + \frac{A}{B(B+\rho)} \right] \int_{-T/2}^{T/2} y^2(t) dt$$

$$+ \frac{1}{2B(B+\rho)} \int_{-T/2}^{T/2} y^4(t) dt. \tag{8.2.18}$$

$$M_3(B, \sigma, k) = \int_{-T/2}^{T/2} (B + \rho + \cos \theta(t)) dt$$

$$= \left(B + \rho - \frac{A}{B} \right) T + \frac{1}{2B} \int_{-T/2}^{T/2} y^2(t) dt. \tag{8.2.19}$$

将 (8.2.14) 和 (8.2.16) 代入以上两式, 得到对应于两类未扰动周期轨道的 Melnikov 函数:

$$M_1^0(B, \sigma, k) = - 16\sqrt{B}(\sigma(E(k)) - (1 - k^2)K(k))$$

$$- \frac{1}{3(B+\rho)}((2k^2 - 1)E(k) + (1 - k^2)K(k)). \tag{8.2.20}$$

$$M_3^0(B, \sigma, k) = \frac{4}{\sqrt{B}}(B + \rho - (2k^2 - 1)E(k) + 2(E(k) - (1 - k^2)K(k))) \tag{8.2.21}$$

$$M_1^r(B, \sigma, k_1) = - \frac{8\sqrt{B}}{k_1} \left(\sigma k_1^2 E(k_1) - \frac{(2 - k_1^2)E(k_1) - 2(1 - k_1^2)K(k_1)}{3(B+\rho)} \right). \tag{8.2.22}$$

$$M_3^r(B, \sigma, k_1) = \frac{2k_1}{\sqrt{B}} \left(\left(B + \rho - \frac{2 - k_1^2}{k_1^2} \right) K(k_1) + \frac{2E(k_1)}{k_1^2} \right). \tag{8.2.23}$$

对 (8.2.4) 的唯一鞍点, 对应于系统 $(8.2.10)_0$ 的相柱面 $w^2 + z^2 = 1$ 上的两条同宿轨道, 同宿分支的 Melnikov 函数如下:

$$M_0(1, \sigma, 1) = \int_{-\infty}^{+\infty} \left[\frac{1}{1+\rho} \sin^2 \theta_h(t) - \sigma y_h^2(t) \right] dt$$

$$= 8 \left(\frac{1}{3(1+\rho)} - \sigma \right). \tag{8.2.24}$$

令 $M_3^0(B, \sigma, k) = 0, M_3^r(B, \sigma, k_1) = 0$, 则有

$$\rho_0 = 1 - B - \frac{2E(k)}{K(k)}, \tag{8.2.25}$$

$$\rho_r = \frac{2 - k_1^2}{k_1^2} - B - \frac{2E(k_1)}{k_1^2 K(k_1)}. \tag{8.2.26}$$

在条件 (8.2.25) 和 (8.2.26) 之下, 取 $\rho_0 = \rho_r = 0$, 并令 $M_1^0(B, \sigma, k) = 0, M_1^r(B, \sigma, k_1) = 0$, 则有

$$\sigma = \sigma_0(k) = \frac{1}{3} \left[\frac{K(k)}{K(k) - 2E(k)} \right] \cdot \left[\frac{(2k^2 - 1)E(k) + (1 - k^2)K(k)}{E(k) - (1 - k^2)K(k)} \right], \tag{8.2.27}$$

$$B = B_0(k) = 1 - \frac{2E(k)}{K(k)}, \quad A = A_0 = (2k^2 - 1)B, \tag{8.2.28}$$

$$\sigma = \sigma_r(k_1) = \frac{1}{3} \frac{K(k_1)}{E(k_1)} \cdot \left[\frac{(2 - k_1^2)K(k_1) - 2(1 - k_1^2)K(k_1)}{(2 - k_1^2)K(k_1) - 2E(k_1)} \right], \tag{8.2.29}$$

$$B = B_r(k_1) = \frac{(2 - k_1^2)K(k_1) - 2E(k_1)}{k_1^2 K(k_1)},$$

$$A = A_r = \frac{2 - k_1^2}{k_1^2} B_r. \tag{8.2.30}$$

由条件 $B_0 > 0$ 得估计 $k > k_0 \approx 0.91$, 其中 k_0 满足 $K(k_0) = 2E(k_0)$. 因为 $(2 - k^2)K(k) - 2E(k) = \frac{1}{4} \int_0^{4K} \mathrm{sn}^2 u \mathrm{cn}^2 u du > 0$, 所以, 对 $k_1 \in (0, 1), B_r > 0$, 经过计算可得:

$$\lim_{k \to 1} \sigma_0(k) = \frac{1}{3}, \quad \lim_{k \to k_0} \sigma_0(k) = \infty,$$

$$\lim_{k \to 1} B_0(k) = 1, \quad \lim_{k \to k_0} B_0(k) = 0, \tag{8.2.31}$$

$$\lim_{k \to 1} \sigma_r(k) = \frac{1}{3}, \quad \lim_{k_1 \to 0} \sigma_r(k_1) = 1,$$

$$\lim_{k_1 \to 1} B_r(k_1) = 1, \quad \lim_{k_1 \to 0} B_r(k_1) = 0. \tag{8.2.32}$$

于是可以画出函数 $\sigma_0 = \sigma_0(k)$ 和 $\sigma_r = \sigma_r(k)$ 的图形 (如图 8.2.1 所示).

根据定理 4.1.1 以及图 8.2.1, 我们得到如下结果.

定理 8.2.1　(i) 对于任何实数 $k \in (k_0, 1)$, 如果参数 $\sigma = \sigma_0(k)$ 由 (8.2.27) 确定, 则在相柱面 $w^2 + z^2 = B_0(k)$ 上的摆方程 $(8.2.10)_0$ 的振动周期轨道 Γ_0^k 近旁, 存在 $(8.2.10)_\varepsilon$ 的一条稳定周期轨道 L_0^k.

(ii) 对于任何实数 $k_1 \in (0, 1)$, 如果参数 $\sigma = \sigma_r(k_1)$ 由 (8.2.29) 确定, 则在相柱面 $w^2 + z^2 = B_r^2(k_1)$ 上, 系统 $(8.2.10)_0$ 的两条对称旋转型轨道 $\Gamma_\pm^{k_1}$ 近旁, 存在 $(8.2.10)_\varepsilon$ 的两条不稳定周期轨道 $L_{r+}^{k_1}$ 和 $L_{r-}^{k_1}$.

(iii) 如果 $\sigma = 1/3$, 则在相柱面 $w^2 + z^2 = 1$ 上, 系统 $(8.2.10)_0$ 的两条同宿轨道 $\Gamma_{h\pm}^1$ 近旁, 存在连接 $(8.2.10)_\varepsilon$ 的鞍点 $(1, 0, 0)$ 的两条同宿轨道 $L_{h\pm}^1$.

(iv) 下面的极限关系成立:

当 $k \to 1$ 时, $\sigma_0(k) \to 1/3$, $L_0^k \to L_{h\pm}^1$,

当 $k_1 \to 1$ 时, $\sigma_r(k_1) \to 1/3$, $L_{r+}^{k_1} \to L_{h+}^1$, $L_{r-}^{k_1} \to L_{h-}^1$.

(v) 参看图 8.2.1, 如果 $\sigma \in (1/3, 1)$, 则两种类型的周期轨道 L_0^k 与 $L_{r\pm}^{k_1}$ 可能共存, 若 $\sigma > 1$, 则仅存在振动型周期轨道 $L_0^k, k \in (k_0, 1)$.

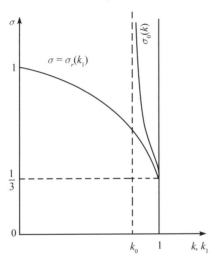

图 8.2.1 $\sigma = \sigma_0(k)$ 与 $\sigma = \sigma_r(k)$ 的图像

注 1 由 (8.2.31) 和 (8.2.32) 可看出 $\max_{k, k_1}(B_0(k), B_r(k_1)) = 1$, $(8.2.10)_\varepsilon$ 的所有分支周期轨道都位于三维相空间的一个有限区域内. 当 $k_1 \to 1, k \to 1$ 时, 这些周期轨道都进入柱面 $w^2 + z^2 = 1$ 的邻域内并且最终趋于两条同宿轨道.

定理 8.2.1 的证明 用作用 - 角度变量形式来改写 $M_i^0(B, \sigma, k)$ 和 $M_i^r(B, \sigma, k_1)$ $(i = 1, 3)$, 得到:

$$M_1^0(I, \rho) = -\frac{2\pi}{\sqrt{B}}\left(\sigma + \frac{1}{3(B+\rho)}\right)I + \frac{32k^2\sqrt{B}}{3(B+\rho)}E(k),$$

$$M_3^0(I, \rho) = \frac{1}{\sqrt{B}}\left[\frac{\pi}{B}I + 4(B + \rho - (2k^2 - 1))K(k)\right],$$

$$M_1^r(I, \rho) = -\frac{2\pi}{\sqrt{B}}\left(\sigma - \frac{2 - k_1^2}{3(B+\rho)k_1^2}\right)I - \frac{16\sqrt{B}(1 - k_1^2)}{3(B+\rho)k_1^3}K(k_1),$$

$$M_3^r(I, \rho) = \frac{1}{\sqrt{B}}\left[\frac{\pi}{B}I + 2k_1\left(B + \rho - \frac{2 - k_1^2}{k_1^2}\right)K(k_1)\right].$$

考虑到 $\dfrac{\mathrm{d}I_0(k)}{\mathrm{d}k} = \dfrac{8Bk}{\pi}K(k), \dfrac{\mathrm{d}I_r(k_1)}{\mathrm{d}k_1} = -\dfrac{4BK(k_1)}{\pi k_1^2}.$ 则有:

$$\frac{\partial M_1^0}{\partial I} = -\frac{2\pi}{\sqrt{B}}\left[\sigma + \frac{1}{B+\rho} - \frac{2E(k)}{(B+\rho)K(k)}\right],$$

$$\frac{\partial M_1^0}{\partial \rho} = \frac{2\pi}{\sqrt{B}}\left[\frac{1}{3(B+\rho)^2} + \frac{32k^2\sqrt{B}}{3(B+\rho)^2}E(k)\right],$$

$$\frac{\partial M_3^0}{\partial I} = \frac{\pi}{B\sqrt{B}}\left[-1 + \frac{B+\rho-(2k^2-1)\pi}{16Bk^2(1-k^2)K(k)}I\right],$$

$$\frac{\partial M_3^0}{\partial \rho} = \frac{4}{\sqrt{B}}K(k).$$

用以上四个公式细致地计算可以证明, 当 $\sigma = \sigma_0(k), \rho = 0$ 时, Jacobi 行列式:

$$\frac{\partial(M_1^0(I,\rho), M_3^0(I,\rho))}{\partial(I,\rho)}\bigg|_{(\sigma_r(k_1),\rho_0=0)} \neq 0.$$

类似地,

$$\frac{\partial(M_1^r(I,\rho), M_3^r(I,\rho))}{\partial(I,\rho)}\bigg|_{(\sigma_r(k_1),\rho_r=0)} \neq 0.$$

另一方面, 对 Melnikov 函数 $M_0(1,\sigma,1) = M_0(\sigma)$,

$$\frac{\partial(M_0(\sigma))}{\partial\sigma} = -1 \neq 0.$$

因此根据第 4 章的定理 4.1.1, 定理 8.2.1 的存在性结论正确, 周期轨道的稳定性证明类似于 Robbins(1979).

注 2　一般而言, 不必取 $\rho_0 = \rho_r = 0$. 只要求 $|\rho_0| \ll 1, |\rho_r| \ll 1$. 利用本节的讨论, 可得到更一般的扰动系统的周期解和同宿轨道的存在性. 实际上, 定理 8.2.1 严格证明了在相柱面 (辛叶) 上的周期解和同宿轨道的存在性.

现在讨论 $b \neq 1$ 的情形, 即研究 Sparrow 模型 (8.2.4) 的约化系统 (8.2.12)$_\varepsilon$. 此时, Melnikov 函数具有以下形式:

$$M_1(B,\sigma,b,k) = \int_{-T/2}^{T/2}\left[-\sigma y^2(t) + \frac{B}{B+\rho}((b-1)(B+\rho)\cos\theta(t) + b\sigma)\sin^2\theta(t)\right]\mathrm{d}t,$$

$$M_3(B,\sigma,b,k) = \int_{-T/2}^{T/2}\left[(B+\rho) + b\sigma\cos\theta(t) + (B+\rho)(b-1)\cos^2\theta(t)\right]\mathrm{d}t.$$

应用未扰动周期轨道的参数表示 (8.2.14) 和 (8.2.16), 计算上述积分得到以下公式:

$$M_1^0(B,\sigma,b,k) = \frac{8}{\sqrt{B}}\left[(b-1)Bg_1^0(k) + \frac{b\sigma B}{B+\rho}g_2^0(k) - B\sigma g_3^0(k)\right]; \tag{8.2.33}$$

$$M_3^0(B,\sigma,b,k) = \frac{4}{3\sqrt{B}}\left[(B+\rho)f_1^0(k) + b(B+\rho)f_2^0(k) - b\sigma f_3^0(k)\right]; \tag{8.2.34}$$

$$M_1^r(B,\sigma,b,k_1) = \frac{4}{k_1\sqrt{B}}\left[(b-1)Bg_1^r(k_1) + \frac{b\sigma B}{B+\rho}g_2^r(k_1) - B\sigma g_3^r(k_1)\right]; \tag{8.2.35}$$

$$M_3^r(B,\sigma,b,k_1) = \frac{2}{3k_1^3\sqrt{B}}\left[(B+\rho)f_1^r(k_1) + b(B+\rho)f_2^r(k_1) - b\sigma f_3^3(k_1)\right], \tag{8.2.36}$$

其中

$$\left.\begin{aligned}
&g_1^0(k) = -\frac{2}{15}[(16k^4 - 16k^2 + 1)E(k) + (8k^2 - 1)(1 - k^2)K(k)],\\
&g_2^0(k) = \frac{2}{3}[(2k^2 - 1)E(k) + (1 - k^2)K(k)],\\
&g_3^0(k) = 2[E(k) - (1 - k^2)K(k)];
\end{aligned}\right\}$$

$$\left.\begin{aligned}
&g_1^r(k_1) = -\frac{2}{15}[(k_1^4 - 16k_1^2 + 16)E(k_1) - 8(1 - k_1^2)(2 - k_1^2)K(k_1)],\\
&g_2^r(k_1) = \frac{2}{3}k_1^2[(2 - k_1^2)E(k_1) - 2(1 - k_1^2)K(k_1)],\\
&g_3^r(k_1) = 2k_1^4 E(k_1);
\end{aligned}\right\}$$

$$\left.\begin{aligned}
&f_1^0(k) = 6g_2^0(k),\\
&f_2^0(k) = -4(2k^2 - 1)E(k) + (4k^2 - 1)K(k),\\
&f_3^0(k) = 3[K(k) - 2E(k)];
\end{aligned}\right\}$$

$$\left.\begin{aligned}
&f_1^r(k_1) = 6k_1^{-2}g_2^r(k_1),\\
&f_2^r(k_1) = -4(2 - k_1^2)E(k_1) + (3k_1^4 - 8k_1^2 + 8)K(k_1),\\
&f_3^r(k) = 3k_1^2[(2 - k_1^2)E(k_1) - 2k(k_1)].
\end{aligned}\right\}$$

在 (8.2.33)~(8.2.36) 中取 $\rho = 0$ 并令 $M_1^0 = M_3^0 = 0$, $M_1^r = M_3^r = 0$, 略去 f_i 和 g_i 中的上标, 可得

$$b = \frac{Bf_1}{\sigma f_3 - Bf_2} = \frac{B(g_1 + \sigma g_3)}{Bg_1 + \sigma g_2}. \tag{8.2.37}$$

这说明参数 σ 满足以下的代数方程:

$$\sigma^2(f_2 g_3) - \sigma(f_1 g_2 + f_3 g_2 + f_2 g_3 B) - Bg_1(f_1 + f_2) = 0. \tag{8.2.38}$$

为了研究这个方程的解, 注意 f_i 和 g_i 具有下述性质:

对于 $k \in (k_0, 1)$,

$$g_1^0(k) < 0, \ g_2^0(k) > 0, \ g_3^0(k) > 0, \ f_2^0(k) > 0, \ f_3^0(k) > 0;$$

对于 $k_1 \in (0,1)$,

$$g_1^r(k_1) < 0, \ g_2^r(k_1) > 0, \ g_3^r(k_1) > 0, \ f_2^r(k_1) > 0, \ f_3^r(k_1) > 0,$$

其中, $k_0 \approx 0.91, \arcsin k_0 \approx 65.5°, k_0$ 满足 $K(k_0) = 2E(k_0)$. 因此, 由前面的关系可知, 对于 $k \in (k_0,1)$ 和 $k_1 \in (0,1)$, (8.2.38) 的判别式

$$\Delta(k,B) = (f_1g_2 - f_3g_2 + f_2g_3B)^2 + 4Bg_1g_3f_3(f_1+f_2)$$
$$= (f_1g_2 - f_3g_2 - f_2g_3B)^2 + 4Bf_2g_3(f_2g_2 + g_1f_3) > 0.$$

又因 $f_2g_2 + f_3g_1 > 0$, 故方程 (8.2.37) 有两个实解:

$$\sigma = \sigma_\pm(k,B) = \frac{(f_1g_2 - f_3g_2 + Bf_2g_3) \pm \sqrt{\Delta(k,B)}}{2f_3g_3}. \tag{8.2.39}$$

当 $k \in (k_0,1)$ 和 $k_1 \in (0,1)$ 时, 易证:

$$\left.\begin{array}{l}
\displaystyle\lim_{k\to 1}\frac{f_1^0(k)}{f_3^0(k)} = \lim_{k_1\to 1}\frac{f_1^r(k_1)}{f_3^r(k_1)} = 0, \\[3mm]
\displaystyle\lim_{k\to 1}\frac{f_2^0(k)}{f_3^0(k)} = \lim_{k_1\to 1}\frac{f_2^r(k_1)}{f_3^r(k_1)} = 1, \\[3mm]
\displaystyle\lim_{k\to 1}g_1^0(k) = \lim_{k_1\to 1}g_1^r(k_1) = -\frac{2}{15}, \\[3mm]
\displaystyle\lim_{k\to 1}g_2^0(k) = \lim_{k_1\to 1}g_2^r(k_1) = \frac{2}{3}, \\[3mm]
\displaystyle\lim_{k\to 1}g_3^0(k) = \lim_{k_1\to 1}g_3^r(k_1) = 2.
\end{array}\right\}$$

$$\left.\begin{array}{l}
g_1^0(k_0) = -\dfrac{2}{15}(2k_0^2 - 1)E(k_0), \quad g_2^0(k_0) = \dfrac{2}{3}E(k_0), \\[3mm]
g_3^0(k_0) = 2(2k_0^2 - 1)E(k_0), \quad f_1^0(k_0) = 4E(k_0), \\[3mm]
f_2^0(k_0) = 2E(k_0), \quad f_3^0(k_0) = 0, \\[3mm]
f_1^0 + f_2^0 = 3K(k), \quad f_1^r + f_2^r = 3k_1^4K(k).
\end{array}\right\}$$

当 $0 < k < 1$ 时, 根据 $K(k)$ 和 $E(k)$ 的幂级数展开式, 函数 g_i^r 和 f_i^r 可以表示为:

$$\left.\begin{array}{l}
g_1^r(k_1) = -\pi\left(\dfrac{61}{128}k_1^8 + \cdots\right), \quad g_2^r(k_1) = \pi\left(\dfrac{1}{8}k_1^6 + \cdots\right), \\[3mm]
g_3^r(k_1) = \pi k_1^4\left(1 - \dfrac{1}{4}k_1^2 + \cdots\right), \quad f_1^r(k_1) = \pi\left(\dfrac{3}{4}k_1^6 + \cdots\right), \\[3mm]
f_2^r(k_1) = \pi\left(\dfrac{3}{4}k_1^4 + \cdots\right), \quad f_3^r(k_1) = \pi\left(\dfrac{3}{16}k_1^6 + \cdots\right).
\end{array}\right\}$$

注意到 $f_3 > 0$, 由以上表达式得

$$\sigma^{0,r}(1, B) = \lim_{k,k_1 \to 1} \sigma(k, B) \overset{\text{def}}{=} \sigma_{\pm}^{0,r}(1, B)$$

$$= \frac{1}{2} \left[\left(B + \frac{1}{15} \right) \pm \left| B - \frac{1}{15} \right| \right],$$

即当 $B > 1/15$ 时,

$$\lim_{k,k_1 \to 1} \sigma_+^{0,r}(k, B) = B, \qquad \lim_{k,k_1 \to 1} \sigma_-^{0,r}(k, B) = \frac{1}{15};$$

而当 $B \leqslant 1/15$ 时,

$$\lim_{k,k_1 \to 1} \sigma_+^{0,r}(k, B) = \frac{1}{15}, \qquad \lim_{k,k_1 \to 1} \sigma_-^{0,r}(k, B) = B.$$

另一方面,

$$\lim_{k \to k_0} \sigma_+^0(k, B) = +\infty,$$

$$\lim_{k \to k_0} \sigma_-^0(k, B) = \frac{3B(2k_0^2 - 1)}{10 + 15B(2k_0^2 - 1)},$$

$$\lim_{k_1 \to 0} \sigma_+^r(k, B) = +\infty, \qquad \lim_{k_1 \to 0} \sigma_-^r(k, B) = 0.$$

下面研究参数 b, 因为 b 是一个正实数且 $Bf_1 > 0$, (8.2.37) 表明当且仅当 $\sigma > (f_2/f_3)B$ 时 $b > 0$, 由 (8.2.39) 可知 $\sigma_-^r < (f_2/f_3)B$, 因此不能取 σ_-^r 之值. 换言之,

$$b = b_+^{0,r}(k, B) = \frac{Bf_1^{0,r}}{\sigma_+^{0,r} f_3^{0,r} - Bf_2^{0,r}}. \tag{8.2.40}$$

注意到

$$\lim_{k_1 \to 0} \sigma_+^0(k, B) f_3^0(k, B) = \frac{2[2 + 3(2k_0^2 - 1)B]E(k_0)}{3(2k_0^2 - 1)},$$

由上面的计算可知, 当 $B > 1/15$ 时,

$$\lim_{k \to k_0} b_+^0(k, B) = 3B(2k_0^2 - 1),$$

$$\lim_{k,k_1 \to 1} b_+^{0,r}(k, B) = 1/4(15B - 1).$$

当 $B \leqslant 1/15$ 时,

$$\lim_{k,k_1 \to 1} b_+^{0,r}(k, B) = 0. \text{ 并且 } \lim_{k_1 \to 0} b_+^r(k_1, B) = +\infty.$$

容易证明: 如果 $B > 1/3(2k_0^2 - 1) \approx 0.508$, 则有

$$B < 3B(2k_0^2 - 1) < 1/4(15B - 1),$$

即 $B < b_+^0(k_0, B) < b_+^0(1, B)$, 以及 $b_+^{0,r} > 1$.

综合上述讨论, 对于固定的 B, 通过计算 f_i, g_i 与 k 和 k_1 有关的 σ 和 b 的参数表示可完全确定. 例如, 利用微机帮助, 对于 $B > 1/15$ 和 $B < 1/15$ 两种情况, 可以画出如图 8.2.2(a), (b) 的参数曲线图.

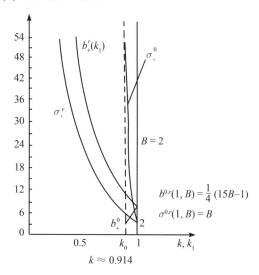

(a) 当 $B > 1/15$ 时, $\sigma(k, B)$ 和 $b(k, B)$ 的参数曲线图

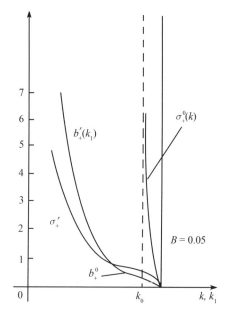

(b) 当 $B \leqslant 1/15$ 时, $\sigma(k, B)$ 和 $b(k, B)$ 的参数曲线图

图 8.2.2   参数曲线图

最后考虑相柱面 $\eta^2 + z^2 = B^2 = \sigma^2$ 上同宿分支问题. 对应于未扰动系统 $(8.2.10)_0$ 的同宿轨道, Melnikov 函数为

$$M_0(B, \sigma, b, 1) = \int_{-\infty}^{+\infty} \left[-\sigma y_h^2(t) + \frac{B}{B+\rho}((b-1)(B+\rho)\cos\theta_h(t) + b\sigma)\sin^2\theta_h(t) \right] \mathrm{d}t$$

$$= \frac{8}{\sqrt{B}} \left[-\frac{2}{15}(b-1)B + \frac{2b\sigma B}{3(B+\rho)} - 2B\sigma \right]. \tag{8.2.41}$$

在上式中, 取 $\rho = 0$ 和 $B = \sigma$ 并令 $M_0 = 0$, 得到

$$\sigma = (4b+1)/15. \tag{8.2.42}$$

因为 $\partial M_0/\partial b \neq 0$, 由第 4 章的定理可知, (8.2.42) 确定了同宿轨道分支的参数值.

总结以上的讨论并应用图 8.2.2 的结果, 我们得到如下结论, 其证明与定理 8.2.1 的证明类似.

定理 8.2.2 (i) 对于固定的 $B > 0$ 以及任何实数 $k \in (k_0, 1)$, 如果参数 $\sigma = \sigma_+^0(k, B)$ 和 $b = b_+^0(k, B)$ 由 (8.2.39) 和 (8.2.40) 确定, 则在相柱面 $\eta^2 + z^2 = B^2$ 上的摆方程 $(8.2.12)_0$ 的振动型周期轨道 Γ_0^k 近旁, 存在系统 (8.2.5) 的一条稳定周期轨道 L_0^k.

(ii) 对于固定的 $B > 0$ 及任何实数 $k_1 \in (0, 1)$, 如果参数 $\sigma = \sigma_+^r(k, B)$ 和 $b = b_+^r(k, B)$ 由 (8.2.39) 和 (8.2.40) 确定, 则在相柱面 $\eta^2 + z^2 = B^2$ 上系统 $(8.2.12)_0$ 的两条对称旋转轨道 $\Gamma_{r\pm}^{k_1}$ 近旁, 存在 (8.2.5) 的两条不稳定周期轨道 $L_{r+}^{k_1}$ 和 $L_{r-}^{k_1}$.

(iii) 若 $\sigma = \dfrac{4}{15}b + \dfrac{1}{15}$, 则在相柱面 $\eta^2 + z^2 = \sigma^2$ 上系统 $(8.2.12)_0$ 的两条同宿轨道 $\Gamma_{h\pm}^1$ 近旁, 存在 (8.2.5) 的两条同宿轨道 $L_{h\pm}^1$, 该轨道连接 (8.2.5) 的鞍点 $(-\sigma, 0, 0)$.

(iv) 以下极限关系正确:

当 $k \to 1$ 与 $k_1 \to 1$ 时,

$$\sigma_+^{0,r}(k, B) \to \begin{cases} B, & \text{若 } B > 1/15, \\ \dfrac{1}{15}, & \text{若 } B \leqslant 1/15; \end{cases}$$

$$b_+^{0,r}(k, B) \to \begin{cases} \dfrac{1}{4}(15B - 1), & \text{若 } B > 1/15, \\ 0, & \text{若 } B \leqslant 1/15; \end{cases}$$

$$L_0^k \to L_{h\pm}^1, \quad L_{r+}^{k_1} \to L_{h+}^1, \quad L_{r-}^{k_1} \to L_{h-}^1.$$

(v) 仅当 $b \in (3B(2k_0^2 - 1), 1/4(15B - 1)), B > 1/15$ 或 $b \in (0, 3B(2k_0^2 - 1)), B \leqslant 1/15$ 时, 系统 (8.2.5) 有扰动的振动型周期轨道; 仅当 $b > (1/4)(15B - 1), B > 1/15$,

或 $b > 0, B \leqslant 1/15$ 时, 系统 (8.2.5) 存在两条扰动的旋转周期轨道. 因此对同样的参数对 (b, σ), 若 $b(1, B) > b(k_0, B)$, 即 $B > (27 - 24k_0^2)^{-1} \approx 0.14$, 两种类型的周期轨道不可能共存.

注 3　(i) 定理 8.2.2 的结论 (iii) 表明 Sparrow(1982) 所给出的参数平面 (b, σ) 划分是不精确的. 直线 $\sigma = \dfrac{4}{15}b + \dfrac{1}{15}$ 在周期轨道存在区域之外, 但在这条直线近旁, 存在 (8.2.5) 的周期轨道.

(ii) 定理 8.2.2 的结论 (v) 不同于 Sparrow 的结果.

(iii) 注意到 (8.2.5) 的奇点 $(-\sigma, 0, 0)$ 在相柱面 $\eta^2 + z^2 = \sigma^2$ 上, 并且对 (8.2.5) 的两类周期轨道, 参数 $\sigma > B$, 这意味着 (8.2.5) 的所有周期轨道都位于相柱面 $\eta^2 + z^2 = \sigma^2$ 之内, 若 B 增加, σ 也增加.

§8.3　具有附加装置的刚体运动的混沌性质

如果 x_1, x_2, x_3 是原点位于刚体质量中心的直角坐标, $\rho(x)$ 是密度, 且 $J_{jk} = \displaystyle\int \rho(x)x_j x_k \mathrm{d}x$ 是刚体的惯性矩, 则刚体的惯性张量矩阵为

$$J = \begin{bmatrix} J_{11} & -J_{12} & -J_{13} \\ -J_{12} & J_{22} & -J_{23} \\ -J_{13} & -J_{23} & J_{33} \end{bmatrix}.$$

若 y_1, y_2, y_3 是刚体上固定的主轴, I_1, I_2, I_3 是矩阵 J 的特征值 (主惯性矩), $\omega_1, \omega_2, \omega_3$ 是分别围绕 y_1, y_2, y_3 的角速度, 则 Euler 方程是 (P.B.Leipnik, T.A.Newton, 1981):

$$\left.\begin{aligned} I_1\dot{\omega}_1 &= (I_2 - I_3)\omega_2\omega_3 + G_1, \\ I_2\dot{\omega}_2 &= (I_3 - I_1)\omega_3\omega_1 + G_2, \\ I_3\dot{\omega}_3 &= (I_1 - I_2)\omega_1\omega_2 + G_3, \end{aligned}\right\} \tag{8.3.1}$$

其中, $\mathbf{G} = (G_1, G_2, G_3)^{\mathrm{T}} = \dot{h}$ 是角动量或角矩围绕 O 的改变率. 不失一般性, 设 $I_1 > I_2 > I_3$. 再设 $G = 0$. 作变换 $m_i = J_i\omega_i(i = 1, 2, 3)$, 并记 $\lambda_i = I_i^{-1}(i = 1, 2, 3)$. 于是, (8.3.1) 可化为:

$$\left.\begin{aligned} \dot{m}_1 &= (\lambda_3 - \lambda_2)m_2m_3 = \alpha_1 m_2 m_3, \\ \dot{m}_2 &= (\lambda_1 - \lambda_3)m_3m_1 = \alpha_2 m_3 m_1, \\ \dot{m}_3 &= (\lambda_2 - \lambda_1)m_1m_2 = \alpha_3 m_1 m_2, \end{aligned}\right\} \tag{8.3.2}$$

其中 $\alpha_1 = \lambda_3 - \lambda_2 > 0, \alpha_2 = \lambda_1 - \lambda_3 < 0, \alpha_3 = \lambda_2 - \lambda_1 > 0$.

显然, 系统 (8.3.2) 有 Hamilton 量:

$$H(m) = \frac{1}{2}(\lambda_1 m_1^2 + \lambda_2 m_2^2 + \lambda_3 m_3^2) = h, \tag{8.3.3}$$

并且该系统是广义 Hamilton 系统, 其 Casimir 函数是

$$C(m) = \frac{1}{2}(m_1^2 + m_2^2 + m_3^2) = \frac{1}{2}l^2. \tag{8.3.4}$$

于是, 在辛叶 (球面) $\sum_l = \{(m_1^2 + m_2^2 + m_3^2) = l^2, l > 0\}$ 上, 系统 (8.3.2) 有六个奇点, $(0, \pm l, 0)$ 是两个鞍点, $(\pm l, 0, 0), (0, 0, \pm l)$ 是四个中心. 事实上, 对某个 $l > 0$, 引入球面坐标变换:

$$\left.\begin{array}{l} m_1 = (l + \rho)\sin\varphi\cos\theta, \\ m_2 = (l + \rho)\sin\varphi\sin\theta, \\ m_3 = (l + \rho)\cos\varphi. \end{array}\right\} \tag{8.3.5}$$

当 $\rho = 0$ 时, 系统 (8.3.2) 可化为二维 Hamilton 系统 (因为 $\mathrm{d}\rho/\mathrm{d}t \equiv 0$):

$$\left.\begin{array}{l} \dfrac{\mathrm{d}\varphi}{\mathrm{d}t} = l\alpha_3 \sin\varphi\cos\theta\sin\theta, \\[2mm] \dfrac{\mathrm{d}\theta}{\mathrm{d}t} = -l(\alpha_3 \sin^2\theta + \alpha_2)\cos\varphi, \end{array}\right\} \tag{8.3.6}$$

其中, $\varphi \in [0, \pi], \theta \in [0, 2\pi]$. 利用系统 (8.3.6) 即可确定奇点的位置和类型 (图 8.3.1).

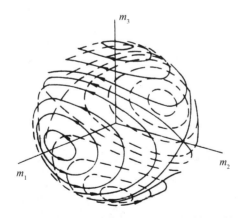

图 8.3.1 当 $l > 0$ 时, 刚体的球面相空间 (辛叶)

由 (8.3.2) 的第一、三个方程可见, $\alpha_3 m_1^2 - \alpha_1 m_3^2 = c$ 是系统的不变曲面. 当 $c = 0$ 时两相交平面 $m_3 = \pm(\sqrt{\alpha_3/\alpha_1})m_1$ 过鞍点 $(0, \pm l, 0)$. 两平面与球面 $c(m) = (1/2)l^2$ 的交线是连接上述两鞍点的四条异宿轨道. 这些轨道所对应的 Hamilton 量

$h = (1/2)\lambda_2 l^2$. 通过简单积分, 可得在平面 $m_3 = (\sqrt{\alpha_3/\alpha_1})m_1$ 上的两条异宿轨道具有以下参数:

$$
\left.
\begin{aligned}
m_1^+(t) &= \pm l\sqrt{\alpha_1/(-\alpha_2)}\,\mathrm{sech}(-\sqrt{\alpha_1\alpha_3}\,lt),\\
m_2^+(t) &= \pm l\tanh(-\sqrt{\alpha_1\alpha_3}\,lt),\\
m_3^+(t) &= \pm l\sqrt{\alpha_3/(-\alpha_2)}\,\mathrm{sech}(-\sqrt{\alpha_1\alpha_3}\,lt).
\end{aligned}
\right\}
\tag{8.3.7}
$$

在平面 $m_3 = -(\sqrt{\alpha_3/\alpha_1})m_1$ 上的两条异宿轨道有以下参数:

$$
\left.
\begin{aligned}
m_1^-(t) &= m_1^+(-t),\\
m_2^-(t) &= m_2^+(-t),\\
m_3^-(t) &= -m_3^+(-t).
\end{aligned}
\right\}
\tag{8.3.8}
$$

当 $(1/2)\lambda_1 l^2 < h < (1/2)\lambda_2 l^2$ 或 $(1/2)\lambda_2 l^2 < h < (1/2)\lambda_3 l^2$ 时, 曲面 $H(m) = h$ 与 $C(m) = (1/2)l^2$ 的交线对应于球面上围绕中心型奇点 $(\pm l, 0, 0)$ 或 $(0, 0, \pm l)$ 的周期轨道. 利用 Jacobi 椭圆函数, 我们可以写出这些周期轨道的参数表示. 例如, 包围奇点 $(l, 0, 0)$ 的周期轨道可表示为:

$$
\left.
\begin{aligned}
m_1^+(t) &= A\mathrm{dn}[p(t - t_0), k],\\
m_2^+(t) &= B\mathrm{sn}[p(t - t_0), k], \quad k^2 = \frac{\alpha_1}{\alpha_3}\left(\frac{2h - \lambda_1 l^2}{\lambda_3 l^2 - 2h}\right),\\
m_3^+(t) &= C\mathrm{cn}[p(t - t_0), k].
\end{aligned}
\right\}
\tag{8.3.9}
$$

其中, 常数 A, B, C 和 p 与 α_i, h 有关, 不再详述. 以下我们介绍 P.J.Holmes 与 J.E.Marsden(1983) 所考虑过的具有附加装置的刚体运动. 该装置绕一条主轴自由旋转, 并有关于该轴的 S^1 对称性 (图 8.3.2).

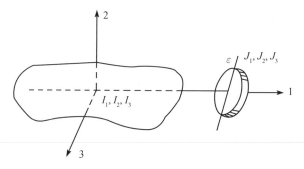

图 8.3.2　具有附加装置的刚体运动

这个系统有 Hamilton 量：

$$H = \frac{1}{2}\sum_{j=1}^{3}\frac{m_j^2}{I_j} + \frac{I^2}{2J_1} - \frac{\varepsilon}{2}\left\{\frac{m_1^2}{I_1^2} + \frac{m_2^2}{I_2^2}\cos^2\theta + \frac{m_3^2}{I_3^2}\sin^2\theta + \frac{I^2}{J_1^2}\right\} + O(\varepsilon^2)$$

$$= H_0 + G + \varepsilon H_1 + O(\varepsilon^2), \tag{8.3.10}$$

其中，I_j 与 J_j 分别是原刚体及其附加物的惯性矩，(θ, I) 是附加装置的作用 – 角度变量.

从以上的讨论可见，如果 (8.3.10) 中 $\varepsilon = 0$ 时，取 $H = h = (1/2)(\lambda_2 l^2 + (k^2/J_1))$，其中 $k = I$ 是常数，那么未扰动系统仍有由 (8.3.7) 所组成的异宿轨道，并且此时 $\theta = (k/J_1)t + \theta_0$.

以下讨论当 $\varepsilon \neq 0$ 时横截同宿轨道的存在性. 此时，只需研究扰动 Hamilton 系统的 Melnikov 函数：

$$M(\theta_0) = \frac{1}{\Omega(I)}\int_{-\infty}^{+\infty}\{H_0, H_1\}(m(t))\mathrm{d}t. \tag{8.3.11}$$

首先计算 Lie-Poisson 括号. 事实上，

$$\{H_0, H_1\} = -m \cdot \nabla_m H_0 \times \nabla_m H_1$$

$$= (\lambda_1^2\alpha_1 + \lambda_2^2\alpha_2\cos^2\theta + \lambda_3^2\alpha_3\sin^2\theta)m_1 m_2 m_3.$$

由于参数方程 (8.3.7) 中，m_1, m_3 是偶函数，m_2 是奇函数，因此，第一项 $\lambda_1^2\alpha_1 m_1 m_2 m_3$ 的积分等于零. 于是，

$$M(\theta_0) = \frac{1}{(k/J_1)}\int_{-\infty}^{\infty}m_1 m_2 m_3(\alpha_2\lambda_2^2\cos^2\theta + \alpha_3\lambda_3^2\sin^2\theta)\mathrm{d}\theta$$

$$= \frac{J_1}{2k}\int_{-\infty}^{\infty}m_1 m_2 m_3(\alpha_2\lambda_2^2\cos 2\theta - \alpha_3\lambda_3^2\cos 2\theta)\mathrm{d}\theta$$

$$= \frac{J_1}{2k}(\alpha_2\lambda_2^2 - \alpha_3\lambda_3^2)\int_{-\infty}^{\infty}m_1 m_2 m_3\cos 2\theta\mathrm{d}\theta.$$

将异宿轨道参数表示 (8.3.7) 或 (8.3.8) 代入以上积分，得到

$$M(\theta_0) = \frac{J_1}{2k}(\alpha_2\lambda_2^2 - \alpha_3\lambda_3^2)\int_{-\infty}^{\infty}(l^3\sqrt{\alpha_1\alpha_3}/(-\alpha_2))$$

$$\times\mathrm{sech}^2(-\sqrt{\alpha_1\alpha_3}lt)\tanh(-\sqrt{\alpha_1\alpha_3}lt)\times\cos\left[2\left(\frac{k}{J_1}t + \theta_0\right)\right]\mathrm{d}t$$

$$= C\left[\int_{-\infty}^{\infty}\mathrm{sech}^2(-\sqrt{\alpha_1\alpha_3}lt)\tanh(-\sqrt{\alpha_1\alpha_3}lt)\times\sin(2kt/J_1)\mathrm{d}t\right]\cdot\sin 2\theta_0,$$

其中, $C = \dfrac{J_1}{2k}(\alpha_2\lambda_2^2 - \alpha_3\lambda_3^2)\dfrac{l^3\sqrt{\alpha_1\alpha_3}}{\alpha_2} \neq 0$. 再用留数法计算上面的无穷积分, 最后得到

$$M(\theta_0) = C \cdot \frac{2\pi k^2}{J_1^2(-\sqrt{\alpha_1\alpha_3}l)^3} \cdot \text{cosech}\left(\frac{k\pi}{-\sqrt{\alpha_1\alpha_3}lJ_1}\right) \cdot \sin 2\theta_0. \tag{8.3.12}$$

由 (8.3.12) 显然可见, $M(\theta_0)$ 存在简单零点. 因此, 由第 4 章的讨论立即可知, 以下结论成立.

定理 8.3.1　在自由刚体的一个主轴上附加一个简单的稍不对称的旋转装置, 则当 $k > 0$ 时该简化模型在辛叶上存在横截同宿轨道, 从而这些运动在 Smale 马蹄存在的意义下是混沌的.

注意, 如果在上述刚体上附加两个或多个装置, 可能出现 Arnold 扩散现象. 详见 Holmes 与 Marsden 的上述引文.

§8.4　大气动力学方程谱模态系统的周期解分支

动力气象学的一个重要任务是应用大气运动方程确定大气环流的动力学性质, 以此为数值天气预报提供理论依据. 一个简化的大气动力学方程是以下有地形作用、热力强迫和耗散的正压无幅散型:

$$\frac{\partial}{\partial t}\nabla^2\psi + J(\psi, \nabla^2\psi + \eta) + \beta\frac{\partial\psi}{\partial x} = H + \gamma\nabla^4\psi, \tag{8.4.1}$$

其中, ψ 为地转流函数, η 为地形变量, β 为 Coriolis 参数随纬度的变化率, H 为强迫加热项, γ 为水平粘滞系数, J 为 Jacobi 算子, 即

$$J(f, g) = \frac{\partial f}{\partial x}\frac{\partial g}{\partial y} - \frac{\partial f}{\partial y}\frac{\partial g}{\partial x}.$$

鉴于对 (8.4.1) 一般研究的困难性, 动力气象学家通常采用广义 Galerkin 方法, 研究 (8.4.1) 的高截断的谱模式. 例如 J.G.Vickroy 与 J.A.Dutton(1979) 取基函数:

$$\left.\begin{aligned}
\psi_1(x, y) &= \frac{\sin y}{\pi}, \\
\psi_2(x, y) &= \frac{\sqrt{2}\cos y\sin lx}{\pi}, \\
\psi_3(x, y) &= \frac{\sqrt{2}\cos 3y\cos lx}{\pi},
\end{aligned}\right\} \tag{8.4.2}$$

其中, $(x, y) \in D = \left\{(x, y)\big| 0 \leqslant x \leqslant 2\pi, -\dfrac{\pi}{2} \leqslant y \leqslant \dfrac{\pi}{2}\right\}$. 它们分别是方程 $\nabla_H^2\psi = -\lambda_n\psi$ 的对应于特征值 $\lambda_1 = 1, \lambda_2 = 1+l^2, \lambda_3 = 9+l^2$ 的特征函数. 流函数 $\psi(x, y, t)$

在这组基下可表示为

$$\psi(x,y,t) = a_1(t)\frac{\sin y}{\pi} + a_2(t)\frac{\sqrt{2}\cos y \sin lx}{\pi} + a_3(t)\frac{\sqrt{2}\cos 3y \cos lx}{\pi}. \tag{8.4.3}$$

若设地形影响 $\eta = 0$, 经过详细推导, 可得以下的三分量高截断谱模式方程:

$$\left.\begin{aligned}
&\dot{a}_1 + [(\lambda_3 - \lambda_2)/\lambda_1]D_{231}a_2a_3 + \gamma\lambda_1 a_1 = -H_1/\lambda_1, \\
&\dot{a}_2 + [(\lambda_1 - \lambda_3)/\lambda_2]D_{231}a_1a_3 + \gamma\lambda_2 a_2 = -H_2/\lambda_2, \\
&\dot{a}_3 + [(\lambda_2 - \lambda_1)/\lambda_3]D_{231}a_1a_2 + \gamma\lambda_3 a_3 = -H_3/\lambda_3,
\end{aligned}\right\} \tag{8.4.4}$$

其中, $D_{231} = -8l/15\pi^2, \gamma = 0.01$ 是小量 $H_i(i=1,2,3)$ 为加热率参数. 对方程 (8.4.4), Vickroy 与 Dutton(1979), Mitchell 与 Dutton(1981) 曾经讨论过系统的平衡点个数和稳定性, 并用数值方法研究过可能产生的 Hopf 分支周期解问题. 但对于更为一般的动力学性质的研究, 例如大振幅周期解, 同宿分支及混沌性质等, 未见系统的讨论.

本节进一步考虑地形的影响, 即 $\eta \neq 0$. 为简单起见, 假设 η 在基函数 (8.4.2) 下的展开式取如下特殊形式

$$\eta = \tilde{h}\psi_2, \tag{8.4.5}$$

并注意到 γ 为小量, 从而考虑 (8.4.1) 的以下谱模态方程:

$$\left.\begin{aligned}
\frac{dx_1}{dt} &= \alpha_1 x_2 x_3 + bx_3 - \varepsilon(\gamma x_1 + F_1(t)), \\
\frac{dx_2}{dt} &= \alpha_2 x_1 x_3 - \varepsilon(\sqrt{1+l^2}\gamma x_2 + F_2(t)), \\
\frac{dx_3}{dt} &= \alpha_3 x_1 x_2 - bx_1 - \varepsilon(\sqrt{9+l^2}\gamma x_3 + F_3(t)),
\end{aligned}\right\} \tag{8.4.6$_\varepsilon$}$$

其中为确定起见, 取 (8.4.2) 中 $l=2$, 此时

$$\alpha_1 = \frac{2 \times 64}{15\sqrt{65}\pi^2}, \quad \alpha_2 = -\frac{3}{2}\alpha_1, \quad \alpha_3 = \frac{1}{2}\alpha_1,$$

$$b = \frac{16\tilde{h}}{15\sqrt{13}\pi^2}, \quad \gamma > 0, \quad 0 < \varepsilon \ll 1. \tag{8.4.7}$$

而 $x_i(t)$ 与 (8.4.3) 中的 $a_i(t)$ 有如下对应关系:

$$x_1(t) = a_1(t), \quad x_2(t) = \sqrt{5}a_2(t), \quad x_3(t) = \sqrt{13}a_3(t). \tag{8.4.8}$$

从 (8.4.7) 知 $\alpha_1 > \alpha_3 > 0, \alpha_2 < 0$, 且 $\alpha_1 + \alpha_2 + \alpha_3 = 0$. 因此不难验证 (8.4.6)$_\varepsilon$ 可以改写为 $R^3(x_1, x_2, x_3)$ 上的广义 Hamilton 扰动系统:

$$\dot{x}_i = \{x_i, H\}(x) + \varepsilon g_i(x,t), \quad i = 1,2,3. \tag{8.4.9$_\varepsilon$}$$

Hamilton 函数 H 具有如下形式:

$$H(x) = 0.5 \cdot (\mu_1 x_1^2 + \mu_2 x_2^2 + \mu_3 x_3^2) + bx_2 = h, \tag{8.4.10}$$

其中, $\mu_2 - \mu_3 = \alpha_1, \mu_1 - \mu_2 = \alpha_3, \mu_3 - \mu_1 = \alpha_2$ 并且 $\mu_1 > \mu_2 > \mu_3 > 0$. 显然 $b = 0$ 时, $(8.4.9)_{\varepsilon=0}$ 是类似于系统 $(8.3.2)$ 的广义 Hamilton 系统, 其 Casimir 函数为

$$C(x) = 0.5 \cdot (x_1^2 + x_2^2 + x_3^2) = 0.5l^2. \tag{8.4.11}$$

因此, 未扰动系统 $(8.4.6)_{\varepsilon=0}$ 的相轨道完全分布在单参数辛叶族 $\sum_l = \left\{ x \in R^3 | C(x) = \frac{1}{2}l^2 \right\}$ 上. 当 $l > 0$ 时, $\sum_l$ 是半径为 l 的二维球面, 而当 $l = 0$ 时 $\sum_l$ 退化为原点 $(0, 0, 0)$, 它既是 $(8.4.6)_{\varepsilon=0}$ 的平衡点又是相应 Poisson 结构的奇异点.

对于固定的 $l > 0$, 在 $\sum_l$ 上未扰动系统 $(8.4.6)_{\varepsilon=0}$ 至多存在六个平衡点, 其对应的坐标分别为:

$$\mathrm{e}_1^\pm = (0, \pm l, 0), \quad \mathrm{e}_2^\pm = (\pm\sqrt{l^2 - (b/\alpha_3)^2}, b/\alpha_3, 0),$$

$$\mathrm{e}_3^\pm = (0, -b/\alpha_1, \pm\sqrt{l^2 - (b/\alpha_1)^2}).$$

显然, $\mathrm{e}_2^\pm$ 与 $\mathrm{e}_3^\pm$ 仅当 $l^2 > (b/\alpha_3)^2$ 与 $l^2 > (b/\alpha_1)^2$ 时才存在. 记 $b_1 = \alpha_3 l, b_2 = \alpha_1 l$, 那么对于固定的 $l > 0$, 取地形高度 $b \geqslant 0$ 作为参数, 通过计算 $(8.4.6)_{\varepsilon=0}$ 的导算子矩阵在各平衡点的行列式之值, 可以判定上述平衡点在 $\sum_l$ 上是中心还是鞍点, 其结论如下:

(i) 当 $0 \leqslant b < b_1$ 时, $\mathrm{e}_1^\pm$ 是鞍点, $\mathrm{e}_2^\pm$ 和 $\mathrm{e}_3^\pm$ 是中心;

(ii) 当 $b_1 < b < b_2$ 时, $\mathrm{e}_1^+, \mathrm{e}_3^\pm$ 是中心, e_1^- 是鞍点;

(iii) 当 $b_2 < b$ 时, $\mathrm{e}_1^\pm$ 都是中心.

综合上述, 我们得到图 8.4.1 所示的平衡点分支图, b_1 与 b_2 是两个叉型 (Pitchfork) 分支的参数值.

在每个平衡点, 对应的 Hamilton 量分别为

$$H(\mathrm{e}_1^\pm) = \frac{1}{2}\mu_2 l^2 \pm bl, \quad H(\mathrm{e}_2^\pm) = \frac{1}{2}\left[\mu_1 l^2 + \frac{b^2}{\alpha_3}\right],$$

$$H(\mathrm{e}_3^\pm) = \frac{1}{2}[\mu_3 l^2 - (b^2/\alpha_1)].$$

通过简单的定性分析, 可得未扰动系统 $(8.4.6)_{\varepsilon=0}$ 在辛叶 $\sum_l$ 上的轨道的定性图形, 如图 8.4.2 所示.

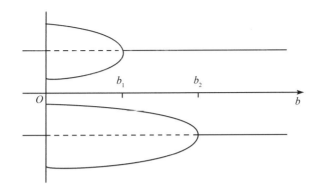

图 8.4.1 平衡点分支图 (实线代表中心, 虚线代表鞍点)

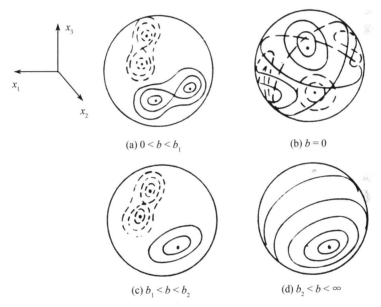

(a) $0 < b < b_1$ (b) $b = 0$

(c) $b_1 < b < b_2$ (d) $b_2 < b < \infty$

图 8.4.2 未扰动系统在辛叶 $\sum_l$ 上的相图

图 8.4.2 中球面 $\sum_l$ 上的各族周期轨道均可通过 Jacobi 椭圆函数确定其参数表示, 而同宿与异宿轨道可通过双曲函数确定. 作为例子, 考虑 $0 < b < b_1$ 时的情况. 此时

$$H(\mathrm{e}_3^{\pm}) < H(\mathrm{e}_1^{-}) < H(\mathrm{e}_1^{+}) < H(\mathrm{e}_2^{\pm}). \tag{8.4.12}$$

用 $\eta_i (i = 1, 2, 3, 4)$ 表示代数方程

$$(\alpha_1 x_2^2 + 2bx_2 - c_1)(\alpha_3 x_2^2 - 2bx_2 - c_2) = 0 \tag{8.4.13}$$

的四个实根, 其中 $c_1 = 2h - \mu_3 l^2, c_2 = 2h - \mu_1 l^2$. 显然,

$$\eta_{1,2} = \frac{1}{\alpha_1}\{b \mp \sqrt{2\alpha_1[h - H(\mathrm{e}_3^{\pm})]}\},$$

$$\eta_{3,4} = \frac{1}{\alpha_3}\{b \pm \sqrt{2\alpha_3[H(\mathrm{e}_2^{\pm}) - h]}\}.$$

当 Hamilton 量 h 满足 $H(\mathrm{e}_2^{\pm}) > h > H(\mathrm{e}_1^{+})$ 时, 易证 (8.4.13) 的四个实根 η_i 满足关系:

$$\eta_1 > \eta_3 > \eta_4 > \eta_2. \tag{8.4.14}$$

由关系 (8.4.10) 和 (8.4.11) 可知:

$$\begin{cases} x_1^2 = \dfrac{1}{\alpha_2}(\alpha_1 x_2^2 + 2bx_2 - c_1), \\[2mm] x_3^2 = \dfrac{1}{\alpha_2}(\alpha_3 x_2^2 - 2bx_2 - c_2). \end{cases} \tag{8.4.15}$$

若记:

$$N = (\eta_3 - \eta_4)/(\eta_3 - \eta_2),$$

$$B = \frac{1}{2}[\alpha_1\alpha_3(\eta_1 - \eta_4)(\eta_3 - \eta_4)]^{1/2},$$

$$k = [(\eta_3 - \eta_4)(\eta_1 - \eta_2)/(\eta_1 - \eta_4)(\eta_3 - \eta_2)]^{1/2} = \left[\frac{(\eta_1 - \eta_2)}{(\eta_1 - \eta_4)}N\right]^{1/2},$$

利用关系式 (8.4.15) 和 $(8.4.6)_{\varepsilon=0}$ 中关于 x_2 的方程, 积分之, 可得 $x_2(t)$ 的参数表示 $(c = l^2/2)$:

$$x_2^h(t, c) = \frac{\eta_4 - \eta_2 N\mathrm{sn}^2(Bt)}{1 - N\mathrm{sn}^2(Bt)}, \quad H(\mathrm{e}_1^{+}) < h < H(\mathrm{e}_2^{\pm}), \tag{8.4.16}$$

其中, sn$u$ 是模为 k 的 Jacobi 椭圆函数. $x_1^h(t)$ 和 $x_3^h(t)$ 的参数表示容易从 (8.4.15) 和 (8.4.16) 得到, 为节省篇幅此处从略. 参数表示 (8.4.16) 描述了 $\sum_l$ 上仅包围平衡点 e_2^{+} 的周期轨道的参数方程. 显然, 关于 t 的周期为 $T(h, c) = 2K(k)/B(c = l^2/2)$. $K(k)$ 表示第一类完全椭圆积分.

令 $h \to H(\mathrm{e}_1^{+})$, 从而 $k \to 1$, 由 (8.4.16) 可得到作为极限方程的同宿到平衡点 e_1^{+} 而包围 e_2^{+} 的同宿轨道的参数表示:

$$x_2^{h_1^{+}}(t, c) = \frac{\hat{\eta}_4 - \hat{\eta}_2\hat{N}\mathrm{th}^2(\hat{B}t)}{1 - \hat{N}\mathrm{th}^2(\hat{B}t)}, \ h_1^{+} \equiv H(\mathrm{e}_1^{+}), \tag{8.4.17}$$

其中,

$$\hat{N} = \frac{\alpha_1(\alpha_3 l - b)}{\alpha_3(\alpha_1 l + b)}, \quad \hat{B} = [(\alpha_3 l - b)(\alpha_1 l + b)]^{1/2},$$

$$\hat{\eta}_2 = -\frac{1}{\alpha_1}(2b + 2\alpha_1 l), \quad \hat{\eta}_4 = \frac{1}{\alpha_3}(2b - 2\alpha_3 l).$$

类似地可以得到同宿于 e_1^+ 而包围 e_2^- 的同宿轨道的参数表示.

利用第 4 章所述的 Hamilton 扰动系统存在次谐周期轨道的判定方法, 可以得出 $\varepsilon \neq 0$ 充分小时, 扰动系统 $(8.4.6)_\varepsilon$ 在未扰动轨道 (8.4.16) 附近的周期轨道存在条件.

对于扰动系统 $(8.4.6)_\varepsilon$, 根据前面的讨论容易求得

$$\langle \nabla H, g \rangle = -\gamma[\mu_1 x_1^2 + \sqrt{5}\mu_2 x_2^2 + \sqrt{13}\mu_3 x_3^2] - \sqrt{5}\gamma b x_2$$
$$- [\mu_1 x_1 F_1(t) + \mu_2 x_2 F_2(t) + \mu_3 x_3 F_3(t)] - b F_2(t), \tag{8.4.18}$$

$$\langle \nabla C, g \rangle = -\gamma[x_1^2 + \sqrt{5}x_2^2 + \sqrt{13}x_3^2] - [x_1 F_1(t) + x_2 F_2(t) + x_3 F_3(t)]. \tag{8.4.19}$$

为简单起见, 以下假设 $F_1 = F_2 = 0, F_3 = \delta_0 + \delta_1 \cos t$, 对于周期 $T(h,c)(= 2K(k)/B)$, 满足共振条件

$$T(h,c) = \frac{m}{n} \cdot 2\pi, \quad m,n \text{ 互素} \tag{8.4.20}$$

的未扰动周期轨道 $x^h(t,c)$, 注意当 $t = 0$ 时, $x_3^h(0,c) = 0, x_2^h(0,c) = \eta_4$, 而

$$x_1^h(0,c) = \left[\frac{1}{\alpha_2}(\alpha_1 \eta_4^2 + 2b\eta_4 - c_1)\right]^{1/2}$$

代入 (8.4.10) 左边并对 $c\left(c = \frac{1}{2}l^2\right)$ 求导可得 $\frac{\partial H}{\partial c}(x^h(0,c)) \equiv 0$. 因此由 (8.4.18) 和 (8.4.19) 容易得出与 $x^h(t,c)$ 对应的 Melnikov 函数的如下分量:

$$M_1^{m/n}(h,\theta,c) = \frac{T(h,c)}{2\pi} \int_0^{2m\pi} \langle \nabla H, g \rangle[x^h(t,c), t + \theta] dt$$
$$= \frac{T(h,c)}{2\pi}[-I_1(h,c)\gamma - (\sqrt{5}\gamma b + \mu_2 \delta_0)I_2(h,c)$$
$$- b\delta_0 n T(h,c) - \mu_2 \delta_1 I_3^{m,n}(h,c)\cos\theta]; \tag{8.4.21}$$

$$M_3^{m/n}(h,\theta,c) = \int_0^{2m\pi} \langle \nabla C, g \rangle[x^h(t,c), t + \theta] dt$$
$$= -I_4(h,c)\gamma - \delta_0 I_2(h,c) - \delta_1 I_3^{m,n}(h,c)\cos\theta; \tag{8.4.22}$$

其中，

$$I_1(h,c) = \int_0^{2m\pi} [\mu_1(x_1^h(h,c)) + \sqrt{5}\mu_2(x_2^h(t,c))^2 + \sqrt{13}\mu_3(x_3^h(t,c))^2]\mathrm{d}t > 0,$$

$$I_2(h,c) = \int_0^{2m\pi} x_2^h(h,c)\mathrm{d}t,$$

$$I_3^{m,n}(h,c) = \int_0^{2m\pi} x_2^h(h,c)\cos t\mathrm{d}t, \quad \text{当 } n \neq 1 \text{ 时等于零,}$$

$$I_4(h,c) = \int_0^{2m\pi} [(x_1^h(h,c))^2 + \sqrt{5}(x_2^h(t,c))^2 + \sqrt{13}(x_3^h(t,c))^2] > 0.$$

对 $n = 1$ 的情况，经过计算可以得到在 $M_1^{m/1}, M_3^{m/1}$ 的零点处有

$$\frac{\partial\Omega}{\partial h}\frac{\partial(M_1,M_3)}{\partial(\theta,c)} - \frac{\partial\Omega}{\partial c}\frac{\partial(M_1,M_3)}{\partial(\theta,c)}$$

$$= \frac{\gamma\delta_1}{T(h,c)}I_3^{m/1}(h,c)\sin\theta\left[\frac{\partial(I_1,T)}{\partial(h,c)} + \sqrt{5}b\frac{\partial(I_2,T)}{\partial(h,c)} - \mu_2\frac{\partial(I_4,T)}{\partial(h,c)}\right]. \quad (8.4.23)$$

若记 $\hat{I}(h,c) = I_1(h,c) + \sqrt{5}bI_2(h,c) - \mu_2I_4(h,c)$，那么 $M_1^{m/1} = M_3^{m/1} = 0$ 等价于下面的方程组：

$$\left.\begin{array}{l} I_4\gamma + \delta_0 I_2 + \delta_1 I_3\cos\theta = 0, \\ \hat{I}\gamma + b\delta_0 T = 0, \end{array}\right\} \quad (8.4.24)$$

而 (8.4.23) 的右边可写为

$$\Delta_1 \equiv \frac{\gamma\delta_1}{T(h,c)}I_3\sin\theta\frac{\partial(\hat{I},T)}{\partial(h,c)}. \quad (8.4.25)$$

于是根据第 4 章的定理 4.1.1 可得如下结论：

定理 8.4.1　假设 $F_1 = F_3 = 0, F_2 = \delta_0 + \delta_1\cos t$. 若谱模态方程 $(8.4.6)_\varepsilon$ 中的参数 γ, δ_0 和 δ_1 使得 (8.4.24) 存在解 (h_0,θ_0,c_0) 并满足 $\Delta_1(h_0,\theta_0,c_0) \neq 0$，那么对充分小的 $\varepsilon > 0$，方程 $(8.4.6)_\varepsilon$ 在由 (8.4.16) 确定的未扰动轨道 $x^{h_0}(t,c_0)$ 附近存在 m 阶次谐周期轨道.

对于自治扰动情况，即 $\delta_1 = 0, \Delta_1 \equiv 0$ 时定理 8.4.1 不成立. 此时 (8.4.24) 变为：

$$\left.\begin{array}{l} I_4\gamma + \delta_0 I_2 = 0, \\ \hat{\gamma} + b\delta_0 T = 0. \end{array}\right\} \quad (8.4.26)$$

在 (8.4.26) 的零点 (h_0,c_0) 有

$$\frac{\partial(M_1,M_3)}{\partial(h,c)} = \frac{T(h,c)}{2\pi}\cdot\Delta_2(h,c), \quad (8.4.27)$$

其中

$$\Delta_2(h,c) = \gamma^2 \frac{\partial(\hat{I}, I_4)}{\partial(h,c)} + \gamma\delta_0 \left[\frac{\partial(\hat{I}, I_2)}{\partial(h,c)} + b\frac{\partial(T, I_4)}{\partial(h,c)} \right] + b\delta_0^2 \frac{\partial(T, I_2)}{\partial(h,c)}.$$

于是根据第 4 章自治扰动情况的定理 4.1.2 可得如下结论:

定理 8.4.2 假设 $F_1 = F_3 = 0, F_2 = \delta_0$. 若方程 $(8.4.6)_\varepsilon$ 中的参数 γ, δ_0 使得 (8.4.26) 存在零点 (h_0, c_0) 并满足条件 $\Delta_2(h_0, c_0) \neq 0$, 那么对充分小的 $\varepsilon > 0$, 在由 (8.4.16) 确定的未扰动周期轨道 $x^{h_0}(t, c_0)$ 附近, $(8.4.6)_\varepsilon$ 存在孤立的周期轨道, 其周期为 $T_\varepsilon = T(h_0, c_0) + O(\varepsilon)$.

§8.5 *ABC* 流的不变环面与混沌流线

描述流体离子的运动通常有两种方法, 一种是关于流体离子速度的 Euler 法, 另一种是关于流体离子位置的 Lagrange 方法. 理论上说, 如果已知流体离子的 Euler 结构 (即速度场), 则可以通过求解速度场对应的常微分方程获得流体离子的位置. 然而, 问题没那么简单. 具有简单 Euler 结构的三维平稳流也可能有混沌的 Lagrange 结构, 俄罗斯数学家 V.I.Arnold 在 1965 年首先提出的如下 *ABC* 流模型就是具有这种复杂特性的一个简单 Euler 结构:

$$\left.\begin{aligned} \dot{x} &= A\sin z + C\cos y, \\ \dot{y} &= B\sin x + A\cos z, \\ \dot{z} &= C\sin y + B\cos x. \end{aligned}\right\} \tag{8.5.1}$$

其中, A, B, C 是实参数. 关于 *ABC* 流的物理背景和详细研究情况, 可见 Zhao Xiaohua 等 (1993) 及 Huang Debin 等 (1998).

以下总假定 (8.5.1) 中的参数满足条件:

$$A > B \geqslant C \geqslant 0, \quad B^2 + C^2 < A^2, \quad C \ll 1. \tag{8.5.2}$$

易证, 系统 (8.5.1) 在条件 (8.5.2) 下不存在平衡点. 一般而言, 系统 (8.5.1) 是不可积的. 然而, 当 $C = 0$ 时, 系统 (8.5.1) 却是可积的. 此时 (8.5.1) 变为

$$\left.\begin{aligned} \dot{x} &= A\sin z, \\ \dot{y} &= B\sin x + A\cos z, \\ \dot{z} &= B\cos x. \end{aligned}\right\} \tag{8.5.3}$$

方程 $(8.5.3)_1$ 和 $(8.5.3)_3$ 构成一个分离常微分方程组, 易求出其通积分:

$$H(x, z) = B\sin x + A\cos z = h. \tag{8.5.4}$$

其中, h 为积分常数. 注意到 $H(x,z)$ 恰好是方程 $(8.5.3)_2$ 的右端, 因此, 流体离子随时间的 t 运动在 y 方向是简单的匀速直线运动 $y = y_0 + ht$. 此外不难验证, 方程 $(8.5.3)_1$ 和 $(8.5.3)_3$ 实际上是二维环面 $\mathbb{T}^2(x \bmod 2\pi, z \bmod 2\pi)$ 上的一个 Hamilton 系统, 其 Hamilton 函数就是 $(8.5.4)$ 中的 $H(x,z)$. 这样, 经过简单的平衡点分析, 并利用平面 Hamilton 系统定性性质, 可知方程组 $(8.5.3)_1$ 和 $(8.5.3)_3$ 在环面 $\mathbb{T}^2$ 上有四个平衡点: $p_1(\pi/2, \pi), p_2(3\pi/2, \pi), p_3(\pi/2, 0)$ 和 $p_4(3\pi/2, 0)$, 其中 p_1 和 p_4 是鞍点, p_2 和 p_3 是中心, 它们的 Hamilton 量有下面的关系

$$H(p_3) > H(p_4) > H(p_1) > H(p_2), \tag{8.5.5}$$

其中, $h_1 \equiv H(p_4) = -H(p_1) = A - B$, $h_2 \equiv H(p_3) = -H(p_2) = A + B$. 根据这些信息立即可得二维方程组 $(8.5.3)_1$ 和 $(8.5.3)_3$ 的轨线分类:

(i) 当 $-h_2 < h < -h_1$ $(h_2 > h > h_1)$ 时, $(8.5.4)$ 表示一簇环绕 p_2 (p_3) 的闭轨线, 记为 $\{\Gamma_1^h\}$ $(\{\Gamma_2^h\})$;

(ii) 当 $h = -h_1$ $(h = h_1)$ 时, $(8.5.4)$ 表示同宿于 p_1 (p_4) 的同宿轨线, 记为 $\{\Gamma_1^{-h_1}\}$ $(\{\Gamma_2^{h_1}\})$;

(iii) 当 $-h_1 < h < h_1$ 时, $(8.5.4)$ 表示两簇在所谓剪刀层中的闭轨线, 记为 $\{\Gamma_{3\pm}^h\}$ ("$+$" 和 "$-$" 分别对应上下剪切层).

对方程组 $(8.5.3)_1$ 和 $(8.5.3)_3$ 求积分直接得到相轨线的参数解析公式. 举例如下.

(i) 对应于 $\{\Gamma_1^h\}$ (其中 $-h_2 < h < -h_1$) 的解析式为,

$$\left.\begin{array}{l} x_h(t) = 3\pi/2 - \arcsin\left[\dfrac{2b\lambda\mathrm{sn}(\lambda t)\mathrm{dn}(\lambda t)}{B(1 + b^2\mathrm{cn}^2(\lambda t))}\right], \\[2mm] z_h(t) = \pi + 2\arctan[b\mathrm{cn}(\lambda t)]. \end{array}\right\} \tag{8.5.6}$$

其中, $\lambda^2 = AB$, $k^2 = [(A+B)^2 - h^2]/(4\lambda^2)$, $b^2 = (A+B+h)/(A-B-h)$, 而 $\mathrm{sn}u, \mathrm{cn}u, \mathrm{dn}u$ 是模为 k 的 Jacobi 椭圆函数, 均是周期为 $T(h) = (4/\lambda)K(k)$, 这里 $K(k)$ 是第一类完全椭圆积分.

(ii) 对应于同宿轨道 $\Gamma_1^{-h_1}$ 的解析式为

$$\left.\begin{array}{l} x^0(t) = 3\pi/2 - \arcsin\left[\dfrac{2b_0\lambda\mathrm{sh}(\lambda t)}{B(1 + b_0^2\mathrm{ch}^2(\lambda t))}\right], \\[2mm] z^0(t) = \pi + 2\arctan[b_0\mathrm{sech}(\lambda t)]. \end{array}\right\} \tag{8.5.7}$$

其中, $b_0^2 = \lim_{h \to -h_1} = B/(A-B)$, $\mathrm{sh}u, \mathrm{ch}u$ 是双曲函数.

(iii) 对应于 $\{\Gamma_{3\pm}^h\}$ $(-h_1 < h \leqslant 0)$ 的解析式为

$$
\left.
\begin{aligned}
x_{3\pm}^h(t) &= 3\pi/2 \mp \arcsin\left[\frac{2b\lambda k_1 \mathrm{sn}(\lambda kt)\mathrm{cn}(\lambda kt)}{B(1 + b^2\mathrm{dn}^2(\lambda kt))}\right], \\
z_h(t) &= \pi \pm 2\arctan[b\mathrm{dn}(\lambda kt)].
\end{aligned}
\right\}
\tag{8.5.8}
$$

其中, 椭圆函数的模为 $k_1 = 1/k^2 = 4\lambda^2/[(A + B)^2 - h^2] < 1$, 周期为 $T(h) = 2K(k_1)/(\lambda k)$.

为研究 $C \neq 0$ 的情况, 文献 Zhao Xiaohua (1993) 将 (8.5.1) 改写为如下平面系统:

$$
\left.
\begin{aligned}
x' &= \frac{A\sin z}{B\sin x + A\cos z} + C\frac{\cos y}{B\sin x + A\cos z}, \\
z' &= \frac{B\cos x}{B\sin x + A\cos z} + C\frac{\sin y}{B\sin x + A\cos z},
\end{aligned}
\right\}
\tag{8.5.9}
$$

其中, x', z' 表示对 y 的导数. 容易验证 (8.5.9) 实际上是一个平面 Hamilton 系统的扰动系统 (C 是扰动小参数), 因此可以用标准的平面 Melnikov 方法研究 (8.5.9) 的 (关于 “时间” y 的) 周期解及混沌性质. 为更清晰地获得 *ABC* 流 (8.5.1) 关于时间 t 的动力学性质, Huang Debin 等 (1998) 用 Wiggins(1988) 中的 Melnikov 方法高维推广形式直接研究 (8.5.1). 下面介绍该文献中的具体论述.

8.5.1 *ABC* 流不变环面的存在性

考虑 $\mathbb{T}^3$ 中的子域 $D_0 = N \times S^1$. 其中, N 是 Γ_1^h 所围 (x, z) 区域.

根据 Wiggins(1988) 论证, 在 D_0 中存在如下作用：角度变换

$$
(x, z, y) \rightarrow (I, \theta, \varphi).
$$

其中,

$$
\left.
\begin{aligned}
I &= \frac{1}{2\pi}\oint_{H=h} z\mathrm{d}x = \frac{1}{\pi}\int_{\frac{3\pi}{2} - \cos^{-1}\frac{h+A}{B}}^{\frac{3\pi}{2} + \cos^{-1}\frac{h+A}{B}} \cos^{-1}\left(\frac{h - B\sin x}{A}\right)\mathrm{d}x, \\
\theta &= \Omega(h)t(x, z) = \frac{2\pi}{T(h)}t(x, z), \\
\varphi &= y,
\end{aligned}
\right\}
\tag{8.5.10}
$$

$T(h)$ 是 $H(x, z) = h$ 所对应的闭轨的周期 $(-h_2 < h < -h_1)$. 在这组坐标下,

$H(x(I,\theta),z(I,\theta)) = H(I)$, 并且 (8.5.1) 在区域 D_0 中可表示为

$$\left.\begin{array}{l}
\dot{I} = C\cos\varphi, \\[2mm]
\dot{\theta} = \Omega(I) + C\sin\varphi, \\[2mm]
\dot{\varphi} = H(I).
\end{array}\right\} \tag{8.5.11}$$

其中, $\Omega(I) = \dfrac{2\pi}{T(H(I))} = \dfrac{2\pi}{T(I)}$, $I \in [a,b] \subset \mathbb{R}$, $\theta \in S^1$, $\varphi = y \in S^1$.

　　显然, $C = 0$ 时, 在三维区域 D_0 中, ABC 流的相空间具有叶层结构, $I \equiv I_0$ 就确定这个叶层中的一个叶子, 是一个二维不变环面. 下面现在我们来研究当 $C \neq 0$ 但很小时, 这些不变环面是否保持的问题.

　　由正则摄动理论和 Grownwall 不等式可知, (8.5.11) 的解可展开如下:

$$\left.\begin{array}{l}
I_c(t) = I_0 + CI_1(t) + \mathcal{O}(C^2), \\[2mm]
\theta_c(t) = \theta_0 + C\theta_1(t) + \mathcal{O}(C^2), \\[2mm]
\varphi_c(t) = \varphi_0 + H(I_0)t + C\varphi_1(t) + \mathcal{O}(C^2).
\end{array}\right\} \tag{8.5.12}$$

其中, $(I_0,\theta_0,\varphi_0) \in [a,b] \times S^1 \times S^1$, $I_1(t),\theta_1(t)$ 和 $\varphi_1(t)$ 满足方程 (8.5.11) 在无扰动轨道 $(I_0,\theta_0 + \Omega(I_0)t,\varphi_0 + H(I_0)t)$ 处的一阶变分方程, 参见 Wiggins(1990).

　　将展开式 (8.5.12) 代入 (8.5.11) 容易求得如下的时间 1 映射 (即 Poincare 映射) $\mathbf{P}_c : (I_c(0), \theta_c(0), \varphi_c(0)) \to (I_c(1), \theta_c(1), \varphi_c(1))$, 即

$$(I_0, \theta_0, \varphi_0) \to (I_0 + CI_1(1),\ \theta_0 + \Omega(I_0) + C\theta_1(1),\ \varphi_0 + H(I_0) + C\varphi_1(1)) + \mathcal{O}(C^2), \tag{8.5.13}$$

其中,

$$\begin{aligned}
I_1(1) &= \int_0^1 \cos[\varphi_0 + H(I_0)t]\,\mathrm{d}t = \frac{1}{H(I_0)}\{\sin[\varphi_0 + H(I_0)] - \sin\varphi_0\} \\
&\equiv F_0(I_0,\varphi_0), \tag{8.5.14}
\end{aligned}$$

$$\begin{aligned}
\theta_1(1) &= \frac{\partial\Omega(I_0)}{\partial I}\int_0^1\int_0^t \cos[\varphi_0 + H(I_0)\zeta]\,\mathrm{d}\zeta\mathrm{d}t + \int_0^1 \sin[\varphi_0 + H(I_0)t]\,\mathrm{d}t \\
&= \frac{1}{H(I_0)}\{\cos\varphi_0 - \cos[\varphi_0 + H(I_0)]\} \times \left(1 + \frac{1}{H(I_0)}\frac{\partial\Omega(I_0)}{\partial I}\right) \\
&\quad - \frac{1}{H(I_0)}\frac{\partial\Omega(I_0)}{\partial I}\sin\varphi_0 \\
&\equiv F_1(I_0,\varphi_0), \tag{8.5.15}
\end{aligned}$$

$$\varphi_1(1) = \frac{\partial H(I_0)}{\partial I} \int_0^1 \int_0^t \cos[\varphi_0 + H(I_0)\zeta]\, d\zeta\mathrm{d}t$$

$$= \frac{\partial H(I_0)}{\partial I} \frac{1}{H(I_0)} \times \left(\frac{1}{H(I_0)} \{\cos\varphi_0 - \cos[\varphi_0 + H(I_0)]\} - \sin\varphi_0 \right)$$

$$\equiv F_2(I_0, \varphi_0). \tag{8.5.16}$$

我们注意到上述 Poincare 映射 $\mathbf{P}_c$ 具有 Cheng C.Q. 和 Sun Y.S.(1990) 中的三维保体积映射的扰动形式. 并从 (8.5.14)~(8.5.16) 可知, 映射 $\mathbf{P}_c$ 在复域

$$\tilde{D}_0(\tilde{I}) = \left\{ |\mathrm{Im}\theta| \leqslant r_0, |\mathrm{Im}\varphi| \leqslant r_0, \quad |I - \tilde{I}| \leqslant s_0, \tilde{I} \in [a, b] \right\}$$

上是实解析映射. 再利用下面的事实

$$\Omega(I_0) = \frac{2\pi}{T(I_0)}, \quad \dot{H}(I_0) \equiv \frac{\partial H(I_0)}{\partial I} = \Omega(I_0), \quad H(I_0) \neq 0,$$

计算可知相应的所谓高维扭转条件是

$$\det \left| \begin{array}{cc} \dot{\Omega}(I_0) & \dot{H}(I_0) \\ \ddot{\Omega}(I_0) & \ddot{H}(I_0) \end{array} \right| = \frac{4\pi^2}{T^3(I_0)} \left(\ddot{T}(I_0) - \frac{\dot{T}^2(I_0)}{T(I_0)} \right) \geqslant s > 0. \tag{8.5.17}$$

因此, 根据 Cheng C.Q. 和 Sun Y.S.(1990) 的结果, 我们可得以下定理:

定理 8.5.1　如果映射 (8.5.13) 满足条件 (8.5.17), 则存在正数 C_0 (可能与 $\tilde{D}_0, s$ 有关), 使得当 $0 < C \leqslant C_0$ 时, *ABC* 流 (8.5.1) 存在一族具有正测度的不变环面. 一般而言, 随着小扰动的出现, 无扰动系统的不变环面都会破裂, 并且在满足条件 (8.5.17) 的无扰系统的不变环面附近会产生扰动系统的新的不变环面.

8.5.2　*ABC* 流的混沌流线

根据前面的讨论, 在 (x, z) 平面内, 当 $h = -h_1$ 时, (8.5.4) 所对应的无扰轨道 $\Gamma_1^{-h_1}$ 是到鞍点 p_1 的同宿轨道, 其参数表示为 (8.5.7). 所以, 集合

$$\mathcal{N}_0 = \left\{ (x, z, y) | x = \frac{\pi}{2}, z = \pi, y \in S^1 \right\} \tag{8.5.18}$$

是 (8.5.1) 的一维法向双曲不变流形. *ABC* 流 (8.5.1) 限制在 $\mathcal{N}_0$ 上为

$$\dot{y} = H\left(\frac{\pi}{2}, \pi\right) = -h_1, \tag{8.5.19}$$

其解为

$$y = -h_1 t + y_0, \quad y_0 \in S^1. \tag{8.5.20}$$

因为 $y \in S^1$, 所以, $\mathcal{N}_0$ 实质上是周期轨道 (一维环面).

从动力学角度分析, $\mathcal{N}_0$ 有二维稳定流形与二维不稳定流形, 分别记作 $W^S(\mathcal{N}_0)$ 和 $W^U(\mathcal{N}_0)$. 它们相交于二维同宿流形

$$\Gamma = \left\{(x,z,y) \,\middle|\, x = x^0(t),\ z = z^0(t),\ y \in S^1,\ -\infty < t < \infty \right\}. \tag{8.5.21}$$

据文献 Wiggins(1988), 存在 $C_0 > 0$, 使得对于任意的 $0 < C \leqslant C_0$, 系统 (8.5.1) 仍有一维法向双曲不变流形

$$\mathcal{N}_C = \left\{(x,z,y) \,\middle|\, x = \frac{\pi}{2} + \mathcal{O}(C),\ z = \pi + \mathcal{O}(C),\ y \in S^1 \right\} \tag{8.5.22}$$

而且, $\mathcal{N}_C$ 有二维局部稳定流与不稳定流, $W^S(\mathcal{N}_C)$ 和 $W^U(\mathcal{N}_C)$. ABC 流 (8.5.1) 限制在 $\mathcal{N}_C$ 上为

$$\dot{y} = -h_1 + \mathcal{O}(C),\ y \in S^1. \tag{8.5.23}$$

显然, $\mathcal{N}_C$ 还是一维环面 (周期轨道).

运用 Wiggins(1988) 中的公式 (4.169b), 可得对应于轨道 $\Gamma_1^{-h_1}$ 的 Melnikov 函数,

$$M(y_0) = \int\limits_{-\infty}^{+\infty} \left\{ B\cos[x^0(t)]\cos y - A\sin[z^0(t)]\sin y \right\} \mathrm{d}t. \tag{8.5.24}$$

其中, $y = \int_0^t H(x^0(s), z^0(s))\mathrm{d}s + y_0 = -h_1 t + y_0$.

利用复变函数论中的留数定理, 计算可得

$$M(y_0) = -2\pi(\sin\gamma - \cos\gamma)\mathrm{sech}\frac{\pi(A-B)}{2\sqrt{AB}}\sin y_0. \tag{8.5.25}$$

其中, $\gamma = \dfrac{1-m^2}{m}\ln\dfrac{1+m}{(1-m^2)^{1/2}}$, $m^2 = \dfrac{B}{A} < 1$. 易证 $\gamma'(m) < 0$, $0 < \gamma(m) < 1$. 因此, 存在唯一的 m_0 使得 $\gamma(m_0) = \dfrac{\pi}{4}$, 也就是说, $\sin\gamma - \cos\gamma = 0$. 所以, 当 $\dfrac{B}{A} \neq m_0^2$ 时, $M(y_0)$ 有简单零点 $y_0 = 0$. 于是, 根据 Wiggins(1988) 中的定理 3.4.1 和定理 4.1.14, 可得以下定理.

定理 8.5.2　对于充分小的 $C > 0$, 如果 $A > B$, 且 $\dfrac{B}{A} \neq m_0^2$, 则 $W^S(\mathcal{N}_C)$ 和 $W^U(\mathcal{N}_C)$ 在 y_0 附近横截相交. 从而, ABC 流 (8.5.1) 存在 Smale- 马蹄型的混沌流线.

对 (8.5.1) 的其他无扰动轨道, 也可进行类似的讨论.

参 考 文 献

郭友中, 刘曾荣等, 高阶 Melnikov 方法, 应用数学和力学, **12** (1991), 1: 19~30.

郭仲衡, 陈玉明, 具有不依赖于时间的不变量的三维常微分方程组的 Hamilton 结构, 应用数学和力学, 16(1995), 4: 283~288.

郝柏林, 分岔、混沌、奇怪吸引子、湍流及其他: 关于确定性系统中的内在随机性, 物理学进展, **3** (1983), 3: 329~416.

黄德斌, 赵晓华, 具有单参数空间对称群的向量场及其约化, 应用数学和力学, 21(2000), 2:154~160.

黄德斌, 赵晓华, 于锋, 刘玉荣, 保持 n 形式的 Lie 对称群约化及应用, 应用数学学报, 23(2000), 1: 108~121.

李炳照, 高维动力系统的周期轨道, 理论和应用, 上海科技出版社, 1984.

李继彬, 混沌与 Melnikov 方法, 重庆大学出版社, 1989.

李继彬, 朱照宣, 一类三维流的吸引子不变环面与扭结周期轨道, 应用数学学报, **14** (1991), 1: 1~16.

陆启韶, 常微分方程的定性方法和分叉, 北京航空航天大学出版社, 1989.

钱敏, 蒋云平, 旋涡运动的限制三体问题及若干注记, 数学物理学报, **3** (1984), 4: 441~453.

严寅, 钱敏, 横截环及其对 Henon 映像的应用, 科学通报, **30** (1985), 13: 961~965.

张锦炎, 常微分方程几何理论和分支问题, 第二版, 北京大学出版社, 1987.

张锦炎, 三维梯度共轭系统的全周期性, 中国科学, (1983), 5: 426~437.

赵晓华, 广义 Hamilton 扰动系统的周期轨道、同宿轨道分支与混沌, 北京航空航天大学博士论文, 1991.

赵晓华, 程耀, 陆启韶, 黄克累, 广义 Hamilton 系统的研究概况, 力学进展, **24** (1994), 3: 289~300.

赵晓华, 黄克累, 广义 Hamilton 系统与高维动力系统的定性研究, 应用数学学报, 17(1994), 2: 182~191.

赵晓华, 黄克累, 三维广义 Hamilton 系统的同宿轨道分叉, 常微分方程青年论文专辑 (秦元勋主编), 科学出版社, 1991, 357~360.

赵晓华, 李继彬, 大气动力学方程谱模式的分支与混沌 (Ⅰ), 南京大学学报数学半年刊常微专辑, 1993.

赵晓华, 刘正荣, 黄克累, 三维广义 Hamilton 系统的全局分叉与一个航天器模型的混沌运动, MMM-Ⅳ会议论文集, 兰州大学出版社, 1991.

赵晓华, 刘正荣, 李继彬, 大气动力学方程谱模式的分支与混沌 (Ⅱ), MMM-Ⅴ会议论文集, 中国矿业大学出版社, 1993.

赵晓华, 陆启韶, 黄克累, 广义 Hamilton 系统的动力学研究, 现代数学理论与方法在动力学、振动与控制中的应用 (陈滨主编), 科学出版社, 1992, 24~32.

朱照宣, 非线性动力学中的混沌, 力学进展, **14** (1984), 2: 129~146.

Abellanas L and Martinez Alonso L, A general setting for Casimir invariants, J. Math. Physics, **16** (1975),8:1580~1584.

Abraham R H and Marsden J E, Foundations of Mechanics. Benjamin/cummings: Reading, MA,1978.

Andrade R F S and Rauh A, The Lorenz model and the method of Carleman embedding, Physics letters, **82A** (1981), 6: 276~278.

Anna C, Li Jibin and Jaume L, Periodic Solutions of Delay Differential Equations with Two Delay via Bi-Hamiltonian Systems, Ann. of Diff. Eqs., 17:3(2001),205~214.

Aref H, Motion of three vortices phys., Fluids, **22** (1979), 3: 393~400.

Arnold V I, Dynamical Systems III: Mathematical Aspects of Classical and Celestial Mechanics, Springer-Verlag, New York, 1988.

Arnold V I, Geometrical Methods in the Theory of Ordinary Differential Equations. Springer Verlag, New York, 1982.

Arnold V I, Instability of dynamical systems with many degrees of freedom, Sov. Math. Dokl, 5 (1964), 581~585.

Arnold V I, Mathematical Methods of Classical Mechanics. Springer-Verlag, New York, 1978.

Arnold V I, On an priori estimate in the theory of hydrodynamic stability, Amer. Math. Soc. Trans., 19 (1969), 267~269.

Arnold V I, Proof of A N Kolmogorov's theorem on the preservation of quasi-periodic motions under small perturbations of the Hamiltonian, Usp. Mat. Nauk., 18 (1963), 5: 13~40.

Arnold V I, Small denominators and problems of stability of motion in classical and celestial mechanics., Mat. Nauk., 18 (1963), 6: 91~192.

Arnold V I, Sur la topologie des ecoulements stationaries des fluides parfaits, C. R. Acad. Sci. Paris 261 (1965), 17~20.

Arnold V I, The Hamiltonian nature of the Euler equations in the dynamics of a rigid body and of an idesl fluid, Usp. Mat. Nauk., 24 (1969), 225, 226.

Arrowsmith D K and Place C M, An Introduction to Dynamical Systems, Cambridge University Press, New York, 1990.

Ballesteros A and Ragnisco O, A systematic construction of completely integrable Hamiltonians from coalgebras, J. Phys. A 31 (1998)3791~3813.

Banks J, etc On Devaney's definition of Chaos, Amer. Math. Monthly, 99 (1992), 4: 332~334.

Bloch A, Krishnaprasad P S, Marsden J E and Ratiu T S, Euler-Poincaré equations and double bracket dissipation, Comm. Math. Phys. 175 (1) (1996) 1~42.

Bloch A M, Asymptotic Hamiltonian dynamics: the Toda lattice, the three-wave interaction and the nonholonomic Chaplygin sleigh, Physica D 141 (2000) 297~315.

Broer H, Huitema G and Takens F, Unfoldings of quasi-periodic tori, Mem. Amer. Math. Soc. 83 (1990), 13~42.

Broer H, Huitema G and Sevryuk M B, Families of quasi-periodic motions in dynamical systems depending on parameters, Nonlinear Dynamical Systems and Chaos (Proc. dyn. syst. conf., H. W. Broer et. al., eds.), Birkhäuser, Basel, 1996, 171~211.

Broer H, Huitema G and Sevryuk M B, Quasi-periodic motions in families of dynamical systems, Lect. Notes Math. 1645, Springer-Verlag, 1996.

Bryuno A D, Local Methods in Nonlinear Differential Equations, Part I. The Local Method of Nonlinear Analysis of Differential Equations., Part II. The Sets of Analyticity of a Normallzing Transformation, Springer-Verlag, New York, 1989.

Cairo L, and Feix M R, Families of invariants of the motion for the Lotka-Volterra equations: The linear polynomials family, J. Math. Phys., 33 (1992), 7: 2440~2455.

Carr J, Applications of Center Manifold Theory, Springer-Verlag, New York, 1981.

Cary J R and Littlejohn R G, Hamiltonian mechanics and its application to magnetic field line flow, Ann. Phys. 151 (1982), 1~34.

Cheng C Q and Sun Y S, Existence of invariant tori in three dimensional measure-preserving mappings, Celestial Mech. Dyn. Astronom. 47 (1990), 275~292.

Cheng C Q and Sun Y S, Existence of KAM tori in degenerate Hamiltonian systems, *J. Diff. Eqs.* **114** (1994), 288~335.

Chows S-N and Hale J K, Methods of Bifurcation Theory, New York: Springer Verlag, 1982.

Chows S-N, Li C Z and Wang D, Uniqueness of Periodic orbits of some vector fields with codimension two sigularities, J. Diff. Equs., **77** (1989), 231~253.

Conn J E, Normal forms for analytic Poisson structures, Ann. Math., **119** (1984), 377~601.

de la Llave, R. Recent progress in classical mechanics, Mathematical Physics, X (Leipzig, 1991), 3~19, Berlin: Springer, 1992.

Devaney R L, An Introduction to Chaotic Dynamical Systems, Benjamin/Cummings: Menlo Park, CA, (1986).

Easton R W, Trellises formed by stable and unstable manifolds in the plane, Trans. Amer. Math. Soc., **294** (1986), 714~732.

Eliasson L H, Perturbations of stable invariant tori for Hamiltonian systems, *Ann. Scuola Norm. Sup. Pisa Cl. Sci. Ser.* IV **15** (1988), 115~147.

Fassò, F and Sansonetto N, integrable almost-symplectic hamiltonian systems, 2006.

Fenichel N, Persistence and smoothness of invariant manifolds for flows, Indiana Univ. Math., **21** (1971), 193~225.

Fenichel N, Geometric sigular perturbation theory for ordinary differential equations, J. Differential Equations, **31** (1979), 53~98.

Fuchs V, The influence of linear damping on nonlinearly coupled positive and negative energy waves, J. Math. Phys., **16** (1975), 7: 1388~1392.

Gavrilov N I, Dynamics systems with invariant Lebesgue measure on closed, connected, oriented surfaces, Differential Equations, **12** (1976), 2: 201~212.

Golubitsky M and Schaeffer D G, Sigularities and Group in Bifurcation Theory, **1** (1985), New York: Springer-Verlag.

Golubitsky M, Stewart I and Schaeffer D G, Singularities and Group in Bifurcation Theory, **2** (1988), New York: Springer-Verlag.

Grabowski J, Marmo G and Perelomov A M, Poisson structures: towards a classification, Mod. Phys. Lett. A 8 (1993)1719~1733.

Grammaticos B, Ollagnier J M, Ramani A, Streleyn J M and Wojciechowski S, Integrals of quadratic ordinary differential equations in R^3: the Lotka-Volterra system, Physica A, **163** (1990), 683~722.

Grmela M, Bracket formulation of diffusion-convection equations, Phys. D 21 (1986) 179~212.

Gruendler J, The existence of homoclinic orbits and the method of Melnikov for systems in R^n, SIAM J. Math. Anal., **16** (1985), 5: 907~931.

Guckenheimer J and Holmes P J, Nonlinear Oscillations, Dynamical Systems, and Bifurcations of Vector Fields, New York: Springer-Verlag, 1983.

Hao Bai-Lin, Chaos, Singapore: world Scientific, 1984.

Hassard B D, Kazarinoff N D and Wan Y -H, Theory and Applications of the Hopf Bifurcation, Cambridge: Cambridge University Press, 1980.

Herman M R, Topological stability of the Hamiltonian and volume-preserving dynamical systems, Lecture at the International Conference on Dynamical Systems, Evanston, Illinois, 1991.

Hirsch M W, Pugh C C and Shub M, Invariant Manifolds, Lecture Notes in Mathematics, **583** (1977), New York: Springer-Verlag.

Holm D D and Marsden J E et al., Nonlinear Stability of Fluid and Plasma Equilibria, Phys. Reports, **123** (1985), 1~116.

Holms P J, A nonlinear oscillator with a strange attractor., Phil. Trans. Roy. Soc., A, **292** (1979), 419~448.

Holms P J and Marsden J E, Horsesheos in perturbations of Hamiltonian systems with two degree of freedom, Comm. Math. phys., **23** (1982), 523~544.

Holms P J and Marsden J E, Melnikov's method and Arnold diffusion for perturbations of integrable Hamiltonian systems, J. Math. Phys., **23** (1982), 669~675.

Holms P J and Marsden J E, Horsesheos and arnold's diffusion for Hamiltonian systems on Lie groups, Indeana Univ. Math. J., **32** (1983), 2: 273~309.

Holms P J and Williams R F, Knotted periodic orbits in suspensions Smale's horseshoe: Torus knots and bifurcation sequences, Arch. Rat. Mech. Anal., **90** (1985), 115~194.

Huang Debin, Zhao Xiaohua, Liu Zengrong, Divergence-free Vector-field and Reduction, Phys. Lett. 244A(1998): 377~382.

Huang Debin, Zhao Xiaohua, Dai Hui-Hui, Invariant Tori and Chaotic Streamlines in the ABC Flow, Phys. Lett. 237A (1998):136~140.

Iooss G, Bifurcation of Maps and Applications, North Holland Math. Stud., (1979), 36: Amsterdam.

J. Moser On invariant curves of area-preserving mappings of an annulus, *Nachr. Akad. Wiss. Göttingen, Math.-Phys.* **K1. II** (1962), 1~20.

Kahn D W, Introduction to Global Analysis, Academic Press, New York, 1980.

Kaplan J L and Yorke J A, Ordinary differential equations which yield periodic solutions of differential delay equations, J. Math. Anal. Appl., **48** (1974), 317~324.

Kasperczuk S P, Poisson structures and integrable systems, Physica A 284 (2000)113~123.

Kaufman A N, Dissipative Hamiltonian systems: A unifying principle, Phys. Lett. A 100 (1984) 419~422.

Kentwell G W, Nambu mechanics and generalized poisson brackets, Phys. Lett., **114A** (1986), 2: 55~57.

Kirchgraber U and Stoffer D, On the definition of Chaos., ZAMM, **69** (1989), 7: 175~185.

Kirchgraber U and Stoffer D, Chaotic behavior in simple dynamic systems, SIAM Review, **32** (1990), 3: 424~452.

Knobloch E, Chaos in the segmented disc dynamo, Physics Letters, **82A** (1981), 9: 439~440.

Kokubu H, Homoclinic and heteroclinic bifurcations of vector fields, Japan J. Appl. Math., **5** (1988), 455~501.

Kaufman A N, Dissipative Hamiltonian systems: A unifying principle, Phys. Lett. A 100 (1984) 419~422.

Kolmogorov A N, On the conservation of conditionally periodic motions for a small change in Hamilton's function, *Dolk. Akad. Nauk. SSSR* **98** (1954), 525~530.

Kozlov V V, Integrability and non-integrability in Hamiltonian mechanics, Usp. Mat. Nauk, **38** (1983), 1: 3~67(Russian).

Krishnaprasad P S, Lie-Poisson Structures, dual-spin spacecraft and asymptotic stability, Nonlinear

Anal. Theo. Math. Appl., **9** (1985), 10: 11011~11035.

Krishnaprasad P S and Marsden J E, Hamiltonian structures and stability for rigid bodies with flexible attachments, Arch. Rat. Mech. Anal., **98** (1987), 1: 71~93.

Kus M, Integrals of motion for the Lorenz system, J. Phys. A: Math. Gen., **16** (1983), L689~L691.

Langford W F, Periodic and steady mode interactions lead to tori, SIAM J. Appl. Math., **37** (1979), 1: 22~48.

Leipnk R B and Newton T A, Double strange attractors in rigid body motion with linear feedback control, Physics Letters, **86A** (1981), 2: 63~67.

Lerman L and Umanskii Ja, On the existence of separatrix loops in four-dimensional systems similar to the integrable Hamiltonian systems, Appl. Math. Mech., **47** (1984), 335~340.

Libermann P and Marle C-M, Symplectic Geometry and Analytical Mechnics, Boston: D. Reidel Publishing Company, 1987.

Lichnerowicz A, Les variétés de Poisson et Leurs algébres de Lie associees, J. Diff. Geom., **12** (1977), 253~300.

Li Jibin and He Xuezhong, Proof and generalized of Kaplan-Yorke's Conjecture Under the Condition $f'(0) > 0$ on Periodic Solution of Differential Delay Equations, Science In China(series A), 42(1999)9:957~964.

Li Jibin and Zhang Jianming, New treatment on bifurcations of periodic solutions and homoclinic orbits at high r in the Lorenz equations, SIAM J. Appl. Math., **53** (1993), 3:

Li Yong and Yi Yingfei, Persistence of invariant tori in generalized Hamiltonian systems, Ergodic Theory Dynam. Systems, 22(2002), 4:1233~1261.

Li Yong and Yi Yingfei, A quasi-periodic Poincaré's theorem, Math. Ann., 326 (2003), 4:649~690.

Li Yong and Yi Yingfei, Persistence of lower dimensional tori of general types in Hamiltonian systems, Trans. Amer. Math. Soc. 357(2005),4:1565~1600.

Li Yong and Yi Yingfei, Nekhoroshev and KAM stabilities in generalized Hamiltonian systems, J. Dynam. Differential Equations 18(2006), 3:577~614.

Lin Xiao-Biao, Using Melnikov's method to solve Silnikov's problems,Proceeding of the Royal Society of Edinburgh, **116A** (1990), 295~325.

Marsden J E, Lectures on Mechanics, London Mathematical Society Lecture Note Series, vol. 174, 2nd ed., Cambridge: Cambridge University Press, 1992.

Marsden J E and McCracken M, The Hopf Bifurcation and its Applications, New York: Springer-Verlag, 1976.

Marsden J E and Weinstein A, Reduction of symplectic manifolds with symmetry, Rep. Math. Phys., **5** (1974), 121~130.

Marsden J E and Weinstein A, Coadjoint orbits, vortices, and clebsch variables for incompressible fluids, Physica D., **7** (1983), 305~332.

Marsden J E and Weinstein A, Semidirect products and reduction in mechanics, Trans. Am. Math. Soc., **231** (1984), 1: 147~177.

McLachlan R I and Perlmutter M, Conformal Hamiltonian systems, J. Geom. Phys. 39(4) (2001), 276~300.

Melnikov V K, On the stability of the center for time periodic perturbations, Trans. Moscow Msth. Soc., **12** (1963), 1~57.

Mezic I and Wiggins S, On the Integrablity and Perturbation of three-dimensional Fluid Flows with

Symmetry. J.Nonl.Sci., 4(1994)157~194.

Mitchell K E and Duttou J A, Bifurcations from stationary to periodic solutions in a low-order model of forced, dissiptive barotropic flow, J. Atmos. Sci., **38** (1981), 690~716.

Morrison P J, A paradigm for joined Hamiltonian and dissipative systems, Phys. D 18 (1986), 410~419.

Moser J, Convergent series expansions for quasi- periodic motions, *Math. Ann.* **169** (1967), 136~176.

Moser J, Old and new applications of KAM theory, Hamiltonian systems with three or more degree of freedom (S'Agaró, 1995), 184~192, NATO Adv. Sci. Inst. Ser.C Math. Phys. Sci., 533, Kluwer Acad. Publ., Dordrecht, 1999.

Moulin Ollagnier, J. and Strelcyn, J., On first integrals of linear systems, Frobenius integrability theorem and linear representations of Lie algebras, Lecture Notes in Math., **1455** (1991), 241~273.

Nakanishi N, A Survey of Nambu-Poisson Geometry, Lobachevskii Journal of Mathematics, Vol.4(1999)5~11.

Nambu Y, Generalized Hamiltonian dynamics, Physical Review D, **7** (1973), 8: 2405~2411.

Newhouse S E, Diffeomorphisms with infinitely many sinks, Topology, **13** (1974), 9~18.

Newhouse S E, The abundance of wild hyperbolic sets and non-smooth stable sets for diffeomorphisms, Publ. Math. IHES, **50** (1979), 101~151.

Oh Y G, Sreenath N, Krishnaprasad P S and Marsden J E, The Dynamics of coupled planar rigid bodies, Part II: Bifurcations, periodic solutions and chaos, J. Dyn. Diff, Equs., **1** (1989), 269~298.

Olver P J, Applications of Lie groups to differential equations, 2nd ed., New York: Springer-Verlag, 1993.

Olver P J and Shakiban C, Dissipative decomposition of ordinary differential equations, Proc. Roy. Soc. Edinburgh, **109A** (1988), 297~317.

Ortega J -P, Planas-Bielsa V, Dynamics on Leibniz manifolds, Journal of Geometry and Physics 52(2004),1:1~27.

Palmer K J, Exponential dichotomies and transversal homoclinic points., J. Diff. Equs., **55** (1984), 225~256.

Palmer K J, Transversal heteroclinic Points and Cherr's example of a nonintegrable Hamiltonian system, J. Diff Equs., **65** (1986), 321~360.

Pandit S A and Gangal A D, On generalized Nambu mechanics, J. Phys. A: Math. Gen. 31(1998)2899~2912.

Parasyuk I O, On preservation of multidimensional invariant tori of Hamiltonian systems, *Ukrain Mat. Zh.* **36** (1984), 467~473.

Partha Guha, Metriplectic structure, Leibniz dynamics and dissipative systems, J. Math. Anal. Appl. 326 (2007) 121~136.

Posbergh T A, Krishnaprasad P S and Marsden J E, Stability analysis of a rigid body with a flexible attachment using the Energy-Casimir method, Contemporary Math., **68** (1987), 253~272.

Pöschel J, Integrability of Hamiltonian systems on Cantor sets, *Comm. Pure Appl. Math.* **35** (1982), 653~696.

Przybysz R. On one class of exact Poisson structures, J. Math. Phys. 42 (2001)1913~1920.

Pugh C C and Robinson C, The C^1 closing lemma including Hamiltonians, *Erg. Th. Dyn. Syst.*

3(1983), 261~314.

Ramani A, Grammaticos B and Bountis T, The Painlevé property and sigularity analysis of integrable and non-integrable systems, Physical Report, **180** (1989), 3: 159~245.

Razavy M and Kennedy F J, Generalized phase space formulation of the Hamiltonian dynamics, Can. J. Phys., **52** (1973), 1532.

Robbins K A, Periodic solutions and bifurcation structures at high R in the Lorenz model, SIAM J. Appl. Math., **36** (1979), 357~472.

Robinson C, Sustained resonance for a nonlinear system with slowly varying coefficients, SIAM Math. Anal, **14** (1983), 5: 847~860.

Robinson C, Bifurcation to infinitely many sinks, Comm. Math. Phys., **90** (1985), 433~459.

Robison C, Horseshoes for autonomous Hamiltonian systems using the Melnikov integral, Ergod. Th. and Dynam. Sys., 8* (1988), 395~409.

Ruelle D, Elements of Differentiable Dynamics and Bifurcation Theory, New York: Academic Press, 1989(中译本: 大卫·儒勒, 可微动力学与分支理论基础, 云南科学技术出版社, 1992).

Rüssmann H, On twist Hamiltonians, Talk on the Colloque International: Mécanique céleste et systemes hamiltoniens, Marseille, 1990.

Sachdev P L. Nonlinear ordinary differential equation and their applications,Pure Appl. Math. 142, New York: Wiley, 1991.

Sansonetto N. First integrals in nonholonmic systems. Ph.D. thesis, University of Padova (2006).

Sattinger D H and Weaver O L, Lie Groups and Algebras with Applications to Physics, Geometry, and Mechanics, New York: Springer-Verlag, 1986.

Sevryuk M B, Some problems of the KAM-theory: conditionally periodic motions in typical systems, *Russian Math. Surveys* **50** (1995), 341~353.

Sevryuk M B, KAM-stable Hamiltonians, *J. Dyn. Control Syst.* **1** (1995), 351~366.

Scheurle J, Chaotic solutions of systems with almost periodic forcing., ZAMP, **37** (1986), 12~26.

Silnikov L P, A case of the existence of a denumberable set of periodic motions, Sov. Math. Dokl., **6** (1965), 163~166.

Simo J C, Posbergh T A and Marsden J E, Stability of coupled rigid body and geometrically exact rods: Block diagonalization and the Energy-Momentum method., Phys. Reports, 1990.

Sparrow C, The Lorenz Equations, New York: Springer-Verlag, 1982.

Sreenath N, Y G Oh, Krishnaprasad P S and Marsden J E, The Dynamics of coupled planar rigid bodies, Part I: Reduction, equilibria, and stability, Dynamics and Stability of System, **3** (1988), 25~49.

Steeb W H and Wilhelm F, Non-linear autonomous systems of differential equations and Carleman linearization procedure, J. Math. Anal. Appl., **77** (1980), 601~611.

Steeb W H and Euler N, Nonlinear Evolution Equations and Painleve Test, Singapore: World Scientific, 1988.

Strelcyn J M and Wojciechowski S, A method of finding integrals of 3-dimensional dynamical systems, Phys. Letters, **133A** (1988), 207~212.

Sudarshan E C G and Mukunda N, Classical Mechanics: a Modern Perspective, New York: Wiley, 1974.

Takens F, Singularities of vector fields, Publ, Math. IHES., **43** (1974), 47~100.

Van Moerbeke P, The geometry of the Painleve analysis, in Proceedings of the Workshop on Finite Dimensional Integrable Nonlinear Dynamical Systems, 1~33. Singapore: World Scientific. 1988.

Van Tonder A J, A note on first integrals, Lax representation, Painleve analysis and Nambu mechanics, ibid, 1988. 34~45.

Vickroy J G and Dutton J A, Bifurcation and catastrophe in a simple, forced, dissipative quasi-geostrophic flow, J. Atmos., Sci., **36** (1979), 42~52.

Wang ke, Existence of nontrivial periodic solutions to 3-dimensional differential-difference equation, Acta Mathematica Sinica, **35** (1992), 6: 780~787.

Wen Lizhi and Xia Huaxun, Existence of periodic solutions of differential-difference equation with two retarded variables, Sciences in China (Series A), **9** (1987), 909~916.

Weinstein A, The local structure of poisson manifolds, J. Diff. Geom., **18** (1983), 523~557.

Weinstein A, Stability of Poisson-Hamilton equilibria, Contemp. Math., **28** (1984), 3~13.

Wiggins S and Holmes P J, Periodic orbits in slowly varying osicillator. SIAM J. Math. Anal., **18** (1987), 542~611.

Wiggins S and Holmes P J, Homoclinic orbits in slowly varying osicillators. ibid, **18** (1987), 612~629 (SIAM J. Math. Anal., 19, 1254~1255., errata).

Wiggins S, Global Bifurcations and Chaos: Anslytical Methods, New York: Springer-Verlag, 1988.

Wiggins S, Introduction to Applied Nonlinear Dynamical Systems and Chaos, New York: Springer-Verlag, 1990.

Xia Z H. Existence of invariant tori in volume-preserving diffeomorphisms, *Erg. Th. Dyn. Syst.* **12** (1992), 621~631.

Xia Z H Existence of invariant tori for certain non-symplectic diffeomorphisms, Hamiltonian dynamical systems: History, Theory and Applications (IMA Vol. Math. Appl. 63, ed H. S. Dumas, K. R. Meyer and D. S. Schmidt), New York: Springer, 1995, 373~385.

Xu J X, You J G and Qiu Q J, Invariant tori for nearly integrable Hamiltonian systems with degeneracy, *Math. Z.* **226** (1997), 375~387.

Yi Yingfei & Zhang Xiang, On Exact Poisson Structure, Fields Institute Communications, 48(2006),291~311.

Yoccoz J-C and Herman T, de sur les tores invariants, *Asterisque* **206** (1992), 311~344.

Yoshida H, Necessary conditions for the existence of algebraic first integrals I and II, Celestial Mechanics, **31** (1983), 363~399.

Zhao Xiaohua and Li Jibin, Stability of subharmonics and behaviour of bifurcations to chaos on toral Van der pol equation, Acta Math. Appl. Sinica, **6** (1990), 1: 88~95.

Zhao Xiaohua, K H Kwek, Li Jibin and Huang Kelei, Chaotic and resonant streamlines in the ABC flow, SIAM J. Appl. Math., **53** (1993), 1: 71~77.

Zhao Xiaohua, Li Jibin and Huang Kelei, Homoclinic bifurcation and chaos in perturbed generalized hamiltonian systems, Proc. of the 2nd intern. conf. on nonlineat., Beijing (1993), 645~648.

Zhao Xiaohua, Li Jibin and Huang Kelei, Periodic orbits in perturbed generalized Hamiltonian systems, Acta Math. Sci. (English Ed.), 15(1995), 4:370~384.

Zhao Xiaohua, Li Jibin and Huang Kelei, Homoclinic orbits in perturbed generalized Hamiltonian systems, Acta Math. Sci. (English Ed.), 16(1996), 4:361~374.

《现代数学基础丛书》已出版书目